Der maschinelle Erdbau

Von Dr.-Ing. Günter Kühn
o. Professor an der Universität Karlsruhe (TH)

Mit 387 Abbildungen und 91 Tafeln

Springer Fachmedien Wiesbaden GmbH 1984

CIP-Kurztitelaufnahme der Deutschen Bibliothek

Kühn, Günter:
Der maschinelle Erdbau / von Günter Kühn. –
Stuttgart: Teubner, 1984.
ISBN 978-3-663-08095-4 ISBN 978-3-663-08094-7 (eBook)
DOI 10.1007/978-3-663-08094-7

Ursprünglich erschienen bei B.G. Teubner Stuttgart 1984

Satz: Schmitt u. Köhler, Würzburg

Umschlaggestaltung: W. Koch, Sindelfingen

Vorwort

Es begann alles mit der Aufforderung, ein Lehrbuch über den Erdbau zu schreiben – in einem äußerlich vertretbaren Umfang. Schon damit stellen sich die Probleme ein! Was ist Erdbau? Er hat zumindest eine statische (für den Entwurf) und eine betriebliche (für die Ausführung) Komponente. Die Erdbaustatik ist in zahlreichen Büchern und Veröffentlichungen behandelt worden und findet ihren zusammenfassenden Niederschlag etwa im Grundbau-Taschenbuch. Auch über den Erdbau-Betrieb gibt es eine Reihe von Veröffentlichungen, die vor allem von den Herstellerfirmen der Erdbaugeräte veranlaßt wurden. Wo also war noch eine Lücke?

Sie liegt bei den Maschinen. Was der Erdbau dringend notwendig hat, ist mehr Verständnis für die Maschine an sich und für deren Einsatz. Denn der Erdbau heute steht und fällt mit der richtigen Handhabung der maschinellen Möglichkeiten. Und so wurde das globale Thema eingeschränkt auf die betriebliche Komponente und hier wieder auf den maschinellen Bereich.

Richtungweisend dabei war ein Fall, der dann hier auch im Anhang ausführlich behandelt ist: Ausgeschrieben war eine große Erdbauaufgabe mit rund 20 Millionen m^3 Umfang im Ausland, und der das Angebot bearbeitende Projektingenieur sagte: Ich will und muß hier ganz sicher gehen. Denn, wenn wir den Auftrag erhalten, muß ich die Sache als verantwortlicher Bauleiter übernehmen, und da will ich – schon zu meiner eigenen Sicherheit – die ganze Angebotsbearbeitung so exakt und präzis wie möglich machen!

Und unter dem Druck der 20 Millionen m^3 in einem fernen Land mit unbekannten Boden- und Witterungsverhältnissen auf der einen und einer Masse Maschinen auf der anderen Seite haben wir dann die Aufgabe „so exakt und präzis wie möglich" bearbeitet, um mit dem Angebot und den darin genannten Zahlen genau in das Zentrum der Wirklichkeit zu treffen.

Die verfeinerte und damit auch sicherere Erfassung des Wechselspiels zwischen Boden und Maschine, zwischen Baumaterial und Arbeitswerkzeug, war das eine große Thema, das behandelt werden mußte. Dazu kam, gewissermaßen als Resultierende daraus, die „exakte und präzise" Ermittlung der Maschinenleistungen und deren Kosten. Das etwa war die „Hardware" der Thematik.

Ebenso wichtig (und bisher noch nirgendwo behandelt) ist die zugehörige „Software" mit den Themen „Maschinenwesen" und „Führungstechnik" im Mittelpunkt. Keine andere Sparte des Bauingenieurwesens ist so mit Maschinentechnik durchsetzt wie der Erdbau. Und hinzu kommt, daß es sich hier nicht um Maschinen im eigentlichen Sinn, sondern um maschinelle Werkzeuge handelt, die der Maschinist „in die Hand nehmen" (im wahrsten Sinne des Wortes) muß, wenn sie Leistung bringen sollen. Damit ist der Bezug zwischen Mensch und Maschine angesprochen, der hier einen doppelten Sinn findet: einmal als Verhältnis zwischen Maschinist und Maschine im einzelnen, und dann in der Rolle der Menschen bei der Führung maschineller Großverbände (einer Scraper-Flotte etwa), die von der „Führungstechnik" – genauer: der Kunst zu führen – maßgeblich beeinflußt wird.

Der Bauingenieur hat sehr oft ein „gestörtes Verhältnis" zur Maschine. Solange sie arbeitet, ist alles gut, und wenn sie nicht mehr arbeiten kann, kommt sie in die Werkstatt. „Grautöne" gibt es kaum, und das ist gerade hier (eben wegen der stark ausgeprägten Relationen des Mensch-Maschine-Systems) so besonders wichtig. Der Erdbauer kann nicht genug Verständnis für die Maschinen haben: für ihren Aufbau, ihre Möglichkeiten und ihren richtigen An- und Einsatz, denn: Dort werden die Leistungen und die Gewinne erzielt, und dort liegen auch immer noch die größten Leistungsreserven und die größten Gewinnmöglichkeiten.

Das alles macht das eigentliche „Wesen" des Erdbaus aus.

Zu danken habe ich meinem Assistenten, Herrn Dipl.-Ing. May, für die kritische Durchsicht, die vielfältigen Anregungen für fachliche und textliche Verbesserungen und für die Betreuung der „neuen Einheiten"; zu danken habe ich dem Verlag: für das Interesse am Fachgebiet an sich und für ein modernes, gegenwartsbezogenes und zukunftsorientiertes Lehrbuch. Mein ganz besonderer Dank aber gilt dort Herrn Krämer, dem Geschäftsführer des Verlages. Er war so etwas wie der spiritus rector dieses Buches; es wäre sicher nicht zustande gekommen (und vollendet worden) ohne seine Initiative, die vielen richtungweisenden Gespräche und seine immer wieder aufmunternde Zusprache zum „Durchhalten"!

Das Stoffgebiet – auch in der auf den Betrieb, die Ausführung, reduzierten Form – ist außerordentlich breit und sehr komplex dazu, und der Umfang eines Buches begrenzt. Daher sei um Verständnis gebeten dafür, daß nicht alles behandelt werden konnte und daß manche Dinge nur mit groben Strichen, andere wieder mit „500facher Vergrößerung" dargestellt wurden.

Es ging bei der inneren Ausrichtung dieses Buches weniger um die harten Fakten, Daten und Rechengrößen als darum, die Problematik aufzuzeigen, das richtige „feeling" zu erzeugen und die eigenen Erfahrungen weiterzugeben, – es ging, kurz gesagt: um die richtige innere Einstellung zum gleislosen Erdbau und zu seinen Maschinen.

Wenn es gelang, dem Leser das „Wesen des Erdbaus" ein wenig näher zu bringen und ihn zu animieren, es in praktisches Handeln auf der Baustelle umzusetzen, dann ist schon viel erreicht. Und es kann angenommen werden, daß die Literaturhinweise, Vorschriften und Bestimmungen auch dort weiterhelfen werden, wo der Text – bewußt – schnell darüber hinweggeht.

Mit anderen Worten: Das Buch wird auch in schwierigen Situationen niemanden im Stich lassen und gibt immer entweder selbst eine Antwort oder doch einen Hinweis, wo man sie finden kann.

Karlsruhe, im Frühjahr 1984 G. Kühn

Hinweise auf DIN-Normen in diesem Werk entsprechen dem Stand der Normung bei Abschluß des Manuskriptes. Maßgebend sind die jeweils neuesten Ausgaben der Normblätter des DIN Deutsches Institut für Normung e.V. im Format A4, die durch die Beuth-Verlag GmbH, Berlin und Köln, zu beziehen sind. – Sinngemäß gilt das gleiche für alle in diesem Buche angezogenen amtlichen Richtlinien, Bestimmungen, Verordnungen usw.

Inhalt

3 Projektentwicklung

4 Kalkulation

5 Einsatz

7 Projektierungsfragen

8 Zukunftstrends

9 Führungstechnik

Anhang

Zum Aufbau des Buches

Der gesamte Stoff ist in folgende Hauptteile (mit den zugehörigen Abschnitten der Inhaltsübersicht) untergliedert:

A Basiswissen
- 1 Einführung
- 2 Grundlagen

B Projektbearbeitung
- 3 Projektentwicklung
- 4 Kalkulation

C Ausführung
- 5 Einsatz
- 6 Maschinenwesen

D Vertiefung
- 7 Projektierungsfragen
- 8 Zukunftstrends
- 9 Führungstechnik

dazu ein Anhang mit
- Rechenbeispiel
- Vorschriften
- Literatur

Dem besonderen maschinentechnischen Akzent entsprechend steht der „große" Erdbau im Mittelpunkt, also die Bearbeitung von Großprojekten wie

- Staudämme
- Kanäle
- Deiche
- Verkehrsdämme
- Pipelines
- Flugplätze
- Tagebau.

Nur dort ist die hier entwickelte detaillierte Vorgehensweise gerechtfertigt, aber auch dringend notwendig. Anders lassen sich Großprojekte überhaupt nicht „in den Griff" bekommen.

Die Systematik des Vorgehens gilt aber ebenso auch für kleinere Bauaufgaben, nur braucht man dann nicht mit der extremen Vergrößerung zu arbeiten und in alle Details hineinzuleuchten. Schaden aber kann es trotzdem nicht, wenn auch bei einem kleinen Projekt zumindest das eine oder andere Detailproblem bis auf die „unteilbaren Grundbestandteile" hin aufgelöst, analysiert und seziert wird. Nur so läßt sich – im großen wie im kleinen – die optimale Lösung finden. Damit kann das Buch auch im „kleinen" Erdbau wertvolle Hilfe leisten.

Zur Gliederung im einzelnen ist folgendes zu sagen:

Teil A gibt eine Einführung und Groborientierung, stellt die notwendigen Grundlagen bereit und weist den Weg zum richtigen Ansatz und Einstieg in eine Problemlösung, hier: in die Bewältigung eines Erdbauprojektes mit optimaler Zielsetzung.

Teil B befaßt sich mit den einzelnen Phasen der Projektbearbeitung, mit den Wechselwirkungen im Mensch-Maschine-Boden-System und ihrem Einfluß auf die Leistungs- und Kostenermittlung. Hier wird ausführlich beschrieben, wie man an ein Projekt „herangeht" und wie man zum Ziel der ersten Etappe: dem kostengerechten Angebot mit seinen „angemessenen Preisen" für die einzelnen Bauleistungen kommt.

Teil C setzt den erteilten Auftrag für die Baudurchführung voraus und schildert nach dem „Herangehen" an ein Projekt, wie man es „durchzieht". Ansatz, Einsatz und Betrieb des maschinellen Bauapparates stehen im Mittelpunkt.

Teil D dient der Vertiefung des bisherigen Stoffes und befaßt sich mit Schwerpunktthemen, die sich aus der Projektbearbeitung, der zukünftigen Entwicklung und dem „Führen auf der Baustelle" – der „Arbeit mit den fremden Händen" – ergeben.

Im Anhang wird zunächst an einem Rechenbeispiel (Kanalaushub) gezeigt, wie man „herangeht" und mit der gebotenen Exaktheit auch die letzten Feinheiten der Leistungs- und Kostenermittlung noch ausleuchtet. Eine Übersicht über die wichtigsten Technischen Vorschriften und Bestimmungen und das Literaturverzeichnis bilden den Abschluß.

Die Vorgehensweise (speziell in den Teilen B und C) orientiert sich also am Ablauf einer Bauaufgabe (Ausschreibung, Projektbearbeitung, Angebot, Auftrag, Baustelleneinrichtung und Betriebsführung), während Teil A für das nötige Einfühlungsvermögen in das „Wesen" des Erdbaus und Teil D für die notwendige Vertiefung sorgt.

R.A. LeTourneau, der Altmeister der maschinellen Erdbewegung, hat einmal gesagt: Earth moving – an art and a science! Die „science" wird in diesem Buch geboten; aber zwischen den Zeilen ist auch sehr viel von der „art" zu finden, der „Kunst", dem „Können", das im Erdbau mehr als in den anderen Bereichen des Bauingenieurwesens notwendig ist!

1 Einführung

1.1 Vom Bauen

Wesensinhalt der Tätigkeit des Bauingenieurs ist es, Bauwerke zu erstellen bzw. an deren Erstellung mitzuwirken. Die Erstellung von Bauwerken gliedert sich in Planung, Projektierung, Entwurf, Konstruktion und Fertigung. Charakteristisch für die besondere Art der Fertigung ist hier die Tatsache, daß keine Serien hergestellt werden. Somit ist es notwendig, sich immer wieder neu auf die Probleme des einzelnen Bauwerkes einzustellen und den Entscheidungs- und Optimierungsprozeß in jedem Fall von vorn zu beginnen.

Die Lehre von der Fertigung der Bauwerke ist ein verhältnismäßig junger Zweig des Bauingenieurwesens, ist noch „auf dem Wege" zu einer echten Wissenschaft und befindet sich etwa dort, wo der Stahlbetonbau vor 50 Jahren war. Sie kann heute keine fertigen Rezepte bieten. Noch immer geht es vordringlich um eine „Aufhellung des Entscheidungshorizontes", um die Verdeutlichung der Zusammenhänge und um die Aufdeckung der Systemstrukturen.

Das Herstellen von Bauwerken läßt sich in drei große Bereiche unterteilen, die sich ganz wesentlich unterscheiden:

das Bauen nach oben (Hochbau),
das Bauen nach unten (Tiefbau) und
das Bauen in der Ebene (Erdbau).

Der Hochbau ist noch heute außerordentlich lohnintensiv. Bei Betonbauten z.B. entfallen ca. 50% der Gesamtkosten eines Bauwerkes auf den Lohnanteil. Daher gehen z.B. Fragen der Arbeitsmoral, der Arbeitswilligkeit und der Arbeitsintensität des Menschen sehr direkt und mit hohem Stellenwert in den Fertigungsprozeß auf der Baustelle ein.

Die dominierende Größe ist hier „h/m^2", d.h.: die Anzahl der erforderlichen Lohnstunden für den m^2 Schalfläche, und alle Aktivitäten in der Optimierung des Bauvorganges sind ausgerichtet auf die Reduzierung des Arbeits-, hier also des Lohnaufwandes. Bis in die tausendstel Stunde werden die Elemente der menschlichen Arbeit aufgedeckt und kontrolliert und die Leistungsfähigkeit menschlicher Arbeitsgruppen in „Multimomenten" überwacht.

Ganz anders ist es im Tiefbau. Hier liegt das Schwergewicht auf der Verfahrenstechnik, dem Ausknobeln immer wieder neuer und verbesserter Baumethoden, um mit den Widrigkeiten der Natur (Boden, Wasser, Fels usw.) fertig zu werden. Der Tiefbauer ist in erster Linie „Internist", der sich in der geheimnisvollen Welt der vielen Unbekannten eines Baugrundes zurechtfinden muß, und dem es darum geht, das Arbeits- und Leistungspotential der zur Verfügung stehenden Maschinen mit den Anforderungen des Untergrundes und des Bauwerkes in Deckung zu bringen. Begleitende Hilfsmaßnahmen wie Wasser-, Kälte- oder Drucklufthaltung, Bodeninjektionen, Rückverankerung usw. helfen ihm dabei, mit den schwierigen Randbedingungen der „Umgebung", in der er sein Bauwerk erstellen muß, fertig zu werden.

Der Erdbau schließlich ist die maschinenintensivste Form des Bauens. Er führt immer mehr zur menschenleeren Baustelle, auf der Motorstärken und Geschwindigkeiten den Ton angeben. Die Maschinen werden von hochqualifizierten Menschen bedient, die ihrerseits versuchen, die Einflüsse von Boden und Wetter auf den Bauprozeß auszuregeln, und die mit künstlerischem Geschick die Arbeitswerkzeuge ihrer schwergewichtigen Maschinen führen. Hier geht es um m^3/h und um DM/m^3, und Zeitstudien auf der einen und ein ausgefeilter Wartungs- und Reparaturbetrieb auf der anderen Seite sorgen dafür, daß Availability (Verfügbarkeit) und Utilization (Ausnutzung) der Maschinen Höchstwerte erreichen.

Eines sei schon zu Beginn gesagt: So sehr man sich auch in der Technik bemüht, alles zu „quantifizieren", so werden im Baubetrieb immer prinzipielle Bereiche bleiben, die man über Formeln, Zahlen, Diagramme usw. nie in den Griff bekommt. Das gilt vor allem dort, wo Boden und Wetter mit im Spiel sind und wo der Mensch eine entscheidende Rolle in der Produktivität des Bauvorganges spielt.

Und das gilt besonders auch für die Führungstechnik. Ist es im Hochbau das Jonglieren mit den einzelnen Gewerken, im Tiefbau das Koordinieren der einzelnen Kolonnen und Maschinen und das laufende „Erfinden" immer neuer Verfahrenstricks zur zügigen Fortsetzung der Bauarbeiten, so ist es im Erdbau das „Dirigieren" eines vielstimmigen Orchesters, das nur in der Harmonie seine volle Leistungsfähigkeit erbringen kann. Somit kommt dem Dirigenten auf der Erdbaustelle eine besondere Bedeutung zu.

Der Erdbau in seiner betrieblichen Ausprägung ist ausgesprochen „unstabil". Jeden Augenblick kann er „umkippen", und blitzschnell muß dann reagiert werden. Immer muß „geführt" – und das heißt überlegt, angeordnet, gehandelt und kontrolliert – werden, wenn der Betrieb reibungslos und optimal laufen soll.

1.2 Das Wesen des Erdbaus

Erdbau ist ein „Modellieren der Erdoberfläche". Dazu gehören:

1. Die Form, die herausmodelliert werden soll (also: das Bauwerk mit seinen Abmessungen).
2. Das Material, das zu modellieren ist (also: der Baustoff, mit dem das Bauwerk erstellt wird).
3. Die Werkzeuge, mit denen modelliert wird (hier: die maschinellen Arbeitswerkzeuge, die Maschinen).
4. Die Maschinisten, die mit diesen Werkzeugen die Umgestaltung der Erdoberfläche (also: die eigentliche Modelliertätigkeit) durchführen.
5. Die Umwelt, in der sich diese Modelliertätigkeit vollziehen muß.
6. Die Führungstechnik des leitenden Personals – wobei „Technik" hier im ursprünglichen Sinn durchaus als „Kunst" verstanden werden kann.

Der Boden ist das Baumaterial, mit dem modelliert wird. Aber er ist auch etwas sehr Flexibles, Variables, oft auch Rätselhaftes, dessen Fixierung große Schwierigkeiten bereitet. Er ist eine Art Chamäleon, das jeden Augenblick seinen Zustand ändert, je nachdem, welche äußeren Einflüsse auf ihn einwirken. Trotz aller bodenmechanischen Kennziffern, erdbautechnischer Kennwerte und physikalischer Kenngrößen ist es schwierig, ihn in exakten Zahlen festzulegen. Geringfügige Niederschlagsmengen können den Boden in seiner Konsistenz vollständig verwandeln (können aus „hart" „weich" machen und umgekehrt) und dem Betrieb auf der Baustelle ein völlig anderes Gepräge geben. Das Klima spielt eine große Rolle, und Erdbau in Europa kann ganz anders aussehen als Erdbau in Nordamerika oder Afrika.

Die Maschine ist das Modellierwerkzeug. Sie ist ein „maschineller Spachtel" (die Amerikaner nennen z.B. den Bagger eine power shovel), ein Arbeitsgerät, das mit maschineller Kraft angetrieben wird. Die Erdbaumaschine ist keine „Kaffeemühle", in die man etwas hineinfüllt, was sie dann auf einen bestimmten Knopfdruck hin automatisch weiter verarbeitet – Bulldozer, Scraper und Grader muß man etwa mit dem Staubsauger vergleichen, den man in die Hand nehmen muß, wenn man mit ihm arbeiten will. Jede Erdbaumaschine ist dem Boden gegenüber ausgesprochen sensibel und zudem im Rahmen der verschiedenen Arbeitsvorgänge sehr unterschiedlichen Beanspruchungen ausgesetzt.

Der Maschinist spielt eine große Rolle. Denn die Maschinen im Erdbau sollen etwas bearbeiten, und dazu muß er aktiv mitwirken, muß selbst die Maschinen in die Hand nehmen (wie früher Schaufel, Hacke oder Spaten) und die einzelnen Arbeitsoperationen durchführen. Der Mensch ist hier „Operateur", der die Maschine über eine Reihe von Handhebeln unter Kontrolle hat, das maschinelle Werkzeug führt und seine Arbeitsbewegungen festlegt. Dazu gehört sehr viel Veranlagung und Können. Es ist gar nicht so einfach, mit einem solchen maschinellen Spachtel, der 100 oder 1000 kW Antriebsleistung hat, einen Sportplatz herzustellen, eine Böschung profilgerecht herauszuarbeiten oder einen großen Stein aus einer Abbauwand herauszulösen. Immer wieder muß das Werkzeug neu angesetzt und geführt werden. Die kW einer Maschine zu aktivieren, umzusetzen in maximale Kraft oder maximale Leistung, sich elegant mit dem schwerfälligen Gerät im Gelände zu bewegen, das sind die Probleme, die der Maschinist hier meistern muß. Er hat sehr teure Maschinen in der Hand, mit denen er viel Schaden anrichten, aber auch sehr viel Erfolg erzielen kann.

Die Umwelt kommt hinzu, wenn das Zusammenspiel zwischen Mensch, Maschine und Boden optimiert werden soll – hier in Gestalt von Klima, Wetter, Geländeform, Vegetation usw. Diese Einflußgrößen sind ungewöhnlich variabel und schwierig zu erfassen. Was für den Erdbau allgemein gilt, hat für die Umwelt noch gesteigerte Bedeutung.

Führungstechnik wird auf einer Erdbaustelle in besonderem Maße gefordert. Der Bauleiter muß die einzelnen Maschinen und Maschinisten sinnvoll zu einem Team zusammenfassen. Auf einer Erdbaustelle kann man lernen, wie man eine Vielzahl von Maschinen zu einem einheitlichen Instrumentarium integriert, wie man die vielen Maschinisten dirigiert, die zunächst jeder für sich mit ihrer Maschine ihren eigenen Solopart spielen möchten; kann man lernen, welchen Aufwand es erfordert, diese Maschinen ständig im Einsatz zu halten und ihre Verfügbarkeit aufs höchste zu gewährleisten.

Einige Beispiele sollen Wesen und Eigenarten des Erdbaus verdeutlichen.

1.3 Beispiele

1.3.1 Der gleislose Erdbau (Bild 1.1)

Viele Jahre war der Erdbau identisch mit dem Einsatz von Baggern, Kipploren und Planierraupen. Heute ist aus der gleisgebundenen eine gleislose Form der Massenbewegung geworden, und dieser neue „gleislose" Erdbau ist in seinem Betriebsablauf wesentlich empfindlicher als der gleisgebundene. Er kommt aus sonnigeren Ländern und ist für günstigere Klima- und Witterungsverhältnisse entwickelt worden. Unsere Aufgabe bleibt es, ihn den Gegebenheiten auf unseren in erster Linie europäischen Baustellen anzupassen.

1.1 Gleislose Erdbaustelle – heute

Dieser gleislose Erdbau ist wie ein schwieriges Kind zu behandeln: Mit ihm und seinen Eigenarten muß man sich befassen, seinen Mucken und Launen auf die Schliche kommen. Er braucht aber auch so etwas wie Nestwärme, um sich richtig entfalten zu können.

Der gleislose Erdbau hat hinsichtlich des betrieblichen Ablaufes gewisse Ähnlichkeit mit der Fliegerei, vor allem mit der Verkehrsfliegerei. An die Stelle des Hüpfens von (sichtbarer) Landmarke zu Landmarke ist der Instrumentenflug getreten, der das Flugzeug auch bei Nacht und Nebel an das Ziel bringt: Wenn man im gleislosen Erdbau von Witterung und Klima einigermaßen unbehelligt weiterfördern will, muß man auch eine Art „Instrumentenflug" betreiben, muß sich an Kennwerten, Diagrammen und Leistungskurven vortasten und sich aller verfügbaren Meß- und Regeleinrichtungen sorgfältig bedienen.

Der gleislose Erdbau ist zudem von mimosenhafter Empfindlichkeit. Auf die geringsten Witterungs- und Bodenschwankungen reagiert er sofort mit großen Leistungsausschlägen. Ähnlich wie das Flugzeug, das sich dreidimensional zwischen Wind und Wolken fortbewegt, hat auch der Erdbau seine 3. Dimension, hier in Gestalt der „Höhen" und „Tiefen" – der harten und weichen Stellen im Boden. Jede Kursabweichung muß man schon im Entstehen abfangen, muß das nötige Gespür für die Umwelteinflüsse mitbringen und darf nie auch nur eine einzelne Maschine sich selbst überlassen. Immer muß man sie fest an der Hand haben und damit rechnen, daß im nächsten Augenblick etwas Unvorhergesehenes eintritt und der Kurs verlorengeht.

Bauleiter wie Maschinist müssen das Gespür für den Boden haben, müssen mit dem Gefühl des Segelfliegers die unsichtbaren „Thermikschläuche" erahnen und genauso auch die Flugbedingungen aus dem Zeigerspiel der Instrumente ablesen und erfassen können. Für die gleislosen Geräte ist die Baustelle der „Luftraum", nicht nur als Fläche, sondern auch mit Tiefe. Dort gilt es, aus der Vielzahl der Möglichkeiten den optimalen Kurs herauszuwählen und auf jede Kursabweichung blitzschnell zu reagieren.

1.3.2 Der Schürfkübelbagger (Bild 1.2)

Hier steht weniger die Relation Maschine/Boden, sondern die Wechselwirkung zwischen Mensch und Maschine im Vordergrund. Der Schürfkübelbagger (Dragline) ist ein typisches Beispiel für das Eigenleben – ja man kann schon sagen: für die „Störrigkeit" mancher Baumaschine. Jeden (verhältnismäßig starr geführten) Ladebagger (Hoch- oder Tieflöffel) wird man mit fortschreitender Technik automatisieren können – den Schürfkübelbagger gewiß niemals!

Viele Baggerführer schimpfen auf den Schürfkübelbagger mit seinem „Geschlenkere da vorn". Aber das gerade läßt ja alle Möglichkeiten offen und gibt dem Maschinisten auch die Chance, sein Gerät durch restlose Anpassung voll auszufahren. Für die Bändigung des Schürfkübelbaggers gibt es eine Reihe von Techniken, die man beherrschen muß. So darf man den Kübel nicht einfach herunterfallen lassen, man muß ihn landen lassen wie ein Flugzeug. Ausschwingen – Landen – Ansetzen – Graben –: Das sind die typischen Phasen des Landemanövers. Hier gibt es kein Tempo 1, Tempo 2 usw. wie etwa beim Greifbagger. Hier ist alles Rhythmus, Bewegung, ja „tänzerische Gymnastik", und jede Phase geht in die andere über. Nur so wird Eleganz erreicht – und damit Leistung!

1.2 Eine Baumaschine mit stark ausgeprägtem „Eigenwillen" (und daher schwerer zu bändigen): Schürfkübelbagger beim Grabenaushub

Der Kübel muß auch (wie etwa der Turmspringer) während des Landens und Grabens eine bestimmte „Haltung" einnehmen. Denn: hat man den Kübel angesetzt und beginnt man zu graben, so darf er nicht einfach durch den Boden gezogen werden; man muß ihn regelrecht „an die Kandare nehmen".

1.3 So soll der Schürfkübel graben: Nur die Zähne haben Bodenberührung

Bild 1.3 zeigt, was dazu gehört: Man muß immer nur soviel am Grabseil ziehen, daß der Eimer nur mit den Zähnen aufsitzt und hinten in der Schwebe bleibt (und eben nicht platt auf dem Boden langrutscht). Auch die Hängelage will bedacht sein: Durch das Kippseil bekommt der Kübel beim Abheben einen „Dreh" nach hinten. In dieser Lage muß er unter den Auslegerkopf hochgezogen werden. Das erfordert ein fein abgestimmtes Wechselspiel zwischen Hub- und Zugseil: Dem Zugseil (das den Kübel an den Bagger heranzieht) darf man nur soviel nachgeben (bei eingekuppeltem Hubseil), daß alle Seile auch in der Schwebelage straff bleiben – bis der Kübel dann durch vollständiges Lösen der Zugseilbremse nach unten abkippt zum Entleeren [1].

Man muß sich in die Kinematik hineindenken und über Hand- und Fußhebel, Kupplungen und Bremsen das richtige Kräftespiel, die richtigen Lande- und Grabmanöver im Gespür haben. Dann wird man auch mit einer solchen „Marionette" fertig, die mit Elan über die Hürden gebracht und mit Eleganz und Grazie bedient sein will.

1.4 Massenbewegung

Die Massenbewegung ist die Basisoperation jeder Erdbaustelle. Mit dem Schaufelwurf fing es einmal an, dann folgte die (hier und da auch heute noch anzutreffende) „Körbchenmethode". Später kam die Schubkarre, dann der Bauzug mit einer Reihe von Kipploren und einer dampfenden Lok davor. Es folgten die LKW, zuerst mit 3 bis 5 t Tragfähigkeit, später die sogenannten SKW (Schwerlastkraftwagen) speziell für den Erd- und Steinbruchbetrieb mit Nutzlasten zwischen 20 und 40 t. Dann kamen die Scraper mit 14 bis 34 m^3 Inhalt, dann mehrere Scraper hintereinander zusammengefaßt im geländegängigen Güterzug, dem Electric Digger, mit $3 \times 20\,m^3$ Fassungsvermögen, bedient von einem einzigen Maschinisten; parallel dazu machte der Eimerkettenbagger auf sich aufmerksam (vor allem bei den großen Kanalbauten), und heute stellt der Schaufelradbagger das modernste unter den leistungsfähigen Erdbaugeräten dar.

Immer ging es darum, Erde zu lösen und zu laden, zu transportieren, einzubauen und zu verdichten. Für den Transport kamen die vier grundlegenden Verfahren: das Werfen, das Verschieben, das Einfüllen in „Gefäße" und deren Wegrollen und die spurgebundene Förderung (Schienen, Straße, Band, Seil, Rohr) in Frage. Bei allen einschlägigen technischen Entwicklungen ging es dabei immer gleichzeitig um zwei Ziele:

Diese Förderung so widerstandsarm und so leistungsfähig wie möglich zu gestalten, und: Es sollte Kraft gespart und Förderleistung gewonnen werden!

Während die Krafteinsparung von der Natur der Sache her bald an Grenzen stößt und bescheidene Fortschritte dann nur noch mit sehr hohem Aufwand zu erzielen sind, ist die Forderung nach einer höheren Förderleistung so etwas wie ein „kategorischer Imperativ" geworden, dem sich niemand mehr entziehen kann. Denn: Der Umfang der zu bewegenden Massen wird immer größer und die zugebilligte Bauzeit dafür umso kürzer. Noch vor wenigen Jahren waren Tagesleistungen von 30000 m^3 auf einer Erdbaustelle (z.B. Staudamm) selten erreichte Spitzenwerte. Heute sind 265000 m^3 pro Tag (Tarbela) als „Stand der Technik" zu bezeichnen, und die elektrisch gesteuerten Bandstraßen mit Aufgabe-, Zwischen- und Verladesilos lassen kaum noch etwas davon ahnen, daß alles einmal mit dem Schaufelwurf begann (Bild **1**.4)!

Die Forderung nach immer höheren Leistungen steht also im Mittelpunkt moderner Erdbaustellen. Und wie kann man sie erfüllen? Die Lösung liegt im Übergang auf die kontinuierliche Förderung. Was nun noch fehlt, ist eine Vereinfachung des kontinuierlichen Prinzips auch im Bereich der Förderstrecke, d.h. also eine schnell auf- und abbaubare, leicht bewegliche Bandstraße mit den zugehörigen Antriebselementen. Hier weisen die Erfahrungen der Bergleute aus den Tagebaubetrieben schon neue Wege, und wer etwa hätte je

1.4 Endstation der Bandförderung auf dem Staudamm in Tarbela (Einbauleistung 265 000 m^3/Tag)

daran gedacht, daß man mit schwimmenden Saugbaggern von Einsatz- zu Einsatzstelle über Land ziehen würde? Auf jeden Fall: Die Leistungsfähigkeit des kontinuierlichen Geräteparks ist schon vorhanden, die Mobilität wird Schritt für Schritt gesteigert. Was noch fehlt, ist, daß man sich mit den neuen Möglichkeiten anfreundet und sie einmal ausprobiert!

1.5 Die Rolle der Maschinen

Erdbau ist heute ohne leistungsfähige Maschinen nicht mehr denkbar. Diese Maschinen stellt der Markt in reichem Ausmaß und in vielen Varianten zur Verfügung. Was jedoch an vielen Stellen fehlt, ist das Verständnis dafür, daß man mit diesen Maschinen sehr viel, ohne sie jedoch kaum etwas ausrichten kann. Aber diese Maschinen verlangen, daß man sie in ihren Eigenarten versteht und entsprechend „behandelt".

Notwendig ist zunächst, daß sich der Maschinist mit seinem Werkzeug identifiziert, daß er die Arbeit, die er machen soll, mit „ihren Augen" sieht und die Maschine so einsetzt, wie sie zu arbeiten gewohnt ist. Er muß die Kinematik, die Grabkurven, das Kraft-Geschwindigkeitsverhalten, die Umwandlung von Drehmoment in Grabkraft usw. stets vor Augen haben, muß die schwachen und starken Bereiche seiner Maschine genau kennen und muß wissen, wo ihre Grenzen liegen. Auch eine Maschine darf nicht gequält, nicht überfordert werden.

Mensch und Maschine müssen ganz ineinander übergehen, wenn das Optimum erreicht werden soll. Das gilt nicht nur für den Maschinisten, der den direkten Kontakt mit ihr hat, sondern auch für den Ingenieur, der sie einsetzt. Dieser Einsatz muß der Eigenart der Maschine entsprechen und den Baustellenverhältnissen angepaßt sein. Horizontal geschichteter Fels sollte z.B. nicht mit einem sichelförmig arbeitenden Seilbagger gelöst werden. Dazu gibt es heute Geräte (z.B. Hydraulikbagger mit Hoch- und Tieflöffel), die sich in ihren Grabbewegungen der Struktur des Gebirges nahezu ideal anpassen können. Aufgabe des Ingenieurs ist es hier, die Weichstellen im Abtrag eines Anschnittes mit den Kraftzonen des

1.5
Hydraulikbagger mit Ladeschaufel beim Einstechen in geschichteten Fels (hier: Kalkstein, horizontal gelagert)

Lösegerätes in Übereinstimmung zu bringen, um das Gerät sinnvoll auszunutzen (Bild **1**.5). Und der Maschinenmann in der Werkstatt sollte sich um die Pflege und Instandhaltung der Maschinen kümmern, in vorbeugendem Sinne. Man soll nicht warten, bis die Maschine zusammenbricht und dann kostspielige Reparaturen notwendig werden; auch die Maschine hat Anspruch auf routinemäßige Vorsorgeuntersuchungen, die man heute „preventive maintenance" nennt.

So also können Maschinist, Ingenieur und Werkstattmann sehr viel dazu beitragen, daß die Maschine ihren richtigen Einsatz findet. Aber die Probleme beginnen schon bei der Anschaffung. Man denke nur an die BAUMA oder an die Hannover-Messe. Eine Fülle von Möglichkeiten wird dort angeboten, und es ist nicht einfach, dann das richtige Gerät herauszufinden. Hier hilft nur eines: alle Typen, Varianten und Modelle systematisch zu ordnen und ihre Vor- und Nachteile entsprechend zu bewerten. Jeder hat sein besonderes System. Aber man sollte diese Übung absolvieren, bevor man ein neues Gerät braucht. Denn später hat man meist keine Zeit mehr dafür.

Mit dieser Systematik des Überblickes fängt es an. Dann kommt die Auswahl des geeigneten Gerätes für eine ganz bestimmte Aufgabe. Und dann auch muß man an dessen Weiterverwendung denken. Welche Methode (kontinuierlich oder diskontinuierlich), welche Maschinenart (Bagger oder Lader), welche technische Variante (Hydraulik oder Seil) und welcher Typ (z.B. HS 850 oder RH 25) – das etwa sind die Stufen der Entscheidungsbildung.

Eine besonders wichtige Rolle spielt das Arbeitswerkzeug. Es ist die „Speerspitze" des Angriffs bei jeder Erdbewegung. Moderne Universalgeräte bieten eine Fülle von Möglichkeiten, und es kommt darauf an, alle Vor- und Nachteile richtig zu erkennen und zu bewerten. Dazu kommt die Kinematik – die Art und Weise, wie das Werkzeug an der Maschine geführt wird. Bewegungsstudien – mit den Daten der Kataloge am Reißbrett mit Lineal und Zirkel nachvollzogen und hineintransponiert in den Längs- oder Querschnitt einer Bauaufgabe – können sehr viel Klarheit schaffen, bevor man sich für ein bestimmtes Gerät entscheidet.

Danach sollte man den zugehörigen „Apparat", also das Grundgerät mit seinen Antriebs-, Stabilitäts- und Bewegungsdaten, unter die Lupe nehmen und sich für dessen technische Einzelheiten interessieren, z.B. ob der Drehmomentwandler etwas bringt, ob man selbstregelnde oder Konstantpumpen verwenden soll, ob mechanische, hydraulische oder elektrische Bremsen und Kupplungen von Vorteil sind usw. Wichtige Daten werden zur besseren Übersicht und zum schnelleren Vergleich wie in Bild 1.6 tabellarisch zusammengefaßt.

Leistungen und Kosten der Geräte sind von nicht minderem Interesse, wobei man sich die Mühe machen sollte, nicht fertige Werte zu übernehmen, sondern Leistungen und Kosten aus den verfügbaren Daten (Kräfte, Geschwindigkeiten, Drehmomente) zu synthetisieren, um einen Überblick auch über die eventuell vorhandenen Leistungsreserven zu gewinnen.

Tabelle 1.6 Die Kenndaten eines Hydraulikbaggers. a) Abmessungen

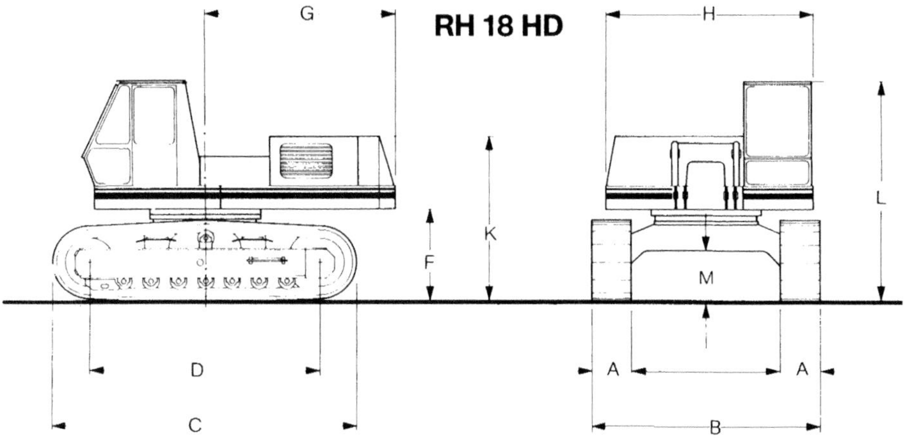

		RH 18 HD–500 mm	RH 18 HD–600 mm	RH 18 HD–750 mm	RH 18 HD–900 mm
A	Breite der Bodenplatten	500	600	750	900
B	Breite des Unterwagens	3300	3400	3550	3700
C	Länge des Unterwagens	4460	4460	4460	4460
D	Mitte Turas bis Mitte Leitrad	3395	3395	3395	3395
F	Lichtes Maß Oberwagen bis Planum	1280	1280	1280	1280
G	Hintere Ausladung (Schwenkradius = 3000 mm)	2810	2810	2810	2810
H	Größte Breite des Oberwagens	3060	3060	3060	3060
K	Planum bis Oberkante Motorverkleidung	2390	2390	2390	2390
L	Durchfahrtshöhe	3225	3225	3225	3225
M	Bodenfreiheit	637	637	637	637
	Gewicht-Grundgerät	30,3 t	30,8 t	31,5 t	32,2 t
	Laufwerk RH 18 HD–D 7 F Mittlere Bodenbelastung mit Ausrüstung	1,0 kg/cm^2	0,85 kg/cm^2	0,69 kg/cm^2	0,59 kg/cm^2

Tabelle 1.6 b) Technische Daten, Antriebsleistungen und Grabkräfte

Motor	Luftgekühlter Deutz-Dieselmotor			F 8 L 413
	Leistung nach DIN 70 020			155 kW (210 PS) bei 2300 min^{-1}
	Leistung nach SAE			222 BHP bei 2300 min^{-1}
	Leistung SAE bei max. Drehzahl			250 BHP bei 2650 min^{-1}
	Mittlerer Brennstoffverbrauch			ca. 21 l/h
	Tankinhalt (für ca. 19 Betriebsstunden)			400 l
	Anlaß- und Beleuchtungsanlage			24 Volt
Zweikreis-Hydraulik	Zwei leistungsgeregelte Axialkolbenpumpen – mit automatischer Doppelbeaufschlagung für alle Zylinder – arbeiten unter ständiger Ausnutzung der vollen Motorleistung und passen die Arbeitsgeschwindigkeit exakt ohne Verzögerung dem jeweiligen Arbeitswiderstand an.			
	Hydr. Leistung			128 kW (174 PS)
	Pumpenfördermenge			2 × 225 l/min
	Arbeitsdruck			bis 300 bar (300 atü)
Kräfte der Arbeitszylinder			Schub:	Zug
	Auslegerzylinder		2 × 603 kN (2 × 60300 kp)	2 × 368 kN (2 × 36 800 kp)
	Stielzylinder-Löffel		2 × 603 kN (2 × 60 300 kp)	2 × 368 kN (2 × 36 800 kp)
	Stielzylinder-Schaufel		603 kN (60 300 kp)	368 kN (36 800 kp)
	Löffelzylinder		603 kN (60 300 kp)	368 kN (36 800 kp)
	Schaufelzylinder		763 kN (76 300 kp)	478 kN (47 800 kp)
	Greiferzylinder		462 kN (46 200 kp)	
	Reiß- und Losbrechkraft gem. DIN 24 086			
Tieflöffel		Stiel 2,5 m	Stiel 3,3 m	Stiel 4,1 m
	Reißkraft am Löffelzahn	216 kN (21 600 kp)	182 kN (18 200 kp)	157 kN (15 700 kp)
	Losbrechkraft am Löffelzahn (Koppel innen)	191 kN (19 100 kp)	191 kN (19 100 kp)	191 kN (19 100 kp)
	Losbrechkraft am Löffelzahn (Koppel außen)	232 kN (23 200 kp)	232 kN (23 200 kp)	232 kN (23 200 kp)
Ladeschaufel				Schaufelstiel 2,65 m
	Vorstoßkraft			158 kN (15 800 kp)
	Losbrechkraft am Schaufelzahn			191 kN (19 000 kp)
Greifer		Grabgreifer		
	Schließkraft (Greiferschale)	100 kN (10 000 kp)		

Die frühzeitige Beschäftigung mit Spielzeiten, Umlaufzeiten, Wartezeiten usw. ist dringend zu empfehlen. Man braucht dazu nur eine Armbanduhr!

Schließlich muß die Bauweise des Gerätes analysiert werden. Einfache, unkomplizierte Bauweise bedeutet immer auch einfache Instandhaltung und schnelle Wartung und damit hohe Verfügbarkeit. Wenn man aber zum Auswechseln der Bremsbeläge das ganze Endgetriebe ausbauen muß, kann man nicht gerade von einer wartungsfreundlichen Maschine sprechen.

Alles das läßt sich für den Bauingenieur auf die ganz einfache Formel bringen: Die Baumaschine – dein Freund, dein Helfer! Man muß sich für sie interessieren, sich mit ihr identifizieren und so wie „Roß und Reiter" miteinander eins werden. Dann wird sie einen auch nicht im Stich lassen!

1.6 Optimierung

Das ist das große Schlagwort unserer Zeit – und auch hier muß man sich jederzeit die Frage stellen: Wie läßt sich der Erdbaubetrieb verbessern? Was kann man tun, um ihn dem Trend der Zeit anzupassen? – Und vor allem: Was kann man von den modernen Methoden übernehmen, die für „Betriebe" aller Art zur Verfügung stehen? Man kann – auch bei kritischer Betrachtung – davon ausgehen, daß der Erdbau noch sehr viele Reserven hat, die mobilisierbar sind. Und das sind die besonders kritischen Punkte:

1. Bessere Werkzeuge
Es ist schon darauf hingewiesen worden: Die größte Rolle spielt das Werkzeug, mit dem man den Boden attackiert und modelliert. Es liegen Untersuchungen vor, nach denen mit dem gleichen Ladegerät, dem gleichen Maschinisten und unter sonst gleichen Einsatzbedingungen allein von einem guten oder schlechten Werkzeug her Leistungsunterschiede bis zu 40 % erzielt werden können. Das will doch etwas heißen! Man braucht nur einmal auf einer Baumaschinenmesse den Geräten „auf die Zähne" zu schauen und wird sehr schnell gravierende Unterschiede feststellen, die für die Qualität des jeweiligen Gesamtgerätes von entscheidender Bedeutung sind [2]; [3].

2. Bessere Kinematik
Die Harmonie und Ausgewogenheit der Arbeitsbewegungen trägt wesentlich zur Leistungssteigerung bei. Auch ein Bagger oder eine Planierraupe kann so „elegant" arbeiten, daß man von deren Arbeitsbewegungen fasziniert wird. Das ist gewiß zuerst das besondere Verdienst des Maschinisten. Aber in eine „eckig" arbeitende Maschine kann auch der beste Maschinist keine Eleganz hineinbringen. „She is swinging like a girl" hat einmal ein Engländer über einen elegant drehenden Bagger gesagt, und wenn man davon ausgeht, daß „schöne Schiffe" immer auch schnelle Schiffe sind, kann man sich gut vorstellen, daß sich die Eleganz der Arbeitsbewegungen in hohen Kubikmeterleistungen niederschlägt. Man denke nur daran, daß die Einführung des Parallelogrammgestänges dem Hochlöffel am Hydraulikbagger manchen Vorteil gebracht hat, und daß die richtige Ausbildung von Auslegerneigung, Löffelstielen und Vorschub bei einem großen Seilbagger entscheidenden Einfluß auf seine Leistung hat (Bild **1**.7) [5]. Und was der Hydraulikbagger noch alles zusätzlich „kann", geht am besten aus Bild **1**.8 hervor!

1.7
Man sieht es dem Gerät geradezu an, daß es „bissig“ ist (wesentlich ist hier die elegante Ansetztechnik des Löffels)

1.8
Akrobatik einer Baumaschine: Der Hydraulikbagger „greift sich“ mit der Ladeschaufel einen großen Felsbrocken vom Planum auf.

3. Bessere Koordinierung der Teilwerkzeuge
Da die meisten Erdbaugeräte nicht für sich allein, sondern immer irgendwie im Team – d. h. mit anderen Geräten zusammen – ihre Leistung erbringen, kommt den Nahtstellen der einzelnen Team-Mitglieder besondere Bedeutung zu. Zeitstudien haben gezeigt, daß z. B. die Wartezeiten der LKW am Bagger (die sogenannten LKW-Wechselzeiten) einen viel größeren Einfluß auf die Leistung eines solchen Arbeitsteams haben als die Leistungsunterschiede zwischen dem besten und dem schlechtesten Bagger [4].

Es lohnt sich immer, mit der Stoppuhr bei der Hand zu sein und Totzeiten durch bessere Organisation zu reduzieren. Auch das gehört zur Optimierung des Betriebes.

4. Schnelleres Laden
Das Beladen der LKW durch Bagger oder Radlager (die bei uns meistgebrauchte Transportmethode) nimmt allein durch das Schwenken bzw. Fahren von der Wand hin zum Fahrzeug sehr viel Zeit in Anspruch. Da die Fahrzeuge in erster Linie ihr Geld mit dem Transport von Nutzladung verdienen, sollte der Aufenthalt an der Lade- und Entladestelle möglichst kurz sein. (Es ist auch hier ähnlich wie mit dem Verkehrsflugzeug: Es soll fliegen und so wenig wie möglich am Boden stehen!)

1.9
Hochleistungs-Ladegeräte: der Bandlader ($14 m^3$ in 30 sec.)

Neue Möglichkeiten weist z.B. der Bandlader auf, der einen $14 m^3$-Hinterkipper in 30 Sek. belädt – statt der 2,5 Min., die ein $2 m^3$-Bagger dazu braucht (Bild **1.9**).

5. Rollende Transportketten
Der Electric Digger – aneinander gekoppelte Scraper mit Elektroantrieb über Nabenmotore mit einer „Lokomotive" als rollendes Kraftwerk mit Führerstand – zeigt eine andere Möglichkeit der Leistungssteigerung auf: Das Gerät wird zwar nicht schneller, aber statt der sonst üblichen $20 m^3$ pro Fahrer werden nun 60 oder 80 und mehr m^3 in der gleichen Umlaufzeit transportiert, und das gibt 3 bis 4 mal so viel Leistung pro (lohnintensiven) Maschinist (Bild **1.10**).

1.10 Der Electric Digger. (Scraper-) Güterzug auf Reifen mit (hier) $3 \times 20 m^3$ Inhalt

6. Mehr Zeitüberwachung
Hier könnte der Erdbau noch beim Hochbau in die Lehre gehen. Dort ist das Ausmerzen auch der letzten Verluste (z.B. bei den Schalarbeiten) die Quelle wirtschaftlichen Erfolges. Auch der Erdbau in seiner jetzigen Form könnte eine solche „Verlustzeitforschung" gut vertragen. Vor allem aber sollte man kritisch zu den gemessenen und gestoppten Zeiten stehen und stets fragen: Geht es nicht noch schneller? Es muß nicht sein, daß große Geräte langsamer sind; es muß nicht sein, daß sich kleine Löffel schlechter füllen als große, und es muß auch nicht sein, daß die spezifische Leistung der Geräte (m^3/h pro m^3 Löffelinhalt) schlechter wird, je größer sie sind [5].

7. Mehr Verständnis für die Maschinen
Das betrifft nicht nur das Ich-Du-Verhältnis des einzelnen, sondern auch die Art und Weise, wie man die Maschinen einsetzt. Man kann einen Raupenbagger 8 km „zu Fuß" marschieren lassen, kann ihn aber auch schnell mit dem Tieflader an sein neues Ziel bringen. Man kann 80 SKW sich mühsam und träge über schlechte Baustraßen quälen lassen oder deren Transportleistung schlagartig steigern, wenn man einen Grader zur Instandhaltung der Straßen einsetzt. Man kann schwierige Grabbedingungen (z.B. grobstückige Moräne) fast ebenso elegant mit einem kleinen, flinken wie mit einem großen, schwerfälligen und „stur" arbeitenden Bagger bewältigen. Man kann ..., man kann .... Hier gäbe es noch viele Beispiele. Vom Mensch-Maschine-System sollte man nicht nur reden, sondern man sollte es auch praktizieren. Nur so kann aus dem Grader ein feinfühliges Nivellier- und Planiergerät werden und aus dem Bagger eine echte Power-Shovel mit großer „kraftverstärkender Relaiswirkung" für die andere Komponente des Systems, den Menschen.

8. Vorbeugende Wartung
Es gehört sehr viel dazu, den Bauleuten an der Front nach einem genau festgelegten Plan – nach rechtzeitiger vorheriger Ankündigung – auch das begehrteste Gerät zu entreißen und in der Werkstatt einer fest umrissenen Inspektion zu unterziehen, alle brüchigen oder abgenutzten Teile auszutauschen und das Gerät wieder zum Einsatz hinauszuschicken, – ähnlich wie es die Reichs- bzw. Bundesbahn seit Jahrzehnten tut und wie es auch bei PKW und LKW mehr und mehr üblich wird. Die vorbeugende Wartung hat sich als unbestreitbar nützlich erwiesen und wird viel zu einer besseren Verfügbarkeit der Geräte beitragen.

9. Mehr „Kontinuum" in den Fördermethoden
Nur so sind noch beträchtliche Steigerungen in der Förderleistung möglich. Schaufelradbagger, Bandlader und Eimerkettenbagger im Verein mit Bandstraßen werden alles in allem ein zwar starreres, aber auch entsprechend wirtschaftlicheres Fördersystem – bei großen Massenbewegungen – anzubieten haben.

10. Mehr Aufgeschlossenheit für moderne Führungsmethoden
Hierher gehören zunächst: das Denken in Regelkreisen mit ihrer Rückkopplung zur Konstanthaltung der Ist-Größen, das Denken in i-j-Vorgängen und das Sichtbarmachen auch größerer, vermaschter Zusammenhänge über den Netzplan und dessen sinnvolle Benutzung zur zeitlichen Steuerung der Ablaufvorgänge, das Denken in Warteschlangen und das Sehen von Schaltern und Engpässen und deren Abfertigungskapazitäten, die Anwendung systemtechnischer Praktiken bei Problemlösungen! Das sollte eigentlich selbstverständlich sein, denn diese Hilfsmittel sind andernorts bereits erfolgreich im Gebrauch [6] [7] [8].

Sie geben zudem die Möglichkeit, die Probleme nicht nur qualitativ anzusprechen, sondern auch quantitativ zu lösen; es gibt Rechenmodelle, die gebrauchsfertig in der Schublade liegen!

Dann aber sind es auch neue, oft noch sehr „futuristisch" erscheinende Denkweisen, wie etwa die Automatisierung bestimmter Arbeitsvorgänge an Baumaschinen (etwa der Füllvorgang bei Scraperkübeln) und der Ersatz des Maschinisten durch Automaten, die die Maschinen nach eingegebenen Programmen steuern. Da ist das weite Gebiet der Prozeßsteuerung mit dem „Kommandogerät" auf der Baustelle, das alle relevanten Betriebszustände schnell zu simulieren und durchzurechnen gestattet, und das auch solche Probleme einwandfrei löst, die der Mensch bisher nur intuitiv klären konnte wie etwa: Wann ist der wirtschaftlich günstigste Zeitpunkt, an dem der Scraper-Betrieb bei Regen eingestellt werden muß?

Die Zukunft im Erdbau wird sicher anders aussehen, als man sie sich jetzt vorstellt. Da wird der Bauleiter in seiner Baracke, einem mit hochsensiblen Meßgeräten ausgerüsteten Prozeßleitstand, sitzen und – ähnlich wie in der Kommandozentrale eines Kraftwerkes – die Betriebsvorgänge mit roten und grünen Signallampen, Zeigerausschlägen und Schalthebeln steuern, während draußen auf der Baustelle wesenlose Automaten („der Roboter als Baumaschinist") die Massenförderung bewerkstelligen. Auch hier hat „die Zukunft längst begonnen".

1.7 Die Problematik

Versucht man nun, ein Fazit aus dieser einführenden Betrachtung zu ziehen, so können die folgenden 10 Punkte als besonders wichtig herausgestellt werden:

1. Möglichst genaue Bodenkennzeichnung, auch im Hinblick auf die Witterungsempfindlichkeit.

2. Richtige Gerätewahl, insbesondere eine harmonische Zusammenstellung und Abstimmung der einzelnen Gerätegattungen, die auf Zusammenarbeit angewiesen sind.

3. Sorgfältige Planung des Baustraßennetzes und dessen laufende Anpassung an die sich ständig ändernde Erdbaustelle.

4. Steuerung der einzelnen Betriebspunkte im Sinne einer optimalen Geräteausnutzung; Vermeidung von Warteschlangen, Flaschenhälsen, Staus; gleichmäßige Ausnutzung der einzelnen Schalterkapazitäten.

5. Auswahl fähiger Maschinisten – mit „goldenen Händen" für den Umgang mit den Modellierwerkzeugen.

6. Fähiges Führungspersonal, das modern denkt, aufgeschlossen für alle Neuerungen ist und das Talent mitbringt, den „Betrieb" einer Erdbaustelle in Schwung zu halten.

7. Laufende Instandhaltung der Maschinen mit periodischer Überprüfung ihres Betriebszustandes nach einem festgelegten Schema.

8. Richtiger Ansatz und Einsatz der Maschinen, Anpassung der Arbeitskinematik an die besonderen Gegebenheiten der Baustelle.

9. Wirksame Kontrolle des gesamten Baustellenbetriebes: Wo ist der Transportverkehr zähflüssig, wo stockt er? Direkter Kontakt mit dem einzelnen Maschinisten vom Befehlsstand aus per Funk!

10. Unmittelbare Überwachung der Bauvorgänge durch die „Fieberkurven" der Leistungskontrolle. Der Akzent liegt hier auf „unmittelbar", d.h.: sofortige Rückkontrolle und unverzügliches Eingreifen bei sinkender Förderleistung.

Die Erdbaustelle ist ein sehr mobiler und dynamischer Betrieb und verlangt ein unmittelbares Führen „auf dem Gefechtsfeld". Der Einfluß des Bodens, dessen Zustand sich ständig ändern kann, schlägt unmittelbar durch auf das sehr wirksame Kontrollinstrument der Spielzeit oder Umlaufzeit. Dort muß man den Puls fühlen und messen, wenn man das Reagieren des Betriebes auf die wechselnden Betriebszustände unmittelbar erkennen und sofortige Maßnahmen daraus ableiten will. Jede Baustelle sollte bestimmte „Leitprozesse" haben (z.B. die Gewinnung des Materials im Einschnitt), die die „Sensoren" für die optimale Steuerung des Gesamtbetriebes tragen. Das ist die spezifische Struktur der Führungszentrale einer Erdbaustelle!

Die folgenden 4 Bilder (**1.**11 bis **1.**14) sollen noch einmal „optisch“ die Schwerpunkte herausstellen, die den Wesensinhalt des maschinellen Erdbaus ausmachen:

die Maschinen und
die Maschinisten,
den „Betrieb“ und seinen
verantwortlichen Bauleiter.

1.11 Der mobile Gerätepark einer Staudammbaustelle

1.12 Ohne sie läuft nichts: die Maschinisten (hier: Baggerführer Stoll)

Man könnte es auch anders sagen:

die Instrumente,
die Musiker,
das Orchester und
den Dirigenten!

1.13 Die „Ameisen“ im Betrieb: Materialeinbau beim Staudamm Göschenenalp

1.14 Blick vom Feldherrnhügel: Bauleiter R. Spycher und „seine“ Baustelle, der Staudamm Göschenenalp (hier: Aushub der Baugrube für den Dichtungskern)

2 Grundlagen

2.1 Systematik

2.1.1 Das Bausystem

2.1.1.0 Überblick

Erdbau ist immer eine Massenbewegung von *A* nach *B* über eine Entfernung *L*. Neben der Gewinnungsfestigkeit und der Verdichtungswilligkeit des Bodens – die erhebliche Leistungsschwankungen verursachen können – steht die Länge der Transportdistanz als wesentliche Größe zur Bestimmung von Leistungen und Kosten im Vordergrund.

Genauer genommen geht es nicht nur darum, den Boden zu bewegen, sondern er muß regelrecht „umgelagert" werden, wobei der Endzustand in *B* möglichst dem Ausgangszustand *A* gleichkommen soll und dazwischen nur der Transport liegt. Zu dieser Massenumlagerung ist notwendig:

– das Herauslösen der Massen aus dem Ausgangszustand (meist gewachsener Zusammenhang oder natürliche Lagerung);
– der Transport von der Gewinnungs- zur Einbaustelle über eine mehr oder weniger große Distanz;
– der Wiedereinbau in möglichst kompaktem und festem Zustand;
– das Profilieren der Einschnitts- und Auftragsfläche nach der vorgegebenen Form des Bauwerks.

Schon an dieser Stelle soll eine moderne Disziplin aus dem wissenschaftlichen Bereich ins Spiel gebracht werden, auf die weiter unten (Abschn. 2.2.1) noch näher eingegangen wird: die Systemtechnik.

Systemtechnisch betrachtet ist jede Bauausführung ein „Handlungssystem". Dieses ist stets mit einem Ziel- und einem Sachsystem gekoppelt. „Zielsystem" ist in der Bauausführung sehr häufig die Minimierung von Zeit und Kosten, „Sachsystem" ist das Bauwerk (z. B. ein Staudamm), und „Handlungssystem" ist die Massenumlagerung. Im Klartext heißt das: Es soll (als Beispiel) ein Staudamm (Sachsystem) mit einer Baustellenorganisation (Handlungssystem) für die Massenumlagerung möglichst schnell und möglichst billig (Zielsystem) gebaut werden.

2.1.1.1 Das Handlungssystem

Wesentliches Merkmal des Handlungssystems im Erdbau ist die Massenumlagerung. Und dieses System läßt sich wieder betrachten:

– in seiner Struktur,
– in seinem Funktionieren,
– in seiner Hierarchie,
– in seiner Kybernetik.

Die Struktur (Bild **2.1**) läßt sich zurückführen auf die sehr einfache Grundform: die Gewinnung des Materials im Einschnitt *E*, den Transport über die Strecke *L* und den Einbau im Auftrag *A*. Das ist letzten Endes ein Materialflußproblem. Zusätzlich gibt es zwei wesentliche Varianten: Da bei einer Erdbewegung immer ein „Massenausgleich" angestrebt wird (also die im Einschnitt gewonnenen Bodenmengen auch im Auftrag wieder unter-

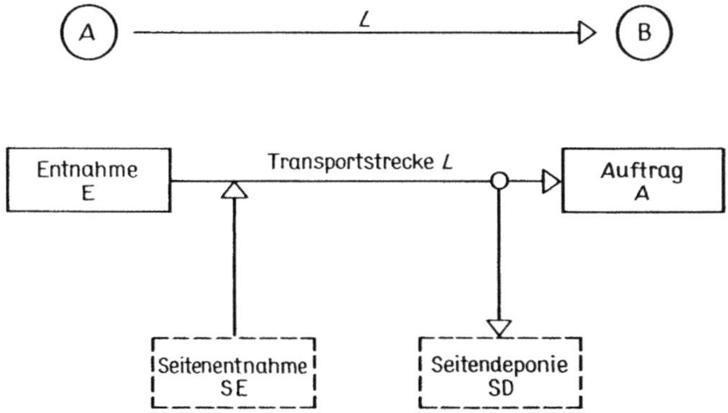

2.1
Struktur der Massenumlagerung

gebracht werden können), kann es vorkommen, daß entweder im Einschnitt Material übrig ist – dann muß es in einer „Seitendeponie" (SD) untergebracht werden (man sieht solche Seitendeponien sehr oft neben Bahn- und Straßendämmen) –, oder daß man für einen Auftrag zusätzlich Material herbeischaffen muß, und zwar aus einer „Seitenentnahme" (SE). Damit ist eigentlich schon alles ausgedrückt, was die Struktur einer Erdbauaufgabe prinzipiell beinhaltet.

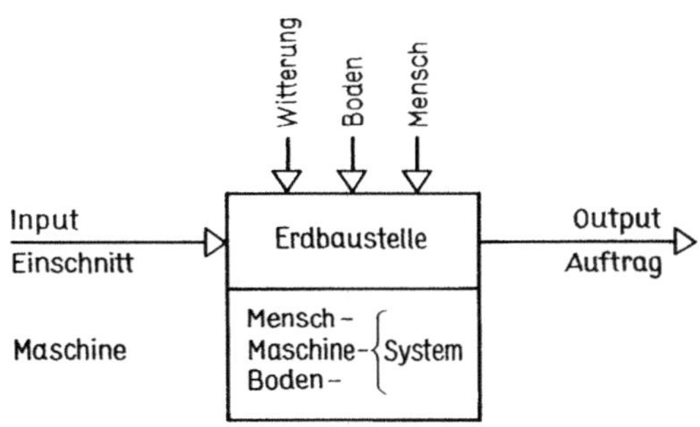

2.2
Der funktionale Zusammenhang auf einer Erdbaustelle

Das Funktionieren einer Erdbaustelle ist in Bild **2.2** dargestellt. Das System (hier: das technische Bausystem) verwandelt den als „Input" gewonnenen gewachsenen Boden des Einschnitts – unter gleichzeitigem Transport über eine mehr oder weniger lange Förderstrecke – in eingebauten, verdichteten Boden im Auftrag (Damm). Träger (und damit die „Elemente" des Prozesses) dieser Handlung sind die Maschinen und die sie bedienenden Menschen. Das Ganze ist ein Mensch-Maschine-Boden-System, dessen Funktionieren verschiedenen Störeinflüssen unterworfen ist, die vor allem aus dem Bereich der Witterung und der schwankenden Bodenverhältnisse wie auch aus dem menschlichen Sektor kommen. Das sind die berüchtigten „Imponderabilien", die man quantitativ niemals exakt festhalten kann und die sich daher immer nur mit einer gewissen Bandbreite abdecken lassen. In diesem System sind die Maschinen die eigentlichen Aktivitäten, die die Arbeit ausführen, während die Menschen eine Steuerfunktion haben und über einen „Impulsverstärker" die Maschinen führen.

Der hierarchische Aspekt schlägt sich nieder in einer (vertikalen) Stufenleiter, die Wichtiges von weniger Wichtigem unterscheidet und jeder Funktion oder jedem Begriff ihren ganz bestimmten „Rang" zuweist. Er trennt (hier) die Systeme Mensch/Maschine/Boden trotz ihrer Verflechtung klar voneinander und ordnet sie in die jeweilige Rangstufe ein:

die Menschen:	als beweglich, denkend, führend (aktiv)	in Rang 1,
die Maschinen:	als beweglich, ausführend (noch aktiv)	in Rang 2,
den Boden:	als (passive) Materie	in Rang 3.

Die hierarchische Struktur muß umso klarer und ausgeprägter sein, je komplizierter und vermaschter das jeweilige System ist. Jeder muß seinen „Rang" haben, – muß wissen, wohin er gehört und was er zu tun hat.

Die Kybernetik der Baustelle ist in Bild **2**.3 dargestellt. Sie ist ein geschlossener Regelkreis, in dem der Bauleiter als „Stellglied" die wichtigste Funktion hat. Er muß dafür sorgen, daß das Q_{ist} unbedingt die Ziel- oder Führungsgröße (das Q_{soll}) erreicht und daß die effektiv erzielte Bauleistung (das Q_{eff}) möglichst groß wird. Dazu steht ihm die Baustelle als Regelstrecke zur Verfügung, die verschiedenen Störgrößen unterworfen ist.

Praktische Anwendung finden diese Überlegungen beim Aufbau der Transport-, Organisations- und Befehlsstruktur einer Baustelle, also bei der Entwicklung eines in sich ausgewogenen Systems für die Gesamtoperation. Wenn der oder die operativen Leitgedanken festliegen, müssen die Wege des Operierens fixiert und in praktikable organisatorische und führungstechnische Strukturen umgedacht werden.

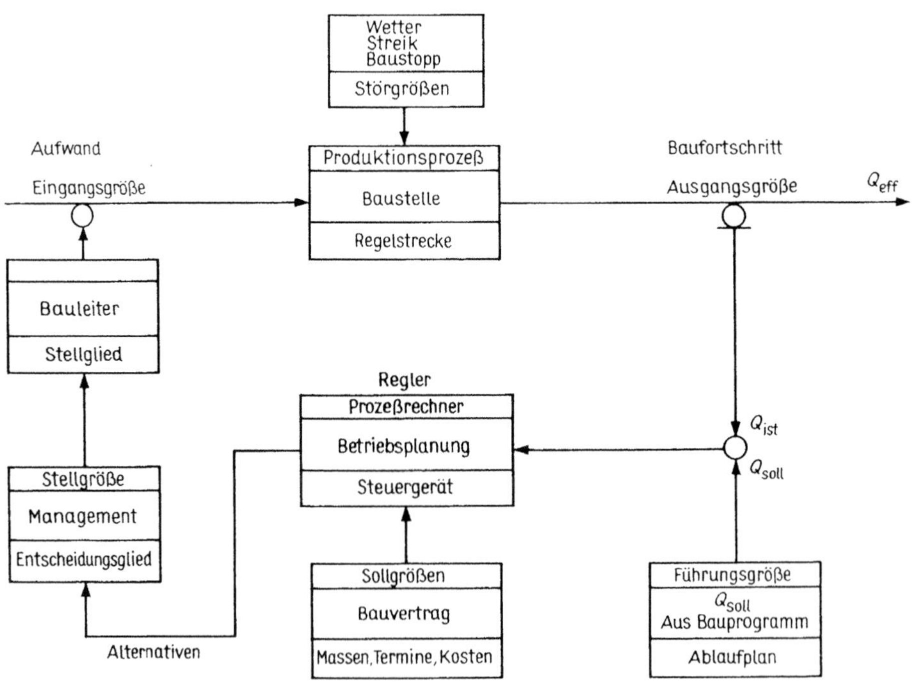

2.3 Das Kybernetische System einer Erdbaustelle

Das ist am Beispiel eines Staudammes [67] in Bild **2.4** dargestellt. Die Basisstruktur zeigt den Materialfluß von *E* nach *A*. Ein Teil des Materials von *E* wird jedoch abgezweigt, wird an einer Aufbereitungs- und Mischanlage veredelt und erst dann bei *A* nach besonderen Vorschriften eingebaut. Die Entnahme setzt sich aus verschiedenen Gewinnungsstellen für das Rohmaterial (Schutthalden S 0 bis S 5) zusammen, das in den beiderseitigen Stützkörper des Dammes eingebaut wird.

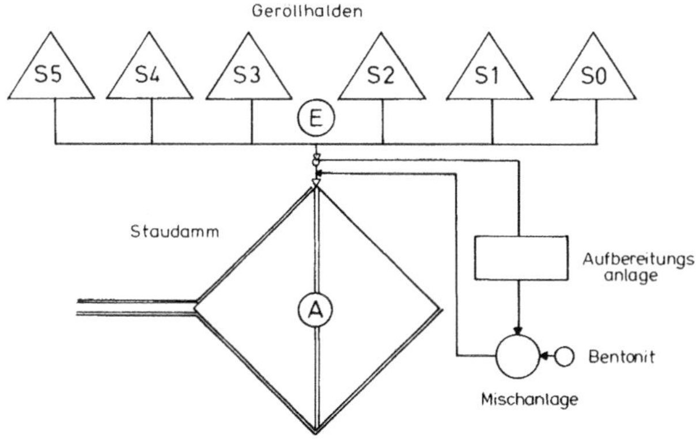

2.4
Die Transportstruktur einer Staudammbaustelle

Man gewinnt bei einer solchen Darstellung schon konkrete Vorstellungen über die betrieblichen Schwerpunkte (hier: Schutthalden – Dammeinbau – Aufbereitungsanlage) und deren personelle Organisation. Im weiteren Verlauf wird dann alles „ausentwickelt", und so ergibt sich z.B. für die Aufbereitungsanlage (die das Filtermaterial herstellt und die Kerndichtung mit Tonpulver mischt), die Endfassung nach Bild **2.5**.

Die Befehlsstruktur ist in Bild **2.6** dargestellt. Dort werden die obigen Ausführungen am besten verdeutlicht:

Die Struktur ist zu erkennen an den Kästen und Verbindungslinien.

Der funktionale Aspekt kommt dadurch zum Ausdruck, daß jedem „Kästchen" bestimmte „Gehilfen" zugeordnet sind.

Die Hierarchie ergibt sich aus der vertikalen Abstufung der Ebenen in Ränge.

Die Kybernetik schlägt sich nieder in der vertikalen Anordnung des Organogramms: Auf den Verbindungslinien finden die Rückkoppelungen im Regelkreis in Form von Anordnungen, Informationen und Kontrollen statt.

So ist das Funktionieren des Gesamtsystems gewährleistet:
- Alle Funktionen sind in sich abgeschlossen;
- der Informationsfluß „geht durch", von oben nach unten wie umgekehrt;
- die Flexibilität ist gewährleistet, man kann die Struktur „ausbauen", anpassen an die Größe und die Veränderungen der Baustelle; und
- die Regelkreise werden in ihrer Funktion durch die Rückkoppelungen sichergestellt.

Näheres zur Systemtechnik: [6].

Bild **2.7** zeigt eine Aufnahme des gesamten Baustellensystems, wie es dann in das Gelände hineingelegt wurde.

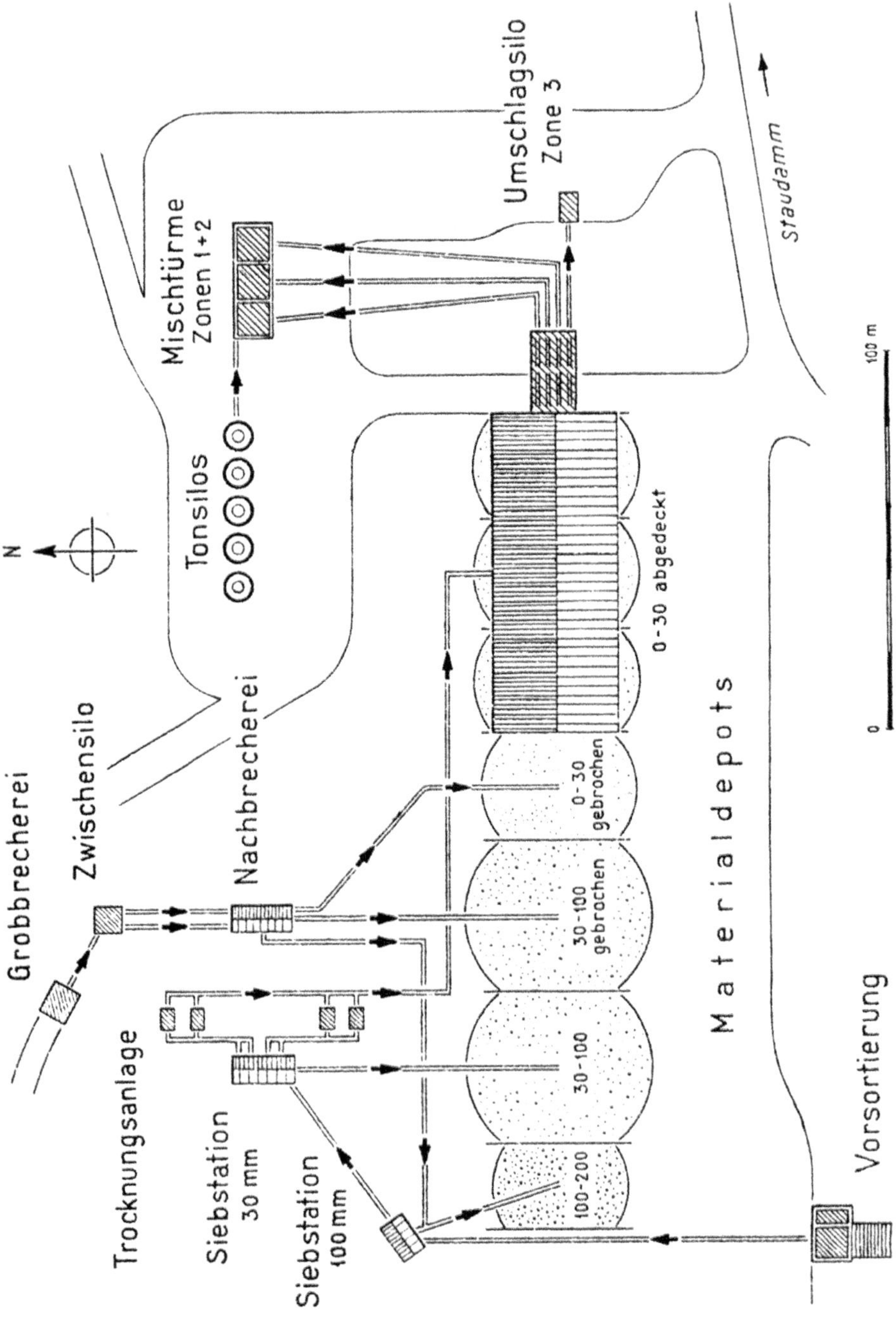

2.5 Materialfluß in einer Aufbereitungsanlage

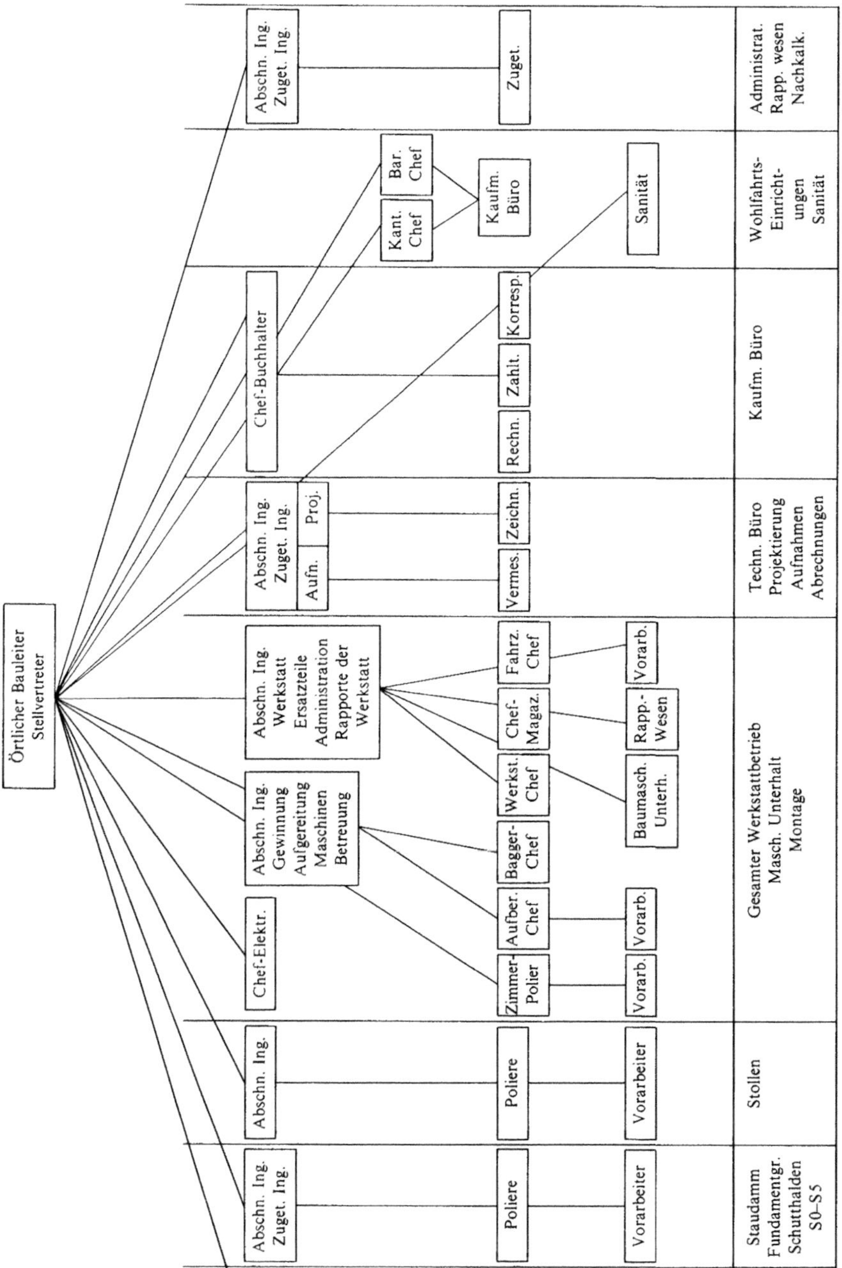

2.6 Die Befehlsstruktur einer Staudammbaustelle

2.7
Die Aufbereitungsanlage aus Bild **2.5** mit einem Teil der Geröllhalden (links oben) (Göschenenalp)

2.1.1.2 Beispiel Straßenbau

Man kann jeden Straßenbau (sofern es sich um das Herstellen der Trasse mit Einschnitten und Aufträgen handelt) mit einer chirurgischen Operation vergleichen. Die Ähnlichkeiten sind verblüffend:

Betrachtet man eine Straßenbaustelle vom Flugzeug aus, so ergibt sich ein Anblick nach Bild **2.8**. Aus einem riesigen dunkelgrünen Waldgebiet heben sich dünne, rötlich-gelbe Streifen mit zerfransten Rändern, verlaufenden Flächen und verschwommenen Knotenpunkten ab: Dämme und Einschnitte, die sich mitten durch die Landschaft ziehen. Das Operationsfeld zeigt die Geländeoberfläche, darunter das Operationsmaterial, das herausgenommen und an anderer Stelle wieder eingebaut werden muß.

Am frischen Grün erkennt man noch die Narben der verschiedenen Eingriffe. Und zeigt sich weiter hinten schon die fertige Straße, so lassen sich Übergänge zwischen Einschnitten und Aufträgen noch gut erkennen.

Das Operationsfeld wird von einer „Haut" bedeckt. Sie besteht aus einer Humusdecke und ist mit Bäumen, Gestrüpp und Sträuchern überzogen. Diese Haut muß entfernt, die eigentliche Bodenmasse muß freigelegt werden, bevor man mit der Haupt-Operation beginnen kann. Dann erst kann man „Einschnitte" machen, – Massen herausnehmen, transportieren und an anderer Stelle wieder einbauen.

2.8
Das Operationsfeld einer Straßenbaustelle

2.1.1.3 Die Operationsphasen

In der praktischen Durchführung einer Erdbauoperation sind – in der zeitlichen Reihenfolge gesehen – 10 Phasen zu unterscheiden:

1. Freimachen der Baustelle
2. Mutterbodenabtrag
3. Lösen des Materials
4. Laden
5. Transportieren
6. Abkippen
7. Verteilen
8. Verdichten
9. Profilieren
10. Mutterboden andecken

Diese 10 Phasen (von denen wieder jeweils mehrere zu einer größeren Operation zusammengefaßt werden können) bilden die Stufen für das operative Vorgehen.

Das obige Schema gibt auch den Takt an, nach dem jeder Eingriff im Erdbau abläuft, und ist eine gute Hilfe bei der Suche nach den Methoden und Werkzeugen für eine bestimmte Lösung. Man zerlegt den gesamten Arbeitsablauf (also schon beim Durchdenken einer künftigen Ausführung) in einzelne Operationsphasen, faßt hier und da verschiedene Phasen zu übergeordneten Operationen zusammen (z.B. das Lösen und Laden zum „Gewinnen" oder das Abkippen, Verteilen und Verdichten zum „Einbauen") – und wählt dafür die zweckmäßigsten Methoden und Maschinen aus.

Systemtechnisch gesehen heißt dies: das Bausystem in einzelne Subsysteme zu zergliedern und diese wieder für sich zu betrachten (gewissermassen mit einer stärkeren Vergrößerung), wobei die zweckmäßigsten Lösungen dann zunächst für die Subsysteme ausgewählt und nach oben hin zu einer sinnvollen Gesamtlösung zusammengebaut werden.

Schon hier sei darauf hingewiesen, daß es im Erdbau keine Universalmaschine gibt, die alle 10 Operationsphasen bewältigen kann. Zwar kommen mehrere Maschinen diesem Ziel verhältnismäßig nahe (z.B. die Schürfraupe der Abb. **2.46**), jedoch ist die Palette der Einflußfaktoren (z.B. Gewinnungsfestigkeit, Transportentfernung, Verdichtungswilligkeit) so vielfältig, daß fast immer mehrere Gerätearten benötigt werden.

2.1.2 Der Baustoff

Der Baustoff „Boden" wird nicht, wie etwa Beton oder Stahl, besonders hergestellt, sondern er ist „da" und muß nur gelöst, transportiert und wieder eingebaut werden. Und das geschieht nicht in Form von Fertigteilen (wie bei Stahl) oder dadurch, daß man den Baustoff am Ende eines Fertigungsprozesses in eine Form – hier: Schalung – gießt (Beton), sondern die Masse selbst muß in einem bestimmten Bearbeitungsprozeß geformt, genauer gesagt: umgeformt werden.

Im Gegensatz zu Beton oder Stahl hat der Boden im Rahmen des Bearbeitungsprozesses keine klar definierten Stoffeigenschaften. Es ist kein B 25 oder kein St 37, sondern eben „schwach bindiger Sand" mit einer bestimmten Gewinnungsfestigkeit und Einbauwilligkeit, aber quantitativ liegt hier nichts fest! Und dazu kann ein bestimmter Boden während des gesamten Bauablaufes „mal so, mal so" sein. Er macht auf jeden Fall während der Bearbeitung verschiedene Zustandsformen durch und wird laufend von den Umweltbedingungen (Klima, Regen) beeinflußt.

Schon von der Bodenmechanik her ist bekannt, daß rolliger Boden locker oder dicht gelagert auftreten kann, daß bindiger Boden in Konsistenzstufen von breiig bis hart ansteht, – und dabei sind das dann jeweils nur die Ausgangszustände für die Bearbeitung. Während der Bearbeitung – die hier im eigentlichen Sinne interessiert – sind mindestens drei Zustandsformen zu unterscheiden:

- gewachsen (primär),
- aufgelockert (sekundär),
- verdichtet (tertiär).

Dabei handelt es sich immer um den „gleichen" Boden. Die Beschreibung der Bodenart ist schon problematisch genug; noch viel schwieriger ist es, die jeweilige Zustandsform zu präzisieren, – aber darum kommt man bei einer genaueren Operationsanalyse und -planung nicht herum. Von daher rühren die vielen Unschärfen, Unsicherheiten und Unwägbarkeiten, mit denen der Erdbauer leben muß.

Wichtig ist auch, daß der Baustoff Boden den gesamten Umlagerungsprozeß (gewinnen, transportieren, einbauen) gewissermaßen als „Patient" mitmachen muß, wobei es darum geht, ihm diese Bearbeitungsprozedur mit einem Minimum an Kraftaufwand aufzuzwingen. Er muß „bearbeitet" werden, und dazu ist eine ganz bestimmte Technik erforderlich. Man denke etwa an den Füllvorgang des Schürfkübels; mit Gewalt ist da nichts zu machen! Gute Kübelfüllung (und sie ist wichtig für die Leistung) erzielt man nur durch elegante Ausnutzung aller technisch gegebenen Möglichkeiten.

2.1.3 Die Bauwerke

Die Bauwerke im Erdbau kann man nach drei verschiedenen Gesichtspunkten unterteilen:

Einschnitte	Aufträge	Ausdehnung
– Gräben	– Deiche	– Punkt-,
– Kanäle	– Dämme	– Linien-,
– Gruben	– Wälle	– Flächen-
– Schächte	– Flächen	baustellen.

Typische Punktbaustelle ist z.B. eine Grube oder ein Schacht, typische Linienbaustelle die Anlage einer Straße, typische Flächenbaustelle das Herstellen von Sportplätzen, Parkanlagen, Flugplätzen.

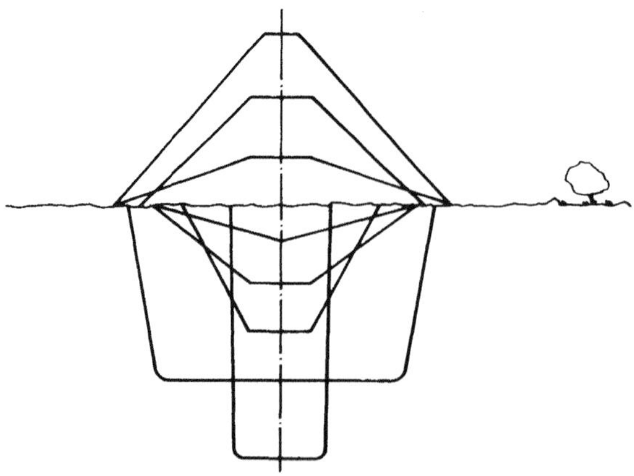

2.9 Die Grundformen der Erdbauwerke (Querschnitte)

Entscheidend für ein Bauwerk aus Erde ist seine äußere Form (die hier nicht fertig vorgegeben und nicht in einer Schalung erstellt, sondern zuletzt dem Bauwerk selbst aufgezwungen wird, indem man es planiert oder profiliert). Diese Form besteht hier nur aus Pflöcken, Latten oder Schnüren, die die geometrische Figur des Bauwerks in das Gelände übertragen.

Eine systematische Darstellung der verschiedenen Bauwerksformen gibt Bild 2.9. Diese Grundformen sind jeweils als Querschnitte gesehen und unterscheiden sich durch die Böschungsneigung. Weiter muß zwischen unsymmetrischen und symmetrischen Bauformen unterschieden werden. Bei Unsymmetrie wird der Einschnitt zum Anschnitt und die Aufschüttung zur Anschüttung usw.

Für die praktische Bautätigkeit ergeben sich dann folgende Bauwerksarten (Tafel **2.**10):

Tafel **2.**10 Die Bauwerke im Erdbau

Grundform:	Ausdehnung des Bauwerkes:		
	Linie	Punkt	Fläche
	Schlitz	Schacht	Baugrube
	Graben	Grube	Baugrube
	Einschnitt		
	Kanal	Becken	
	Fahrbahn		Fläche
	Deich	Hügel	Halde
	Damm	Schüttkegel	Kippe
	Steindamm (Rockfill)		

Zum Auftrag zählen: Molen, Deiche, Flußdämme, Sperr- und Staudämme, Verkehrsdämme usw.

Zum Aushub kann man zählen: den Bau von Schlitzen (Gräben für Schlitzwände, für Pipeline-Verlegung, für das Anlegen von Abwasserkanälen), Abflußgräben, Straßeneinschnitte, Kanäle, Flußbettregulierungen, Aufschlitzen von Eisenbahntunneln, Erweiterung bestehender Kanäle, ferner Baugruben, Tagebaue und Steinbrüche.

2.1.4 Die Baustelle

Eine Erdbaustelle ist meist von sehr weitläufiger Ausdehnung und stellt einen schwerwiegenden und langdauernden Eingriff in die Erdoberfläche dar. Die erforderlichen Zufahrts- und Baustraßen zur Aufnahme des Baustellen- und Förderverkehrs haben erhebliche Auswirkungen auf die Umgebung. Zudem kommt die Belästigung durch Staub und Lärm hinzu, die nie ganz zu vermeiden ist. Der Bauleiter einer Erdbaustelle hat es nicht leicht, mit der Umwelt „in Frieden" zu leben.

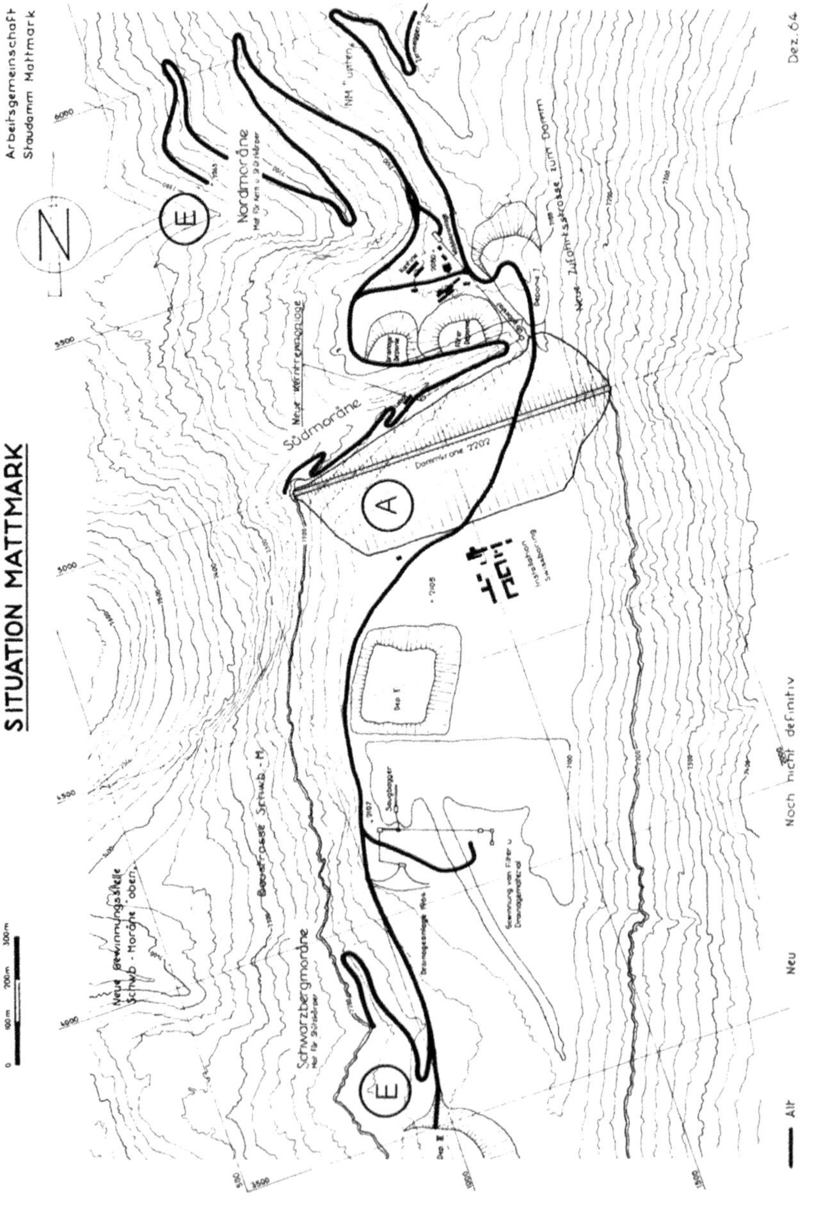

2.11 Das Baustraßennetz einer großen Erdbaustelle (Staudamm Mattmark) mit den Betriebspunkten für Entnahme Ⓔ und Einbau bzw. Auftrag Ⓐ des Materials [105]

Eine Erdbaustelle ist stets in mehrere Betriebspunkte gegliedert, die mit den zugehörigen Transportwegen untereinander verbunden sind (Bild **2.**11). So stellt jede Entnahme- und jede Einbaustelle einen Betriebspunkt dar, der von einem erfahrenen Schachtmeister, Polier oder Bauführer geleitet wird.

Auf größeren Baustellen können das schon richtige Bauabschnitte sein, denen ein Abschnittsbauleiter vorsteht. Beispielhaft sei die Entnahmestelle für Stützkörpermaterial bestimmter Abmessungen auf einer Staudammbaustelle geschildert (Bild **2.**12).

2.12
Betriebspunkt „Schutthalde S 4" des Staudammes Göschenenalp

Hier geht es nicht nur darum, die Ladegeräte richtig einzusetzen, sodaß sie zügig und ohne große zeitraubende Umsetzbewegungen das Materialvorkommen gewinnen und abbaggern können, – es ist vor allem auch Sorge zu tragen für das problemlose Heranführen der Transportfahrzeuge an die Gewinnungsgeräte. Die Fahrzeuge müssen eindirigiert, auf die freien Ladegeräte verteilt und so positioniert werden, daß die Bagger schnell und ohne langes Manövrieren ihre Ladegefäße entleeren können. Ein solcher Betriebspunkt hat sehr viel Ähnlichkeit mit einem „Schalter" aus der Warteschlangentheorie, und die ankommenden Fahrzeuge wollen so verteilt sein, daß die Schalterkapazität optimal genutzt wird.

Solche „Schalter" gibt es viele auf einer Baustelle. Auch der Schubraupenbetrieb bei den Scrapern gehört dazu oder der Planierraupeneinsatz rund um einen Bandlader, der Push-pull-Betrieb im gleislosen Erdbau und der Schüttbetrieb auf einer Dammbaustelle. Es gibt im Erdbau nur wenige Geräte, die etwa wie der Elevating-Scraper oder die Schürfraupe allein auf sich gestellt – gewissermaßen als Einzelgänger – alle Phasen der Erdbewegung von der Gewinnung bis hin zum Einbau selbst erledigen können.

Meist sind es Gruppen von Gewinnungs-, Transport-, Einbau- und Verdichtungsgeräten, die zusammenarbeiten müssen wie Artisten unter einer Zirkuskuppel, wenn eine volle Ausnutzung der Gerätekapazität gewährleistet sein soll. Das aber erfordert schon beim Planen solcher maschinellen Teams in hohem Maße Talent, viel mehr aber noch beim Dirigieren der einzelnen Geräte zu einem harmonischen Zusammenspiel in den verschiedenen Betriebspunkten.

Dazu gehört weiter, daß Platz und Raum geschaffen wird, damit die Geräte ihre Kapazität voll entfalten können. Die Fahrzeuge müssen ungehindert Zugang zu den Ladegeräten finden, dort Platz zum Wenden haben und ebenso ungehindert wieder zurückfahren können.

Sonst entstehen Flaschenhälse wie der in Bild 2.13, wo die Zufahrtsstraße so schmal war, daß zwei Fahrzeuge sich nicht begegnen konnten, daß also jeweils nur ein Fahrzeug bis vorn zum Bagger fahren konnte und die anderen am Eingang der Zufahrtsstrecke warten mußten. Die Steuerung des „Betriebes" erfordert in hohem Maße Durchblick für das Zusammenspiel, fordert „Röntgenaugen", die auch das Unsichtbare erkennen und ein besonderes Gespür für Warteschlangen, Transportknoten, Flaschenhälse und deren Vermeidung und Beseitigung haben.

2.13 Steinbruch mit Zufahrtsrampen (Gewinnung der Zuschlagstoffe für eine Staumauer)

Da Erdbau immer mit Transportvorgängen verbunden ist, gebührt dem Baustraßennetz und dessen Umlegung im laufenden Betrieb besondere Beachtung. Die Baustraßen sind das „Adernetz" der Erdbaustelle. Durch sie pulsiert der Strom der Massenförderung, und es ist keine ganz einfache Aufgabe, dieses Baustraßennetz dem Baufortschritt so anzupassen, daß jeder Straßenabschnitt möglichst lange befahren werden kann und die Zahl der Straßenumlegungen zum Minimum wird. Große Erdbaustellen brauchen heute eine eigene „Transportpolizei", die sich um alle diese Fragen kümmert und die dafür sorgt, daß der Baustellenverkehr ohne Unterbrechung rollt.

Dazu gehört auch die Sorge um feste Fahrbahnoberflächen. Der Untergrund muß drainiert, das Oberflächenwasser durch Gräben und Durchlässe schnell abgeleitet und die Straßendecke zumindest gut verdichtet oder besser noch mit einem festen Belag versehen werden. Die wenigen Mehrkosten sind durch zügigen Baustellenverkehr, erhöhte Fahrgeschwindigkeit und damit höhere Transportleistungen schnell eingeholt.

Gleiches ist zu sagen über die Instandhaltung der Erdfahrbahnen. Ein Erdhobel, nach einem festen Fahrplan eingesetzt, kann Wunder wirken. Dazu kommt der Sprengwagen zum Anfeuchten der Oberfläche, um den Staub zu binden und die Verdichtung der Fahrbahnoberfläche unter dem laufenden Verkehr zu verbessern.

Ein reibungsloser Materialfluß (sprich: Baustellenverkehr) ist genauso wichtig wie leistungsfähige Lade- und Verdichtungsgeräte. Leistungsfähig mögen sie wohl sein, Leistungen erbringen können sie aber immer nur, wenn die Randbedingungen stimmen, – wenn die Partner aus dem Transportbereich sie nicht unnötig warten lassen.

2.2 Methodik

2.2.0 Überblick

Große Bedeutung hat im Bereich der Grundlagen die Entwicklung einer besonderen Methodik zur Lösung der in der Praxis anfallenden Bauaufgaben. Während der routinierte Praktiker im allgemeinen schnell zu einer sinnvollen Konzeption findet, bereitet es dem Anfänger oft große Schwierigkeiten, den Ein- und Durchstieg zur zweckmäßigsten Lösung zu finden. Aber auch für den erfahrenen Praktiker kann es von großem Nutzen sein, wenn er seine zunächst intuitiv gefundene Lösung der kritischen Betrachtung durch die „methodische Brille“ unterzieht. Schon manche Lösung hat sich dann in ganz anderem Licht gezeigt.

Immer wieder wird von der Praxis gefordert, daß der Nachwuchs möglichst schnell und intensiv lernt, „wie man an eine Aufgabe herangeht“. Dafür bietet die Systemtechnik das ideale Instrumentarium. Denn letzten Endes geht es immer um das „Finden“ neuer Lösungen für die Ausführung einer Bauaufgabe. Es ist also stets Heuristik. Und gerade dafür ist die Systemtechnik entwickelt worden.

Insgesamt gesehen gleicht die Methodik des Vorgehens etwa dem Bewegungsablauf in einer Sanduhr: Die Körnchen aus dem oberen breiten Aufnahmetrichter werden bei ihrer Bewegung nach unten immer mehr „gebündelt“ und müssen schließlich alle durch die Wespentaille der stärksten Einengung hindurch, um sich dann wieder in die verschiedensten Richtungen auszubreiten. Diese Wespentaille heißt hier: „Grundoperationen“, zu denen man mit weiten und dann immer enger werdenden Kreisen von der Massenumlagerung an sich über die möglichen Bauverfahren, die Fertigungstechnik und die Verfahrenstechnik findet, um daraus dann (nach Passieren dieser Engstelle) die zweckmäßigsten Werkzeuge und die zugehörige Operationstechnik abzuleiten.

Die Bauaufgabe wird also in verschiedene Verfahrensschritte, letztendlich in Grundoperationen aufgelöst. Und für diese sucht man die geeigneten Werkzeuge und die zweckmäßigste Operationstechnik. Man kann das Vorgehen auch mit dem Blick durch das Mikroskop mit immer stärkeren Vergrößerungen vergleichen, um dann dort das zu finden, was man sucht: die Elemente der Lösung und deren zweckmäßigste technische Ausprägung in Form von Werkzeugen, Maschinen und Methoden.

Die weitere Formierung des Fertigungssystems für eine konkrete Bauaufgabe erfolgt dann in folgenden Stufen:

1. Synthese des geeigneten Gesamtsystems.
2. Berücksichtigung der Randbedingungen.
3. Ermittlung der Leistungen des Systems.
4. Ermittlung der Kosten des Systems.
5. Installation des Systems.
6. Betrieb des Systems.

2.2.1 Ein Kapitel Systemtechnik

Nachdem in den Kapiteln 2.1.1.0 und 2.1.1.1 schon auf die Systemtechnik als Schlüssel zur Lösung von Problemen und auch bereits auf deren „Philosophie“ hingewiesen wurde, soll nun die Bedeutung der Systemtechnik im engeren Bereich, hier: im maschinellen Erdbau, veranschaulicht werden.

Um es noch einmal zu präzisieren: Die Systemtheorie sucht nach Systemen im gesamten Lebensbereich und definiert und analysiert sie nach Struktur und funktionellem Ablauf (Ziel-, Sach-, Handlungssystem). Die Kybernetik ist so etwas wie die Philosophie zur Systemtheorie und stellt deren geistigen Hintergrund dar. Beide zusammen geben dann die Grundlage ab für die Systemtechnik, die die Entscheidungshilfen und Lösungswege zur

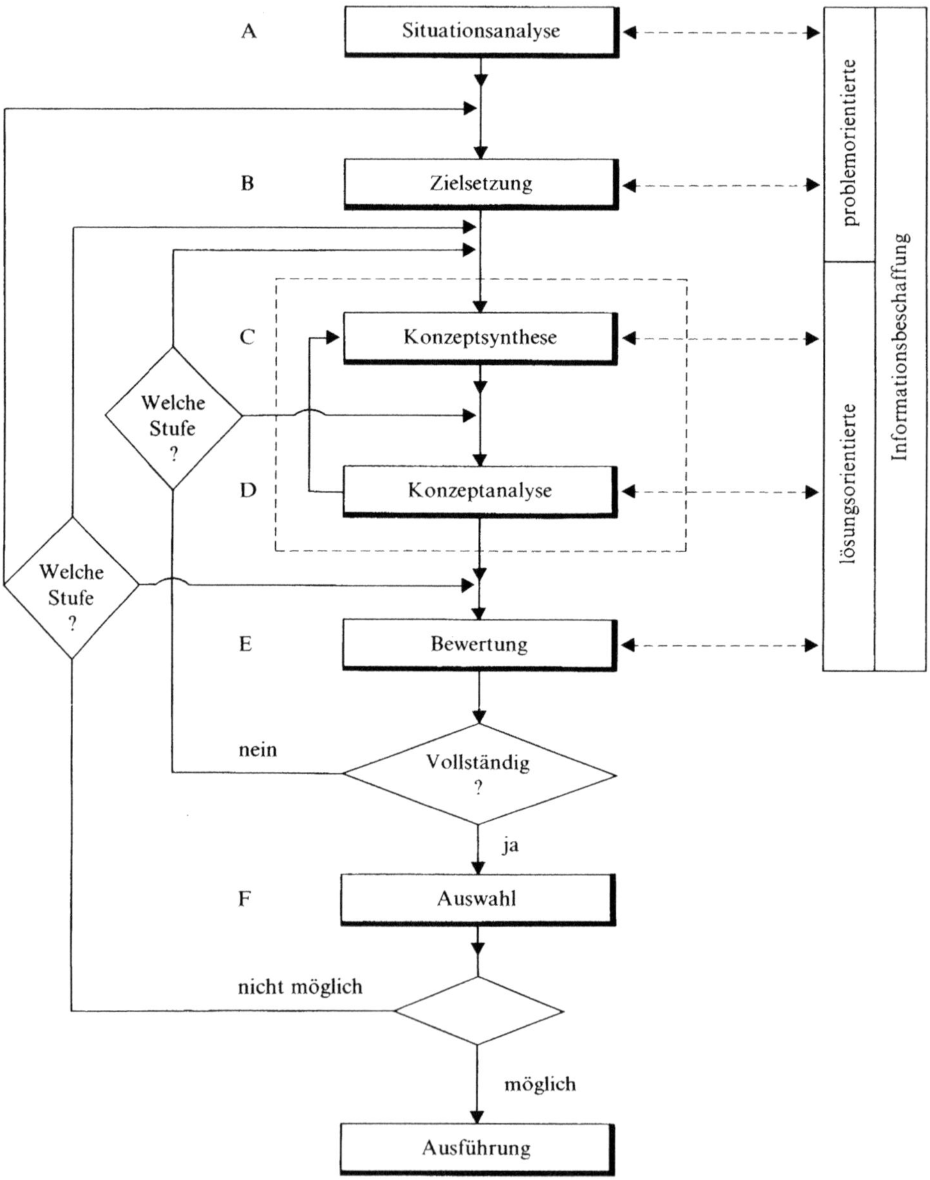

2.14 Die prinzipielle Vorgehensweise der Systemtechnik [68]

Verfügung hält. Ein Vorgehen nach systemtechnischen Grundsätzen ist also in allen Bereichen möglich. Im speziellen Fall (maschineller Erdbau) kann man hier sagen: Die Systemtechnik ist die geistige Basis jeder Führungskraft auf der Baustelle; sie schärft und erweitert

das strategische Denken,
das operative Handeln und
den logistischen Durchblick!

Die Systemtechnik ist zwar „gesunder Menschenverstand", aber doch methodisch geordnet und zu einem Instrumentarium entwickelt, das diesen gesunden Menschenverstand schnell in die richtigen Bahnen lenkt. Sie ist eine Hilfe vor allem für den noch unerfahrenen Ingenieur und stellt ein Äquivalent zu den Erfahrungen der älteren Kollegen dar. Man sollte angesichts der Systemtechnik nicht in Enthusiasmus geraten und meinen, nun sei das Problemelösen leicht gemacht. Man sollte aber auch nicht sagen, daß die Systemtechnik „nichts Besonderes" und nur ein Beispiel dafür sei, wie man gesunden Menschenverstand „verwissenschaftlichen" kann. Eine Hilfe ist sie schon, – für den einen mehr, für den anderen weniger [94].

Die Systemtechnik hat eine ganz bestimmte Vorgehensweise, um ein Problem einer Lösung zuzuführen. Sie ist in Bild **2.**14 dargestellt und besteht aus folgenden Stufen:

1. Situationsanalyse

Hier geht es um das „Aufschließen" des Problems vor allem mit Hilfe der sogenannten „black-box-Methode". Der „schwarze Kasten" muß dazu herhalten – ohne daß man sein Inneres zunächst näher kennt –, um das „Input-Output-Verhalten" des betrachteten Systems zu ergründen und aus dem registrierten äußeren Verhalten dann auf den inneren Aufbau des Systems zu schließen. Jede Baustelle ist ein System nach Bild **2.**15. Die Eingabegrößen

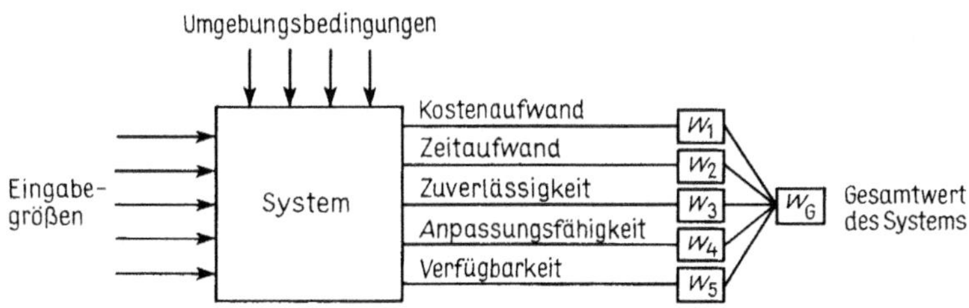

2.15 Die Einflüsse auf die Funktionsweise eines Systems [8]

(Menschen, Maschinen, Baustoffe usw.) werden in diesem System umgewandelt in Ausgabegrößen, von denen Kosten- und Zeitaufwand für die Herstellung des Bauwerks von besonderem Interesse sind. Den inneren Aufbau eines Systems zeigt Bild **2.**16, wobei die einzelnen Elemente, deren Verknüpfung und deren Funktion im Vordergrund stehen. – Das „System" einer Bauaufgabe gilt es bei der Situationsanalyse zu erkennen, wobei „ähnliche" Systeme schon ausgeführter Bauwerke zur Verdeutlichung der Zusammenhänge wesentlich beitragen können.

Zur Situationsanalyse gehört auch die Analyse der Systemumgebung, d.h. die Frage, unter welchen Randbedingungen, Umgebungsbedingungen usw. dieses System arbeiten muß

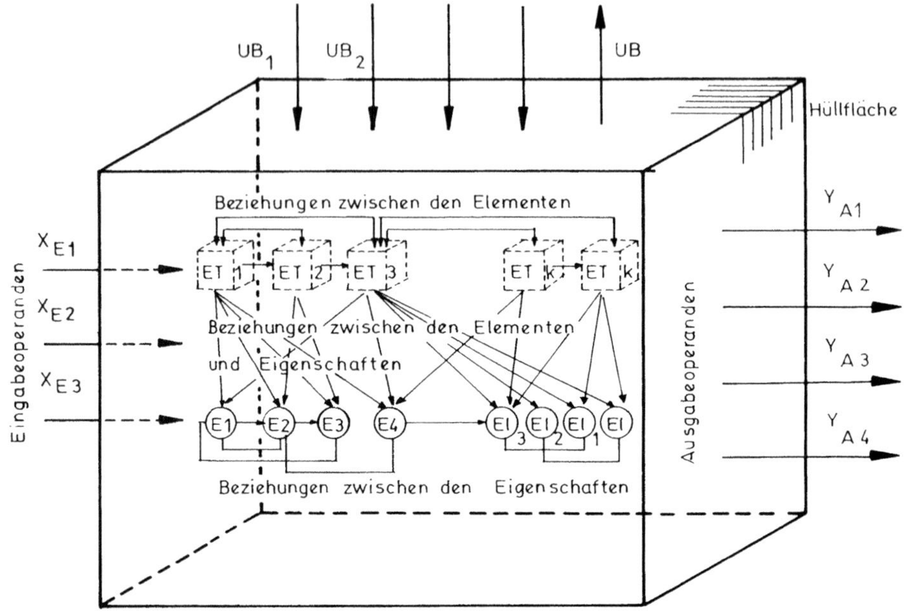

2.16 Der innere Aufbau eines Systems [80]

(hier sind das vor allem Lastannahmen, DIN-Vorschriften usw.), sowie die Funktionsdefinition, also die Beantwortung der Frage, wie das System funktionieren und was es überhaupt machen soll (hier: es soll ein Bauwerk herstellen, und zwar nach ganz bestimmten „Spielregeln").

2. Zielsetzung

Dem Zielfindungsprozeß wird in der Regel in der Praxis zu wenig Bedeutung beigemessen; das ist oft die Ursache von Fehlentscheidungen. Er soll die Frage beantworten: Was sollen wir eigentlich wollen? Es wird oft übersehen, daß auch die Ziele einen dynamischen Charakter haben. Es empfiehlt sich daher, einen formalen Zielfindungsprozeß zu durchlaufen und ihm eine angemessene Zeit wie auch eine angemessene Arbeitsenergie (Mann-Stunden) in der Gesamtplanung zuzuordnen.

Die Minimierung von Zeiten und Kosten steht also im Vordergrund. Dabei ist dann auch die „Zielhierarchie" zu klären, also die Rangordnung der Ziele und die Aufteilung des Gesamtzieles in „Subziele" (z.B. an verschiedenen Bauabschnitten).

3. Konzeptsynthese

Sie ist der eigentliche Kern des systemtechnischen Vorgehens: Sind alle Einzelheiten der Aufgabe im Vorfeld geklärt, so erfolgt der Entwurf von Lösungsansätzen. Dazu bedient sich die Systemtechnik eines sehr wichtigen Hilfsmittels: des sogenannten morphologischen Kastens (Bild **2.17**). Er enthält senkrecht die einzelnen Arbeitsvorgänge, also die Stufen der Erstellung des Bauwerkes, und waagerecht die verschiedenen Ausführungsmöglichkeiten innerhalb der einzelnen Stufen. Dieses Schema hat den großen Vorteil, daß man im Ausführungsablauf nichts vergißt und geradezu gezwungen wird, an alle Lösungsmöglichkeiten zu denken [70].

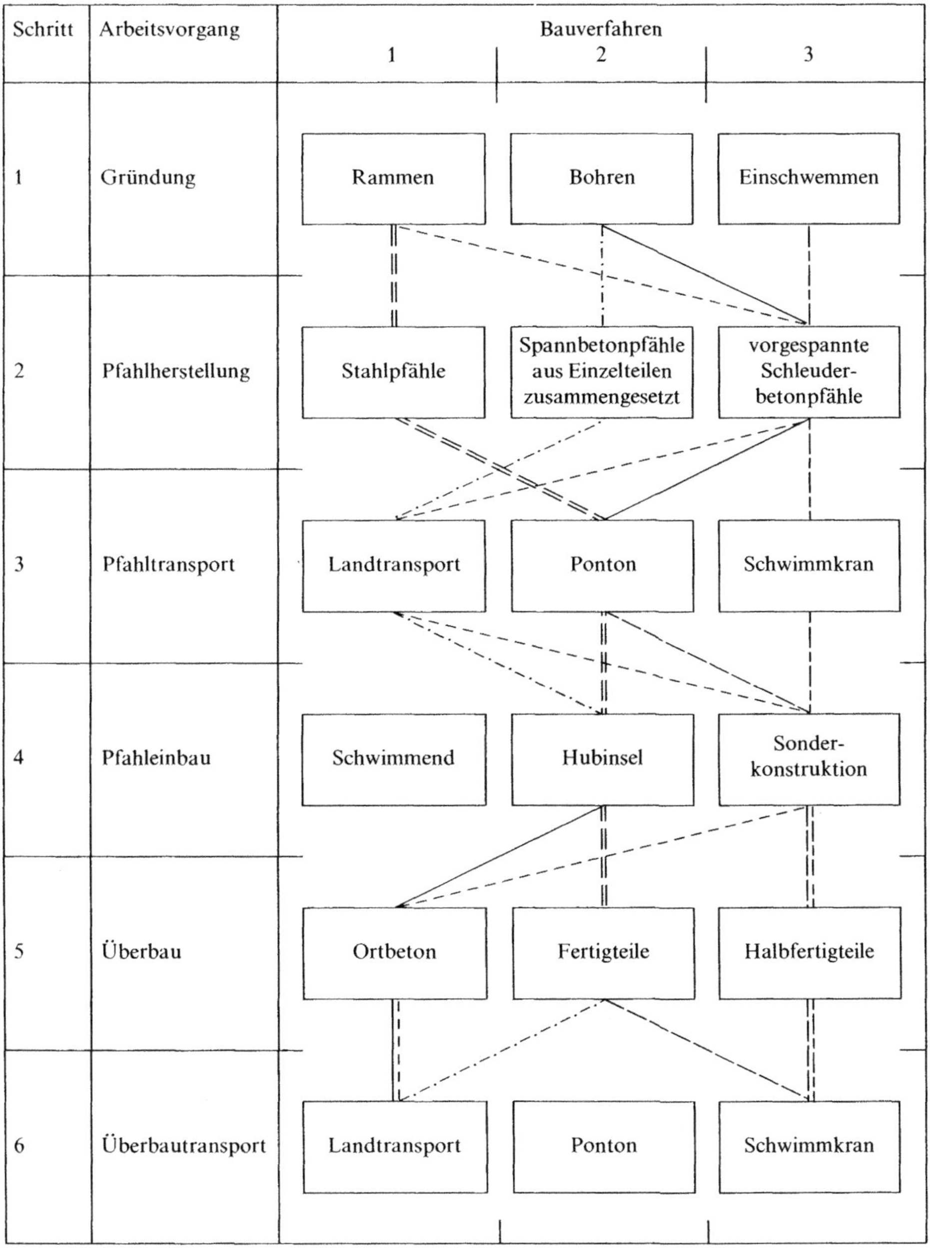

Eingezeichnete Lösungswege: Variante A ———— Variante B —·—·—·— Variante C – – – – Variante D — — — — Variante E ═════

2.17 Morphologischer Kasten (Beispiel: Seehafenbau) [9]

Ist der morphologische Kasten erstellt, so kann man einzelne sinnvoll erscheinende Lösungswege einzeichnen und erhält damit einen ersten groben Überblick, wie man das Bauwerk erstellen kann. Der morphologische Kasten soll also eigentlich nur eine Anregung sein, die eigene Kreativität richtig einzusetzen und nach neuen – besseren – Lösungen zu suchen. Auch da bietet die Systemtechnik einen festgefügten Vorgehensrhythmus, indem sie konsequent vier Fragen stellt:

1. Wie wurde es bisher gemacht (Grobstruktur)?
2. Was kann man daran ändern (an der Grobstruktur)?
3. Was kann man modifizieren (an den Elementen)?
4. Wie kann man es neu und damit besser machen?

Die erste Frage wurde mit dem morphologischen Kasten schon beantwortet. Hier wurde die Grobstruktur früherer Lösungen mit den dort schon vorhandenen Elementen übernommen. Die zweite Frage erwägt Änderungen an der übernommenen Struktur. Frage 3 überlegt, welche der übernommenen Elemente man modifizieren kann, und Frage 4 schließlich – die eigentliche heuristische Handlung – versucht herauszufinden, wie man durch gezielte Änderung bestehender Lösungen eine neue Lösung finden kann.

Auf diese Weise wird es verhältnismäßig einfach, sich „etwas Neues" einfallen zu lassen und am Ende dann in diesem Schritt mögliche Lösungen gedanklich zu erarbeiten und Alternativen zu erstellen.

Es entsteht also das Konzept der Lösung mit den verschiedenen Varianten.

4. Konzeptanalyse

Noch liegen erst verschiedene Ausführungsmöglichkeiten, aber nicht die Lösung fest. Die genauere Durchleuchtung der verschiedenen Möglichkeiten erfolgt nun in der Konzeptanalyse. Hier müssen „verträgliche Lösungen" ausgewählt und ihre Vor- und Nachteile ergründet werden. Bei komplizierten Vorgängen und immer dann, wenn man die Systemtechnik auf gehobenem Niveau verwendet, wird man „Modelle" herstellen und mit diesen experimentieren, um herauszufinden, wie das jeweilige Ausführungssystem auf diese oder jene Änderung der Eingangsgrößen reagiert. Diese „Modelle" können mathematisch-analytische Modelle, Simulationsprogramme oder Experimente sein. In unserem Fall wird es meist bei Gedanken-„Experimenten" bleiben, indem man die erarbeiteten Lösungsmöglichkeiten auf ihre Vor- und Nachteile hin abklopft.

5. Bewertung

Man kann dann einen Schritt weitergehen und die eine oder andere Frage in einer „Nutzwertmatrix" bis zu einem gewissen Grade auch quantitativ klären (Tafel **2.**18), wobei die Bewertung der einzelnen Eigenschaften allerdings subjektiven Einflüssen unterliegt. Aber es ist ein Weg, um die Vor- und Nachteile der zur Debatte stehenden Lösungen („Bausysteme") in Zahlen zu fassen [69].

6. Auswahl

Aus dieser Prozedur wird sich dann das optimale System herauskristallisieren.

Der große Vorteil dieser systemtechnisch orientierten Vorgehensweise ist darin zu sehen, daß das hier praktizierte „Ritual" dazu zwingt, alle nur denkbaren Möglichkeiten aufzuspüren und zu untersuchen, und daß man damit am Ende eine gewisse Beruhigung finden kann, nichts übersehen oder ausgelassen und wohl doch den sichersten und besten aller denkbaren Wege gefunden zu haben.

Tafel 2.18 Nutzwert-Matrix, multiplikativ aufgebaut (Zeilen * doppelt gewichtet!) (Beispiel: Werkzeuge für den Offshore-Einsatz) in Anlehnung an [68]

Prozesse	Apparate aus dem Offshorebereich bzw. Seewasserbau	Eignung für Umgebungsbedingungen 0–3	notwendige manuelle Arbeit 1–3	Umbauprobleme 0–3	notwendige Hilfsapparate 1–3	Nutzwert
schneiden oder / und Boden transportieren	Tieflöffelbagger *	2	3	3	3	108
	Hochlöffelbagger *	1	3	3	3	54
	Eimerkettenbagger	2	3	3	2	36
	Schürfkübel *	2	3	3	3	108
	Planierschild	2	3	3	3	54
Boden transportieren (hydraulisch)	Schneidkopfsauger *	3	3	3	3	162
reißen	Reißzahn	3	3	3	3	81
sprengen	Unterwasserbohrgerät (Rotary) und Taucher)	3	2	2	3	36
planieren	Planierschild	2	3	3	3	54
stampfen	Fallgewicht	1	3	3	2	18
verdichten (Druck)	Glattwalze	3	3	3	3	81
	Gummiradwalze	3	3	3	3	81
verdichten (vibrieren)	Flaschenrüttler	3	3	3	3	81
	Plattenrüttler	3	3	3	3	81

Die Veröffentlichungen [6], [7], [8] geben ausreichende Hilfestellung bei der Vertiefung in dieses (sehr nützliche) Grundlagengebiet.

Ist die Grundstruktur des Systems gefunden und hinreichend genau figuriert worden, so muß das System instrumentiert werden, damit es „funktionieren" – arbeiten –, die ihm zugedachte Funktion übernehmen kann.

Die weiterführenden Überlegungen setzen an bei den Grundzügen der Massenumlagerung, verengen sich dann – konzentrischen Kreisen mit abnehmendem Radius vergleichbar – über die Wahl des Bauverfahrens, die dazugehörige Fertigungstechnik und die entsprechende Verfahrenstechnik bis hin zu den Grundoperationen (der „Wespentaille" des methodischen Vorgehens), um sich danach wieder auszudehnen: zunächst auf die zugehörigen Werkzeuge, dann auf deren zweckmäßige Arbeitskinematik und schließlich auf die Operationstechnik, den „richtigen Umgang" mit den ausgewählten Maschinen.

Es sei ausdrücklich darauf hingewiesen, daß das hier beschriebene Verfahren (Modell „Sanduhr") zur Entwicklung einer brauchbaren Lösung für die Ausführung einer Bauaufgabe in der dargestellten Ausführlichkeit nur dort praktiziert werden muß, wo eine komplexe Aufgabenstellung vorliegt, wie sie etwa beim Bau eines großen Staudammes, eines Schiffahrtskanals, einer Autobahn oder eines Bewässerungssystems gegeben ist. Aber es ist das Grundmodell des systemtechnischen Vorgehens und in seiner Ablaufstruktur auch dort anwendbar, wo die Projekte nicht so umfassend sind. Es hat den Vorteil, daß es fast zwangsläufig zu richtigen Lösungen führt und daher gerade bei noch nicht ausreichender praktischer Erfahrung eine wertvolle Hilfe darstellt. Es ist das Grundmodell jeder Problemlösung im baubetrieblichen Bereich und damit von universeller Gültigkeit, gleich ob das zu lösende Problem klein oder groß, einfach strukturiert oder komplex ist.

Soviel zur Theorie. Doch Erdbau ist in erster Linie „Praxis". Aber gerade hier gibt es am allerwenigsten den vielzitierten Gegensatz zwischen Theorie und Praxis, denn: wer denkend handelt (d.h. nicht nur aus Intuition), der hat sich für alle seine Entscheidungen und deren Konsequenzen vorher ein Modell gebaut. Und von diesem „inneren Modell" läßt er sich leiten bei seinem Handeln auf der Baustelle, und über die einsatzbegleitende Simulation fragt er dieses Modell immer wieder nach den Folgen der Maßnahmen ab, die er anordnen will.

Das Handlungssystem ist die Massenumlagerung. Zur Umsetzung in die Praxis stehen zur Verfügung:

Die Bauverfahren,
die Fertigungstechnik,
die Verfahrenstechnik,
die Grundoperationen,
die Arbeitswerkzeuge und
deren Kinematik,
die Operationstechnik.

Die einzelnen Schritte des Vorgehens sind:

2.2.2 Massenumlagerung

Für die Massenumlagerung kommen im wesentlichen folgende Transportsysteme in Frage:

- Gleisförderung,
- Bagger-LKW-Betrieb,
- Flachbaggerbetrieb,
- Bandförderung,
- Seilförderung,
- hydraulische Förderung,
- Wurfförderung.

Dabei wieder stehen im Vordergrund:

- die Beschaffenheit des Fördergutes,
- die Tragfähigkeit des Untergrundes,
- die Förderweite.

Die Beschaffenheit des Fördergutes (Schlamm bis Fels, Sand bis grobes Haufwerk) muß vor allem bei der Auswahl des Transportgefäßes berücksichtigt werden. Seinen Einfluß auf das Transportsystem veranschaulicht Tafel **2.**19.

Hinsichtlich der Fortbewegungsart dieser Gefäße und ihrer Förderbahn ergeben sich weitere Gesichtspunkte, die von der Festigkeit (Tragfähigkeit) des Geländes ausgehen und zum zweckmäßigen „Fahrwerk" oder „Tragwerk" führen, wobei die Belastung des Untergrundes zwischen Baggermatratzen und punktförmiger Belastung durch Seilbahnstützen variieren kann (Tafel **2.**20).

Tafel **2.19** Der Einfluß des Fördergutes auf die Auswahl der Transportsysteme

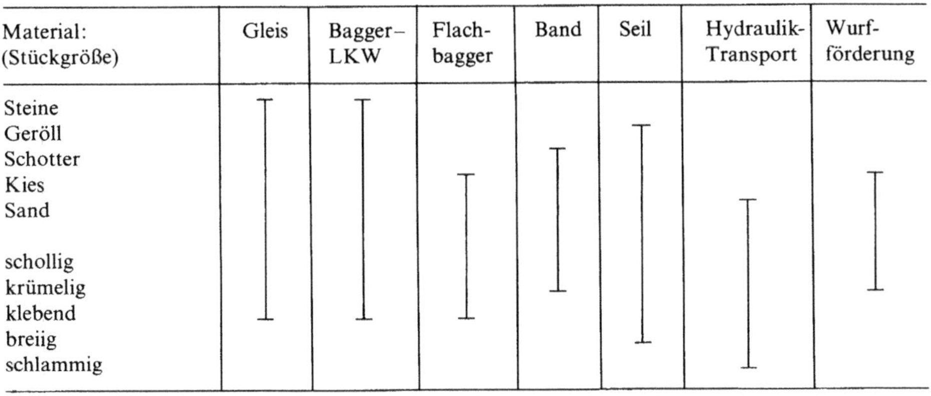

Tafel **2.20** Der Einfluß der Tragfähigkeit des Untergrundes auf die Auswahl des Transportsystems

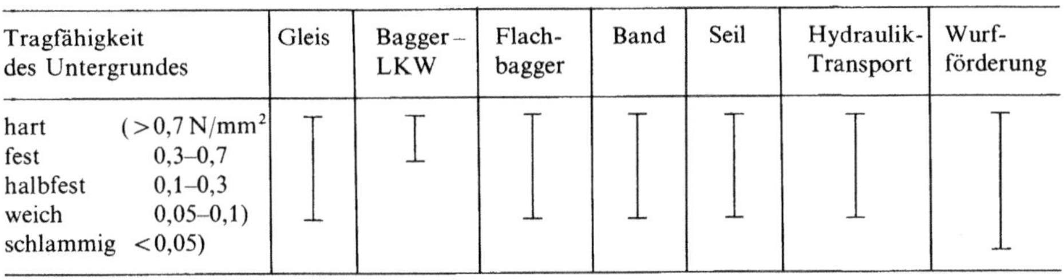

Auch die Förderweite geht in die Auswahl des Transportsystems ein (Tafel **2.21**). Über verschiedene Entfernungsbereiche (von „sehr kurz" bis „sehr weit") sind die Anwendungsmöglichkeiten der Fördersysteme verhältnismäßig klar abgegrenzt. Die wirtschaftlichen Grenzen ergeben sich in erster Linie aus der Rentabilitätsrechnung der Förderkosten jeder einzelnen Methode.

Tafel **2.21** Der Einfluß der Förderweite auf die Auswahl des Transportsystems

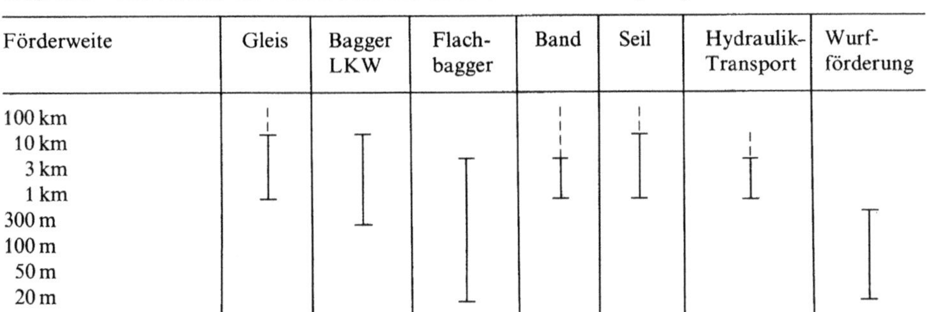

2.2.3 Bauverfahren

Die im vorigen Abschnitt erwähnten Transportsysteme stellen bei der Suche nach der Lösung so etwas wie die „Vorwahl“ beim Telefon dar, sie sind die 1. Stufe auf dem Weg zu einer konkreten Lösung, ordnen die Palette der technischen Möglichkeiten von der Transportaufgabe her und öffnen den Weg zur Wahl der geeigneten Transportgeräte.

Die Suche nach der besten Lösung ist immer eine ausgesprochene „Pfadfinderaufgabe“. Auch hier geht es darum, im Dschungel der Möglichkeiten bestimmte Öffnungen zu finden, durch die man vorankommt, und Pfade zu bahnen, auf denen man das Ziel erreichen kann.

Die Wahl des Transportmittels wird vom Baugelände her bestimmt (Entfernung, Oberflächenform, Tragfähigkeit, Hindernisse usw.).

Aus maschineller Sicht lassen sich die Möglichkeiten für den Transport der Massen ordnen nach

- der Beweglichkeit des Transportmittels,
- dem „Gefäß“ für den Transport der Massen,
- der Belastung des Untergrundes,
- der Länge der einzelnen Transportabschnitte,
- der erforderlichen Steigfähigkeit,
- den wirtschaftlichen Grenzen der Geräte.

Hier werden sich nun sehr bald bestimmte Lösungswege herauskristallisieren, die weiter analysiert werden müssen. So muß man über den Transport hinaus dann an die Gewinnung und den Einbau denken und an die verschiedenen Operationsphasen. Ebenso muß untersucht werden, ob und wieweit die Bauaufgabe in getrennte Arbeitsmethoden mit verschiedenen Geräten aufzugliedern ist.

Damit stellt sich z. B. die Frage nach Universal- oder Spezialgeräten. Universalgeräte sind im allgemeinen teuer im Betrieb, haben aber einen hohen Ausnutzungsgrad. Für Spezialgeräte gilt das Umgekehrte. Weiter ist zu untersuchen, ob wenige große oder mehrere kleine Geräte eingesetzt werden sollen. Die erste Lösung kommt mit wenigen Maschinisten aus, bedingt jedoch große Abhängigkeit vom einzelnen Gerät. Mehrere kleine Geräte geben Sicherheit auch beim Ausfall eines Gerätes, stoßen jedoch kräftemäßig sehr schnell an Grenzen und setzen ein zuverlässiges Maschinistenteam voraus.

Hier muß also eine erste Vorklärung mit Blick auf den speziellen Einsatzfall erfolgen, die dann meist schon zu einer klaren Vorstellung auch über das zweckmäßigste Bausystem (z. B. trockene oder nasse Förderung, Band-, Gleis- oder Seiltransport) führt.

2.2.4 Fertigungstechnik

Der im speziellen Fall einzuschlagende Lösungsweg wird maßgeblich beeinflußt von der Art der Bauaufgabe. Einige Beispiele sollen das verdeutlichen:

Beim Grabenaushub bestimmt das Grabenprofil die Gerätewahl: Einen flachen Graben wird man mit dem Grader, einen trapezförmigen Graben mit einer Profilschaufel oder mit dem Schürfkübelbagger (Dragline) und einen Rohrgraben mit einem Greifbagger oder einem Tieflöffel herstellen (Bild **2**.22).

Ist ein Kanalbett auszuheben, so legen die Dimensionen des Bauwerkes (Breite, Tiefe, Böschungsneigung) den Geräteeinsatz fest. Man kann den Aushub mit Schaufelradbaggern und Bandstraßen, mit großen Schreitbaggern (Walking-Draglines), aber auch mit Scrapern

2.22
Grabenaushub mit einem Profillöffel am Hydraulikbagger

2.23
Kanalaushub mit Schürfraupen

und Schürfraupen (und hier wieder im Quer- oder Längstransport) (Bild **2.**23) und schließlich auch ganz konventionell mit Baggern und LKW durchführen.

Soll ein Deich errichtet werden, so wird man nach Bild **2.**24 vorgehen: Man wird Spülkippen herstellen, darin die Massen aufspülen, sie mit Schürfkübelbaggern (Reichweite) und

2.24
Deichbau mit Dragline-Baggern und Planierraupen

Planierraupen zum eigentlichen Dammprofil hocharbeiten und dann die Feinarbeit der Profilierung den Planierraupen oder Schürfkübelbaggern überlassen.

Ein Verkehrsdamm muß wegen der erforderlichen hohen Verdichtung in dünnen Lagen Schicht für Schicht aufgeschüttet werden. Besondere Probleme entstehen hier bei der ausreichenden Verdichtung der Dammschultern und Dammböschungen, die den Einsatz von Spezialgeräten erforderlich machen (Bild 2.25).

2.25 Bau eines Autobahndammes (Verdichten in dünnen Schüttlagen). Im Vordergrund: Erdhobel zum Verteilen des Schüttmaterials an der Böschungsschulter

2.26 Schüttbetrieb im Staudammbau: In der Mitte der Dichtungskern (hell), rechts und links davon die Filterzonen (dunkel), links der seeseitige Stützkörper

Ein Staudamm, der einen zentralen Dichtungskern erhält, muß ganz anders gebaut werden. Hier konzentriert sich alles auf den sorgfältigen Einbau des Dichtungskernes und der anliegenden Filterzonen sowie auf die gute Verzahnung des beiderseitigen Stützkörpermaterials (Bild 2.26). Ebenso spielen Fragen der Materialgewinnung und der Materialaufbereitung eine große Rolle.

Immer muß man vom Bauverfahren her (d.h. von dem Ausführungsverfahren her, das am zweckmäßigsten erscheint) den Geräteeinsatz durchdenken und dabei die unzweckmäßigen Geräte eliminieren. Das ist ein sehr intensives „Bauen in Gedanken", wo immer wieder neue Vorstellungen geboren, durchdacht und auf ihre Brauchbarkeit hin überprüft werden müssen. Und wenn man dieses Bauen in Gedanken nur intensiv genug betreibt, stellen sich von selbst die sinnvollen Lösungen ein, ja: drängen sich in ihrer Zweckmäßigkeit geradezu auf! Das ist „Theorietreiben" – ein fortwährendes Betrachten der spezifischen Problematik von allen nur denkbaren Seiten her, um schließlich das „Wesen" einer Bauaufgabe zu ergründen und dabei auch die passende technische Lösung zu finden. Mit Rezepten ist hier nichts zu machen (zumindest wird man damit selten das Optimum erreichen).

2.2.5 Verfahrenstechnik

Auf der Suche nach der Lösung wird nun eine immer stärkere „Vergrößerung" gewählt: Ziel ist die Analyse bis zur „engsten Stelle" der Sanduhr, um von dort aus die Synthese aufzubauen und die zweckmäßigen Geräte auszuwählen. Die Transportsysteme steckten einen ersten groben Rahmen ab. Die Betrachtungen über die Bauverfahren versuchten schon, konkreter zu sortieren. Die Fertigungstechnik brachte Details der Bauausführung (hier: die Querschnittsform des Baukörpers) mit ins Spiel. Eine weitere Untergliederung muß nun nach verfahrenstechnischen Aspekten vorgenommen werden.

Eine Massenbewegung konventioneller Art gliedert sich im allgemeinen in die Teilleistungen

Lösen und Laden,
Transportieren,
Einbauen und Verdichten,

bzw. in noch weitergehende Unterteilungen. Sie sind die einzelnen Unterabschnitte der Gesamtleistung und werden auch später auf der Baustelle organisatorisch aufgeteilt in Bauabschnitte mit besonderen „Abschnittsbauleitern".

Systemtechnisch gesehen könnte man die Teilleistungen auch „Subsysteme" nennen, in der präziseren Arbeitsbeschreibung werden sie „Teilbetriebe" genannt. Aber es geht immer um die gleiche Sache: Jede Erdbauaufgabe läuft nach dem gleichen Schema ab, das die Reihenfolge der Hauptarbeitsgänge angibt.

Am Anfang steht das Freimachen der Baustelle, also das Abräumen des Oberflächenbewuchses (Bäume, Sträucher, Gestrüpp, Stubben) (Bild 2.27). Dann kommt der Mutterbodenabtrag, und dann erst kann „tief ins eigentliche Fleisch geschnitten", kann mit dem Abbau der zu gewinnenden Massen begonnen werden. Die Gewinnungsstelle („Entnahme") ist immer ein wichtiger Betriebspunkt, der nie ohne Aufsicht gelassen werden sollte. Denn

2.27
Planierraupe beim Freimachen der Baustelle (bush clearing)

2.28
Betriebspunkt „Entnahme" in einer großen Baugrube

hier geht es stets darum, die ankommenden Fahrzeuge möglichst schnell zu beladen und keine unnötige Fahrzeugansammlung und damit Blockierung des Betriebes entstehen zu lassen (Bild **2.**28).

Dann erfolgt der eigentliche Transport der Massen über das Gelände, vorbereitete Fahrspuren, befestigte Fahrwege oder Baustraßen bis hin zum anderen wichtigen Betriebspunkt, dem Auftrag (Kippe, Einbaustelle), mit dem Überwachen und Dirigieren der ankommenden Fahrzeuge und dem gezielten Einbau der herantransportierten Massen. Sie müssen so geschüttet und ausgebreitet werden, daß die Verdichtungsgeräte wirksam darauf arbeiten können (Bild **2.**29).

2.29
Betriebspunkt „Einbau" mit Reifenwalze zum Verdichten des Kernmaterials

Sind die eingebauten Massen abgekippt, verteilt und verdichtet, so müssen sie noch profiliert (unter Profil gebracht) und dann mit Mutterboden angedeckt werden (Bild **2.**30).

Das sind die Teilbetriebe einer Erdbaustelle: Freimachen der Baustelle – Mutterbodenabtrag – Lösen und Laden – Transportieren – Einbauen – Verdichten – Profilieren – Mutterboden andecken.

2.30
Andecken von Mutterboden mit einer Planierraupe

Je nach dem Umfang der Massenbewegung können das echte Teilbetriebe mit in sich abgeschlossenen Befehlsstrukturen oder nur Teile eines organisatorisch zusammengefaßten Gesamtbetriebes sein.

Hinzu kommen gewisse Hilfsbetriebe wie das Reißen oder Sprengen von Fels, die Böschungssicherung, das Trockenlegen und -halten der Baustelle, eine eventuelle Bodenstabilisierung, das Einbinden von Kunstbauwerken (Brücken, Durchlässe) und das Anlegen und Unterhalten von Baustraßen. An das alles muß gedacht werden, wenn ein „Bausystem" organisiert, eingerichtet werden soll.

Sind die Teilleistungen in Grundoperationen zerlegt, so ist es unschwer, die dazu notwendigen Werkzeuge und Arbeitsbewegungen und danach dann die technischen „Apparate" dafür (sprich: die Baumaschinen) zu definieren und zu präzisieren.

2.2.6 Grundoperationen

Dieser aus der Verfahrenstechnik stammende Begriff bezeichnet die Bewegungsvorgänge eines Prozesses, die nicht mehr weiter aufgelöst werden können. Die Tafeln **2.**31 bis **2.**35 enthalten diese Grundoperationen, getrennt in die Teilleistungen Lösen, Laden, Transportieren, Planieren und Verdichten.

Diese Grundoperationen müssen jeweils in einem größeren Zusammenhang gesehen werden, der wieder auch als Ordnungsprinzip gelten kann. So treten beim „Lösen" die Festigkeit des Materials in der natürlichen Lagerung, sein Zusammenhang, seine Teilchenstruktur (auch: Trennflächengefüge) und seine Konsistenz (weich, breiig, steif, fest) stark in den Vordergrund. Nach solchen Kriterien können die zweckmäßigsten Grundoperationen am einfachsten bestimmt werden.

Beim „Transport" spielt die Beschaffenheit der Fahrbahn der Transportstrecke auf der einen und die Vortriebskraft des Transportgerätes auf der anderen Seite eine maßgebliche Rolle. Beim „Laden" ist es die Beschaffenheit und Stückgröße des Materials und die Art, wie es in das Transportgefäß gebracht wird. Hinsichtlich des „Planierens" stehen das herzustellende Profil und die Profilgenauigkeit im Vordergrund. Beim „Verdichten" wieder kommt es stark auf die Stückgröße der zu verdichtenden Schüttung, auf die Elastizität der Teilchen und den Wassergehalt in den Zwischenräumen (Poren) an.

Tafel **2.**31 Grundoperationen (GO) beim Lösen

GO: **Lösen**	
Schöpfen	leicht
Saugen	
Spülen	
Greifen	
Pflügen	
Schaufeln	↑
Knippen	
Schneiden	
Brechen	
Stechen	(lösbar)
Hacken	
Fräsen	
Schürfen	
Kratzen	↓
Schrämen	
Meißeln	
Reißen	
Sprengen	schwer

Tafel **2.**32 Grundoperationen (GO) beim Laden

GO: **Laden**
Ausschütten
Anhäufen
Einpressen
Abkippen

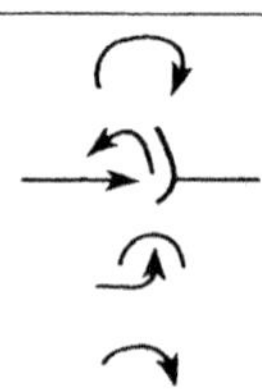

Tafel **2.**33 Grundoperationen (GO) beim Transportieren

GO: **Transportieren**
Schieben
Tragen
Rollen
Fahren
Schwenken
Werfen

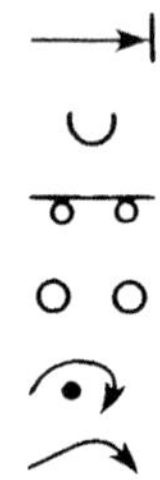

Tafel **2.**34 Grundoperationen (GO) beim Planieren

GO: **Planieren**
Verteilen
Einebnen
Profilieren (Graben)
Planieren

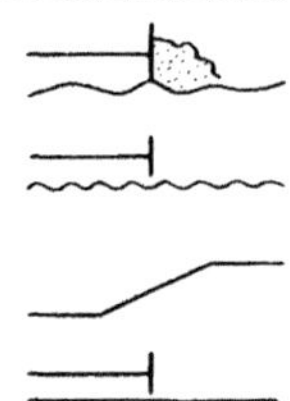

Tafel **2.**35 Grundoperationen (GO) beim Verdichten

GO: **Verdichten**
Stampfen
Walzen
Vibrieren
Drücken
Kneten

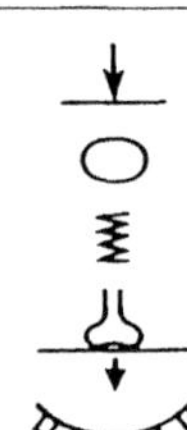

Es sei auch hier darauf hingewiesen, daß die verfahrenstechnische Denkweise mit Auflösung aller Prozesse in Grundoperationen zu einer wesentlichen Vereinfachung der Betrachtungsweise beiträgt, indem sie über die Grundoperationen Vorgänge deutlich macht und zusammenfaßt, die sich in gleicher oder ähnlicher Form bei den verschiedensten Bauaufgaben wiederfinden und die damit einheitlich und folglich sehr viel effizienter betrachtet und optimiert werden können.

Die Grundoperationen sind die Elemente des jeweiligen Bausystems, und es wird im Sinne der Systemanalyse möglich, diese Grundoperationen auf einfache Art zu ändern, zu modifizieren oder gezielt durch Neuerungen zu ersetzen und damit die Heuristik – das Finden neuer Lösungen – wesentlich zu vereinfachen. Auf diese Weise fand man z. B., als es darum ging, diamanthaltigen Sand aus engen Felsspalten herauszufördern, zu einer Fördermethode, die nur durch eben jene „gezielte Änderung" einer Grundoperation offenbar wurde: Die Grundoperation „Saugen", auf die man bei der Lösungssuche gestoßen war, führte zum Getreideheber, wie er zum Leersaugen von Schiffen verwendet wird. In abgeänderter Form wurde daraus ein erfolgreiches Werkzeug zum Heraussaugen der Diamanten aus den Felsklüften [71].

Die Grundoperationen schaffen eine breite Grundlage für die einheitliche Betrachtungsweise ähnlicher Vorgänge auf unterschiedlichsten Gebieten.

2.2.7 Arbeitswerkzeuge und Kinematik

Die Industrie bietet – wenn man es einmal umgekehrt sieht – eine Fülle von Werkzeugen für ihre Geräte an. Aber welches Werkzeug ist nun optimal geeignet für die konkrete Bauaufgabe? In Bild **2**.36 sind verschiedene Beispiele für die Spielarten im Werkzeugbereich gezeigt. Sie veranschaulichen auch, wie schwer es werden kann, die richtige Wahl zu treffen.

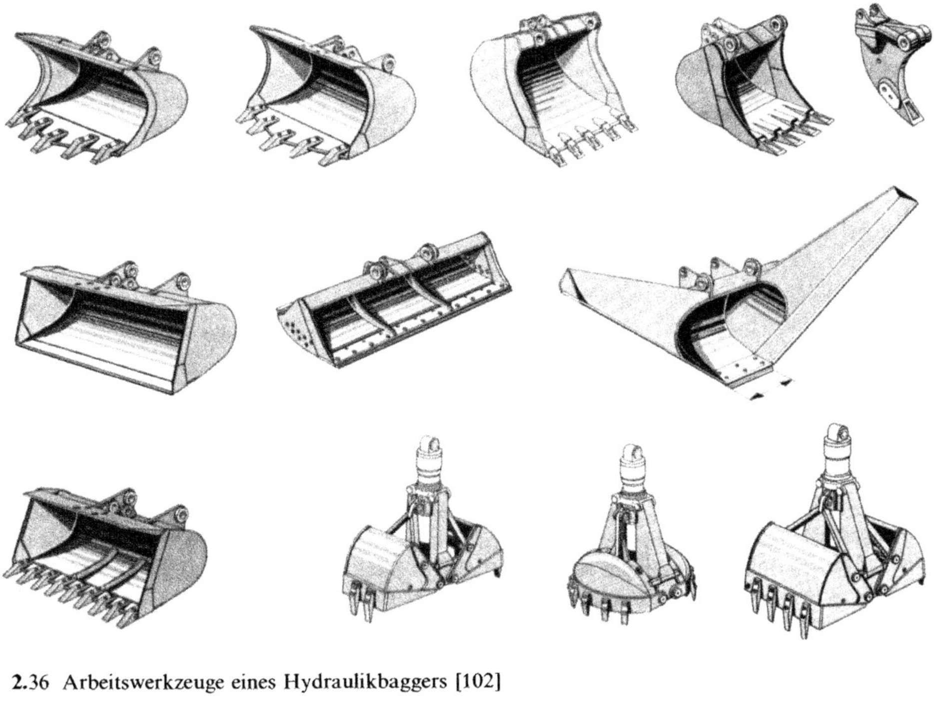

2.36 Arbeitswerkzeuge eines Hydraulikbaggers [102]

Einige kurze Hinweise seien hier gegeben:

Hochlöffel gibt es für Sand, „normalen Boden" (die Amerikaner sprechen von „Common earth") und für Fels;

Tieflöffel für normalen Boden und für Fels, für verschiedene Grabenbreiten und als Profillöffel zum Aushub jeweils bestimmter Grabenprofile;

Greifer werden außer als normale Bodengreifer auch als Polypgreifer (Mehrschalengreifer) und als Felszangen geliefert sowie in Spezialausführung mit verschiedenen Breiten (z.B. Schlitzgreifer);

Schürfkübel gibt es für Kies, normalen Boden, Fels und klebenden Boden sowie für das Arbeiten unter Wasser;

Ladeschaufeln werden für Sand, normalen Boden, gewachsenen Fels und Felshaufwerk hergestellt. Außerdem können sie den Boden durch Einstechen und „Knippen" oder greiferartige Bewegung aufnehmen.

Reißeinrichtungen (als Tieflöffel oder an Reißraupen angebaut) unterscheiden sich in Zahnzahl und Zahnstellung.

Planierschilde werden als Quer- oder Schrägschilde hergestellt. In Querschildbauart unterscheiden sie sich wieder durch Breite und Fassungsvermögen (Normal-, Fels- oder Kohleschild).

Verdichtungsgeräte arbeiten entweder mit Stampfplatte, mit Vibrationswalze, als Sprungrüttler, mit weichen Geländereifen oder Schaffüßen.

Scraperkübel unterscheiden sich durch die Breite, durch abgesetzte oder durchgehende Schneiden, gezahnte oder eingekerbte Schneideformen und unterschiedliches Kübelprofil.

Graderschilde haben unterschiedliche Breiten und Profile, können Schildneigung und Schildwinkel verstellen.

Transportmulden werden als Kipper (Hinter-, Vorder-, Seitenkipper) oder Bodenschütter gebaut.

Im erweiterten Bereich (Eimerketten- und Schaufelradbagger) ist zu erwähnen, daß hier unterschiedliche Graborgane für normalen Boden und für Fels gebaut werden. So gibt es eine Felskette, die statt der normalen mit schweren, aber kleineren Eimern ausgerüstet ist. Das Schaufelrad kann für harten Boden mit speziellen Reißzähnen und Zwischenschneiden, für klebenden Boden mit Eimern mit Kettenrückwand usw. ausgerüstet werden. Bei den Bandladern richtet sich die Bandbreite nach der maximalen Stückgröße des Verladegutes. – Insgesamt stehen für viele Erdbaugeräte unterschiedlichste Werkzeuge zur Verfügung, die eine gute Anpassung an die Einsatz- und Ladeverhältnisse ermöglichen.

Die erforderlichen Werkzeuge führen zwangsläufig zu den Geräten, die solche Arbeitswerkzeuge verwenden, – und damit zum eigentlichen Ziel des Suchens. Aus den Grundoperationen wird die zweckmäßige maschinelle Lösung synthetisiert, – zusammengesetzt, aufgebaut. Und alles weitere ist dann eine Frage des Baumaschinenmarktes, ob er die geeigneten Maschinen anbietet.

Unmittelbar im Zusammenhang mit den Werkzeugen stehen ihre arbeitstypischen Bewegungen, ihre Arbeitskinematik. Mit der Definition der Grundoperationen ist die Charakterisierung des jeweiligen Arbeitsvorganges nicht erschöpft. „Schürfen" z.B. kann man nicht nur in der Ebene, sondern durchaus auch an geneigten Flächen, „baggern" kann man im Hochschnitt wie auch im Tiefschnitt usw. Daher gehört zur Grundoperation, wenn sie zu einer zielsicheren Wahl des Werkzeuges und seiner Kinematik führen soll, die Definition der arbeitstypischen Bewegung mit hinzu.

Bild 2.37 gibt einen Überblick über die verschiedenen, im Erdbau vorkommenden Bewegungen. Verhältnismäßig einfach ist die Situation beim Transportieren und Planieren. Hier verläuft die Arbeitsbewegung immer mehr oder weniger horizontal, und beim Verdichten ist sie vertikal gerichtet. Größere Unterschiede ergeben sich schon beim Laden. Dieser Arbeitsprozeß ist zwar im Erdbau fast immer irgendwie nach oben gerichtet, jedoch kommt es hier sehr auf die Arbeitsweise des Ladegerätes an, d.h. darauf, ob der Boden von oben in das Fahrzeug hineingeschüttet wird (wie beim Lader), vor einem Planierschild durch „Hochquellen“ angehäuft oder wie beim Scraper von unten nach oben in den Kübel hineingepreßt wird.

Völlig offen ist die Situation beim Lösen. Hier ist noch immer „alles möglich“, und vom Schöpfen und Baggern über das Schürfen, Schneiden, Reißen und Kratzen bis hin zum Meißeln ergeben sich in Form und Richtung völlig unterschiedliche Arbeitsbewegungen. Sie genau zu analysieren ist enorm wichtig für die Auswahl der optimalen Arbeitskinematik der Maschinen.

Tafel 2.37 Arbeitstypische Werkzeugbewegungen

Transportieren	→
Planieren	→
Verdichten	↓
Laden	
Ladegerät	
Planierraupe	
Schürfkübel	
Lösen	
Schöpfen	
Baggern	
Schürfen	→
Schneiden	→
Kratzen	→
Hacken	
Keilen	
Meißeln	↓

Es muß noch einmal gesagt werden: Der hier beschriebene Weg ist für die „schwierigeren Fälle“ gedacht, nicht für das alltägliche Bauen. Er mag auf den ersten Blick aufwendig und umständlich erscheinen, – aber er ist „systemtechnisch“ korrekt und hat den Vorteil dieser Disziplin, daß zwangsläufig alle Möglichkeiten erfaßt und keine übersehen werden, sodaß die ausgearbeitete Lösung dann wirklich als die optimale angesehen werden kann.
Diese Art des Vorgehens (immer in Problemlösungssituationen) wird dem Anfänger stets eine Hilfe sein, sich an den Kern der Sache heranzutasten. Aber auch die versierten Fachleute müssen oft genug feststellen, daß sie die Lösung vor lauter diskutierten Möglichkeiten nicht gesehen haben und eine richtungweisende Systematik gut gebrauchen könnten, um immer wieder auf die „Hauptstraße der Gedanken“ zurückgeführt zu werden. Das ist der tiefere Sinn dieser bewußt etwas breiter angelegten Ausführungen.

2.2.8 Operationstechnik

Um den Boden umzuformen und zu modellieren, muß man mit den Werkzeugen „operieren“. Dazu gehört eine ganz spezielle Technik: die „Operationstechnik“. Ohne sie ist maschinelle Erdbewegung in großem Umfang gar nicht denkbar. Sie befaßt sich:

a) mit der Ausbildung und Ausprägung der „operativen Leitgedanken",
b) mit der Anlage der Operationen im großen,
c) mit der Verteilung des Maschinenpotentials über das Massenvolumen der Bauaufgabe,
d) mit den Regieanweisungen für die einzelnen Geräte,
e) mit dem Führen und Lenken der Instrumente im kleinen.

Im Erdbau müssen immer größere, zusammenhängende Kubaturen umgelagert werden. Diese Massen müssen für die Umlagerung „zerlegt", für den eingesetzten Maschinenpark wie für die einzelnen Geräte „zurechtgeschneidert" werden (s. Abschn. 5.1.2).

Dieses Zerlegen – das Auflösen einer großen umfassenden Operation in viele kleine Einzelschritte – ist eine der Grundvoraussetzungen für das erfolgreiche Operieren auf der Erdbaustelle. Mit möglichst wenigen Aktionen muß man zum Ziel kommen und muß die einzelnen Schritte einer Operation so aneinanderreihen, daß sie einen flüssigen Arbeitsprozeß ergeben. Bei allen mobilen Geräten ist das Operieren mit den Maschinen das eigentliche Bauen.

Diese Operationstechnik als großer umfassender Begriff für das sinnvolle Handhaben der Maschinen auf der Baustelle führt dann weiter in die Einsatztechnik (Abschn. 5.1) und die Betriebstechnik (Abschn. 5.2), wobei unter „Einsatztechnik" das Ansetzen und Einsetzen der Maschinen für eine bestimmte Bauaufgabe (also so etwas wie Bereitstellung) verstanden wird, während sich die „Betriebstechnik" mit dem „Betreiben" der Geräte, also mit den operierenden Maschinen in der Bewegung, befaßt.

2.2.9 Zusammenfassung

Weil dieses Vorgehen – das Herangehen an die Lösung bei allen größeren Bauaufgaben – im Erdbau besonders wichtig ist, seien die wesentlichen Schritte – der Fahrplan der Heuristik – nochmals zusammengefaßt:

0.	Ausgangslage:	Gegeben ist eine bestimmte Bauaufgabe.
1.	Welches Bauverfahren?	trocken – naß, spurgebunden – spurlos, kontinuierlich – diskontinuierlich.
2.	Welches Transportsystem?	Gleis – gleislos, Band – Seil – Rohr usw.
3.	Fertigungstechnik?	Quer-/Längsförderung, Schichtabtrag, große – kleine Geräte, Einschnitt von unten, von oben usw.
4.	Verfahrenstechnik?	die einzelnen Teilleistungen (Lösen, Lösen + Laden, nur Laden usw.).
5.	Grundoperationen:	Reißen, Schürfen, Schneiden, Fräsen usw.
6.	Werkzeuge (für die Grundoperationen):	Reißzahn, Schneide, Fräskopf usw.
7.	Maschinen (als Trägergeräte):	Planierraupen, Schürfkübel, Bagger usw.
8.	Operationstechnik:	Anwendung der Maschinen: Ansatz/Einsatz, Betrieb.

In die Operationstechnik einfließen muß dann noch die Arbeitstechnik, d.h. die Art und Weise wie die Geräte arbeiten (die Mechanik bzw. Kinematik der Arbeitsbewegungen). Denn hier geht es darum, die „Wirklinien" der Geräte (z.B. Grabkurven der Bagger, Fahrbewegungen der Scraper) mit der Geometrie der Baukörper und der Struktur des zu lösenden bzw. zu verdichtenden Materials in Übereinstimmung zu bringen. (Tafel **2.**38 verdeutlicht das Vorgehen an einem Beispiel aus dem Staudammbau.)

Tafel **2.**38 Stufen des Vorgehens bei der Geräteauswahl (Beispiel: Staudammbau)

Methodik des Vorgehens	Stufe	Beispiel
	1. Bauaufgabe:	Staudammbau
	2. Teilbetrieb:	Gewinnung Baumaterial
	3. Betriebspunkt:	Schutthalde S1
	4. Teilleistung:	Gewinnen
	5. Arbeitsvorgang:	Lösen + Laden
	6. Grundoperation:	Graben, Reißen
	7. Werkzeug:	Felslöffel
	8. Arbeitsbewegung:	
	9. Grundgerät:	Bagger
	10. Fahrwerk:	Raupen
	11. Hilfsgerät:	Planierraupe
	12. Teamgerät:	SKW

Das technische Rüstzeug für diese Vorgehensweise ist
für eine erste grobe Richtungsbestimmung in Abschnitt 2.3 (Transportsysteme),
für die präzise Ausarbeitung einer Lösung in Abschnitt 3 (Projektentwicklung)
zusammengefaßt.

2.3 Transportsysteme

2.3.0 Überblick

Im Gegensatz zu anderen Bauverfahren, die auf der Verwendung von Beton (Ortbeton oder Fertigteile), Stahl (Fertigteile) oder bituminösem Mischgut basieren, wird beim Erdbau das Baumaterial nicht besonders hergestellt, sondern nur umgelagert. Das ständige Wechselspiel zwischen Entnahme und Einbau, zwischen Einschnitt und Auftrag, ist das stets wiederkehrende Thema. Und immer steht es unter dem Zwang des Massenausgleichs; man will und muß mit dem Boden auskommen, der vorhanden ist. Jede Gewinnung von zusätzlichem Material oder jede Ablagerung von Überschußmaterial auf einer Nebendeponie kostet Geld und hat mit dem Projekt direkt kaum noch etwas zu tun.

Massenausgleich ist gekoppelt mit Massenbewegung, und Massenbewegung wieder bedeutet in erster Linie: Transport. So ist der Massentransport das Rückgrat jeder Erdbewegung, und dafür stehen eine Reihe von Transportsystemen zur Verfügung. Prinzipiell gibt es die Möglichkeit, den Boden

- über eine starre Leitschiene (Gleis, Straße, Band, Seil, Rohr),
- über flexible Baustraßen (ein System von „Feldwegen") oder
- über die gesamte Baufläche (im Gelände)

zu transportieren.

Eine Erweiterung stellt noch die Massenbewegung „durch die Luft",

- über eine räumliche Förderbahn,

dar, wobei der Förderweg hier entweder aus einer ballistischen Kurve („Wurfförderung") oder aus einer zwangsgeführten Kreisbahn („Schwenkförderung") bestehen kann. Diese Möglichkeit wird vor allem im Mittelstreckenbereich bis etwa 300 m Förderweite angewandt und dürfte in Zukunft an Bedeutung gewinnen.

Tafel **2**.39 Die Auswahlkriterien der Transportsysteme

Transportsystem	1 Zug- förderung	2 Bagger– LKW	3 Flachbagger	4 Band- förderung	5 Seilbahn	6 Hydr. Förderung
Fahrbahn	Schienen	Baustraße	Gelände	Bandstraße	Tragseil	Spülrohr
Steigung	2,5 %	10 %	50 %	14–17°	45°	3 %
Gelände-Oberfläche					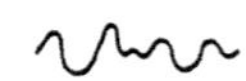	
Förderleistung	– individuell sehr unterschiedlich –			bis 10 000 m^3/h	100–1000 t/h	bis 2000 m^3/h
Stückgröße	grob	grob	grob	feinkörnig	kleinstückig	Sand
Klebendes Material	gut geeignet	gut	gut	schlecht	schlecht	schlecht
Wirtsch. Förderweite	5–10 km	3–10 km	100–1000 m	1–5 km	500 m – 80 km	1–3 km
Beweglichkeit der Fahrbahn	starr	umlegbar	flexibel	verschiebbar	starr	verschiebbar
Bodentragfähigkeit	> 0,1 N/mm^2	0,8–0,5 N/mm^2	0,05–0,3 N/mm^2	> 0,05 N/mm^2	—	> 0,05 N/mm^2
Baufläche	Linie	Netz	Fläche	Linie	Linie	Linie
Verlegen der Fahrbahn	Gleisrücken	—	—		—	
Hilfsgeräte	Dozer	Grader	Grader, Dozer	Dozer	—	Dozer

Für den Erdbau ergeben sich daraus 7 grundlegende Transportsysteme, die immer dann zur Anwendung kommen, wenn Gelände und Boden auf der einen, Leistungen und Kosten auf der anderen Seite die optimale Wahl erfordern. Eine Übersicht über die Transportsysteme und deren maßgebliche Auswahlkriterien gibt Bild **2.**39. Einzelheiten sind in den folgenden Abschnitten enhalten.

2.3.1 Gleisförderung

Zu Anfang bestand das maschinelle Erdbauteam aus Baggern, Kipploren und Kippenpflügen, die durch ein Gleissystem – meist nur ein einspuriges Feldbahngleis mit Ausweichstellen und Kopfbahnhöfen – miteinander verbunden waren. Der Kippenpflug wurde bald durch die viel beweglichere Planierraupe ersetzt, aber die Feldbahn mit 600, 750 oder 900 mm Spur ist noch heute aktuell, wenn gewisse Zwänge seitens der Baustellenbedingungen gegeben sind (Bild **2.**40). Für größere Massenbewegungen kann auch die Normalspur (1435 mm) interessant sein, wobei mit zunehmender Spurweite auch der Aufwand für den Gleisunterbau und die Gleisunterhaltung wächst.

2.40
Erdbewegung um 1950. Hier: die Kippe – mit der Planierraupe zum Verteilen und dem Stampfbagger zum Verdichten der abgekippten Massen

Die eigentliche Fahrbahn – der Schienenweg – ist verhältnismäßig starr und verträgt keine häufigen Änderungen in der Linienführung. Am ehesten wird noch ein mehr oder weniger gleichmäßiges Verrücken des Schienenstranges in der Abbaurichtung (wenn es sich um „Strossenabbau" handelt, wie er im Tagebau üblich ist) oder ein laufendes Vorstrecken (Verlängern) der Schienen beim „Vorkopfabbau" (etwa einem Straßeneinschnitt) vertragen. Größere „Schwenks", Einbau von zusätzlichen Gleisbögen usw., sind jedoch diesem Transportsystem immer abträglich, da sie sehr viel Zeit erfordern. Der Gleisbetrieb ist ein ausgesprochen lineares System, und dessen Leitschiene verträgt keine größeren Lageänderungen, erfordert dafür aber umso mehr Sorgfalt bei der Anlage und Unterhaltung. Dafür bietet er dann aber: hohe Förderleistungen mit geringem Personalaufwand und niedrige Transportkosten (Bild **2.**41).

Ebenso starr sieht sich das System auch von der Seite an: es erfordert eine verhältnismäßig ebene Geländeoberfläche (wenn man nicht zusätzliche Erdbewegungen allein für den Bahndamm in Kauf nehmen will) und reagiert außerordentlich empfindlich auf Neigungen.

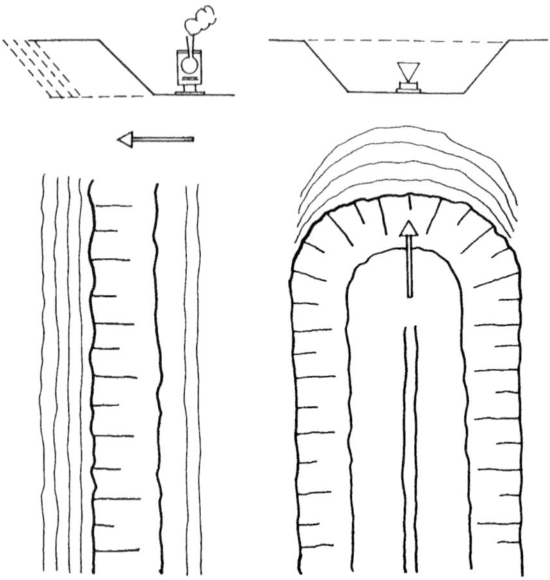

2.41 Die Haupt-Abbaumethoden im Einschnitt

Wenn es auch Bahnsysteme mit Neigungen bis zu 8% allein mit Reibungsschluß zwischen Rad und Schiene gibt (z.B. die Bernina-Bahn), so liegt die Grenze im praktischen Baubetrieb mit etwa 2,5% doch wesentlich niedriger. Hier verschlingt die Steigung schon 2,5% des Gesamtgewichts des Zuges (Leergewicht des rollenden Materiales + Nutzladung) an Zugkraft, denn für jedes % Steigung ist eine Zugkraft von 0,1 kN pro t Zuggewicht – unabhängig von den sonstigen Fahrwiderständen (Roll-, Krümmungswiderstand usw.) – erforderlich.

Dafür werden aber dort, wo die Voraussetzungen günstig sind, große Vorteile geboten. Die einzelnen Wagen können, ihrer Größe entsprechend, grobstückiges Materialgut aufnehmen. Auch gegenüber klebendem Material sind sie verhältnismäßig unempfindlich. So kommen die Grenzbereiche der Massenförderung (gerissener oder gesprengter Fels bzw. klebriger, bindiger Boden) recht günstig weg. Besonders vorteilhaft ist die geringe Bodenpressung, die unter den Gleisschwellen entsteht, und die (bei längerem Einsatz) durch ein Schotterbett noch weiter reduziert werden kann. Erforderlich ist im allgemeinen eine Bodentragfähigkeit von nicht mehr als 0,1 N/mm^2. Und diese bietet aufgeweichter bindiger Boden ebenso wie lockerer Sand. So hat der Gleisbetrieb seine Vorzüge auch dort, wo andere rollende Geräte (z.B. LKW) wegen ihres großen Einsinkens und des dadurch bedingten erheblichen Fahrwiderstandes ausscheiden. Der Schienenstrang führt problemlos über den wenig tragfähigen Untergrund hinweg und bietet ungeachtet der Geländeschwierigkeiten günstige fahrdynamische Verhältnisse, vor allem: geringen Rollwiderstand und ausreichenden Kraftschluß, – aber eben nur in der Ebene.

Die Förderleistung ist natürlich stark abhängig von der Transportweite, vor allem auch von der Wagengröße, der Wagenzahl pro Zug und der Zugfolge. Die Wagengröße wieder ist gekoppelt mit der Spurweite. In der klassischen Feldbahnspur beträgt sie kaum mehr als 2 m^3, bei 90 cm Spurweite sind es schon 5–6 m^3 pro Wagen, und in Normalspur werden Wagen mit 40–60 m^3 Nutzinhalt (und dazu Lokomotiven von 800 kW und mehr) verwandt.

Recht häufig ist die Meinung anzutreffen, daß der Gleisbetrieb heute nicht mehr „in" sei. Das kann so pauschal keineswegs gesagt werden. Nicht zu schlagen ist er nach wie vor dort, wo die Untergrundverhältnisse ungünstig sind (geringe Bodenfestigkeit). Dann aber ist seine hohe Leistungsfähigkeit bei großem Massenvolumen und über große Förderweiten nicht zu übersehen. Seine wirtschaftliche Förderweite (also der Entfernungsbereich, in dem er besonders wirtschaftlich arbeitet) liegt zwischen 5 und 10 km Transportdistanz, erweitert gefaßt zwischen 3 und 60 km, je nach den vorliegenden Betriebsverhältnissen.

Vergleichsrechnungen bei großen Erdbauprojekten haben immer wieder gezeigt, daß der Gleisbetrieb bei passenden Einsatzbedingungen unschätzbar billig ist, vor allem dann, wenn technisches Raffinement und Naturgegebenheiten günstig zusammentreffen. So ist ein Fall bekannt, wo stündlich ca. 20000 m^3 über 30 km Entfernung gefördert werden mußten und die Verwendung von Normalspur und Elektroloks mit Nutzbremsung auf einer im beladenen Zustand zu befahrenden Gefällestrecke große wirtschaftliche Vorteile brachte und von keinem anderen Transportsystem unterboten werden konnte. Ausschlaggebend war nicht nur die geforderte hohe Transportleistung und die lange Transportstrecke mit der Talförderung der Last, sondern auch die Tatsache, daß hier Elektrolokomotiven zur Anwendung kommen konnten, die bei der Talförderung durch die Nutzlast „geschoben" wurden, dadurch als Generator arbeiteten und so mit dem erzeugten Strom die Gegenzüge (leer) auf der Steigstrecke mit dem eigenen durch die Nutzbremsung erzeugten Strom „hochziehen" konnten.

Dieser Fall ist sicher ungewöhnlich. Er zeigt aber doch die großen Möglichkeiten, die die moderne Technik heute für die Zugförderung bereit hält (und dafür gibt es noch eine Reihe anderer Beispiele), die genutzt werden wollen, – und zwar ohne Vorurteil. Die Gleisförderung ist auch heute für eine große Erdbaustelle modern und wirtschaftlich durchaus interessant.

2.3.2 Bagger – LKW-Betrieb

Dieses Transportsystem wird vorwiegend in Mitteleuropa angewandt, wobei hier im Mittelpunkt die Förderung mit LKW bzw. mit SKW (Schwerlastkraftwagen) steht. Die „Leitschiene", über die der Transport erfolgt, ist nicht mehr so starr wie bei der Gleisförderung, – trotzdem ist sie vorhanden. Dieses Transportsystem ist an Straßen gebunden und wenn es auch nur Baustraßen und diese unbefestigt und von temporärem Charakter sind. Aber große Sprünge kann man mit den LKW auf einer Erdbaustelle nicht machen. Stets muß man (oder sollte doch wenigstens) für sie den Fahrweg vorbereiten, zumindest einebnen, laufend instandhalten und, falls erforderlich, festigen (Bild **2**.42).

Die Beliebtheit des Bagger-LKW-Systems in Mitteleuropa ist vor allem darauf zurückzuführen, daß man mit den LKW flexibel bleiben kann. Das beginnt schon damit, daß Großunternehmen die Erdbewegung vorzugsweise an kleinere Betriebe vergeben und immer auch mehrere Unternehmen zusammenspannen können, falls die Transportkapazität des einzelnen Betriebes nicht ausreicht.

2.42
SKW-Förderung auf einer Autobahnbaustelle

Es gibt also keine Spurweite, keine Wagengröße und kein Kupplungssystem, die zueinander passen müssen. Der LKW ist das auf Rädern gesetzte „Körbchen" der einfachsten Massenbewegung. Man kann beliebig viele und unterschiedlich gestaltete Körbchen zu einer Transportkette zusammenspannen und damit die Erdbewegung in jedem gewünschten Umfang (Beispiel: China) durchführen.

Flexibel ist man mit dem Bagger-LKW-System auch noch in anderer Hinsicht: Nach Beendigung der Bauarbeit kann man eine derartige Transportkette sofort wieder auflösen und die beteiligten Geräte einzeln oder in anderer Kombination weiterverwenden. Für die Ladegeräte (Bagger, Lader) gibt es vielfältige Aufgaben beim Baugrubenaushub, in der Kiesgewinnung oder im Steinbruch; die LKW lassen sich so universell wie kaum ein anderes Fahrzeug überall dort einsetzen, wo etwas „transportiert" werden muß. Das muß keinesfalls nur Erde sein. Auch die Planierraupen auf der Kippe sind – sowieso schon „Mädchen für alles" auf jeder Erdbaustelle – für andere Planier- und Transportaufgaben (jedoch nur für kurze Distanzen bis etwa 50 m) einsetzbar. Es gibt kein anderes Transportsystem, das so flexibel und universell verwendet werden kann wie dieses.

Doch die Nachteile sind nicht zu übersehen: Von den notwendigen Baustraßen war schon die Rede. Zu jedem LKW gehört ein „Fahrer" und damit ein Mensch, der (meist sehr unterschiedlich entwickelte) Begabung, Können und Zuverlässigkeit mitbringen muß. So schön die „Perlenkette" von Fahrzeugen ist, in die man den Transportfluß auflösen kann, so problematisch ist der Umgang mit den Menschen, die in jeder dieser Perlen sitzen und ihr doch erst Leben einhauchen. Der „Faktor Mensch" wird allzu oft übersehen, wenn man von den Vorzügen der Bagger-LKW-Förderung spricht.

Eine wesentliche Rolle für das gute Funktionieren dieses Transportsystems spielen die Baustraßen. Sie müssen angelegt und unterhalten werden. Das ist in erster Linie Aufgabe eines Erdhobels (Grader), der zu diesem Transportsystem als Hilfsgerät dazugehört, denn die Planierraupe ist auf der Kippe ausgelastet und außerdem für die Fahrbahnpflege schnell fahrender Geräte nicht besonders geeignet. Je ebener, fester, breiter und flacher der Förderweg ist, umso größer wird die Leistungsfähigkeit (Bild **2.**43).

Hinsichtlich der Neigung empfiehlt es sich, einen Grenzwert von ca. 10% nicht zu überschreiten. Theoretisch sind natürlich auch größere Steigungen zu bezwingen, aber der Verkehr wird dann so zähflüssig, daß davon abzuraten ist. Hinsichtlich der Fahrbahnbreite sollte man an den Gegen- und Überholverkehr denken. Eine gute Baustraße für hochleistungsfähige LKW-Förderung hat eine Breite von 8–10 m und vermeidet Haarnadel-

2.43
Erdhobel (Grader) bei der Fahrbahninstandhaltung

kurven usw. Genaugenommen ist also auch hier sehr viel hinsichtlich des Fahrweges zu bedenken, und im Endergebnis erfordert eine gute Baustraße nicht weniger Aufwand und Beachtung als ein Bahngleis von 900 mm Spurweite an aufwärts, – nur daß die Straße eben viel schneller umzulegen ist.

Hinsichtlich Stückgröße und Klebrigkeit des Fördergutes gilt ähnliches wie für den Gleisbetrieb. Auch hier sind die Vorteile großer Fördermulden nicht zu übersehen. Da die Mulden zum Entladen fast durchweg gekippt (Hinterkipper) oder über Bodenklappen nach unten entleert (Bodenschütter) werden, treten keine wesentlichen Behinderungen beim Entleeren auf der Kippe auf.

Die wirtschaftliche Förderweite liegt zwischen ca. 3 und 10 km, jedoch ist eine Ausweitung des Bereichs nach beiden Seiten üblich. Das hängt ganz wesentlich von den Gerätekosten ab. Schon vorhandene Fahrzeuge geben auch auf kurzen Strecken ein ganz anderes Bild der Preisgestaltung als neu anzuschaffende Geräte. Das gilt ebenso für das Anmieten von Fahrzeugen für einen vorübergehenden Einsatz wie für die spätere Wiederverwendbarkeit bei Anschlußaufträgen.

Die Bagger-LKW-Förderung ist wegen ihrer Flexibilität nicht nur für Linien-, sondern auch für Flächen-Baustellen geeignet, wenngleich diese Fläche auch dann wieder von konkreten Linien – hier: Baustraßen – durchzogen wird. Wegen der hohen Bodenpressung der Reifen ist eine tragfähige Fahrbahndecke Voraussetzung. Die Tragfähigkeit muß 15–20 % größer sein als der Reifeninnendruck, d.h. bei normalen LKW-Reifen: 0,8 – 0,5 N/mm^2 (= 8 – 5 bar) und beim EM-Reifen (EM = Earth moving) mindestens 0,3 N/mm^2 (= 3 bar). Die erzielbare Förderleistung hängt wesentlich von der Fahrzeuggröße und der erzielbaren Fördergeschwindigkeit ab.

2.3.3 Flachbaggerbetrieb

Er ist heute – global gesehen – das Fördersystem im Erdbau, findet bei uns jedoch verhältnismäßig wenig Anwendung. Der Grund liegt vor allem in der großen Wetterempfindlichkeit der Geräte und in der Tatsache, daß man ihn nicht so flexibel und individuell einsetzen kann wie die Geräte des Bagger-LKW-Systems. Ein Flachbaggerbetrieb braucht großflächige Baustellen, hohe Massenvolumina, schwachbindigen Boden und trockenes Wetter. Natürlich geht es auch, wenn diese Voraussetzungen nicht vollständig gegeben sind, aber dann eben nicht so gut (Bild **2.44**).

2.44 Autobahn-Baustelle mit Flachbaggerförderung (Motor-Scraper)

Man spricht beim Flachbaggerbetrieb auch von der „gleislosen Förderung". Auch das Bagger-LKW-System fördert schon „gleislos", aber eben doch nicht so radikal, wie der Flachbaggerbetrieb es kann. Die Fahrzeuge dieses Systems – Scraper, Bulldozer und Grader – sind auf „Gelände" eingestellt (die Amerikaner sagen dafür typisch: Off road vehicles) und benötigen je nach der Fahrwerksart eine Bodentragfähigkeit von 0,3 N/mm^2 (mit EM-Reifen) bis herunter zu 0,02 N/mm^2 (mit Moorketten).

Im Mittelpunkt dieses Transportsystems steht der Scraper, der entweder mit Reifen- oder Raupenfahrwerk und selbstfahrend oder gezogen ausgebildet sein kann. Der dominierende Gerätetyp des ganzen Systems ist der Motorscraper, – und hier wieder in der klassischen Form mit Einachs-Antrieb (Bild **2.**45).

2.45
Motorschürfwagen (Scraper) mit 1-Motoren-Frontantrieb beim Einbiegen in die Schürfstrecke (rechts: die wartende Schubraupe)

Daneben findet man besonders auf mitteleuropäische Boden- und Wetterverhältnisse zugeschnitten: die Schürfraupe, die mit Raupenfahrwerk ausgerüstet ist und daher auch in aufgeweichtem Gelände noch hinreichend beweglich bleibt (Bild **2.**46).

Während die Schürfraupe auf sich allein gestellt alle Erdbewegungsarbeiten durchführen kann, brauchen die Motorscraper noch Hilfsgeräte. Da sie sich in den meisten Böden nicht ausreichend selbst füllen können, ist ein „Pusher", eine Schubraupe, erforderlich. Außerdem wird für die Fahrbahninstandhaltung (vor allem zur Erzielung hoher Fahrgeschwindigkeiten bis 60 km/h) ein „Grader", ein Erdhobel, erforderlich. Beide Hilfsgeräte

2.46
Schürfraupe im Gebirgseinsatz: Entleeren des Kübels nach vorn über die Böschungskante

sind zur Bedienung eines einzelnen Motorscrapers nicht ausgelastet, und deshalb gehören in der klassischen Kombination jeweils 3 Motorscraper, eine Schubraupe und 1 Erdhobel zusammen. Das wiederum bedingt einen Kapitalaufwand von 2,5 bis 3 Millionen DM, – ein weiteres Handicap für dieses System. Dann aber ist es dafür auch von erstaunlich hoher Leistungsfähigkeit und gestaltet das Verfahren auch dann noch rentabel, wenn der Einsatz wegen Regen, aufgeweichter Fahrbahn usw. jeweils für mehrere Tage unterbrochen werden muß.

Flachbagger lösen den Boden im sogenannten Flachschnitt, d.h. sie schürfen ihn in horizontalen oder flach geneigten Schichten. Man kann sie nicht zum Hochschnitt vor der Wand oder zum Tiefschnitt von der Baggersohle aus steil nach unten einsetzen. Sie müssen immer ein verhältnismäßig ebenes Gelände mit nicht allzu großen Höhenunterschieden und Unebenheiten vorfinden (Bild **2.**47).

2.47 Abtrag im „Flachschnitt": Motorscraper beim Schürfen mit Schubraupen-Unterstützung

Verglichen mit dem Bagger-LKW-Betrieb ist das Einsatz-System der Flachbagger ganz anders strukturiert. Bedingt durch das relativ stationär eingesetzte Ladegerät hat der Bagger-LKW-Betrieb einen ziemlich starren Betriebspunkt als Anfang des Förderweges, – und am anderen Ende auch einen ebenso starren Entladepunkt, von dem aus die Planierraupen die abgekippten Bodenmassen verteilen und für die Verdichtung vorbereiten. Man könnte also den Bagger-LKW-Betrieb durch zwei langsam wandernde Betriebspunkte charakterisieren, die mit einer Linie (dem Förderweg) verbunden sind.

Konstant ist beim Scraper-Betrieb nur die Transportlinie. Anfang und Ende aber stellen „verwaschene Punkte", länglich ausgedehnte Flächen dar: Der Scraper füllt sich selbst, und zwar in einer Schürfbahn, die ca. 30 m lang und 3 m breit ist (als Richtmaß). Und ebenso sieht es auf der Kippe aus: Hier schüttet er den Boden in einer dünnen (ca. 30 cm hohen) Auftragsstrecke aus – er legt jeweils einen Teppich von ca. 30 m Länge und 3 m Breite –, benötigt also keine Planierraupe, die den Boden zunächst verteilt, sondern entlädt ihn sofort in der für die Verdichtung idealen Schüttlage. Hinzu kommt, daß er über die einzelnen Schüttlagen fährt und durch geschicktes Anordnen der eigentlichen Fahrspuren eine gute Vorverdichtung des geschütteten Materials erreicht. Das sind nicht zu übersehende Vorteile, – aber der ganze Förderbetrieb spielt sich eben vorwiegend „flach" ab (Bild **2.**48).

2.48
Flächenauftrag mit der Schürfraupe: Einbringen der Frostschutzschicht auf einer Autobahnbaustelle in Rückwärtsfahrt

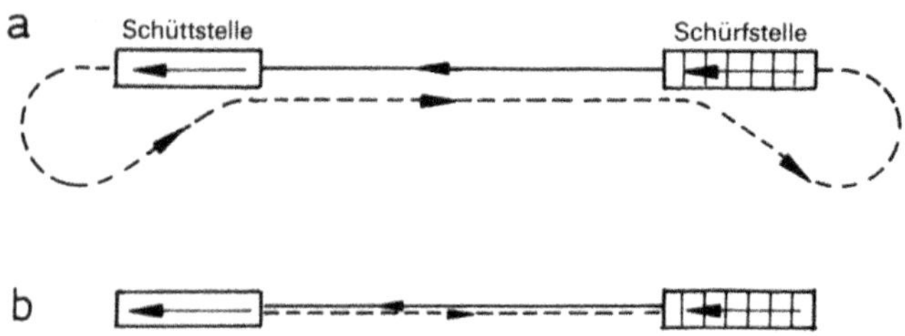

2.49
Die Förderwege der Flachbagger:
a) Kreisverkehr (Schürfwagen-Anhänger; Motorschürfwagen)
b) Pendelverkehr (Planierraupe, Schürfraupe)

Eine Scraper-Flotte arbeitet stets im Kreisverkehr, wie es Bild **2**.49 zeigt, d.h. nach dem Ausschütten und vor dem Schürfen muß zwischen Hin- und Rückfahrt jeweils eine Kurve von 180° gefahren werden, und dabei geht jeweils ca. 1 Min. nutzbare Förderzeit verloren. Das sieht bei der Schürfraupe anders aus: Sie fördert nicht im Kreis-, sondern im „Pendelverkehr", d.h. sie fährt mit dem vollen Kübel bis ans Ende der Auftragsstrecke und schüttet den Boden rückwärtsfahrend in der gewünschten dünnen Einbaulage aus, fährt weiter zurück bis an den Anfang der Schürfstrecke, schürft dann wieder in Vorwärtsfahrt usw. Für den praktischen Betrieb bedeutet das, daß keine Zeitverluste durch die Wendeschleifen entstehen.

Dafür verfügt die Schürfraupe über Raupenfahrwerk, das zwar einen geringen Bodendruck (bis herab auf 0,02 N/mm^2) aber auch langsame Fahrgeschwindigkeit (bis max. 18,0 km/h) zur Folge hat. Beim Motorscraper ist es umgekehrt: Die Reifen geben ihm einen verhältnismäßig hohen Bodendruck (0,2–0,3 N/mm^2), dafür aber auch eine hohe Fahrgeschwindigkeit (bis zu 60 km/h). Daraus wieder resultiert, daß die Schürfraupe nur für Kurz- und Mittelstrecken (20–300 m), der Motorschürfwagen aber für Mittel- und Langstrecken (300 bis 1000 m) am besten geeignet ist. Neben dem Motorschürfwagen und der Schürfraupe, die beide selbstfahrend sind, ist noch der Schürfwagenanhänger zu erwähnen (Bild **2**.50), ein Schürfkübel auf Reifen, der von einem Raupenschlepper gezogen wird. Auch er fördert im Kreisverkehr und hat damit Zeitverluste durch die Wendeschleifen. Streng betrachtet ist der Schürfwagenanhänger als Gespann mit dem Raupenschlepper fahrdynamisch gesehen ein „Zwitter" mit allen Nachteilen: Der Vorteil des Reifenfahrwerks, eine hohe Fahrgeschwindigkeit erreichen zu können, wird durch den Raupenschlepper als Zugmaschine zunichte gemacht, und der niedrige Bodendruck der Zugmaschine kann nicht genutzt werden, weil der Bodendruck des Reifenfahrwerks wesentlich höher liegt.

2.50 Schürfwagen-Anhänger hinter einem Raupenschlepper

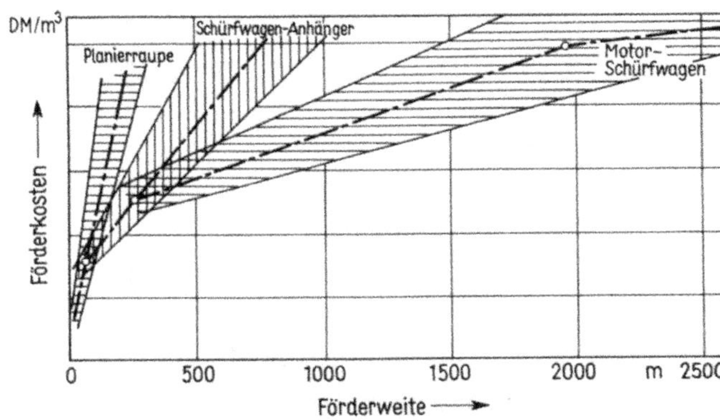

2.51 Die Wirtschaftlichkeitsbereiche der Flachbagger (Kurz-, Mittel- und Langstreckengeräte)

Bei den Flachbaggern spielt der Begriff der „wirtschaftlichen Förderweite" eine große Rolle (Bild **2.51**).

Wirtschaftlich heißt: „am billigsten!" Alle Geräte mit Schürfkübel (Motorschürfwagen, Schürfraupe, Schürfwagenanhänger) schürfen den Boden in den Kübel, heben dann den gefüllten Kübel an und „tragen" das Fördergut ohne Grundberührung über die Fahrbahn. Die Zeit zum Füllen und Entleeren muß dabei in einem gewissen Verhältnis zu der Fahrzeit stehen. Ist die Fahrzeit und damit die Fahrstrecke zu kurz, so lohnt es sich kaum, den Kübel erst anzuheben und dann wieder abzusenken. Hier ist es günstiger, den Boden einfach zu verschieben, wie es die Planierraupe tut, oder wie man es auch mit offenem Schürfkübel machen kann. Das bringt zwar erhöhten Fahrwiderstand, da die Nutzladung über die Geländeoberfläche verschoben werden muß, aber die Verlustzeiten beim Anheben und Absenken des Kübels fallen weg.

Aus den Einsatzmöglichkeiten ergibt sich eine sehr nützliche Einteilung der verschiedenen Flachbaggergeräte von der Förderweite her:

Kurzstrecke:		0– 75 m	Planierraupe
Mittelstrecke:	a)	0– 300 m	Schürfraupe
	b)	75– 300 m	Schürfwagenanhänger
Langstrecke:		300–1000 m	Motorschürfwagen

An der Schürfraupe läßt sich gut demonstrieren, welche Grenzen der Begriff der wirtschaftlichen Förderweite haben kann: Mit Raupenfahrwerk (ausschließlich) ausgerüstet, ist sie der einzige fahrende Schürfkübel, der einen Bodendruck von 0,08 N/mm^2 bis 0,02 N/mm^2 aufweist. Sie kann also auch dann noch fahren und fördern, wenn alle anderen Schürfkübel nicht mehr einsetzbar sind. Und damit löst sich die wirtschaftliche Grenze praktisch in nichts auf. Unter schlechten Witterungs- und Bodenbedingungen kann eine Schürfraupe auch über 500 oder sogar 1000 m noch wirtschaftlich sein.

Flachbagger sind ihrer ganzen Art nach „selbstladende Transportgeräte“. Während die Fahrbewegung keine nennenswerten Schwierigkeiten bereitet, sieht es mit dem „Selbstladen“ anders aus:

Ohne fremde Hilfe können sich nur die Schürfraupe und der Schürfwagenanhänger beladen, da sie, mit Raupenfahrwerken ausgerüstet, den großen Kraftschluß dieser Fahrwerksart (μ bis 0,9) sehr wirkungsvoll in Schürf- und Füllkraft umwandeln können. Das ist bei den Motorschürfwagen einfachster Bauart (d.h. mit Einachsantrieb) nicht der Fall. Sie können sich je nach Bodenart nur etwa zu 40–50 % selbst füllen. Alles andere, d.h. von 50 % an bis zur max. Füllung von ca. 140 % (bezogen auf den gestrichenen Kübelinhalt) muß die Schubraupe besorgen.

2.52 Motorschürfwagen mit zusätzlichem Heckantrieb (Tandem-Scraper)

Da diese Schubraupe immer ein zusätzliches Gerät darstellt, das nur wieder bei mehreren Motorschürfwagen ausgelastet ist, wurde zunächst die Schubraupe in den Motorschürfwagen „hineinverlegt“ und ein zusätzlicher Antrieb der Hinterachse über einen Heckmotor geschaffen (Motorschürfwagen mit Tandem-Antrieb) (Bild **2.**52). Eine andere Entwicklung verfolgte die Idee, den Schürfwiderstand vor der Schneide des Kübels „wegzukratzen“ und durch ein Kratzband den dort angestauten Boden in den Kübel hoch- und hineinzuziehen (Elevating-Scraper) (Bild **2.**53).

2.53 Selbstladender Motorschürfwagen mit Kratzförderband vor der Kübelöffnung (Elevating-Scraper)

Eine weitere Lösung wurde im sogenannten Push-Pull-Betrieb gefunden. Hier helfen sich immer zwei Scraper gegenseitig beim Laden: Wenn der vordere Scraper schürft, „pusht" ihn der hintere dabei. Umgekehrt: Sobald der vordere Kübel voll ist, „pullt" der vordere Scraper über einen Zughaken den hinteren zusätzlich und hilft ihm beim Füllen.

Wesentlich beim Flachbaggerbetrieb ist die hohe Geländegängigkeit. Diese wird bei Reifengeräten erreicht durch die Flexibilität der weichen (mit nur 2 bis 3 bar gefahrenen) Geländereifen, die sich breit über den Boden legen und keine schmalen Radspuren (wie bei den harten LKW-Reifen) einschneiden. Bei Raupengeräten kommt außer dem niedrigen Bodendruck der hohe Kraftschluß hinzu, der den Geräten hohe Schubkraft und gute Kletterfähigkeit verleiht. So gilt für reine Reifengeräte zwar auch eine Grenzsteigung von praktisch 10%; Raupengeräte aber klettern Neigungen von 1:3 bis 1:2 (50%), sofern der Boden noch eine ausreichende Verzahnung mit den Raupenketten gewährleistet, und können damit auch als Schubhilfe für Reifengeräte an größeren Steigungen gut eingesetzt werden.

Flachbagger sind im weiträumigen Straßen- und vor allem im Flugplatzbau groß geworden. Sie sind konzipiert für großflächige Baustellen und erzielen dort, d.h. bei lagenartigem Abtrag jeweils dünner Bodenschichten mit Auftrag in gleichem Sinne erstaunlich hohe Förderleistungen. Nur: Die Randbedingungen des Systems (Boden, Wetter, Geländeform) schlagen hier stärker auf die Leistungsfähigkeit durch als bei anderen Förderarten. Der Flachbaggerbetrieb reagiert empfindlicher auf diese Randbedingungen, und man muß daher mehr als üblich tun, um das System gegen solche Einflüsse abzuschirmen.

2.3.4 Bandförderung

Die intermittierende Förderung, also das „Verpacken" der gesamten Transportmenge in „kleine Portionen", wie es bei der LKW-Förderung, beim Flachbaggerbetrieb und auch beim Gleisbetrieb geschieht, stößt von der Fahrzeuggröße her an immer kritischere Grenzen, die zur Zeit bei ca. 300 t Nutzlast je Fahrzeug liegen. Aber schon bei 100 t Nutzlast treten gravierende Probleme (Reifen, Bremsen, Antrieb) auf, die die Kosten sehr stark in die Höhe treiben.

Die Lösung der Zukunft heißt eindeutig: Bandförderung! Ein erstes überzeugendes Beispiel wurde kurz nach dem zweiten Weltkrieg geliefert, als es darum ging, den Großkönigsdorfer Tunnel aufzuschlitzen. Die Massen mußten damals in einen ca. 2,5 km entfernten ausgekohlten Tagebau verkippt werden, und zudem sollte der Zugbetrieb durch die Bauarbeiten nicht unnötig gestört werden. (Die Lösung in Bild **2**.54 hieß: Einsatz von 2

2.54
Aufschlitzen des Groß-Königsdorfer Tunnels. In den beiden oberen Etagen: Eimerkettenbagger; um die Tunnelröhre herum: Greifbagger

2.55 1800 mm breite Bandstraße mit Belade-Silo (rechts) in Tarbela (Pakistan)

Eimerkettenbaggern, die je ein Querförderband beluden, und diese Querförderbänder wieder übergaben das Material an ein Längsförderband entlang des Einschnittes.)

Auch die große Massenbewegung beim Bau des Staudammes in Tarbela (265 000 m³/Tag) hätte einen wesentlich größeren Geräteaufwand erfordert, wenn man nicht als „Leitschienen" 2 Bandstraßen (1800 mm Bandbreite) gewählt und darüber je 12 000 t/Std. gefördert hätte (Bild **2.**55).

Und als 3. Beispiel – ebenfalls aus dem Bereich des Baubetriebes, nicht des Tagebaus – sei angeführt: der Aushub des Kanals von Chasma Jelum in Pakistan mit einer Bandbrücke zwischen Gewinnungs- und Absetzgerät. Nur so konnten pro Monat 3,4 Millionen m³ Boden ausgehoben, transportiert und eingebaut werden (Bild **2.**56).

Die Bandstraße ist das Hauptfördermittel für Erdbewegungen großen Umfanges, und die notwendige Kubatur für eine Wirtschaftlichkeit dieses Systems wird immer kleiner, je mehr Schwierigkeiten sich mit dem lohnintensiven (und zudem oft recht störanfälligen) intermittierenden Transport ergeben. Dazu aber gehören dann auch kontinuierlich gewinnende und entladende Geräte: im Einschnitt der Schaufelradbagger (Bild **2.**57) und auf der Kippe der Absetzer. Der Transport kontinuierlich gewonnener Massen mit einem diskontunierlich arbeiteten Fördersystem (z. B. mit LKW) paßt nicht zusammen und ist systemtechnisch gesehen falsch. Er kann nur dann gerechtfertigt sein, wenn es, wie im Beispiel von Bild **2.**57, notwendig ist, die Massen durch das städtische Straßensystem zu transportieren, und wenn die Anlage einer häuserüberquerenden Bandstraße nicht möglich ist.

2.56 Schaufelradbagger (links) mit Bandbrücke und Absetzer beim Aushub des Chasma-Jelum-Link-Kanals (Pakistan)

2.57
Aushub einer Tunnelrampe (neuer Elbtunnel Hamburg) mit Schaufelradbagger

Da sieht es umgekehrt schon anders aus: mit gutem Erfolg kann man die (kontinuierlich fördernde) Bandstraße intermittierend, z. B. mit Baggern, beladen, wie es Bild 2.58 zeigt. Es müssen nur genügend viele bzw. große Bagger eingesetzt werden, um die Transportkapazität des Bandes auszunutzen, und es muß (muß!) ein „Puffer" in Gestalt eines Zwischensilos eingeschaltet werden, der die diskontinuierlich eingehenden Chargen des Ladegerätes in einen kontinuierlichen Materialstrom umformt.

Zur Schonung des Bandes kann es zweckmäßig sein, unter dem Silo ein Abzugsband mitlaufen zu lassen, das dem ausfließenden Material eine Anfangsbeschleunigung gibt und es der Geschwindigkeit des Transportbandes angleicht.

Auch auf kurzen Strecken kann die Bandförderung sehr nützlich sein, z. B. wie in Bild 2.59, wo der Abraum einer Braunkohlenlagerstätte über eine 200 m lange querverfahrbare Transportbrücke auf direktem Wege von der Gewinnungsstelle auf die andere Seite des Abbaugrabens in den ausgekohlten Teil des Tagebaus geleitet wird. Diese Aufgabe mit LKW durchzuführen erwiese sich als viel zeitraubender. Die Massen müßten zunächst an der Gewinnungsstelle hochgefördert und in LKW verladen werden, die den Abbaugraben U-förmig umfahren, um das Material auf der anderen Seite abzukippen.

Bandstraßen werden bis zu 3,50 m Bandbreite hergestellt. Im Baubetrieb kommen hauptsächlich Bänder mit 0,8 bis 1,2 m Breite zur Anwendung. Dabei ist die Tragkonstruktion des Bandes so gestaltet, daß das Band durch Entlangfahren eines Bandrückgerätes schnell und einfach querverschoben werden kann.

2.58 Beladen einer Bandstraße (800 mm) mit Schürfkübelbaggern

2.59
Fahrbare Bandbrücke im Abbaugraben eines Braunkohlen-Tagebaus

Ebenfalls vorzugsweise im Erdbau des Baugewerbes kommen heute Hydraulik-Schaufelradbagger mit Dieselantrieb zur Anwendung, die handelsübliche Konstruktionselemente aus der Serienfertigung anderer Geräte verwenden und sehr beweglich und erstaunlich geländegängig sind (Bild 2.60).

2.60
Vollhydraulischer Schaufelradbagger mit Dieselantrieb und schnellfahrendem Raupenunterwagen (Baggerfahrwerk)

Nun zu den Einzelheiten:
Die Bandstraße ist in ihrer Anlage durch das meist leicht verrückbare Traggerüst nicht ganz so starr wie das Fördergleis, aber trotzdem eben „starr" in seiner ganzen Anlage und vorzugsweise für eine stationär bleibende Transportstrecke geeignet. Ideal ist, wenn die Einspeisung des Materials fächerförmig erfolgen kann, das Hauptförderband also weitgehend ortsgebunden liegenbleibt und am Anfang durch kurze, meist schwenkbare Stichbänder beladen und am Ende ebenso fächerförmig entladen wird. Vom Braunkohlentagebau her bekannt ist das Schwenken der gesamten Bandstraße um einen festen Drehpunkt. Das kommt vor allem in Frage, wenn große Flächen abgeräumt werden müssen.

Die Bandstraße ist der Gleis- und auch der LKW-Förderung durch bessere Steigfähigkeit überlegen. Der beim glatten Band ohne weiteres zulässige Steigungswinkel beträgt 14° (31 %), jedoch kann eine Profilierung des Bandes (sogenannte Steilförderbänder) Steigungen bis ca. 100 % ermöglichen. Zudem sind, wenn man das Band auf stationäre Bandbrücken legt, Geländeunebenheiten, Flußüberquerungen usw. keine wesentlichen Hindernisse. Die Bandbrücken sind auf jeden Fall viel billiger herzustellen als wenn man Brücken für die LKW's oder sogar für die schienengebundenen Waggons und Lokomotiven bauen müßte.

Die Förderleistung ist von Bandbreite und Bandgeschwindigkeit abhängig und kann bei den bis heute bekannten Konstruktionen bis 10000 m^3/Stunde je Bandstraße betragen. Unter mittleren Betriebsbedingungen (ebene Förderung, Bandgeschwindigkeiten bei ca. 3,5 m/Sek.) kann man bei einem 1,0 m breiten Band mit einer Stundenleistung von ca. 1000 m^3 rechnen.

Große Empfindlichkeit weist das Band hinsichtlich der Stückgröße und in klebendem Material auf. Bei der Stückgröße sollte man mit dem Durchmesser des Grobkornes nicht weiter als bis zu 10 % der Bandbreite gehen. Sonst besteht die Gefahr, daß die Steine seitlich herunterrollen, und auf jeden Fall wird das Band, das ja von Tragrolle zu Tragrolle durchhängt, durch extreme Stückgrößen stark beansprucht. Der Umgang mit klebendem Material kann bis zu einem gewissen Grade durch spezielle Rollenformen und Abstreifbleche erleichtert werden, jedoch sind Schwierigkeiten vor allem an den Übergabestellen von Band zu Band nicht zu vermeiden.

Auch hier gibt es eine „wirtschaftlich Förderweite". So liegt die günstigste Transportentfernung für das Band zwischen 1 und 3 km. Darüberhinaus ist der schienengebundene Transport mit Großraumwagen (bis 60 m^3) vorzuziehen. Er wird dann zwar nicht die vergleichbaren Leistungen bringen (pro Förderstrang), aber im m^3-Preis billiger liegen. Die „Wirtschaftlichkeit" einer bestimmten Bandstraßenlänge ist sehr stark von den örtlichen Begleitumständen abhängig. So ist die längste bisher bekannte Bandstraße in der Sahara verlegt worden. Die insgesamt 100 km Transportentfernung wurden dabei in 10 Streckenabschnitte mit je 10 km Länge aufgeteilt. Insgesamt werden über diese Bandstraße ca. 3500 t/Stunde gefördert.

Hinsichtlich der Bodentragfähigkeit ist das Band noch anspruchsloser als das Gleis. Die Flächenpressung unter den Gleitkufen des Traggerüstes beträgt wenig mehr als 0,05 N/mm^2 und ist damit geradezu ideal für die Überwindung weichen Geländes.

An Hilfsgeräten werden vor allem Bulldozer benötigt: einmal, um die Trasse für das Band vorzubereiten bzw. dessen Umlegung zu erleichtern; dann aber auch für das Einbauen und Einplanieren der Massen auf der Kippe. Das Bandrückgerät ist meist reifenfahrbar und besteht aus einem schweren Reifenschlepper mit entsprechendem Anbau für das Querverschieben des Bandes.

2.3.5 Seilbahn

Diese Transportmethode scheint zunächst mit dem Erdbau wenig zu tun zu haben. Aber es handelt sich hier um ein Fördersystem, das – derzeit vielleicht noch mehr ein Hilfssystem, dennoch eine sehr wichtige prinzipielle Möglichkeit der Erdbewegung – einer eingehenderen Betrachtung wert ist.

Einige Anwendungsbeispiele mögen die Bedeutung der Seilbahn unterstreichen. Bekannt ist die Förderung von Rohmaterial (Lehm, Ton, Kies, Sand) von den Gewinnungsstellen zur Aufbereitungsanlage. Bekannt ist auch die Verwendung der Seilbahn zum Antransport von Zement an Hochgebirgsbaustellen, wo die Geländeform den Bau einer leistungsfähigen Straße außerordentlich erschwert und einen zügigen Verkehr der LKW kaum zuläßt. Hier kann die Seilbahn einen ihrer unbestreitbaren Vorteile ins Feld führen: die Unabhängigkeit von Form und Beschaffenheit der Geländeoberfläche, wenn nur die Aufstellung der Seilbahnstützen in gewissen Abständen gesichert ist (Bild **2.**61).

Noch eindrucksvoller ist ihre Anwendung dann, wenn etwa eine Hochgebirgsbaustelle ausschließlich mit einer Seilbahn angefahren werden kann, weil die Anlage einer Zufahrtsstraße wegen der Gebirgsbeschaffenheit ausgeschlossen ist. Hier muß der gesamte Personen- und Lasttransport zur Baustelle über die Seilbahn abgewickelt werden, wie es etwa Bild **2.**62 zeigt, wo gleich 3 Seilbahnen installiert waren: eine zur Personenförderung und zwei zur Materialförderung mit je 20 t Tragkraft, wobei diese beiden Seilstränge über eine gemeinsame Ladebühne miteinander gekoppelt werden und damit Lasten bis zu 40 t auf die ca. 800 m höher gelegene Baustelle fördern konnten. Auf diese Weise konnten Schwerlastwagen mit voller Last über die Seilbahn zur Baustelle transportiert werden. Das gleiche galt auch für die schweren Baumaschinen (Bagger, Brecher, Planierraupen usw.), die meist nur wenig demontiert werden mußten.

2.61 Seilbahn für Zementtransport zu einer Staumauerbaustelle im Hochgebirge (Grande Dixance)

2.62 Doppel-Seilbahn für 2 × 20 t Nutzlast als Zugang zu einer Hochgebirgsbaustelle (Staumauer Albigna)

Stark an Bedeutung gewonnen hat die Seilbahn seit ihrem Einsatz im Rahmen des Deltaplanes in Holland, wo es darum ging, Meeresarme „gleichmäßig" abzusperren, indem von einer Seilbahn aus zunächst große Steine, später dann Zementblöcke von je 2,5 t Gewicht zu porösen Dämmen aufgeschüttet wurden (Bild **2.**63). Die Spannweite zwischen den Pylonen betrug ca. 650 m, und die Gesamtlast (Gondel + Nutzlast) war 30 t.

Die Gondeln hatten eigenen Antrieb (zunächst Dieselmotoren, später Gasturbinen) und wurden von je einem Maschinisten gesteuert, waren also so etwas wie am Seil aufgehängte

2.63
Die Kabelbahn über das Brouwershaven'sche Gat: Schütten des Sperrdammes aus Betonblöcken à 2,5 t. Nutzlast einer Gondel: 6 Blöcke = 15 t

LKW, die das Seil als Schiene oder Straße benutzten. Interessant ist vor allem, daß – durch immer bessere Ausnutzung der Technik – die Nutzlast von anfangs 10 t auf 15 t und die Gesamtförderleistung von 100 auf 1000 t/Std. gesteigert werden konnte. Im letzten Zustand transportierte jede Gondel 6 Betonwürfel zu je 2,5 t (1 m^3) Gewicht, die nach einem bestimmten Zeitfolgeprogramm abgeworfen wurden, damit das Tragseil (108 mm Durchmesser) nicht zu stark ins Schwingen kam (Bild **2.**64). Werden Steine als Schüttmaterial verwendet, so erfolgt der Transport in einem Stahlnetz, das an zwei Längsbalken aufgehängt

2.64 Abwerfen der Betonblöcke in programmierter Reihenfolge

2.65 Gondel mit Transportnetz für gesprengtes Haufwerk (Wasserbausteine)

ist und durch unterschiedliches Anheben und Absenken dieser Balken in die Entladeposition gebracht wird, wobei das Ausschütten des Materials gleichmäßig über eine längere Zeit verteilt erfolgen kann (Bild **2.**65).

2.66 Einschienen-Hängebahn (Translift) mit wartenden Gondeln vor der Betonfabrik (Itaipu, Brasilien)

Eine Weiterentwicklung – in gewissem Sinne – zeigt Bild 2.66, wobei der „Leitweg" nicht ein Tragseil, sondern eine Stahlschiene ist. Diese „Einschienen-Hängebahn" – etwa der Schwebebahn in Wuppertal vergleichbar – kann 20 t Nutzlast je Gondel befördern und war für den Einsatz bei der Großbaustelle Itaipu für eine Transportleistung von 540 m^3/Std. Frischbeton ausgelegt (Bild 2.67), wobei die Anlage voll- bzw. teilautomatisch gesteuert werden konnte und im Extremfall nur ein Mann zur Bedienung (wenn nur zwei Betonsorten gefahren wurden) nötig war.

2.67 Transportkübel der Translift-Hängebahn für 6 m^3 Frischbeton (Gesamtgewicht 20 t)

Die Vorteile der Seilförderung sind in erster Linie in der Geländeunabhängigkeit zu suchen. Große Stützweiten können völlig unbeeinflußt von der Geländesituation (z. B. Täler, Flüsse, Sümpfe usw.) überspannt werden. Das Tragseil als „Schiene" leitet den Gondelverkehr mit geringem Fahrwiderstand über alle Hindernisse hinweg. Auch in der Steigfähigkeit ist die Seilbahn praktisch nicht begrenzt. Von der horizontalen Lage bis in die vertikale (reiner Lastaufzug) ist alles denkbar, praktisch wird die Grenze jedoch bei etwa 45° Neigung zu ziehen sein.

Nachteilig ist die „starre" Leitschiene in Form des Tragseils und die Anlage von Seilstützen (Pylonen) in gewissen Abständen, wobei hier der zulässige Durchhang und damit die erforderliche Pylonhöhe bzw. der notwendige Stützenabstand (und nicht zuletzt die Seilspannung) eine wesentliche Rolle spielen. Je nach den Transportgefäßen sollte das Material eher klein- als grobstückig sein. Im letzteren Fall muß zu anderen Gefäßen – z. B. den bereits erwähnten Stahlnetzen – übergegangen werden.

Die wirtschaftliche Förderweite ist praktisch unbegrenzt. Im allgemeinen werden Seilbahnen für Entfernungen zwischen 500 bis 2000 m eingesetzt. Es gibt jedoch auch Anlagen, die (über extrem hügeliges und kaum befahrbares Gelände) eine Entfernung von bis zu 80 km überbrücken. Hier handelt es sich dann allerdings um stationäre Betriebe, die „für immer" installiert wurden.

Unbestrittener Vorteil der Seilbahn ist, daß sie auch bei Nacht und Nebel und je nach Konstruktion bis etwa Windstärke 8 verkehren kann. Der Witterungseinfluß ist also denkbar gering.

2.3.6 Hydraulische Förderung

Sie findet Anwendung in der Naßbaggertechnik, also bei der Gewinnung des Bodens aus dem Nassen, ist jedoch auch für die Aufgaben der trockenen Erdbewegung von zunehmendem Interesse.

Notwendige Voraussetzung für ihre Anwendung sind eigentlich nur zwei Forderungen:

a) daß genügend Wasser (Grundwasser!) vorhanden ist;

b) daß sich der Boden spülen läßt.

Das Betriebssystem einer solchen Naßbaggeranlage besteht aus einem Saugbagger als Gewinnungsgerät (der zum Erzeugen und Inganghalten des Förderstromes mit einer Baggerpumpe ausgerüstet ist), dazu aus einer Rohrleitung von 1 bis 2 km Länge (mit Rohrdurchmesser zwischen 500 und 1200 mm), einer Spülkippe zur Ablagerung des mit dem Förderstrom herangebrachten Bodens – und falls erforderlich, einer oder mehrerer Zwischenpumpen zur Verlängerung der Reichweite.

2.68
Saugbagger in der Entnahmestelle für einen Autobahn-Damm

Ein typisches Anwendungsbeispiel (noch dazu weit von der Küste entfernt, aber mit ausreichenden Grundwasserverhältnissen) zeigt Bild **2.68**. Hier ist ein Saugbagger zum Gewinnen von Dammschüttmaterial für einen Autobahndamm eingesetzt. Das Gewinnungsgerät ist vom Prinzip her ein sogenannter „Grundsauger", also nur mit einem Saugrüssel ausgestattet (ohne Schneidkopf), der das angesaugte Festmaterial mit Hilfe einer Baggerpumpe als „feststoffbeladene Flüssigkeit" auf eine Spülkippe pumpt. Diese Spülkippe ist ein großes Absetzbecken, das, von Erddämmen umgrenzt und mit Nylonplanen abgedichtet, dafür sorgt, daß sich der Feststoff im Becken absetzt und das Wasser

2.69
Spülkippe zum Massenauftrag des Dammes; Begrenzungswälle mit Kunststoff-Planen abgedichtet

wieder zurückläuft (Bild **2.**69). Auf diese Weise wird – einfach durch Übereinanderlegen mehrerer solcher Spülkippen – ein Damm aufgeschüttet, dem man es nachher nicht mehr ansieht, daß er aus nassem Material gebaut wurde.

Eine andere Möglichkeit der Naßförderung ist in Bild **2.**70 dargestellt. Hier wird das Material im Trockenen gewonnen, und zwar mit Hilfe weitreichender Schürfkübelbagger, die es dann über einen Ladetrichter einer Spülpumpe zuführen. Der weitere Verlauf ist wie oben dargestellt, nur daß eben auch „trocken“ und „naß“ zusammengekoppelt werden können, wenn es die Situation erfordert. Im allgemeinen kann man diese Betriebsweise auch als eine Art „Flachbaggerei“ bezeichnen, denn Abtrag und Auftrag erfolgen meist in dünnen Schichten, – nur daß die eigentliche Transportbewegung hydraulisch vor sich geht.

2.70
Materialförderung trocken/naß: Gewinnung des Materials mit Schürfkübelbaggern, Förderung hydraulisch mit einer Baggerpumpe (fahrbar)

Dieses Transportsystem ist sehr vielseitig und vor allem auch wirtschaftlich anwendbar. Das wird am folgenden Beispiel klar (Bild **2.**71). Hier war ein Hafenbecken in festem Sandsteinmaterial zu vertiefen und das ausgehobene Material ca. 2 km entfernt in eine Art „Polder“ am Ufer abzulagern. Eingesetzt wurde ein sogenannter Cutterbagger, ein Schneidkopfsaugbagger, der das Material löste und für seinen Abtransport sorgte. Die Alternative hätte weit aufwendiger ausgesehen: Man hätte den Sandstein unter Wasser aufmeißeln, mit einem Greifbagger in Schuten laden und an das Einbauufer transportieren, dort abkippen und mit weitreichenden Schürfkübelbaggern an Land ziehen müssen.

2.71
Schneidkopf-Saugbagger beim Vertiefen eines Hafenbeckens

Hier nun besorgt ein einziges Gerät (und dazu lediglich eine Planierraupe als Hilfsgerät auf der Kippe) alles!

Angelpunkt des ganzen Systems ist die Bodenbeschaffenheit: Der Boden muß „spülfähig" sein, d.h. seine Körner müssen von der Schleppkraft des Wasserstromes mitgenommen werden. Sind die Körner zu schwer, so werden sie vom strömenden Wasser gar nicht erst transportiert, sind sie zu leicht, so lagern sie sich in der Spülleitung ab, bilden dort kleine „Dünenriffel" und erhöhen damit den Rohrleitungswiderstand erheblich. Am besten geeignet ist Feinsand mit 0,2 bis 0,6 mm Korndurchmesser. Natürlich können auch einzelne größere Kornpartikel eingebettet sein, aber sie müssen eben immer noch zusammen mit dem sie umgebenden Korngerüst mitgerissen werden, sonst bricht die Materialförderung zusammen.

Die „Leitschiene" ist hier das Spülrohr, das – ähnlich wie das Band, Gleis oder Seil – verlegt werden muß auf einen zumindest grob planierten Geländestreifen. Die Steigfähigkeit ist im praktischen Betrieb auf etwa 3–5 % begrenzt, wenn man die üblichen Förderweiten von 1000 bis 2000 m erreichen will. Entscheidend ist die Druckhöhe der Pumpe auf der einen und der Rohrleitungswiderstand, in den die Länge über die Reibung des Förderstromes an der Rohrinnenwand eingeht, auf der anderen Seite. Über Zwischenpumpen können zusätzliche Antriebsquellen in den Förderstrom eingeschaltet werden, so daß entweder die Reichweite oder die Reichhöhe gesteigert werden kann. Im allgemeinen wird alle 1,5 bis 2 km eine Zwischenpumpe eingesetzt (Bild **2.**72).

2.72
Zwischenpumpe einer Spülleitung

2.73 Schutensauger beim Entleeren einer Schute. Die Arbeitswerkzeuge: links der Saugrüssel, rechts der Druckwassermonitor zur Fluidisierung (Saugbarmachung) des Schuteninhalts

Die wirtschaftliche Förderweite liegt bei 1 bis 5 km. Darüberhinaus wird die hydraulische Förderung wegen der anwachsenden Rohrleitungswiderstände unrentabel. Entnommen werden kann das durch Saug- und Cutterbagger bzw. Schürfkübelbagger (trocken) gewonnene Material auch aus Schuten mit Hilfe eines „Schutensaugers", der es über die Baggerpumpe an Land bringt (Bild 2.73).

Entscheidend ist auch hier, daß die Bauaufgabe eine weitgehend stationäre Lage der Rohrleitung zuläßt. Daher eignen sich, wie schon oben erwähnt, weitreichende Schürfkübelbagger sehr gut zur Ausdehnung des Einzugsgebietes für den stationären Beladekopf. Erwähnt sei noch, daß ein Saugbagger sehr gut auch über „Land" transportiert werden kann. Dazu werden sogenannte Flexodan-Säcke (mit Luft aufgeblasene Gummiwalzen) auf einer vorbereiteten Fahrbahn ausgelegt, über die der Bagger dann, von einer Planierraupe gezogen, die Fahrstraße entlang gerollt wird, wobei die „Rollen" laufend von hinten nach vorn umgelagert werden müssen (Bild 2.74).

2.74 Saugbagger (hier: mit Schneidkopf) auf dem „Landmarsch". Die einzelnen Walzen der Rollbahn werden laufend umgelegt

2.3.7 Wurfförderung

Sie ist kein eigentliches Transportsystem im Sinne der sechs vorangegangenen Verfahren, aber doch eine Fördermethode, die eine gewisse Selbständigkeit besitzt und vor allem deswegen behandelt werden muß, weil sie gerade wegen ihrer Einfachheit als Möglichkeit oft übersehen wird. Mit der Wurfförderung als Methode kehrt man schließlich wieder zum „Schaufelwurf" zurück, der am Anfang aller Fördermethoden in der Erdbewegung stand.

Praktisch gibt es 3 Möglichkeiten für den Einsatz der Wurfförderung:

a) den Jet-Stream-Transport, also das Werfen des Bodens frei durch die Luft auf dem Wege einer ballistischen Kurve durch die Schleppkraft eines Düsenstrahls;
b) das Ausschwingenlassen eines dicht an den Bagger herangezogenen, an einem langen Ausleger pendelnden Schürfkübels;
c) das sogenannte „Karussellfahren", das Herausschleudern des Bodens unter Ausnutzung der Fliehkraft während der Drehbewegung.

Das erste Verfahren ist zwar hier und da bereits praktisch angewandt worden, aber noch weitgehend „Zukunftsmusik" und muß weiterentwickelt und erprobt werden. Es besteht darin, daß man ausrangierte Flugzeugdüsen gebündelt und in Wurfrichtung geneigt vor einer Siloöffnung anordnet. Ähnlich wie bei einer Blumenspritze wird dann das herausrieselnde Erdreich durch den Düsenstrom „weggeblasen". Dabei lassen sich nach den bisherigen Erfahrungen Förderweiten bis zu 300 m erreichen, wobei die Förderung in einer Wurfkurve, also unabhängig von der jeweiligen Geländesituation erfolgt. Das Verfahren ist bisher versuchsweise praktiziert worden im Kohletagebau, wo es darum ging, das Abraum-Material über den Abbaugraben direkt auf die andere Seite „hinüberzuschießen", um das aufwendige Umfahren des Grabens zu vermeiden; eine andere Anwendungsmöglichkeit bestand darin, eine „Werferbatterie" einzusetzen, um schnell größere Bodenmassen aus sicherer Entfernung vor eine rutschende Kippenböschung zu werfen und dort am Böschungsfuß ein Widerlager aufzubauen.

2.75 Materialtransport durch Wurfförderung: Der Oberwagen dreht mit dem angezogenen Kübel ein wenig nach links und läßt diesen dann nach der Kippe (rechts) ausschwingen

Das Ausschwingenlassen des Schürfkübels (2. Variante) läßt sich an Bild **2.75** verdeutlichen: Ein großer Seilbagger mit langem Ausleger braucht nicht zu schwingen, sondern immer nur zu schrappen, d.h. den Kübel an sich heranzuziehen, und dann, wenn er voll ist, wieder ausschwingen zu lassen. Auf diese Weise sind Reichweiten zu erzielen, die die projizierte Auslegerlänge um ca. 50 % übertreffen. Wenn man daran denkt, daß es Bagger mit bis zu 180 m Auslegerlänge gibt, so bedeutet das eine Wurfweite von ca. 250 m und eine Förder-

2.76
Schreitbagger (Esch 180/25) mit 180 m Auslegerlänge und $25\,m^3$ Kübel

weite von fast 500 m (Bild **2.**76). Aber schon mit kleineren Geräten (65 m Auslegerlänge bringen etwa 80 m Wurfweite) lassen sich interessante Ergebnisse erzielen.

Die häufigsten Einsatzmöglichkeiten ergeben sich für die 3. Variante. Soll z.B. ein Kanal ausgehoben werden, so wird der Aushubquerschnitt meist geteilt, so daß auf jeder Seite ein Bagger die ihm zugewandte Kanalhälfte aushebt (Bild **2.**77). Meist muß das ausgehobene Material am Kanalrand in einen Deich eingebaut werden. Die normale Arbeitsweise des einzelnen Schürfkübelbaggers ist nun die, daß der Ausleger um jeweils 180° schwenkt, dort entlädt und wieder zurückschwenkt usw.

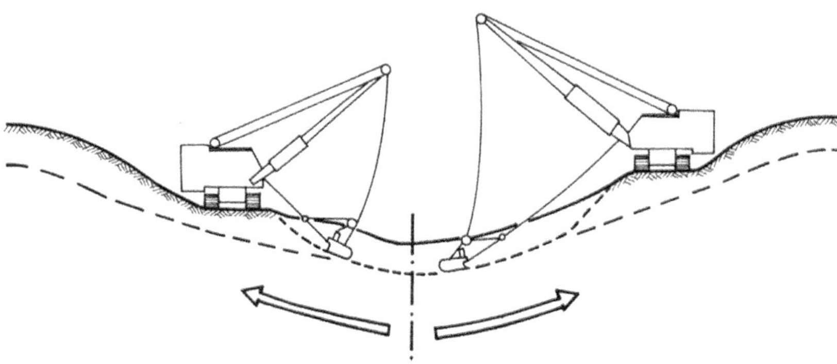

2.77 Kanalaushub mit 2 Baggern. Diese stehen am Kanalrand und schwenken um jeweils 180°

Die Geräte können aber auch „Karussell" fahren, (Bild **2.**78) d.h. einen vollen Kreis von 360° schwenken, ab etwa 150° Schwenkwinkel den Kübel aus seiner festgezurrten Haltung lösen, ausschwingen lassen und im Fliegen entleeren. Beim Weiterschwenken wird der Kübel dann langsam abgelassen und erreicht unter Ausnutzung der Fliehkraft ebenfalls eine größere Ansatzweite für den nächsten Schnitt. Auf diese Weise ist es möglich, auch mit kleineren Geräten Kanalprofile auszuheben, die mit den üblichen Reichweiten-Daten nicht mehr zu beherrschen sind. Der größte Vorteil liegt darin, daß ca. 35 % der sonst üblichen Spielzeit eingespart werden, da ja das Absenken, Entladen und wieder Beschleunigen in die andere Drehrichtung entfällt.

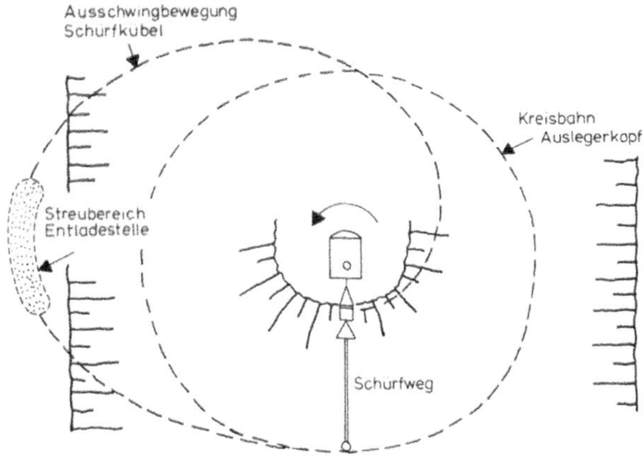

2.78 Materialtransport durch „Karussell-Fahren" (Ausschwingenlassen des Kübels unter Fliehkrafteinfluß beim Drehen des Oberwagens um 360°). Hier: Kanalaushub mit 1 Gerät in der Mitte der Bauwerkstrasse

2.79 Kanalaushub mit 1 Gerät entsprechend Bild **2.**78. Schürfkübelbagger E 450 mit 45 m langem Ausleger (≈ 60 m Grabweite und 70 m Ausschüttweite)

Die Varianten 2 und 3 sind auch gute Beispiele dafür, wie man Schürfkübelbagger mit langen Auslegern sinnvoll einsetzen kann. Normalerweise bedeutet ein langer Ausleger: kleines Grabgefäß (wegen des Lastmomentes) und damit sehr geringe Förderleistung, weil der Bagger viel Zeit für das Beschleunigen und Abbremsen bei jedem einzelnen Arbeitszyklus verliert. Diese Beschleunigungsverluste werden nun bei den Varianten 2 und 3 reduziert bzw. ausgeschaltet. So wird auch bei großer Reichweite noch immer eine akzeptable Förderleistung erzielt (Bild **2.**79).

3 Projektentwicklung

3.1 Verfahrenswahl

3.1.0 Überblick

Die Projektentwicklung befaßt sich mit der Ausarbeitung einer konkreten und möglichst optimalen Lösung für ein gegebenes Bauprojekt. Sie ist also angewandte Systemtechnik, – oder anders ausgedrückt: Die dort entwickelten Problemlösungsmethoden können auch hier entscheidend weiterhelfen.

Liegt eine Bauaufgabe in Form einer Ausschreibung vor, so muß sie zunächst analysiert und besonders hinsichtlich der Gelände- und Bodenverhältnisse untersucht werden. Erst dann können die Methoden der Problemlösung sinnvoll einsetzen und zur Auswahl der geeigneten Methoden, Verfahren und Maschinen führen.

Der Weg verläuft in der Praxis etwas anders als in der Theorie: Oft wird es nicht möglich sein, die nach den Regeln der Systemtechnik erarbeitete Lösung zu realisieren, weil es die dazu passenden oder dafür geeigneten Maschinen noch nicht gibt. Man muß also immer wieder auch von der anderen Seite her zur Lösung hin ansetzen: von den Maschinen, die der Markt zur Verfügung stellt und – was ganz besonders wichtig ist – die erprobt und betriebssicher sind. Oft auch ist der zu verwendende Maschinenpark schon vorgegeben (etwa durch zur Zeit verfügbare und nicht eingesetzte Baumaschinen), und das erzielbare Optimum kann dann immer nur ein relatives sein.

Ist eine erste Vorauswahl der geeigneten Maschinen (und damit auch der maschinellen Werkzeuge) erfolgt, so muß (in umgekehrter Blickrichtung) das Maschine-Werkzeug-System auf seine Brauchbarkeit für den speziellen Zweck analysiert werden. Das gilt nicht nur für den mechanischen Aufbau des Gerätes insgesamt (also des Grundgerätes einschließlich des Arbeitswerkzeuges), sondern auch für seine Arbeitstechnik.

Die Fragen: Wie arbeitet die Maschine? Paßt ihre Arbeitsmechanik, insbesondere ihre Kinematik, überhaupt zu der vorliegenden Bauaufgabe? – sind von ganz wesentlicher Bedeutung für das angestrebte Optimum der Lösung. Daher kann gerade in diesem Stadium das Analysieren nicht sorgfältig genug betrieben werden.

Hier läuft alles – immer im Blick auf die Maschine als eigentliches Produktionsgerät – auf „Maßschneiderei" hinaus, auf exakte Anpassung der maschinellen Möglichkeiten an die von Boden und Aufgabe her geforderte zweckmäßige Arbeitstechnik. Oft bietet dieses Analysieren auch eine erste Grundlage für gezielte Änderungen der Maschine oder sogar für eine Neuentwicklung.

3.1.1 Methodik des Vorgehens

Die Methodik des richtigen „Herangehens" an eine Aufgabe ist von entscheidender Bedeutung für das „Finden" der optimalen Lösung: Man löst die Bauaufgabe gewissermaßen in immer kleinere Betrachtungsflächen auf, wählt eine immer stärkere Vergrößerung mit immer engerem Blickfeld, aber entsprechend größerem Auflösungsvermögen, und gelangt so zu dem, was sich nicht mehr weiter auflösen läßt, zum „Unteilbaren" – hier: zu den verfahrenstechnischen „Grundoperationen". Das ist der Brennpunkt, an dem der Hebel für die Konstruktion der optimalen Lösung anzusetzen ist.

Um es anders auszudrücken: Da ist zunächst die Bauaufgabe. Sie läßt sich auflösen in Teilbetriebe. Diese wieder bestehen aus einzelnen Betriebspunkten. Dort spielen sich bestimmte Arbeitsvorgänge ab, und diese wieder bestehen dann aus Grundoperationen. Oder als Beispiel: Zu bauen ist ein Staudamm. Ein Teilbetrieb ist die Gewinnung des Dammbaumaterials (andere Teilbetriebe: Transport, Einbau usw.). Ein Betriebspunkt dieses Teilbetriebes ist z.B. die Schutthalde S 1 (s. Bild **2.4**). Dort wird die Teilleistung „Gewinnen des Stützkörpermaterials 0–1000 mm" erbracht. Sie wieder besteht aus den Arbeitsvorgängen „Lösen" und „Laden". Und das Lösen wieder führt hin zur Grundoperation „Graben", die hier zusätzlich durch „Reißen" überlagert ist.

Daraus ergibt sich, daß ein Werkzeug benötigt wird, das graben und reißen kann. Dazu muß es eine ganz bestimmte Kinematik haben, die mit dem dicht gelagerten grobstückigen verzahnten Haufwerk fertig wird. Und dazu gehört ein Grundgerät, das dieses Werkzeug mit der gewünschten Kinematik führen kann.

Ist dieser Gedankenkreis geschlossen, so geht es an die nächste Frage: Welchen Grabwiderstand hat das Haufwerk? Und folglich: Wie groß muß die Grabkraft des Baggers, muß der Löffelinhalt und muß das Gerät selbst sein? Schließlich: Welche Muldengröße der Fahrzeuge gehört dazu, welche Bordhöhe müssen die Mulden haben? usw.

Es muß immer wieder darauf hingewiesen werden: Dies ist die grundsätzliche Methode für das Vorgehen. Nur größere Bauaufgaben erfordern ein solches Auflösen in viele kleine Schritte mit ihren letzten Einzelheiten. Aber die prinzipiellen Überlegungen sind im kleinen absolut identisch, und man tut gut daran – hat man schon einmal die Chance zur Suche nach einer optimalen Lösung –, nach diesem Modus zu verfahren.

3.1.2 Projektbearbeitung

3.1.2.1 Die Ausschreibung

Jedes Bauwerk wird in irgendeiner Form „ausgeschrieben". Die Einzelheiten dieser Ausschreibung sind in der VOB/A [72] (Verdingungsordnung für Bauleistungen im Hoch- und Tiefbau, Teil A) festgelegt. Für unsere weiteren Betrachtungen sind wesentlich:

- die Baubeschreibung,
- das Leistungsverzeichnis.

In der Baubeschreibung wird, mit Zeichnungen untermalt, eine genaue Vorstellung des zu erstellenden Bauwerkes entwickelt. Im Leistungsverzeichnis werden die einzelnen Teilleistungen, aus denen sich die Gesamtleistung zusammensetzt, eindeutig und erschöpfend beschrieben, um eine einwandfreie Preisermittlung zu ermöglichen.

Ein solches Leistungsverzeichnis (LV) zeigt im Ausschnitt Tafel **3.1**. Es ist in Positionen untergliedert und mit Abrechnungseinheiten versehen. Die dort aufgeführten Teilleistungen werden dann einzeln kalkuliert und zur Ermittlung des Gesamtpreises addiert. Wesentlich sind bei der Aufstellung des LV nicht nur eine klare Baubeschreibung, sondern vor allem auch eindeutige Angaben über die Baustellenverhältnisse, insbesondere über Boden-, Witterungs- und Wasserverhältnisse, die gerade im Erdbau von gravierender Bedeutung sind. Auch Bodengutachten haben hier ein ganz besonderes Gewicht!

Mehr und mehr erfolgt die Ausschreibung über ein Standard-Leistungsverzeichnis (oder genauer: das „Standard-Leistungsbuch für das Bauwesen" St. LB.) [73]. Dort wurden alle gängigen Bauleistungen systematisch erfaßt, klassifiziert, normiert und numeriert und für

Tafel 3.1 Ausschnitt aus dem Leistungsverzeichnis einer Staudammbaustelle [109]

Pos. Nr.	Leistung		Einheit	Menge	Einh.-Preis	Gesamtbetrag
259	Aushub in der Materialgrube B (Plan No. 16685 vom 30. 6. 54) inkl. Ableiten von Bächen und allfälligem Sickerwasser und Transport des Materials in die betreffenden Dammzonen (Art. 22 und 23)					
	a) Aus Schutthalde S_0 in die seeseitigen Dammzonen	(4)	m3	60 000		
		(5)	m3	6 000		
		(6)	m3	58 000		
	b) Aus Schutthalde S_1 in die seeseitigen Dammzonen	(4)	m3	375 000		
		(5)	m3	42 000		
		(6)	m3	340 000		
	c) Aus Schutthalde S_2 in die seeseitigen Dammzonen	(4)	m3	316 000		
		(5)	m3	28 000		
		(6)	m3	321 000		
	d) Aus Schutthalde S_3 in die seeseitigen Dammzonen	(4)	m3	10 000		
		(5)	m3	1 000		
		(6)	m3	5 000		

eine automatisierte Datenverarbeitung aufbereitet. Grundlage für die Standard-Leistungsbeschreibung bilden

a) die Allgemeinen Technischen Vorschriften für Bauleistungen (ATV) (enthalten in der VOB/C) und
b) die DIN-Normen.

Die Standard-Leistungsbuch (St. LB.) ist untergliedert in einzelne Leistungsbereiche (LB). Der Erdbau wird erfaßt im Leistungsbereich LB Nr. 002. Insgesamt sind die Leistungsbereiche

000 Baustelleneinrichtung
002 Erdarbeiten
004 Rohrarbeiten
006 Baugrubenumkleidung
007 Rammarbeiten
008 Wasserhaltungsarbeiten
010 Dränarbeiten

von Bedeutung. Außerdem gibt es einen St. LK.: einen „Standard-Leistungskatalog für den Straßen- und Brückenbau“, der dem St. LB. in Aufbau und Inhalt ähnlich ist, jedoch eine etwas andere Numerierung verwendet.

3.1.2.2 Analyse der Bauaufgabe

Ist die konkrete Bauaufgabe in der „Ausschreibung‘ erschöpfend beschrieben, so muß ein Bauverfahren ausgewählt bzw. entwickelt und es müssen konkrete Angaben über Leistungen und Kosten gefunden werden. Es müssen die Maschinen ausgewählt und es muß die Baustelle eingerichtet und der Bauablauf vorbereitet werden. Die einzelnen Schritte der Projektbearbeitung von der Analyse der Bauaufgabe bis hin zur Formulierung des Angebots sind Inhalt der folgenden Ausführungen.

Zunächst geht es um die Analyse der Bauaufgabe: Was soll im einzelnen gemacht werden? Diese Frage kann nicht eindringlich genug gestellt – und vor allem beantwortet – werden. Die Baubeschreibung als Bestandteil der Ausschreibungsunterlagen hilft immer nur die ersten Schritte zu tun; tiefer in die ausführungstechnischen Probleme führt sie nicht hinein. Und damit stellt sich die Frage: Wie „seziert“ man eine Bauaufgabe? Wie sieht das „Schnittmuster“ aus, nach dem man sie zerlegen soll? Wie wird das vorliegende Projekt „ent-wickelt“?

Die Analyse der Bauaufgabe läuft auf eine „Analyse der Schwierigkeiten“ hinaus. Sie erfolgt am besten nach einer Check-Liste, wie sie als Muster in Tafel **3**.2 dargestellt ist.

Tafel **3**.2 Muster einer Check-Liste für die Baustellen-Begehung

1. Lage Grenzen im Gelände Vermessungspunkte, Höhen Zufahrtswege Lagerplätze Camp Feldfabrik Versorgungsanschlüsse Entsorgung	5. Boden Art: rollig, bindig, Gewebe, Moräne, Geröll, Fels Grundwerte: Druckfestigkeit, Scherfestigkeit, Lagerungsdichte, Kohäsion, Konsistenz Gewinnungsfestigkeit (Schaufel, Spaten, Hacke, Meißel) Sprengarbeiten Wetterempfindlichkeit Erschwernisse: Geröll, Steine, Felsbänke, Rutschungen
2. Erdbewegung Grundstruktur: Linie, Fläche, Stern, Fächer Massenschwerpunkte: Entfernung Förderweiten: kurz, mittel, lang Förderrichtung: längs/quer zur Bauachse Förderwege: stationär/Umlegungen	6. Oberfläche Bewuchs: Grasnarbe, Gestrüpp, Bäume, Wald Natürliche Hindernisse Täler, Bäche, Gruben, Wälder Leitungen (Telefon, Hochspannung) Kanalisation
3. Geländeform Welligkeit: eben, hügelig, bergig Steigungen/Gefälle Zusätzliche Erdbewegungen? Zusätzliche Fahrwege? Zusätzliche Kosten durch Gelände?	7. Umwelt Hochwassergefahr Lawinen, Steinschlag, Wildbäche, Muren Rutschungen
4. Wasser Grundwasserspiegel Schwankungen im GW Hochwassergefahr? Abfluß (Gefälle, Gräben) Vorfluter	8. Klima Temperatur Tag/Nacht Luftfeuchtigkeit Niederschläge Regen-/Trockenzeiten Wind, Sturm, Monsun, Taifun

Tafel 3.2 (Fortsetzung) Muster einer Check-Liste für die Baustellen-Begehung

9. Transportstruktur Baustraßennetz Ausnutzung Gefälle Umfahrung von Sumpf- und Moorgebiet Vorhandene/anzulegende Wege Umlegungen während Bauausführung Brücken, Dämme erforderlich Wasserableitungen Staubbekämpfung Fahrbahnbefestigung Förderweiten, Steigungen Aufteilung in Bauabschnitte Aufteilung in Betriebspunkte 10. Geländefahrbahn Tragfähigkeit Sümpfe, Moorgebiete Kraftschluß Rollwiderstand (Einsinken) Wetterempfindlichkeit Instandhaltung 11. Beschaffenheit Fördergut schlammig, sandig, breiig, erdfeucht, plastisch, schotterartig, stückig, plattig, Steine 12. Beschaffenheit Kippe/Einbaustelle trocken, naß, feucht, weich, morastig	13. Baustelleneinrichtung Feldwege, Baustraßen Wasserableitung Grundwasser, Oberflächenwasser, Unwetter Graben-/Kanalisationsnetz Durchlässe, Querschnitt Staubentwicklung Lärmbelästigung Lage Feldfabrik Lage Camp Lage Werkstatt 14. Camp Lage Büro Lage Wohnungen Baracken/Container/Fertighäuser Sanitäre Anlagen Freizeit-Anlagen (Sport) Wasserversorgung: Brunnen? Waschanlagen Abwasser E-Anschluß Telefon Parkplätze Absperrung Bewachung Feuersicherheit

Die besonders kritischen Punkte seien hervorgehoben:

Die Geländeform (Neigungen) legt die erforderliche Steigfähigkeit der Maschinen fest wie auch die Maßnahmen für die Ableitung des Oberflächenwassers (Regen!). Sie beeinflußt in wesentlichem Umfang die Struktur und Anlage des Baustraßennetzes, d.h. den Verlauf der Förderwege zwischen Abtrag und Auftrag.

Die Böschungsneigungen sind insofern von Bedeutung, als man sie nicht befahren kann wie die Geländeoberfläche. Böschungen sind meist Teil des Bauwerkes und müssen schonend behandelt werden, und das will bei ihrer Herstellung berücksichtigt werden! Entweder verzichtet man ganz auf ein Befahren der Böschungsflächen und bearbeitet die Böschungsneigung von unten (Bauwerksohle) oder von oben (Geländeoberfläche) aus, oder man setzt spezielle Geräte ein, die die Böschungsoberfläche nicht strapazieren (schonendes Fahrwerk!).

Die Tragfähigkeit des Geländes muß so groß sein, daß sie die statische und dynamische Bodenpressung der eingesetzten Geräte „ertragen" kann. Je nach den örtlichen Verhältnissen müssen hier Reifen-, Raupen- oder Schreitfahrwerk eingesetzt oder die Maschinen sogar auf Matratzen gestellt werden. Auch die Anlage von Hilfsstraßen kann notwendig werden.

Die Abtragshöhe kann vor allem bei tieferen Einschnitten zu einem ernsten Problem werden. Es will überlegt werden, ob der Einschnitt in voller Höhe herausgenommen oder in gestaffelte Abbausohlen unterteilt werden soll. Danach richtet sich auch das Fahrwegschema bzw. das Baustraßennetz.

Die Auftragshöhe spielt keine Rolle, wenn der Auftrag in Schichten langsam von unten nach oben aufgebaut werden kann (nur die Böschungen müssen dann sorgfältig behandelt werden!). Anders ist es, wenn der Auftrag in unwegsamen Gelände als Vorkopfschüttung vorgetrieben werden soll, wo nicht systematisch verdichtet werden kann.

Die Gewinnungsfestigkeit beeinflußt wesentlich die Stärke der einzusetzenden Löse- und Ladegeräte. Die Maschinen müssen mit der „Zähigkeit" des Bodens fertig werden und „der Stärkere" bleiben.

Die Auflockerung ist eine Begleiterscheinung des Lösens und des Ladens und beeinflußt die effektive (d.h. hier: die bezahlte) Leistung der Maschinen.

Das Grundwasser muß – vor allem auch hinsichtlich seiner möglichen Schwankungen – unter Kontrolle gehalten werden. Auch an das offene Wasser in Geländemulden und an gespanntes Wasser (das zu bösen Überraschungen führen kann) ist zu denken.

Bei Oberflächenwasser ist vor allem das Wasser zu berücksichtigen, das als Regen auf die Baustelle (Erdbaustelle!) niedergeht und abgeleitet werden muß. Insbesondere für die gleislosen Geräte, die an keine feste Fahrbahn gebunden sind, können sich hier ernste Schwierigkeiten ergeben.

Die Verdichtungswilligkeit des gelösten Bodens ist für die Auswahl der Geräte wesentlich. Auch hier gibt es keine „Formeln", sondern nur Anhaltswerte; nachgewiesen werden muß bei Abnahme allein der vorgeschriebene Verdichtungsgrad. Alles andere ist von sekundärer Bedeutung.

Die Witterung verändert den Baustellenboden in großem Ausmaß. Unter Umständen kann sie schon im Stadium der allerersten Überlegungen zu Gleis- bzw. Band- oder Rohrförderung zwingen und gleislose Geräte weitgehend ausschalten. Wetterwarten geben langfristige und Satellitenfotos (im Fernsehen) kurzfristige Hilfe.

3.1.2.3 Baustellenbegehung

Sie ist eine der wichtigsten Handlungen in der Vorbereitungsphase und sollte auf jeden Fall wahrgenommen werden. Hier geht es im wesentlichen darum, die Randbedingungen zu erkunden, unter denen das ausgewählte Bausystem später arbeiten soll, oder anders ausgedrückt: das „Umfeld" zu präzisieren.

Zunächst interessieren die Baustellenverhältnisse. Wie ist der Zugang zur Baustelle beschaffen? Wo können die Baracken und die Werkstatt untergebracht werden? Wo sind Wasser-, Abwasser- und Stromanschlüsse? Wie sieht es mit der Kraftstoffversorgung aus? usw.

Wichtig ist der Baustellenbewuchs. Er muß entfernt und abgeräumt werden, und es ist von großer praktischer Bedeutung, ob es sich dabei nur um Gestrüpp handelt oder ob Wald zu roden ist, wobei die Entfernung der Stubben eine besondere (und sehr kostenintensive!) Rolle spielt.

Bei der Begehung des Baugeländes muß die Bodenerkundung das Hauptthema sein. Einzelheiten dazu sind in Abschnitt 3.2.1 aufgeführt. Hier soll nur auf die entscheidende Bedeutung dieser Frage hingewiesen werden. Es wird „mit Erde" gebaut, und dazu kann nicht sorgfältig genug abgeklärt werden, „mit was für Erde" man es nachher zu tun haben wird.

Zusammen mit dem Boden sind die Witterungsverhältnisse von großer Wichtigkeit. Die meisten Böden sind sehr witterungsempfindlich; bindiger Boden verwandelt sich im Nu zu Schlamm, und rolliger Boden wird fast ebenso „grundlos", wenn er ausgetrocknet ist. Boden und Wetter sind voneinander nie zu trennen, und die Auswirkungen des Witterungseinflusses können vor allem für Reifenfahrzeuge verheerend sein.

Die Geländeform ist von Bedeutung. Selten wird es sich um eine ebene Fläche handeln. Neigungen, Höhenunterschiede, Taleinschnitte, die „Wellenlängen von kupiertem Gelände" müssen in die Betrachtungen über die Systemlösung mit einbezogen werden.

Besonderes Augenmerk ist den Verhältnissen auf der (vorerst noch gedachten) Kippe zu schenken. Werden die Massen nur abgekippt oder auch verdichtet – und wie werden sie verdichtet? Die meisten Erdbaugeräte haben ihre Schwierigkeiten auf weichem Kippenuntergrund, andere wieder sind ausgesprochen kippenfreundlich.

Auch sollte man bei der Baustellenbegehung versuchen, schon die endgültige Form des Bauwerkes (vor allem mit seinen Neigungen und Böschungen) in das noch unberührte Gelände „hineinzusehen" und sich den Baustellenbetrieb darum herum konkret vorstellen.

3.1.2.4 Massenverteilung

Erdbau ist „Massenbewegung", und die Transportaufgabe steht im Vordergrund. Jede Leistungsermittlung im Erdbau hat zwei Basisgrößen: die jeweilige Nutzladung (die „bezahlten" Kubikmeter, die im Transportgefäß enthalten sind) und die Transportentfernung. Sie in den einzelnen Bauabschnitten zu ermitteln ist schon am Beginn der Projektlösung notwendig. Das Vorgehen ist hier folgendes:

1. Übertragung der Regelprofile eines Bauwerkes (z.B. eines Straßendammes) in das Gelände und Erstellung der jeweiligen Querprofile entlang der Trasse alle 100 m (bei uns üblich).

2. Ermittlung der Massen zwischen je zwei Querprofilen als rein geometrisches Volumen (gewachsener Boden, im Auftrag: verdichteter Boden).

3. Eintragung der so ermittelten Massen der einzelnen Profilelemente in einen Längsschnitt der Bauwerktrasse (Bild 3.3).

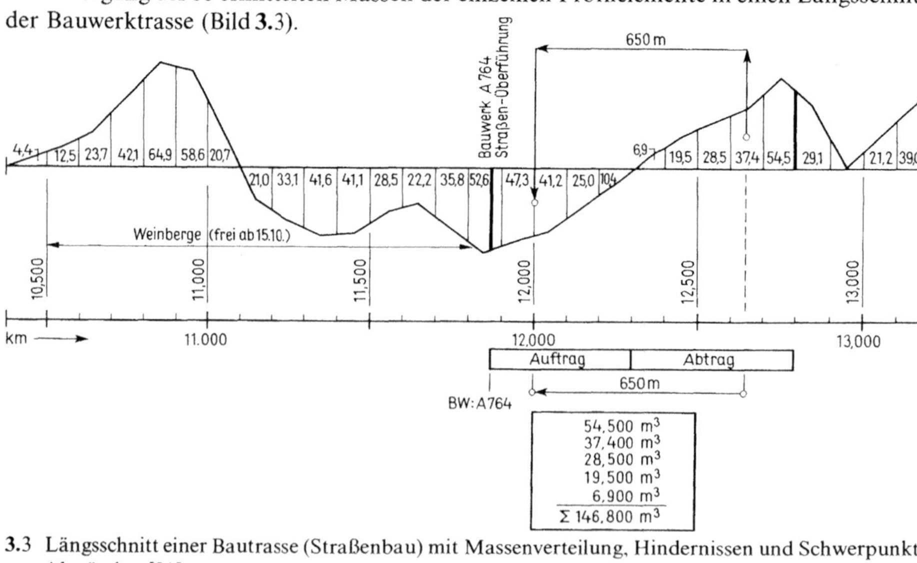

3.3 Längsschnitt einer Bautrasse (Straßenbau) mit Massenverteilung, Hindernissen und Schwerpunkt-Abständen [81]

4. Eintragung der Kunstbauwerke (Brücken, Tunnel, Durchlässe) und Geländehindernisse (Flußläufe, Taleinschnitte) als eventuelle Grenzen für die einzelnen Transportabschnitte.

5. Ermittlung der Massenschwerpunkte zwischen Abtrag und Auftrag. In Bild 3.3 ist dies an dem Abschnitt rechts der Brücke (Bauwerk A 764) bei km 11 860 veranschaulicht, wo ein Einschnitt mit Massenschwerpunkt bei km 12 000 aufzufüllen ist; das dafür benötigte Material wird aus dem anschließenden Einschnitt bis km 12 800 entnommen, dessen Massenschwerpunkt bei km 12 640 liegt. Diese Unterteilung wurde wegen des Brückenbauwerkes erforderlich. Andernfalls hätte man den gesamten Auftrag von km 11 100 bis km 12 300 aus den beiderseitigen Einschnitten entnommen.

6. Ermittlung der Schwerpunktabstände als Grundlage für die Geräteauswahl. Im vorliegenden Beispiel sind es 650 m, und die zu bewegende Masse umfaßt insgesamt 146 800 m^3. Wie weiter unten ausgeführt wird, ergibt sich für einen Schwerpunktabstand von 650 m die vorzugsweise Anwendung von Scrapern. Als Ersatz ist jedoch auch Bagger-LKW-Einsatz denkbar.

Auf diese Weise wird das gesamte Bauvorhaben (hier: der Verkehrsdamm) in Einzelabschnitte für den Massenausgleich (Einschnitt – Auftrag), deren Schwerpunktabstände und deren Teilleistungen zerlegt, wobei schon grob erkannt werden kann, wieviel m^3 im Kurz-, Mittel- und Langstreckenbereich anfallen und welche Gerätearten (und überschlägig auch: wieviele) benötigt werden.

3.1.2.5 Verfahrenswahl

Hier spätestens muß man auf die Praktiken der Systemtechnik zurückkommen, um sich bei der Systemsynthese eine innere Richtschnur zum Zusammenstellen aller möglichen Ausführungsvarianten zu geben. Das Instrument hierzu ist der morphologische Kasten. Er kann im Falle des obigen Beispiels etwa wie in Tafel 3.4 dargestellt aussehen: Senkrecht herunter sind die einzelnen Etappen der Bauausführung – die Teilleistungen – aufgeführt, daneben horizontal angeordnet die verschiedenen Möglichkeiten, dargestellt durch einzelne Geräte.

Die Auflistung im morphologischen Kasten bietet dann die Möglichkeit, „verträgliche Lösungen" auszuwählen. Diese sind beispielsweise in Tafel 3.5 aufgezeigt. Nun kann man

Tafel 3.4 Morphologischer Kasten mit der Auflistung der Arbeitsvorgänge (Teilleistungen) und der Zuordnung geeigneter Geräte

Arbeitsvorgänge	Geräte
Freimachen der Baustelle	Gestrüppharke, Reißraupe, Planierraupe, Wurzelharke
Mutterbodenabtrag	Schürfraupe, Elevating-Scraper, Planierraupe, Eimerseilbagger
Lösen	Schürfraupe, Scraper, Raupenbagger, Reißraupe, Bohren + Sprengen, Saugbagger
Laden	Schürfraupe, Scraper, Raupenbagger, Radlader, Pflugbagger, Saugbagger
Transportieren	LKW, SKW, Scraper, Gleis, Band, Rohrleitung, Schürfraupe
Verteilen	Planierraupe, Grader, Spülkippe, Schürfraupe
Verdichten	Stampfplatte, Vibrowalze, Reifenwalze, Schaffußwalze, Spülkippe
Einplanieren	Planierraupe, Grader, Eimerseilbagger
Mutterbodenauftrag	Schürfraupe, Greifbagger, Eimerseilbagger

sich überlegen, ob die Grundstruktur des Systems verändert oder einzelne Ausführungselemente modifiziert oder sogar neue Ideen diskutiert werden können. Z. B. wäre denkbar (wenn die sonstigen Begleitumstände es zulassen), die eigentliche Massenbewegung hydraulisch, d.h. durch Verwendung von Saugbaggern, Rohrleitungen und Zwischenpumpen durchzuführen, oder man könnte daran denken, den Boden von der Gewinnungsstelle aus z.B. mit Hilfe von Jet-stream-Methoden (s. Abschn. 2.3.7) direkt in den Auftragsbereich zu „blasen". Den neuen Möglichkeiten und ihren gedanklichen Kombinationen sind hier keine Grenzen gesetzt.

Tafel **3.**5 Auswahl verträglicher Lösungen aus Tafel 3.4 (Varianten-Studium)

Arbeitsvorgänge	Variante 1	Variante 2	Variante 3
Freimachen der Baustelle	Gestrüppharke	Reißraupe	Planierraupe
Mutterbodenabtrag	Schürfraupe	Eimerseilbagger	Schürfraupe
Lösen	Schürfraupe	Raupenbagger	Saugbagger
Laden	Schürfraupe	Raupenbagger	Saugbagger
Transportieren	Schürfraupe	SKW	Rohrleitung
Verteilen	Schürfraupe	Planierraupe	Spülkipper
Verdichten	Vibrowalze	Stampfplatte	Spülkipper
Einplanieren	Planierraupe	Planierraupe	Eimerseilbagger
Mutterbodenauftrag	Schürfraupe	Schürfraupe	Greifbagger

Sind die verfahrenstechnischen Möglichkeiten „ausgereizt", also die verschiedenen Lösungswege entwickelt, so geht es an die Auswahl des endgültigen Systems, wozu vorher eine Bewertung der verschiedenen konkurrierenden Lösungswege vorgenommen werden sollte. So könnte man z. B., wie es in Tafel **3.**6 gezeigt ist, die Brauchbarkeit der verschiedenen Geräte mit 1 (sehr gut), 2 (gut) oder 3 (noch verwendbar) bewerten und dann die „Noten" der Geräte in den einzelnen Lösungswegen der Tafel **3.**7 addieren. Dabei käme dann heraus, daß z.B. die Variante 1 die niedrigste Punktzahl hat und damit die beste ist. Anspruchsvollere Verfahren verwenden Entscheidungsbäume mit Kostengleichungen usw. [9]; [10].

Tafel **3.**6 Nutzwert-Matrix zur Bewertung der Brauchbarkeit der Geräte aus Tafel 3.4

Arbeitsvorgänge	Geräte aus Tafel 3.4
Freimachen	1 2 1 3
Mutterbodenabtrag	1 1 3 2
Lösen	2 3 2 1 2 3
Laden	1 2 1 1 2 3
Transportieren	2 1 1 3 3 3 2
Verteilen	1 3 2 2
Verdichten	3 1 2 3 1
Einplanieren	2 1 2
Mutterbodenauftrag	1 2 3

Benotungs-Matrix: 1 = sehr gut, 2 = gut
3 = noch verwendbar

Tafel **3.**7 Bewertung der Varianten (V) aus Tafel 3.5 zur Entscheidungsbildung

Arbeitsvorgänge	V 1	V 2	V 3
Freimachen	1	2	1
Mutterbodenabtrag	1	2	1
Lösen	2	2	3
Laden	1	1	3
Transportieren	2	1	3
Verteilen	2	1	2
Verdichten	1	3	1
Einplanieren	2	2	2
Mutterbodenauftrag	1	1	2
$\sum$ Punktzahl	13	15	18
Gesamtnote	1,45	1,67	2,0

Besonders hingewiesen sei auf die innere Problematik dieser Vorgehensweise, die nicht frei von Risiken und Gefahren ist. Von ausschlaggebender Bedeutung ist, daß

1. eine passende Bewertungsskala gefunden wird,
2. diese Bewertungsskala konsequent bis zum Ende beibehalten wird, und vor allem
3. bei den Vergleichen die richtigen Werte gegenübergestellt werden.

Also: die methodische Richtigkeit muß gewährleistet sein. Das ist das A und O jedes Verfahrensvergleichs!

Weiter sei darauf hingewiesen, daß die obige Methode (Morphologischer Kasten mit Bewertungsmatrix) nur

a) für komplizierte Bauaufgaben mit heuristischen Anforderungen an erfahrene „alte Hasen“,

b) für Großprojekte bei Bearbeitung (Mitarbeit) durch noch wenig erfahrene Ingenieure (die die einzelnen Ausführungsmöglichkeiten und Zusammenhänge erst kennenlernen müssen)

zu empfehlen ist.

Die Systemtechnik dient im Fall a) als übergreifende Darstellungsweise der verschiedenen Ausführungsvarianten mit ihren speziellen Möglichkeiten und deren Verbindung zu anderen (fachübergreifenden) technischen Bereichen.

Im Fall b) dient sie als „Entwirrungshilfe“ weit umfassender Probleme, um deren einzelne Bausteine und ihre Zusammenhänge aufzudecken und abzuklären.

Sowohl für den erfahrenen wie für den noch jungen Ingenieur ist die Systemtechnik eine wertvolle Hilfe, wenn es in der Entscheidungsphase einer Projektentwicklung darum geht, neue Alternativen aus den althergebrachten Vorstellungen abzuleiten oder – heuristisch vorgehend – völlig neue Lösungen zu „erfinden“.

Kleinere Erdbewegungsaufgaben der alltäglichen Praxis können natürlich einfacher gelöst werden. Der grundsätzliche Lösungsweg ist jedoch der gleiche, und darauf kommt es hier an. Auch an die Entscheidungsfindung mit Hilfe der EDV sei erinnert, auf die in Abschnitt 7 eingegangen wird.

3.1.2.6 Kapazitätsbetrachtung

Ein weiterer Kreis von Überlegungen ist anzustellen hinsichtlich der erforderlichen Maschinenkapazität, auch hier wieder zunächst in grober Annäherung.

Man beginnt am besten – entweder für das gesamte Erdlos oder für die einzelnen Teilabschnitte – mit der verfügbaren Arbeitszeit. End- oder Zwischentermine ermöglichen die Ermittlung der einzelnen Arbeitstage, des sogenannten „Baukalenders“. Nun kann man sich überlegen, ob man 1 oder 2 Schichten pro Tag arbeiten will. Über die Arbeitsstunden pro Schicht ergibt sich dann die Gesamtzahl der verfügbaren Arbeitsstunden. Sie ist die eigentliche Richtgröße für die Zeitbetrachtung und kann nun weiter, je nach Schwierigkeitsgrad, Witterungsverhältnissen usw. abgemindert werden.

Ein anderer Gedankenkreis widmet sich dem Massenumfang. Im Beispiel von Abschnitt 3.1.2.4 waren 146 800 m^3 über 650 m Entfernung zu bewegen. Stehen dafür laut Bauprogramm 17 Arbeitstage zur Verfügung, so müssen – bei einschichtigem Betrieb mit 10 Stunden pro Arbeitsschicht – 860 m^3 pro Arbeitsstunde bewegt werden. Diese Leistungsgröße gestattet nun, zusammen mit den ausgewählten Geräten und den dafür vorhandenen Leistungstabellen, die Festlegung der Anzahl benötigter Maschinen. Im erwähnten Beispiel sind das z.B. 8 Motorschürfwagen mit je 120 m^3/Std. Förderleistung über 650 m Schwerpunktabstand, – ganz überschlägig ermittelt.

Entsprechend werden die einzelnen Teilbetriebe (Freimachen der Baustelle, Mutterbodenabtrag usw.) leistungsmäßig überprüft und so ein erster Überblick bezüglich des erforderlichen Geräteaufwandes gewonnen. Liegen keine eigenen Erfahrungen über die Leistungsfähigkeit der Geräte vor, so kann man auf Herstellerangaben zurückgreifen, sollte jedoch immer bedenken, daß dort Höchstleistungen angegeben werden, während für eine Kalkulation Durchschnittsleistungen benötigt werden. Man ist gut beraten, wenn man mit nur 60% oder 50% der Katalogwerte rechnet. Ein Beispiel für die Leistungstabelle einer Herstellerfirma gibt Bild 3.8.

Beispiel: Gewünscht wird eine Leistung von 230 m^3/h. Bei einer angenommenen Spielzahl (Fahrwegschema!) von 74/h ergibt sich die erforderliche Nutzladung zu 3,1 m^3/Spiel. Bei einem Füllfaktor von 90% führt das zu einem Gerät mit 3,6 m^3 Schaufelinhalt (= CAT980 C)

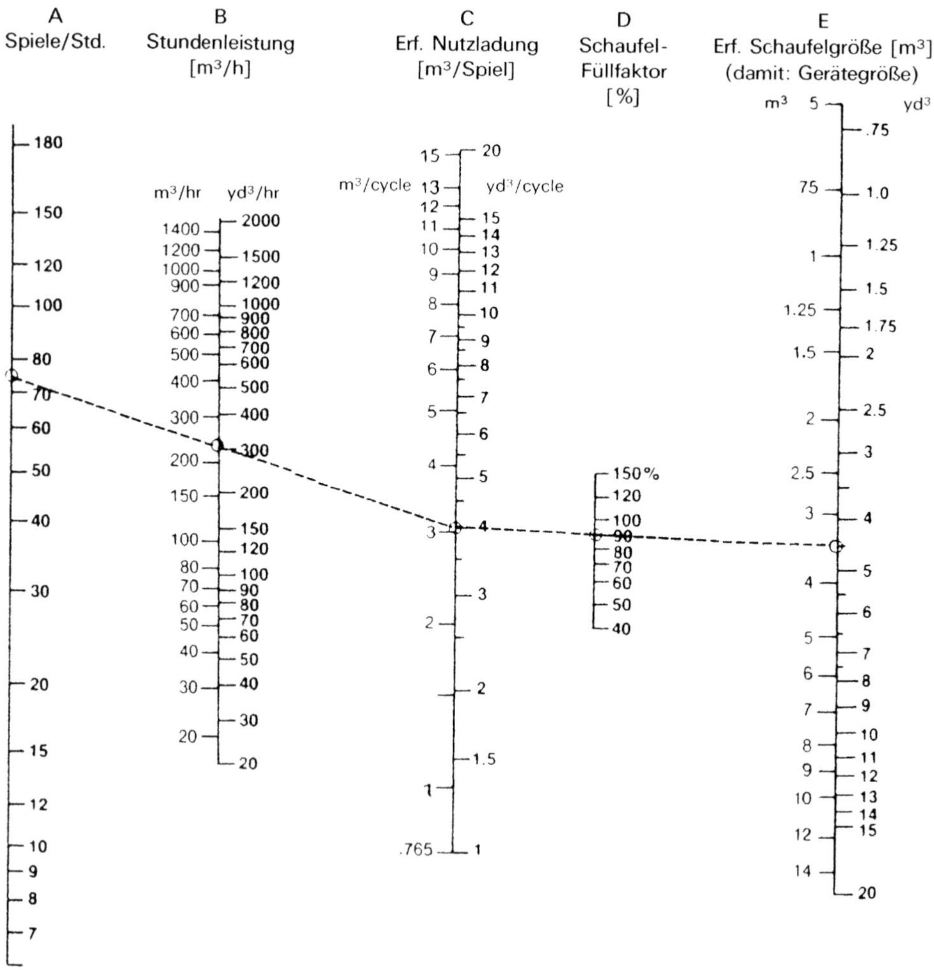

3.8 Nomogramm zur Ermittlung der Ladeleistung eines Radladers auf der Basis des Schaufelinhalts [100]

In den meisten Fällen wird jedoch keine (absolut) optimale, sondern eine „relativ optimale" Lösung realisiert werden können, weil oft schon Geräte vorhanden sind, die verwendet werden müssen. Damit werden Investitionskosten eingespart, dafür aber höhere spezifische Förderkosten in Kauf genommen. Nur Detailkalkulationen können „die reine Wahrheit" an den Tag bringen. So muß die eine Variante (mit neuen Geräten) der anderen (mit vorhandenem Gebrauchtgerät) gegenübergestellt und auch die Wiederverwendbarkeit bei Anschlußaufträgen in das Kalkül mit einbezogen werden.

3.1.3 Die Maschinen

3.1.3.0 Die Erdbaumaschine

Es tut gut, sich den ganzen Zusammenhang noch einmal zu vergegenwärtigen: Erdbau ist Modellieren der Erdoberfläche. Dazu braucht man geeignete Modellierwerkzeuge und Menschen, die mit diesen Werkzeugen umgehen können. Der Bagger „Power Shovel" ist eine „Schaufel", die mit maschineller Arbeitskraft betrieben wird, jedoch unter voller menschlicher Kontrolle, – nur daß eben diese Schaufel um vieles stärker und kräftiger ist als das reine Handwerkzeug. Man kann auch sagen: Die Baumaschine ist ein „amplifying dynamo", ein Kraftverstärker. Aber sie verstärkt eben nur; ausschlaggebend für ihre Bewegungen ist der Mensch, der sie über Steuerhebel „am Zügel" hat.

Sechs Wesensmerkmale sind es mindestens, die man ansprechen muß, um eine Baumaschine im Erdbau zu charakterisieren:

1. Das Grundgerät.
Das „Kraftpaket", das die Antriebsenergie zur Verfügung stellt und die Basis für die maschinelle Arbeit abgibt.
2. Kraftübertragung und Getriebe.
Zur Weiterleitung der Antriebsenergie an die einzelnen Triebwerke.
3. Das Fahrwerk.
Es dient zur Fortbewegung und verleiht dem Gerät seine Mobilität in der Bauwerksebene.
4. Die Arbeitseinrichtungen mit ihren Werkzeugen.
Sie sind die „Speerspitzen", auf die sich die Antriebsenergie konzentriert.
5. Die Kinematik.
Sie gibt den „Armbewegungen" für die Attacken gegen den Boden ihr arbeitstypisches Gepräge.
6. Die Steuerung der Arbeitswerkzeuge.
Mit ihr „fährt" der Maschinist (Mensch oder Automat) die Maschine.

Zwei unterschiedliche Wege sollen beschritten werden, um das Thema zu behandeln:

a) Was bietet der Markt an Maschinen an?
b) Welche Eigenschaften bietet die jeweilige Maschine in der verfahrenstechnischen Analyse?

Bei a) steht also die gegebene Maschine zur Debatte, bei b) wird sie analysiert, um Kriterien für eine eventuelle „Modifizierung" (sprich: Anpassung) herauszufinden, die zur optimalen maschinellen Lösung hinführt.

3.1.3.1 Hauptgeräte

Versucht man, das reiche Angebot an Baumaschinen, das der Markt zur Verfügung stellt, zu ordnen und zu gliedern, so kann man zunächst

Hauptgeräte und Spezialgeräte

unterscheiden, wobei „Hauptgeräte" die derzeit bevorzugt eingesetzten Geräte und „Spezialgeräte" solche sind, die im Augenblick – wenigstens bezogen auf den Erdbau bei uns – noch eine Nebenrolle spielen, sehr wohl aber morgen oder übermorgen auch größere Bedeutung erlangen können.

Die Hauptgeräte sind in Tafel **3.**9a, die Spezialgeräte in Tafel **3.**9b aufgeschlüsselt.

Tafel **3.**9 Überblick: Die Geräte für den Erdbau

a) Hauptgeräte	
1. Geräte zum Lösen	Reißraupen, Reißbagger, Felsmeißel
2. Geräte zum Laden	Bagger, Rad- und Raupenlader
3. Geräte zum Lösen und Laden	Bagger
4. Geräte zum Transportieren	LKW, SKW, Hinterkipper, Bodenschütter
5. Geräte zum Lösen, Laden und Transportieren	Planierraupen, Schürfraupen, Scraper
6. Geräte zum Einebnen und Planieren	Planierraupen, Grader
7. Geräte zum Verdichten	Vibrationswalzen, Reifenwalzen, Schaffußwalzen, Stampfplatten, Plattenrüttler
8. Geräte zum Profilieren	Teleskopbagger (Gradall, Unidachs), Exaktbagger, Profilschaufeln
b) Spezialgeräte	
1. Ladegeräte	Bandlader (stationär), Grundsauger
2. Löse- und Ladegeräte	Schaufelradbagger, Pflugbagger, Trommelbagger, Grabenbagger
3. Löse-, Lade- und Transportgeräte	Schneidkopfsaugbagger (Cutter), Laderaumsaugbagger (Hopper)
4. Transportgeräte	Bandstraßen, Schuten
5. Einbaugeräte	Absetzer

Geht es um das Lösen und Laden, so konkurrieren heute vorzugsweise Hydraulikbagger (Bild **3.**10) und Radlader (Bild **3.**11) miteinander. Beide haben ihre Vor- und Nachteile. Der Hydraulikbagger arbeitet aus dem Stand heraus, während der Radlader bei jeder Ladebewegung hin- und herfahren muß (der Bagger steht mit dem Unterwagen bei der Arbeit still, hebt nur den Löffel und schwenkt den Oberwagen!). Was dem Hydraulikbagger an Mobilität fehlt, bringt er zum Ausgleich an Grabkraft mit. Hier ist er dem Radlader eindeutig überlegen. Fazit: Steht – bei geringen Grabwiderständen – die Mobilität, die schnelle Änderung des Standortes von einem Einsatz zum anderen im Vordergrund, so ist der Radlader das gegebene Gerät. Wird dagegen „Kraft" benötigt – bei nicht zu häufigem Stellungswechsel – so ist der Hydraulikbagger überlegen. Er ist auch überall dort vorzuziehen, wo permanent geladen werden muß, also ein „Produktionsgerät" benötigt wird (z.B. in Kiesgruben, Steinbrüchen, usw.), während der Radlader mehr als „Feuerwehr" für kleine und schnelle Einsätze anzusehen ist.

Der entscheidende Nachteil des Radladers ist seine geringe Grabkraft. Um hier mehr herauszuholen – und um trotzdem einigermaßen mobil zu bleiben – gibt es den Raupenlader (Bild **3.**12): von der Kinematik her ähnlich wie der Radlader, jedoch auf einen Raupenschlepper aufgesetzt und damit also mit größerer Vorschubkraft (das Raupenfahrwerk hat höheren Kraftschluß!) ausgerüstet.

3.10
Hydraulikbagger mit
Hochlöffel (Ladeschaufel)

3.11
Radlader mit Normalschaufel beim Beladen eines Hinterkippers

3.12
Raupenlader [100]

Auch der Hydraulikbagger kennt eine Variante: den Seilbagger, der überall dort zum Einsatz kommt, wo große Reichweiten (oder Reichtiefen bzw. Reichhöhen) erforderlich sind, also vor allem als Schürfkübelbagger für Unterwasserbaggerungen vom Ufer aus (Bild 3.13), als Greifer oder Kran (Bild 3.14) oder als Geräteträger, z.B. zum Rammen, Bohren oder Schlitzen (Bild 3.15). Über den Gitterausleger, der mit Zwischenstücken verlängert oder verkürzt werden kann, und seinen Seilantrieb ist er allen Einsätzen, die große Reichweiten erfordern, ideal anzupassen. Nur, der schnellste ist er nicht, und wenn es um Ladeleistung geht, ist der Hydraulikbagger vorzuziehen.

3.13 Schürfkübelbagger mit großer Reichweite für Unterwasserarbeiten vom Ufer aus

3.14 Greifbagger auf Ponton beim Verlegen von Wasserbausteinen zur Uferbefestigung [106]

3.15 Seilbagger mit Rammausrüstung (Mäkler, Dieselbär, Schlaghaube) [108]

Bei den Transportgeräten gibt es neben den handelsüblichen Lastkraftwagen (LKW) spezielle Erdbaufahrzeuge, die als Hinterkipper mit starrem Chassis für den Straßeneinsatz (Bild **3.**16), mit Kardangelenk und Niederdruckreifen für den Einsatz im Gelände (Bild **3.**17) oder als Bodenschütter (Bild **3.**18) bekannt sind (allgemein als SKW bezeichnet). Der

3.16
Hinterkipper (Haulpak 35): 320 kW Antriebsleistung, 35 t Nutzlast, Gewicht 58 t

3.17
Hinterkipper mit Kardangelenk und Niederdruck-Geländereifen

3.18
Bodenschütter für gleichmässigen Bodenauftrag (während des Fahrens)

Bodenschütter hat Knickgelenk und weiches Fahrwerk (EM-Reifen mit nur 0,2–0,3 N/mm^2 Bodendruck) und eignet sich besonders für langgestreckte, flächenhafte Schüttungen, die durch die Fahrspuren der Geräte schon vorverdichtet werden sollen.

Lade- und Transportgeräte gehören allgemein zu der Gruppe der Flachbagger. Sie arbeiten im Flachschnitt, tragen das Material auch wieder flach auf und können sich selbst beladen. Hierher gehört die Schürfraupe (Bild 3.19), ein selbstfahrender Schürfkübel auf Raupenfahrwerk (geringe Bodenpressung, guter Kraftschluß), der zusätzlich mit Planierschild, Aufreißer und Wateinrichtung (bis 1,80 m Wassertiefe) ausgerüstet werden kann. Eine Zwischenlösung stellt der Anhängeschürfwagen dar, der von einer Planierraupe gezogen wird (Bild 3.20). Das eigentliche Großgerät unter den Flachbaggern für längere

3.19
Die Schürfraupe. Selbstfahrender Schürfkübel auf Raupenfahrwerk mit zusätzlichem Planierschild (Kübelinhalt 6,4 bis 8,5 m^3)

3.20
Schürfwagenanhänger (9,4 m^3) von einer Planierraupe gezogen, beim Schürfen

Strecken (300–1000 m Förderweite) ist der Motorschürfwagen (Bild 3.21), der jedoch in der Mehrzahl der Fälle eine Ladehilfe braucht (meist in Gestalt einer Schubraupe), da seine Vorschubkraft (geringer Kraftschluß des Reifenfahrwerks) nicht ausreicht, um den vollen Ladewiderstand zu überwinden. Um die Schubraupe einzusparen, kann man den Motorschürfwagen mit einem zusätzlichen Heckantrieb ausrüsten (Twin Power Scraper) oder der Kübelöffnung ein Kratzband vorschalten, das den Boden in den Kübel hineinbefördert und

3.21
Motorschürfwagen (16,0 m³, 336 kW) mit Frontantrieb

3.22
Motorschürfwagen mit eingebauter Ladehilfe.
Vorn: Kratzband (Elevating Scraper);
hinten: Heckmotor (Twin Power Scraper)

den Schürf- und Füllwiderstand erheblich reduziert (Elevating Scraper) (Bild **3**.22). Immer mehr wird auch der sogenannte Push-Pull-Betrieb angewandt, bei dem jeweils 2 Motorscraper sich beim Laden gegenseitig helfen: Während der eine schürft, schiebt der andere, und wenn der erste Scraper voll ist, zieht er den anderen zusätzlich beim Schürfen.

Unter den Planiergeräten ist vor allem die Planierraupe zu nennen, die mit Querschild (Bulldozer) oder Schrägschild (Angledozer) ausgerüstet werden kann und als „Mädchen für alles" von keiner Erdbaustelle mehr wegzudenken ist (Bild **3**.23 und Bild **3**.24). Während die Planierraupe nur Grob- oder Feinplanum herstellt, aber große Zug- bzw. Schubkraft entwickelt, ist der Grader (auch Erdhobel) das geeignete Gerät für Feinplanum jeder Art (Bild **3**.25), ob es sich nun um ein Straßenplanum, um Böschungsflächen oder um Grabenaushub handelt. Bemerkenswert ist seine vielseitige Ausrüstung mit Arbeitswerkzeugen und deren Verstellmöglichkeiten.

Ein weiteres Gerät ist in diesem Zusammenhang zu nennen: der Teleskopbagger (auch „Gradall"), der ein Grabgefäß an einem teleskopierbaren Ausleger verwendet und im Tiefschnitt (d.h. von unten nach oben ziehend) das zu lösende Material geradlinig auf die Geländeoberfläche heraufbefördert (Bild **3**.26).

3.23
Planierraupe D 9 mit Querschild (Bulldozer) und Heckaufreißer (Ripper)

3.24
Planierraupe D 8 mit Schrägschild (Angledozer) beim Einschneiden einer Hangstraße (Blick von oben in Hangrichtung talwärts)

3.25
Erdhobel (Grader) beim Einplanieren einer Strassentrasse in grobstückigem, steinigem Untergrund (mit Reißeinrichtung)

Unter den Verdichtungsgeräten sind zu nennen: die Stampfplatte (am Seilbagger angebracht) (Bild 3.27) für grobstückiges, sperriges Felsmaterial, die Vibrationswalze (Bild 3.28) für alle mittel- bis grobkörnigen rolligen Böden, der Plattenrüttler (Bild 3.29) für räumlich begrenzte Einsätze und schwer zu verdichtende Schüttungen (auch „Sprungrüttler"), die Reifenwalze (Bild 3.30) zum Verdichten schwach- bis mittelbindigen Schüttgutes (z.B. Dichtungskern bei Staudämmen) und die Schaffußwalze (Bild 3.31) zum knetenden Verdichten mittel- bis starkbindiger plastischer Böden. Die Schaffußwalze wird immer mehr auch als „Compactor" bezeichnet, da sie gleichzeitig zur Verdichtung von Müllkippen Verwendung findet.

3.26
Teleskopbagger (Gradall)

3.27
Bagger mit Stampfplatte für grobstückiges Material

3.28
Vibrationswalze (hier: gezogen) für mittel- bis grobkörniges Material

3.29
Plattenrüttler (Sprungrüttler) mit kombinierter Rüttel- und Stampfwirkung

3.30
Reifenwalzen (40 t) zum Verdichten feinkörnigen, schwach- bis mittelbindigen Materials (hier: Dichtungskern eines Staudammes)

3.31
Schaffußwalze (Compactor) für bindiges Material (und auch als „Müllverdichter" mit hoher Fahrgeschwindigkeit)

3.1.3.2 Spezialgeräte

Hierher gehören zunächst (noch!) alle kontinuierlich fördernden Geräte, die dann sinngemäß auch mit einem kontinuierlich arbeitenden Transportmittel (Band-, Rohrförderung) gekoppelt werden sollten.

Im trockenen Bereich ist das vor allem der Schaufelradbagger (Bild **3.**32) mit Schaufelinhalt zwischen 100 und 1000 l und in seiner modernen Version mit Dieselantrieb, schnellgängigem Raupenfahrwerk und Hydraulikmotoren. Ein anderes, stationär arbeitendes Gerät ist der Bandlader (siehe Bild **1.**9), der nur lädt und das Ladegut zugeschoben bekommen muß, wozu 3 bis 5 Planierraupen erforderlich sind. Einen mobilen selbstfahrenden kontinuierlich arbeitenden Bandlader zeigt Bild **3.**33. Der Pflugbagger (Bild **3.**34) wird von einem Raupenschlepper gezogen und entlädt das Material in seitlich neben ihm mitfahrende Fahrzeuge. Ähnliches gilt für den Trommelbagger (Bild **3.**35), der den Boden

3.32
Schaufelradbagger SH 400 mit 400 l Eimerinhalt, Dieselantrieb und vollhydraulischen Arbeitsbewegungen

3.33
Selbstfahrender Bandlader mit Kratzband zur besseren Materialaufnahme

3.34
Pflugbagger, von einer (oder mehreren) Planierraupe gezogen

3.35
Trommelbagger mit 2 breiten Schaufelrädern (ganz links) zum Abfräsen des Materials

3.36
Grabenbagger (Ditcher; Trencher) zum Einfräsen schmaler Gräben

über eine größere Arbeitsbreite abschält als der Schaufelradbagger und ebenfalls von einer Planierraupe geschleppt wird. Schließlich ist der Grabenbagger zu nennen (Bild **3.**36), der vor allem zum Grabenaushub im Pipelinebau verwendet wird.

Im nassen Bereich sind zu nennen: der Saugbagger (auch Grundsauger) (Bild **3.**37), wie er vor allem bei der Materialentnahme in Kiesgruben zu finden ist, dann der Schneidkopfbagger, der bis zu mürbem Sandstein hin eingesetzt werden kann und härteres Material in kleinen Spänen abfräst, die hydraulisch transportiert werden (Bild **3.**38).

3.37
Saugbagger als Grundsauger, mit Saugrohr und Saugöffnung links

3.38
Saugbagger mit rotierendem Schneidkopf und Saugrohr im Kopfinnern (Cutter Dredger)

Neu ist die Entwicklung eines Schaufelradbaggers für den Unterwassereinsatz, der den Vorteil hat, daß er das gelöste Material besser zusammenhält (z. B. bei unterschiedlichen Korngrößen bzw. Stoffgewichten) und in weichen Böden größere Förderleistungen erbringt als der Schneidkopfbagger (Bild **3.**39).

Allen kontinuierlich grabenden Geräten gemeinsam ist die große Empfindlichkeit gegenüber Steineinschlüssen. Bisher sind sie nur für gleichmäßigen, feinkörnigen Boden geeignet. Bei den Trockengeräten kommt hinzu, daß das Fördergut über eine Bandstraße weitergeleitet wird (meist!), wobei die maximale Stückgröße des Aufgabegutes nicht mehr als 10% der Bandbreite betragen soll. Bei den Naßbaggern besteht die Forderung, daß die Schleppkraft des Wassers groß genug sein muß, um die Feststoffteilchen mitzunehmen. Das begrenzt den Einsatz auf feinkörniges Material (meist 0,2 bis 0,6 mm Korndurchmesser). Der Schaufel-

3.39
Saugbagger mit Schaufelrad als Lösewerkzeug unter Wasser [102]

radbagger ist ein sehr leistungsfähiges Gerät, hat jedoch seine Schwierigkeiten in stark plastischem klebenden Material, da sich hier oft Entladeschwierigkeiten (Festkleben des Bodens im Schaufelinneren) ergeben.

3.1.4 Systemanalyse

3.1.4.0 Das System

Auch die Baumaschine ist als „System", als etwas „Zusammengesetztes" zu betrachten, das einen Input in einen Output verwandelt, das also – um beim Bagger zu bleiben – den festen Boden mit Hilfe des Dieselkraftstoffes in gelösten und geladenen Boden verwandelt. Und auch dieses System hat eine Reihe von „Elementen", die auf bestimmte Weise miteinander verbunden sind.

Hier kann man zunächst wieder grob unterteilen in

maschinentechnische Komponenten und arbeitstechnische Komponenten

oder auch in

interne und externe Aktivitäten.

Zu den maschinentechnischen Komponenten des Systems gehört das Grundgerät (gewissermaßen als Basis des Systems) mit seinen Arbeitswerkzeugen (Löffel, Schaufel, Kübel usw.) und den verschiedenen Steuerungsmöglichkeiten (Seil, Hydraulik, Elektrik, Pneumatik). Die arbeitstechnischen Komponenten sind gegeben vor allem durch die Arbeitskinematik (die kinematische Verbindung zwischen Grundgerät und Werkzeug), die Füllmechanik (wie dieses Werkzeug arbeitet und gewinnbringend für die Erdbewegung genutzt werden kann), und schließlich die Fahrbewegungen (die verschiedenen „Wege", die das Gerät bei Verrichtung eines Arbeitsspieles zurücklegen muß).

Diese Art der Betrachtung ist wesentlich bei der kritischen Auswahl der zweckmäßigsten Geräte für eine bestimmte Bauaufgabe – aus der Fülle der Möglichkeiten, die der Markt anbietet. Sie soll die Auswahl der Geräte erleichtern und eine bessere Gedankenverbindung schon in der Vorbereitungsphase zwischen den Erfordernissen der Bauaufgabe und den technischen Möglichkeiten der Maschinen herstellen, soll Anlaß zu einer vertieften Betrachtung darüber sein, was in der einzelnen Maschine drinsteckt und wie man es am besten nutzen kann, bzw. umgekehrt: was eine gegebene Bauaufgabe an spezifischen Bearbeitungsmöglichkeiten erfordert und wie man diese maschinell am besten zur Verfügung stellen kann.

3.1.4.1 Maschine und Werkzeug

Besucht man das Freigelände einer Baumaschinenmesse, so ist man zunächst erdrückt von der Vielzahl und Vielfalt der dort ausgestellten Maschinentypen und läuft Gefahr, den Überblick zu verlieren. Versucht man, System in dieses bunte Kaleidoskop hineinzubringen, so findet man mehr oder weniger zwangsläufig zu einer Gliederung, die sich an dem orientiert, was die Geräte „können“, – also an ihren primären Fähigkeiten im Rahmen eines Bauprozesses. Da gibt es Geräte, die

nur lösen (z.B.: Reißraupe),
nur laden (z.B.: Radlader),
lösen und laden (z.B.: Bagger),
transportieren (z.B.: Hinterkipper),
lösen, laden und transportieren (z.B.: Motorscraper),
einebnen und planieren (z.B.: Planierraupe),
verdichten (z.B.: Vibrationswalze)

„können“. Eine Zusammenstellung der prinzipiellen Möglichkeiten im Sinne obiger Aufteilung zeigt Tafel **3.**40 (s. nächste Seite).

Dabei wird deutlich, daß es für jede dieser verfahrenstechnisch orientierten Operationen immer verschiedene maschinelle Möglichkeiten gibt. So kann ein Lader entweder mobil (Fahrlader) oder stationär (Standbagger) arbeiten, und wenn er mobil lädt, dann ist wieder noch eine Unterscheidung dahingehend notwendig, ob es ein Lader mit Rad- oder Raupenfahrwerk ist.

Wenn man diese Maschinen im Schaufenster der Messe betrachtet, sollte der Blick zuallererst auf das Arbeitswerkzeug, also etwa auf die Ladeschaufel, gelenkt werden. Das ist erfahrungsgemäß auch die Stelle, der die Hersteller die wenigste Beachtung schenken, die aber für den „Betreiber“ von äußerster Bedeutung ist. Dort vorn an den Schaufelzähnen vollzieht sich der Kontakt mit dem Boden, dort wird die maschinelle Antriebsenergie in Bauleistung umgesetzt, – dort werden aus den KW (oder DM/l Brennstoff) DM/m^3 gemacht!

Und man sollte auch immer daran denken, daß die beste Maschine für den Baubetrieb wertlos ist, wenn sie nicht allergrößte Zuverlässigkeit mit auf die Baustelle bringt, und wenn nicht ein Service seitens der Herstellerfirma oder der zuständigen Vertretung dahintersteckt, der den Kunden nicht im Stich läßt, wenn die Maschine einmal steht.

Und – das sei vor allem den cleveren Kaufleuten ins Buch geschrieben – man kaufe niemals eine Baumaschine nach DM/kg (wie etwa ein Stück Fleisch oder einen Sack Kartoffeln), sondern man kaufe „Qualität“! Und da wiegen Betriebssicherheit und Zuverlässigkeit, Robustheit und einfache Instandhaltung mehr als günstige Zahlungsbedingungen und niedrige Einkaufspreise. Das rächt sich in allerkürzester Zeit auf grausame Weise: Wie bitter ist es, 10 oder 20 LKW in Schlange vor einem defekten Ladegerät stehen zu sehen! Und das kostet außerdem noch eine ganze Menge Geld. Auf der Baustelle hängen fast immer mehrere Geräte voneinander ab, und auch dort ist die Kette nur so stark wie ihr schwächstes Glied!

Tafel **3.**40 Einsatzbereiche der Erdbaugeräte

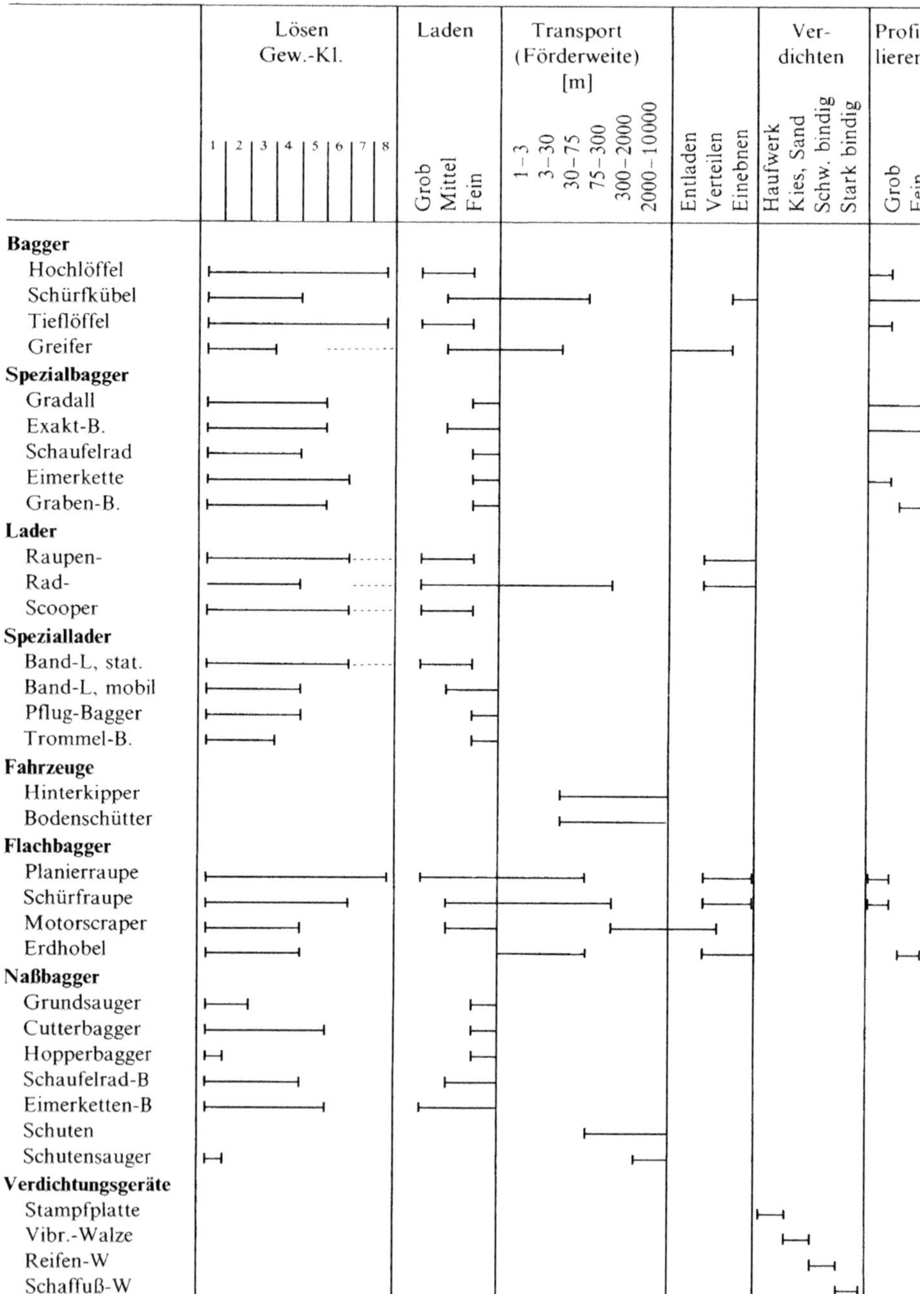

3.1.4.2 Das Grundgerät

Nach dem Überblick über das Maschinenangebot seitens der Hersteller (zusammengefaßt dargestellt in Abschn. 3.1.3) setzt nun die Analyse ein, die Betrachtung der Maschine durch das Vergrößerungsglas, soweit man das in pauschaler Form überhaupt tun kann. Der 1. Punkt von besonderem Interesse ist das Grundgerät. Dabei sind folgende Ausführungsformen zu unterscheiden:

Bagger,
Raupenschlepper,
Reifenschlepper,
Scraper,
Grader,
LKW.

Diese Maschinen sind in erster Linie als Geräteträger zu betrachten. Zur eigentlichen Baumaschine werden sie erst durch Ausrüstung mit den verschiedenen Arbeitswerkzeugen.

Bei den Grundgeräten wieder sind als wesentlich anzusehen:

1. Antrieb
Am unabhängigsten ist der Dieselantrieb. Der Elektroantrieb benötigt eine Stromversorgung (Kabel!), während der Dieselelektroantrieb wieder in der Anschaffung relativ teuer ist.

2. Kraftübertragung
Sie erfolgt mechanisch, hydraulisch oder elektrisch. Typisch für den mechanischen Antrieb ist die Anordnung beim Seilbagger (Bild **3**.41), bei der das Drehmoment von einem Motor

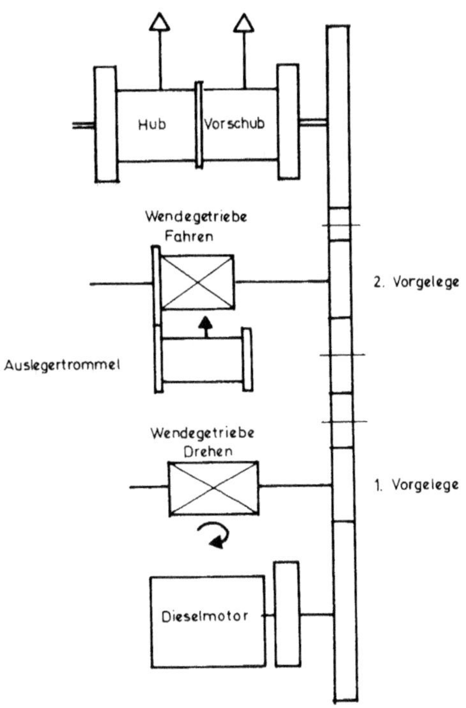

3.41 Die Kraftübertragung beim Seilbagger

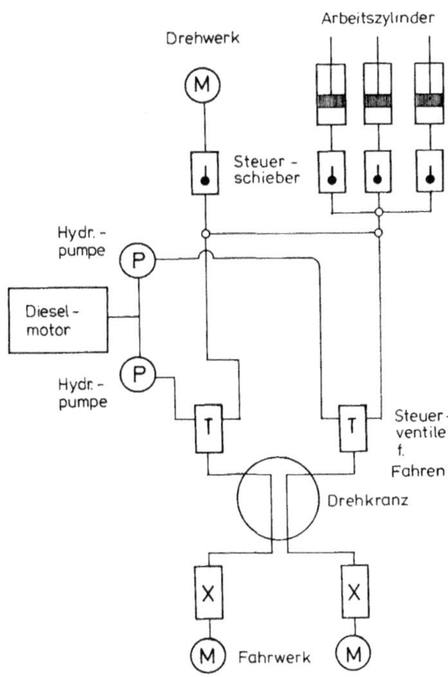

3.42 Antriebsschema eines Hydraulikbaggers

über Zwischengelege, Wendegetriebe, Keilriemen, Ketten, Kupplungen und Bremsen usw. an das Hub-, Dreh- und Fahrwerk geleitet wird. Bei hydraulischem Antrieb (Bild 3.42) gestaltet sich die Kraftübertragung wesentlich einfacher: Hier wird das Drucköl in festen Rohrleitungen und biegsamen Schläuchen an die einzelnen Arbeitszylinder und Motoren geleitet. Noch einfacher geht es beim elektrischen Antrieb (Bild 3.43), der leicht verlegbare Kabel zwischen Energiequelle und Motoren verwendet.

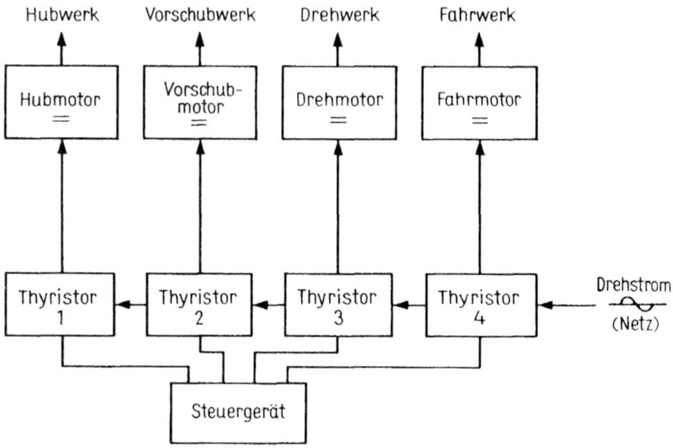

3.43 Antriebsschema eines mit Drehstrom gespeisten und thyristorgesteuerten Elektrobaggers

3. Fahrwerk

Hier ist allgemein Raupen-, Reifen- oder Schreitfahrwerk üblich. Maßgeblicher Gesichtspunkt ist dabei die Bodenpressung und damit die Einsatzmöglichkeit in wenig tragfähigem Gelände. Ebenso spielen Spurweite (Transport!) und Radstand (Standsicherheit!) eine Rolle.

4. Arbeitseinrichtungen

Wichtig sind die Verstellmöglichkeiten, die das Grundgerät zuläßt. Sie können vor allem beim Grader außerordentliche Bedeutung erlangen, wenn es darum geht, die Arbeitsweise des Gerätes optimal an die Baustellenbedingungen anzupassen (Bild 3.44).

5. Dynamik der Arbeitsbewegungen

Beim Bagger z.B. wird das Schwenken wesentlich beeinflußt vom Trägheitsmoment des Oberwagens (Gegengewicht dicht am Drehpunkt!) und der antriebsmäßigen Auslegung des Drehwerks [12].

6. Arbeitsgewicht

Alle aus dem Stand heraus arbeitenden Geräte (z.B. Bagger) müssen eine ausreichende „Standfestigkeit" haben, damit sie während der Arbeit ruhig stehen und sich nicht wie ein Wiegemesser in den Untergrund hineinwühlen. Wichtig ist auch die Relation Antriebsenergie zu Arbeitsgewicht (kW/t), die anzeigt, ob das Gerät „stark" genug für seine Größe oder aber „underpowered" ist.

7. Führerstand

Er ist der Aufenthaltsraum des Maschinisten und sollte heute mit allen erdenklichen Annehmlichkeiten (Sessel, Rundumsicht, Klimaanlage, Radio usw.) ausgestattet sein.

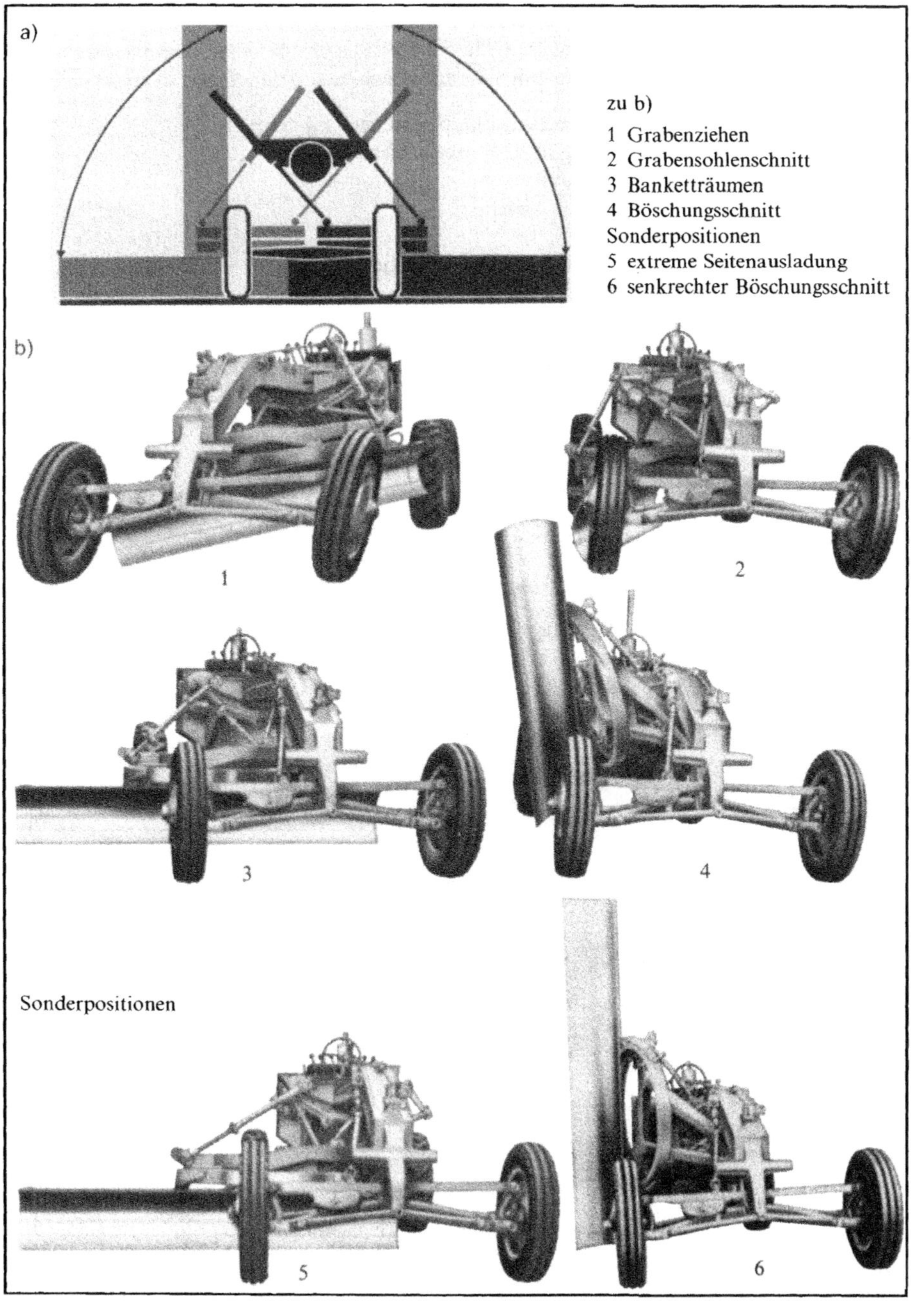

3.44 Die Verstellmöglichkeiten des Graderschildes
a) schematisch b) aus einem Hersteller-Katalog [100]

3.1.4.3 Die Arbeitswerkzeuge

Sie sind die eigentlichen Arbeitsorgane, die aus dem Grundgerät die Baumaschine machen. Hier sind folgende Grundformen mit den entsprechenden Varianten zu unterscheiden:

Baggerlöffel mit Entleerung, klappend bzw. kippend;
Ladeschaufel, normal bzw. Felsschaufel;
Schürfkübel (am Seil);
Scraperkübel (selbstfahrend);
Greiferkorb;
Planierschild, für Bulldozer bzw. Grader, quer- bzw. schräggestellt;
Reißeinrichtung;
Transportgefäß, kippend bzw. mit Bodenklappen.

Für einzelne Geräte, z.B. für Bagger, wird eine Vielzahl von Grabgefäßen angeboten (Bild **3**.45).

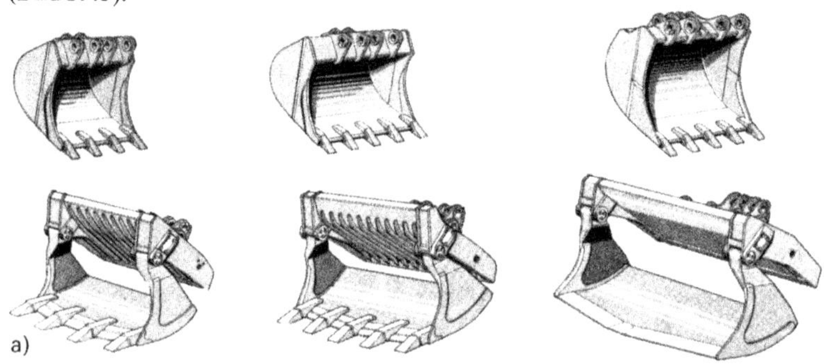

a)

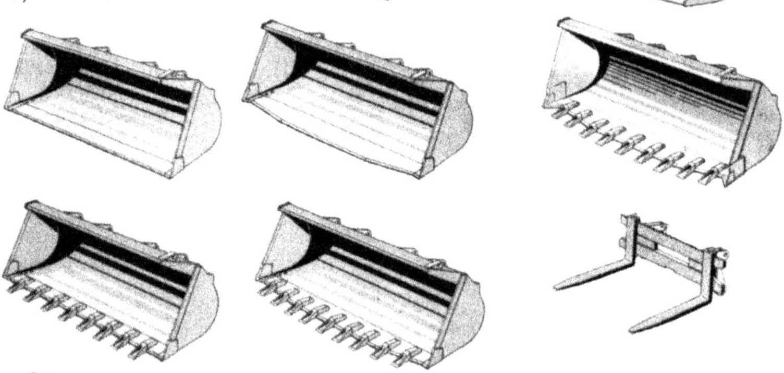

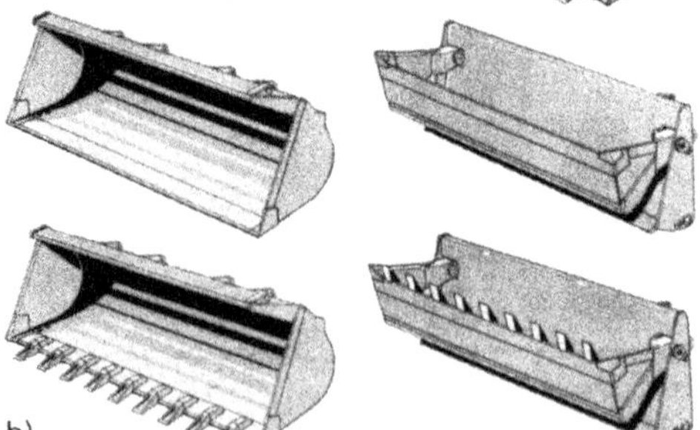

b)

3.45
Arbeitswerkzeuge für Ladegeräte
a) Tieflöffel und Ladeschaufeln für Hydraulikbagger [102]
b) Ladeschaufeln für Radlader [102]

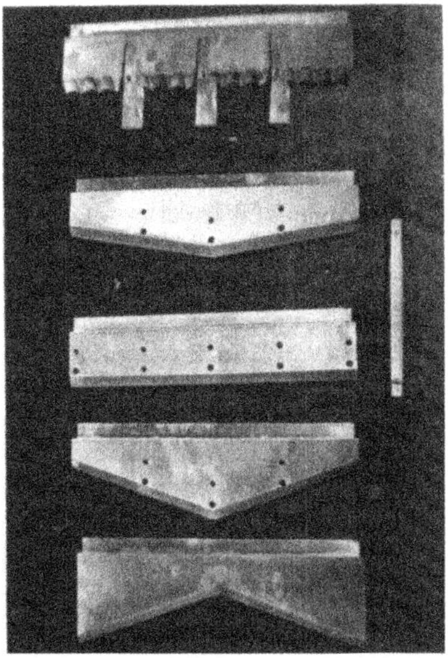

3.46 Schneiden-Varianten der Ladeschaufeln

3.47 Grabgefäß für das Laden von Sand und Kies (mit glatter Schneide und geraden Seitenwangen)

Problematisch ist die richtige Auswahl. Breite, Inhalt und Gewicht spielen eine wesentliche Rolle. Ein breiter Löffel braucht mehr Kraft als ein schmaler; ein schwerer Löffel, z. B. für Fels, hat weniger Inhalt (bei gleicher Ausladung bzw. Reichweite) als ein leichter usw.

Besonders wichtig ist das „Gebiß" des Grabgefäßes. Die Schneide kann glatt oder gezahnt sein, wobei viele Übergangsformen denkbar sind (Bild **3.46**). Ausschlaggebend dafür ist die Frage, ob man die Grabkraft linear oder punktuell in das Erdreich einbringen soll, und das wieder ist vom Grabwiderstand des Bodens abhängig. – Die Schneide kann aus einfachem Stahlblech oder aus Manganhartstahl gegossen sein. Auch hier ist die Gewichtsfrage mit ihrer Auswirkung auf den Inhalt zu berücksichtigen. Die Seitenwangen eines Löffels sollten bei grobstückigem Haufwerk (gesprengter Fels) möglichst geschwungen, bei Sand aber gerade (Füllverlust!) sein (Bild **3.47**). Auch das Öffnungsverhältnis (Löffelbreite zu Steindurchmesser) sollte berücksichtigt werden. Je größer die einzelnen Steine (relativ zur Löffelöffnung) werden, umso mehr wächst der Grabwiderstand – wegen des Materialstaus vor der Löffelöffnung (Bild **3.48**). Auch das Verhältnis Breite zu Höhe der Löffelöffnung spielt eine Rolle. Ein breiter Löffel „schaufelt" mehr, ein schmaler Löffel „schneidet" besser [13].

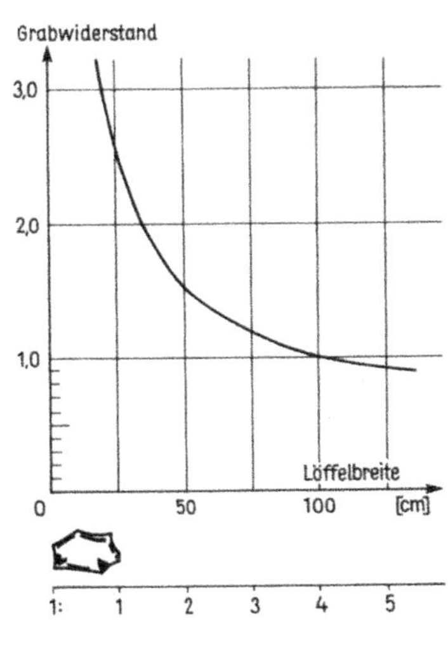

3.48
Der Einfluß des Verhältnisses Steindurchmesser zu Löffelbreite auf den Grabwiderstand (ist das Verhältnis Stein zu Löffel 1:1, so ist der Grabwiderstand etwa 2,5 mal so groß wie beim Verhältnis 1:4)

Eine entscheidende Rolle spielen die Zähne. Eine Schneide mit Zähnen ergibt höheren Grabwiderstand. Man sollte Zähne also nur dort verwenden, wo sie erforderlich sind (zum Eindringen in den Boden oder zum „Aufgabeln" von gesprengtem Haufwerk). Bei der Zahnform sind symmetrische und unsymmetrische Ausführungen, Keilwinkel, Breite und Einstellwinkel zu unterscheiden. Einen Überblick über die Gesichtspunkte für eine zweckmäßige Gestaltung des Gebisses gibt Tafel 3.49. Dabei ist zu bedenken, daß durch die Wahl eines optimalen Grabwerkzeuges Leistungsreserven des Gerätes bis zu 40 % mobilisiert werden können [14].

Tafel 3.49 Gesichtspunkte für die zweckmäßige Gestaltung des Ladegefäßes

Bodenart	Beispiele	maßgebliche Boden-eigenschaft	Schneide	Zähne	Wangen	Schneiden-quer-schnitt
weicher Boden	Schluff Torf-boden	Böschungs-winkel Fließ-fähigkeit	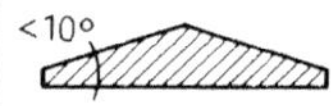	nicht erforderlich	kaum geschwungen	schwach gewölbt
klebender Boden	weicher Lehm Klei	Kohäsion Entleerung	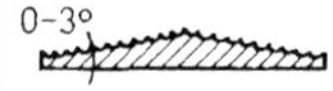	nicht erforderlich	wenig geschwungen	stark gewölbt
Hackfels	Kreide	schwach verkittet Lösevorgang	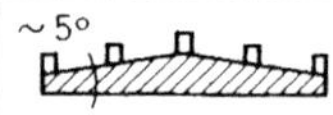	Reißzähne	stark geschwungen	sehr schwach gewölbt
Stichboden	Mergel	stark verkittet Lösevorgang		spitze Reißzähne	stark geschwungen	schwach gewölbt
feiner rolliger Boden	Sand	Böschungs-winkel Fließ-fähigkeit Verschleiß	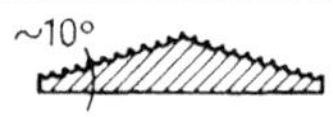	nicht erforder-lich, bei hohem Verschleiß Schutzzähne	kaum geschwungen	schwach gewölbt
grober rolliger Boden	Kies	Böschungs-winkel Fließ-fähigkeit Verschleiß	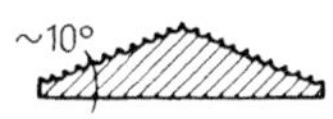	nicht erforder-lich, bei hohem Verschleiß Schutzzähne	kaum geschwungen	schwach gewölbt
gebrochener rolliger Boden	Schotter	Fließ-fähigkeit Verschleiß	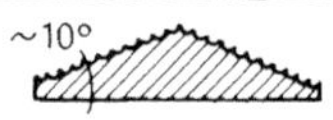	nicht erforder-lich, bei hohem Verschleiß Schutzzähne	wenig geschwungen	schwach gewölbt
geschichteter harter Boden	Schiefer	Klüftung	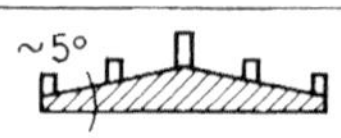	Schneiden-mitte: robu-ster Reißzahn, sonst: Schutz-zähne	sehr stark geschwungen	waagrecht
leichter Fels	Spreng-fels verwitter-ter Fels	Korn-durchmesser		Schutzzähne	sehr stark geschwungen	sehr schwach gewölbt

3.1.4.4 Die Steuerung

Sie ist diejenige Vorrichtung, über die der Wille des Maschinisten unmittelbar in die Maschine übergeht (über die also der Maschinist an die Maschine „angekoppelt" wird). Da eine Erdbaumaschine nicht von selbst arbeitet, sondern geführt werden muß, kommt der Art dieser Führung besondere Bedeutung zu. Sie muß auf jeden Fall so direkt und so feinfühlig wie möglich sein. Der Führerstand eines modernen Hydraulikbaggers besticht heute durch die winzigen und leicht gängigen Bedienungshebel (Bild **3.**50), und doch gibt es auch hier noch Probleme: etwa die Reaktion des Gerätes auf die Steuerimpulse, also das schnelle und möglichst verzögerungsfreie Reagieren der Maschine auf das, was der Maschinist von ihr gerade will.

Die Verbindung des Maschinisten mit der Maschine soll wie die zwischen Pferd und Reiter sein. Über die Steuerung sollen Maschinist und Maschine eins werden! Dabei muß die Hebelei sich dem Maschinisten „in die Hand legen". Nur dann wird er das Gefühl haben, daß er mit dem Werkzeug seiner Maschine den Boden unmittelbar bearbeitet und modelliert.

3.50 Führerstand eines modernen Hydraulikbaggers [103]

Jede Gerätegruppe hat ihre besonderen Eigenarten in der Steuerung. Besonders typisch auf der einen Seite ist dafür der Bulldozer. Will man mit ihm ein einwandfreies Planum herstellen, so muß man mit dem Bedienungshebel ständig um die Mittelstellung („Neutral") herum „spielen", dem Planierschild also ständig wechselnde Impulse zum Heben und Senken geben, um es in einer „schwebenden" Position (floating position) zu halten, – ähnlich etwa wie man ein Auto mit großem Spiel in der Steuerung nur dadurch „lenken" kann, daß man mit dem Lenkrad ständig um die Mittelstellung herum spielt. Diese Technik will bei der Planierraupe ganz speziell gelernt sein. Sie läßt sich nicht per Knopfdruck handhaben; das Planierschild muß „schwimmen", um aus den Bodenunebenheiten ein sauberes Planum herauszuarbeiten. Dazu gehört auch ein „volles" Schild, also ein großer Erdhaufen davor, der dem Schild die nötige Massenträgheit für ausgeglichene Planierbewegungen gibt (Bild **3.**51).

3.51
Planierraupe beim Einplanieren (mit großer Schildfüllung als „Auffüllreserve") von Bodenunebenheiten

3.52
Grader beim Abhobeln einer unebenen Erdstraße

Das Gegenteil ist der Fall beim Grader. Er planiert nicht mehr im Sinne des Bulldozers, sondern er „schürft" nur noch die hervorstehenden (kleineren) Unebenheiten der Erdoberfläche ab (Bild 3.52). Er wird über die lange Basis seines Chassis auf exaktes Planum eingestellt und arbeitet wie ein Hobelmesser. Daher kann man ihn auch mit einer Nivellierautomatik ausrüsten, bei der die Steuerung des Graderwerkzeuges elektronisch durch Abtasten eines Leitdrahtes bewerkstelligt wird.

3.1.4.5 Technische Daten

Nicht minder wichtig sind die Prospektangaben, die technischen Daten der Maschine. Sechs Werte stehen im Vordergrund, um das Wesentliche herauszufiltern:

1. Inhalt des Grabgefäßes

Hier sollte man sich nur über den sogenannten „Nenninhalt" verständigen und alle „gehäuften" Definitionen ablehnen. Mittlerweile gibt es Normen (z. B. die von CECE, dem europäischen Baumaschinenkomittee), die eindeutig festlegen, wie der Nenninhalt eines Grabgefäßes – und noch vieles andere mehr – zu definieren ist (Bild 3.53) [16].

3.53 Definition der Grabgefäß-Inhalte nach CECE

Ausländische Fabrikate haben meist andere „Normen", um die man sich bei jedem Gerätevergleich eingehend kümmern sollte.

2. Antriebsleistung

„PS ist nicht gleich PS" – so merkwürdig das klingt, aber zwischen den DIN-PS und „Peak Horsepowers" können bis zu 25 % und mehr Unterschied liegen, obwohl es sich um den gleichen Motor handelt. Antriebsleistung und Gewicht geben eine gute Vorstellung von der „wahren Größe" eines Gerätes, – mehr als der oft zitierte „Löffelinhalt". Vergleiche müssen immer auf einer eindeutigen Basis durchgeführt werden [17].

3. Gewicht
Das Gewicht ist sehr oft ein erster Anhaltswert auch für den Preis des Gerätes, spielt aber auch nachher im praktischen Betrieb eine große Rolle beim Transport von Baustelle zu Baustelle hinsichtlich der Tragfähigkeit des verfügbaren Tiefladers. An eine (schnell durchführbare) Demontage des Gerätes beim Zerlegen in kleinere Komponenten ist ebenfalls zu denken (z.B. beim Einsatz unter Tage oder auf Hochgebirgsbaustellen!).

4. Grabkraft (Zugkraft/Hubkraft)
Sie sollte eindeutig im Prospekt angegeben werden, und dazu auch die Art und Weise, wie man sie gemessen hat (Bild **3.**54a). So wird bei Seilbaggern immer noch die Grabkraft mit der Reißkraft verwechselt (Reißkraft = Kraft im Seilgehänge des Löffels; Grabkraft = Kraft an der Zahnspitze in Grabrichtung), wobei die eigentliche Grabkraft nur 50–60 % der Reißkraft beträgt (Bild **3.**54b). Eindeutiger ist die Darstellung bei den Hydraulikbaggern. Dort wird neben der „Vorstoßkraft" (waagrecht) und der „Hubkraft" (senkrecht) auch die „Losbrechkraft" (das sogenannte „Knippen") angegeben (Bild **3.**54c).

6. Reichhöhe/Entladehöhe
Sie ist, abgesehen von den Forderungen der Bauaufgabe, besonders wichtig beim Beladen der Fahrzeuge. Die Reich- bzw. Entladehöhe muß so groß sein, daß Löffel oder Schaufel beim Auskippen noch bequem über die Bordwand (Bordhöhe) der Lademulde des Fahrzeuges reichen und eine „gehäufte" Beladung der Mulde zulassen. Am besten sollte man sich so etwas aufzeichnen, bevor es draußen auf der Baustelle offenbar wird, daß das Ladegerät „nicht hoch genug" hinaufreicht (s.a. Bild **3.**11).

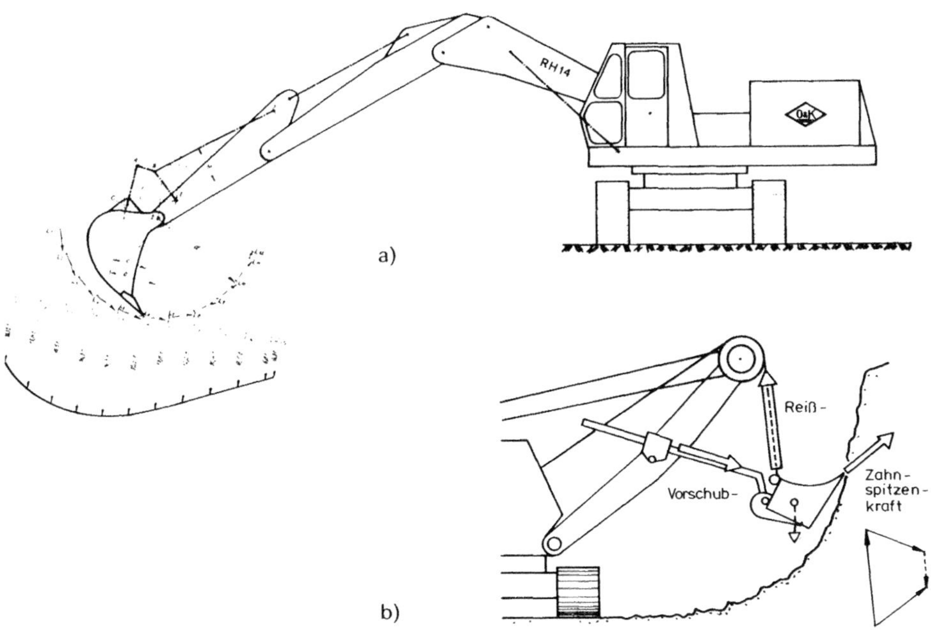

3.54 Angaben über die Grabkräfte (als Beispiel)
a) Losbrechkraft des Hydraulik-Tieflöffelbaggers [102]
b) Reiß-, Vorschub- und Zahnspitzenkraft des Hochlöffel-Seilbaggers

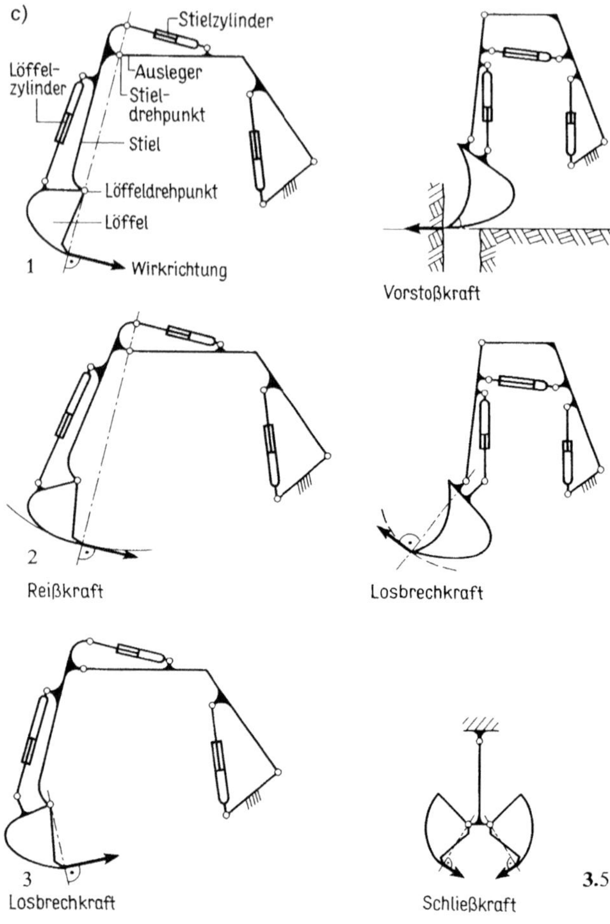

3.54 c) die verschiedenen Grabkräfte am Hydraulikbagger [82]

3.1.5 Arbeitstechnik

3.1.5.1 Arbeitskinematik

Grundsätzlich befaßt sich die Arbeitskinematik mit den Bewegungen, die das Gerät ausführt, wenn es arbeitet. Diese Bewegungen wiederum sind zu differenzieren

> in der Vertikalebene (Hochschnitt):
> wie das Gerät gräbt, lädt, verdichtet usw.;
>
> in der Horizontalebene (Draufsicht):
> wie das Gerät fährt, wenn es arbeitet, welche Wege es dabei zurücklegen muß.

Im Vordergrund stehen die Lade- und Transportgeräte, während die Verdichtungsgeräte eine gesonderte Betrachtung erforderlich machen, da hier (sieht man einmal von der Stampfplatte ab, die bewegungsmäßig an das Grundgerät, den Bagger, gebunden ist) Fahrbewegung und Arbeitsbewegung direkt miteinander gekoppelt sind.

Die Kinematik der Geräte als die eigentliche externe Komponente ihrer Arbeit ist von ausschlaggebender Bedeutung für die Arbeitsleistung (m^3/h) und damit für ihre Wirtschaftlichkeit. Man mache sich die Mühe und schaue einmal einer Baumaschine beim Arbeiten zu! Wenn man das mehrfach – und noch dazu bei jeweils anderen Einsatzbedingungen – getan hat, wird man sehr bald gravierende Unterschiede feststellen, die in der unmittelbaren Beurteilung zunächst von „eleganten, harmonischen Bewegungen" bis zu „ungeschicktem, schwerfälligem Verhalten" reichen. Und das geht durchaus nicht nur auf das Konto des Baggerführers!

Ähnlich wie man einem Schiff schon ansehen kann, was in ihm steckt („schöne Schiffe sind immer auch schnelle Schiffe" oder „she is swinging like a girl"), so gibt es eine Reihe von Symptomen, hinter denen sich ganz eindeutig die Leistung des Gerätes verbirgt. Und oft genug kann man es einem Bagger schon ansehen, ob er „aggressiv" die vor ihm liegende Wand attackiert, oder ob er wie ein „scheuender Gaul" Angst vor dem Haufwerk hat. Manche Baumaschinen wirken schon vom Anblick her „schön", man denke etwa an die alte Dampfwalze, an eine Feldbahnlok, eine „bullige D 9" oder an einen kraftstrotzenden RH 75, – und andere wieder fristen ihr Dasein als „häßliche Entlein", zwar billig in der Anschaffung, aber nicht gerade eine Augenweide. Darauf sollte man auch achten, wenn man Baumaschinen auswählt. Und dazu gehört natürlich immer das „Kinema", die Bewegung, – wie die Maschinen sich verhalten, wenn sie „in action" sind. Denn dort wird ein Großteil des Gewinnes erzielt – oder eben auch verspielt!

3.1.5.2 Grabtechnik

Wie „gräbt", d.h. wie löst und lädt eine Maschine? Diese Frage findet ihre Antwort in der sogenannten Grabkurve, der Bahn, die die Zähne oder die Schneide des Grabgefäßes beim Arbeiten beschreibt. Man tut gut daran, zumindest vor größeren Entscheidungen, einmal etwa mit einer Robot-Kamera Zeitaufnahmen im Abstand von 1 Sek. vom Weg eines Löffels durch das Haufwerk zu machen (Bild 3.55). Wie gräbt der Löffel und ist diese Bewegung sinnvoll oder ließe sie sich besser ausführen? Denn: hier stecken ungeahnte Leistungsreserven, die, wenn man sie mobilisiert, viel mehr bringen als viele sonstige krampfhafte Anstrengungen zur Rationalisierung!

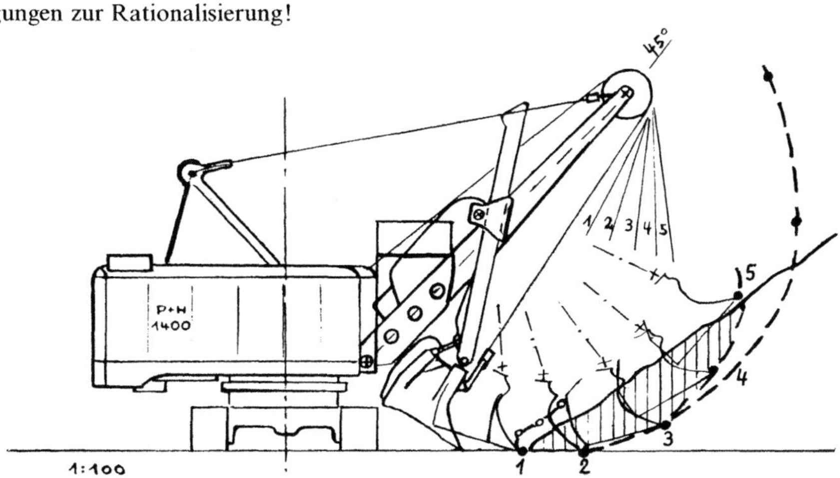

3.55 Bewegungsstudien am Löffelbagger.
Verlauf der Ansatz- und Grabbewegung des Löffels im Zeitabstand von 1 sec.

Bild 3.56 zeigt eine Zusammenstellung aller Grabkurven, die von den heutigen Geräten gefahren werden können. Es ist also „alles möglich"! Und es kommt für den effizienten Einsatz darauf an, die Grabkurve des Geräts mit der Zone des geringsten Widerstandes in der Abbauwand in Übereinstimmung zu bringen, also z.B., wenn das Material vertikal geschichtet ist, auf keinen Fall mit einer Planierraupe daran zu gehen oder eine Wand mit größeren Steineinschlüssen nicht mit einem (sichelförmig arbeitenden) Seil-Hochlöffelbagger zu bearbeiten. Auch das Abbauprofil spielt eine Rolle, also die Geometrie der „Modellieraufgabe". So kann man eine Kanalböschung schlecht mit einem Tieflöffel planieren und eine tiefe Baugrube nicht gut mit einem Schürfkübelbagger ausheben. Auch hier gehört ein gewisser „Röntgenblick" dazu, um diese beiden Zonen,

den Bereich stärkster Kraftentfaltung des Gewinnungsgerätes und
den Bereich geringsten Bodenwiderstandes

in Übereinstimmung zu bringen.

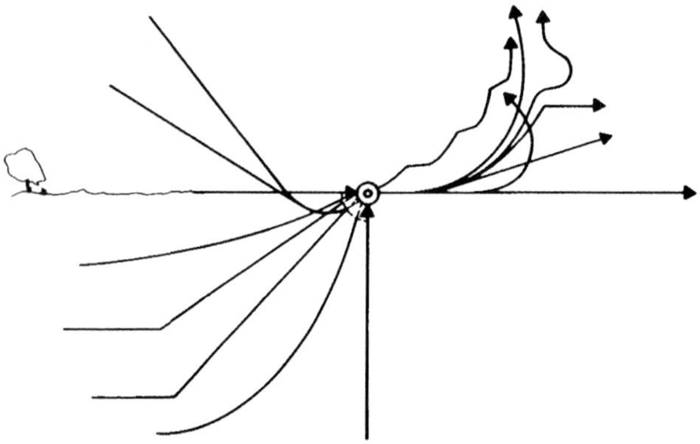

3.56
Die Grabkurven der Erdbaugeräte (Vertikalebene)

Bild 3.57a gibt einen Überblick über die typischen Grabkurven der wichtigsten Erdbaugeräte. Dabei sind folgende Bewegungsrichtungen zu unterscheiden:

horizontal:	alle reißenden, schneidenden und schürfenden Geräte
vertikal nach unten:	alle Verdichtungsgeräte
vertikal nach oben:	Greifer
schräg nach oben:	„Böschungshobel"
schräg nach unten:	Flachbagger
schaufelnd:	alle ladenden Geräte
vom Planum aus nach oben:	Hochschnitt (Hochlöffel)
von unten zum Planum:	Tiefschnitt (Tieflöffel, Schürfkübel).

Bild 3.57b macht den grundlegenden Unterschied in der Grabbewegung von Hydraulikbagger und Radlader deutlich. Von besonderem Interesse ist dabei der „3. Freiheitsgrad", der das sogenannte „Knippen" ermöglicht und beiden Geräten eigen ist.
Den weitesten Arbeitsbereich – von der Grabkurve her betrachtet – bietet ohne Zweifel der Hydraulikbagger, der – bezogen auf das Graben – Schaufellader und Seilbagger problemlos abdeckt und dazu noch spezielle Vorteile hat (z.B. das „Knippen") (Bild 3.57c).

3.57 Die Grabtechnik der Erdbaugeräte

Grabkurven:

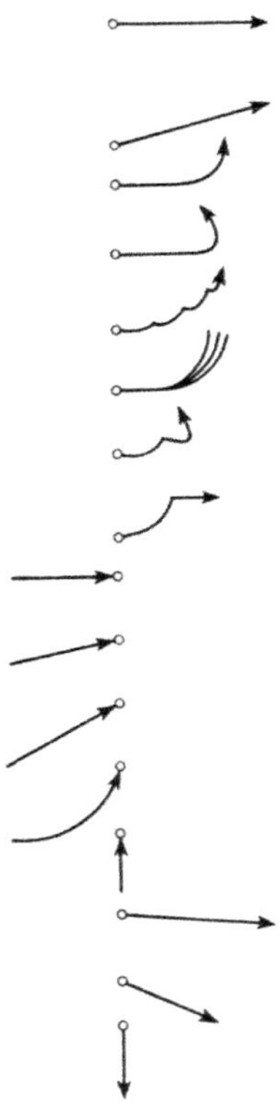

Geräteart:
Planierraupe, Schürfraupe Motorschürfwagen
Planierraupe Grader
Hydraulik-Bagger, Radlader, Kettenlader
Hydraulik-Bagger
Seilbagger
Hydraulik-Bagger
Hydraulik-Bagger
Eimerseilbagger
Eimerseilbagger
Teleskopbagger
Tieflöffelbagger
Greifbagger
Motorschürfwagen, Planierraupe
Planierraupe
Tieflöffelbagger, Greifbagger

a) Die Grabkurven der wichtigsten Geräte

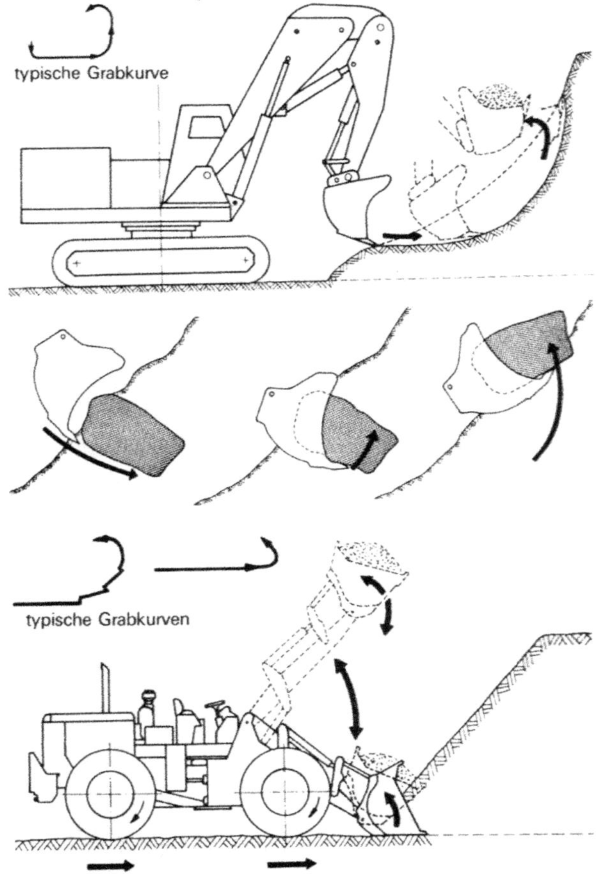

b) Die unterschiedlichen Grabbewegungen von Hydraulikbagger und Radlader (in der Mitte: das „Knippen")

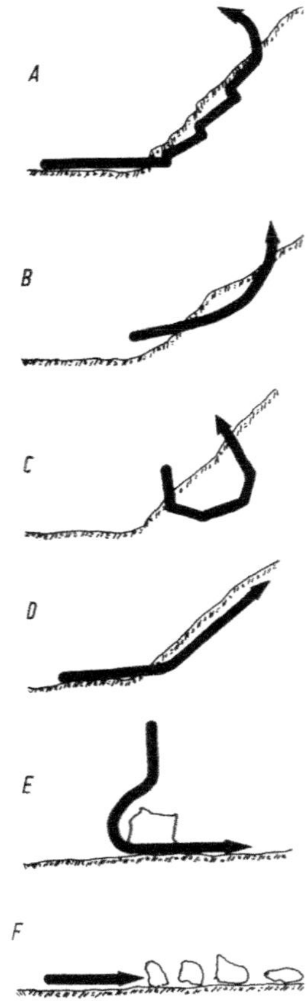

c) Typische Grabkurven des Hydraulikbaggers mit Ladeschaufel (Hochlöffel)

3.1.5.3 Füllmechanik

Die Lade- oder Förderleistung eines Erdbaugerätes setzt sich zusammen aus der Nutzladung und der Zahl der Fahrten pro Stunde. Die Nutzladung und damit die Füllung des Grabgefäßes ist also von entscheidender Bedeutung. Dabei muß hinzugefügt werden, daß es im Zuge optimaler Ausnutzung eines Gerätes immer darum geht, nicht nur den vorgegebenen Nenninhalt (den „gestrichenen Inhalt") zu füllen, sondern eine irgendwie „gehäufte" Ladung zu erzielen.

Tafel **3**.58 gibt einen Überblick über die unterschiedliche Füllmechanik der verschiedenen Geräte. So „schält" der Seil-Hochlöffel mit seinem Sichelschnitt den Boden in dünnen Schichten ab und schiebt sie übereinander in das Löffelinnere. Ziel ist hier ein völliges Ausfüllen des Löffelinhalts durch das eingeschobene (und zurückfallende) Material bis zum Einstau des Bodens im Löffelinnern mit dem dann einsetzenden Anhäufen und Überquellen. Sehr oft tritt jedoch auch das ein, was in Bild **3**.59 gezeigt ist und was zu einem trügerischen Bild führt: der einströmende Boden wächst über der Schwelle der Schneide mit den Zahnhaltern mehr und mehr auf, ohne in das Löffelinnere hineinzufließen und dieses auszufüllen. Von vorn betrachtet macht dann der Löffel den Eindruck, daß er „voll" sei. Wegen des rückwärtigen Hohlraumes beträgt seine wirkliche Füllung jedoch nur 50–60 %.

Ein ähnlicher Vorgang tritt auf, wenn der Löffel Felshaufwerk lädt. Bei größerem Steindurchmesser kommt es dann sehr schnell zu einer „Brückenbildung": die zwischen den Seitenwänden eingeklemmten Steine sperren sich gegen ein weiteres Eindringen und Nachdringen zusätzlichen Materials. Daher sollte ein gewisses Größenverhältnis zwischen Löffelbreite und Steindurchmesser nicht überschritten werden (s. Bild **3**.48 in Abschn. 3.1.4.3).

Tafel **3**.58 Die Füllmechanik der wichtigsten Erdbaugeräte

	Füllmechanik
	Seilbagger
	Hydraulik-Bagger
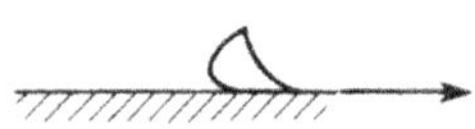	Ladeschaufel
	Greifbagger
	Planierraupe
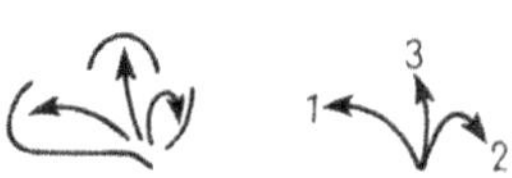	Scraper
	Eimerseilbagger
	Tieflöffelbagger

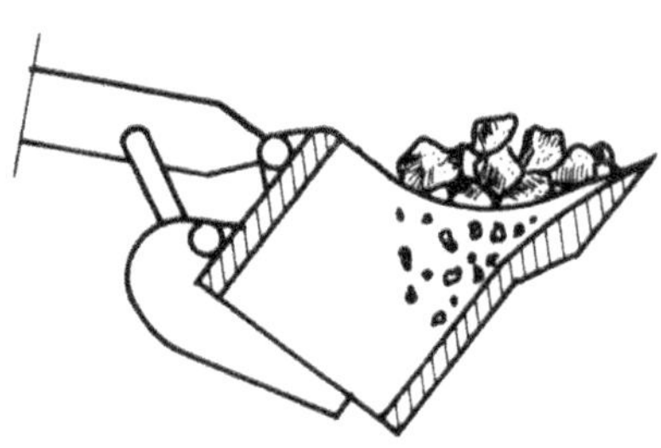

3.59 Trügerische Füllung eines (meist: zu schmalen) Hochlöffels: Aufstau an der Schneide bzw. Brückenbildung im Haufwerk

In ähnlicher Weise füllt sich der Löffel des Hydraulikbaggers. Nur kommt dort hinzu, daß er durch die „Knippbewegung" auch einen „großen Bissen auf einmal" gut erfassen kann, etwa einen großen Stein oder auch nur einen vollen „Biß in die Wand" [18].

Die Ladeschaufel schiebt den Boden mehr oder weniger linear in sich hinein, fährt bis zum vollen Eindringen in den Fuß der Wand und dreht dann die Schaufel nach innen ein, um alles „festzuhalten", was geschaufelt wurde.

Der Greifer hat eine ganz eigentümliche Füllmechanik: Ist der Untergrund hart, so dringen die Zähne bzw. Schneiden nicht ausreichend in den Boden ein, der Greifer „beißt" dann nicht. Das Material wird nur an der Oberfläche abgeschürft (Bild 3.60a) und gibt meist keine ausreichende Füllung. Anders sieht es im weichen Material aus: Hier nimmt der Greifer oft das „Maul zu voll" und bekommt es dann nicht zu, so daß ein Teil des Materials durch die nicht vollständig geschlossenen Schalenhälften wieder herausrieselt (Bild 3.60b). Und was ein Greifer sonst noch alles machen kann, bringt Bild 3.61 zum Ausdruck.

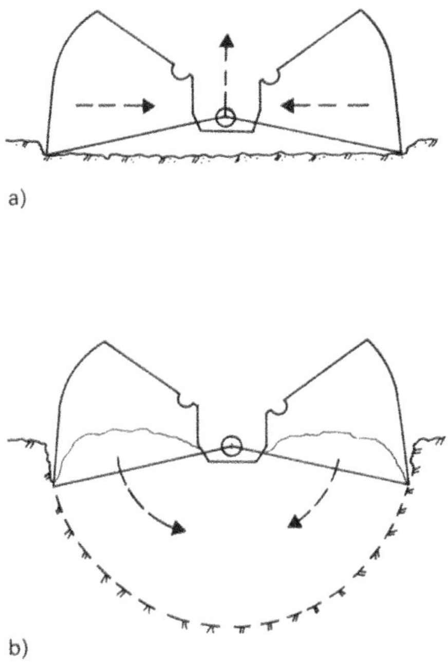

3.60 Die Grabtechnik des Greifers
a) auf festem Untergrund
b) in weichem Boden

3.61 So ähnlich transportiert die Katze ihre Jungen. Greiferkorb mit (stumpfen) Zahnbügeln beim Verladen von Nylonsäcken, mit Sand gefüllt

Das Planierschild bringt den geschürften Boden durch ein entsprechend geformtes Schild zum Hochquellen (boiling up). Es ist falsch, die Qualität eines Schildprofils daran zu messen, daß der Boden „gut abrollt". Er soll nicht abrollen – das begrenzt die Füllung erheblich –, sondern vor dem Schild hochquellen, bis er von selbst nach vorn überkippt (Bild 3.62) [19] [20].

3.62
Planierschild mit guten Fülleigenschaften. Das Hochquellen und Nach-vorn-Überkippen des Bodens – und leider auch das seitliche Abfließen des Bodens – ist gut zu sehen

Wieder anders arbeitet der Scraperkübel. Hier sind 3 Füllräume zu unterscheiden (Bild **3.**63): Zone I: Der Boden wird ähnlich wie beim Baggerlöffel Schicht für Schicht hineingeschoben. Zone II: Die „Rampe" vor Zone I ist so steil geworden, daß die einströmenden Schichten nach vorn umkippen und nun Zone II füllen. In Zone III schließlich wird der Boden dann durch einen schmalen Spalt zwischen Zone I und Zone II nach oben hindurchgepreßt, bis er sich in Zone III ablagert. Dort gibt es wieder ein „boiling up" – ein Hochquellen –, das die (sehr wüschenswerte) gehäufte Füllung bringt. Um diesen Füllmechanismus voll mitzumachen, muß der gelöste Boden eine bestimmte „kinetische Zähigkeit" (η_B) haben. Ist er zu weich, so läßt er sich nicht hochdrücken, er ist dann nicht steif genug, um dem Druck von unten standzuhalten. Ist er zu hart, so sperrt er sich gegen das Hochdrücken (z.B. schotterartiger Boden), oder die verfügbare Ladekraft (von der Zugmaschine her) ist bereits aufgebraucht und kann den Boden nicht mehr weiter hochdrücken [21].

Beim Grader – und auch beim Angledozer (schräg gestelltes Planierschild) – soll der Boden nicht transportiert, sondern nur zum Ausgleich der Bodenunebenheiten seitlich abgerollt – in die Länge gezogen – werden. Hier tritt also ein echter Quertransport (wie beim Angledozer) oder ein „seitliches Verziehen" des gelösten Bodens (wie beim Grader) auf [22].

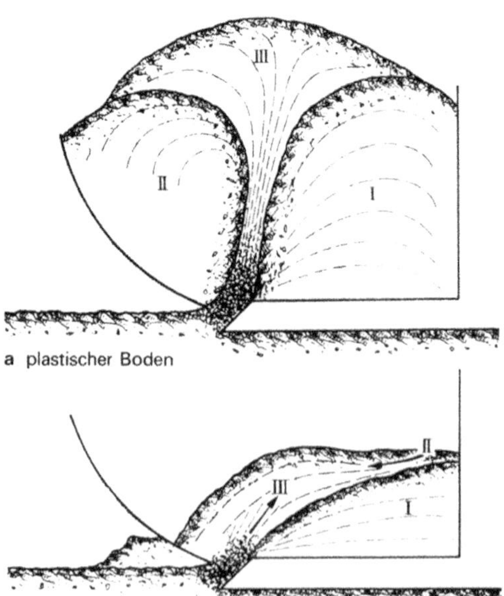

3.63
Die Füllmechanik des Scraper-Kübels
a) im (gut quellfähigen) schwachbindigen Boden (Stichboden)
b) in („zerfließendem") lockerem körnigem Boden (trockener Sand)
(I, II, III die verschiedenen Füllphasen)

Der Schürfkübel gräbt ähnlich wie der Scraper in Zone I. Seine Füllung wird durch Übereinanderschieben der abgeschürften Bodenschichten bis zum Überfließen erreicht. Den Ansetzvorgang verdeutlicht Bild 3.64.

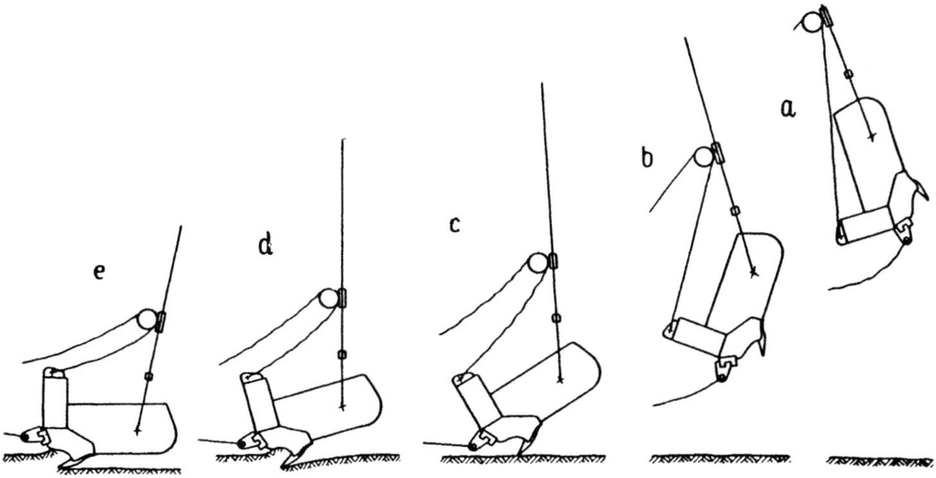

3.64 Die einzelnen Phasen des „Landens" und Ansetzen des Schürfkübels

Der Tieflöffel schließlich gräbt ähnlich dem Hochlöffel: durch schalenartiges Abtrennen des Bodens entlang der Grabkurve und Einschieben in den Füllraum, – wobei in beiden Fällen die Unterstützung durch die sichelförmig gekrümmte Grabkurve hinzukommt: je steiler der Löffel steht, umso mehr fällt das gelöste Material von selbst in das Löffelinnere (und wird nicht mehr hineingeschoben, wie in den unteren bzw. tieferen Grabstellungen).

3.1.5.4 Fahrbewegungen

Auch das zum Arbeiten erforderliche Fahrwegschema hat seine große Bedeutung bei der Leistungsermittlung. Es gibt vor allem darüber Auskunft, ob außer den reinen Arbeitsbewegungen des Bodentransportes bzw. der Rückkehr zum Beladeort noch zusätzliche Bewegungen erforderlich sind (die nicht bezahlt werden). Das läßt sich gut am Vergleich der Schürfraupe mit dem Motorscraper veranschaulichen: Die Schürfraupe fördert im Pendelverkehr, d.h. ohne zu wenden durch einfache Umkehr der Fahrtrichtung auf dem kürzesten Weg zwischen dem Beginn der Schürfstrecke und dem Ende der Schüttstrecke. Verlustzeiten treten nicht auf. Anders der Motorscraper: Er fährt nur vorwärts, muß also vor Beginn des Schürfens und nach Ende der Auftragsstrecke jeweils um 180° wenden, fördert also im Kreisverkehr. Das bringt ihm pro Umlauf einen Zeitverlust von ca. 1 Min. ein.

Die für die Erdbaugeräte typischen Fahrwege zeigt Tafel 3.65, wobei besonders die Spitzkehren hervorzuheben sind, die beim mobilen Lader (Rad- und Raupenlader) einmal, beim LKW zweimal auftreten und nicht nur produktive Zeit kosten (denn bezahlt wird nur die Transportentfernung als Abstand zwischen den Massenschwerpunkten), sondern auch – besonders beim Raupenlader – stark in die Reparaturkosten eingehen. Das Raupenfahrwerk wird beim Ausfahren dieser Spitzkehren erheblich quer beansprucht, wobei die Raupenketten ja in voller Länge (also mit der Breitseite) über die Kurve „gedreht" werden müssen.

Tafel 3.65 Die typischen Fahrbewegungen der Erdbaugeräte

Fahrbewegungen (Draufsicht)	Gerät:	unproduktiv:
	Planierraupe (Querschild), Schürfraupe, Grader	
	LKW	Wendezeiten
	Motorschürfwagen	Kurven
	Radlader, Kettenlader	Spitzkehren
	Hydraulik-Bagger	Schwenkzeit
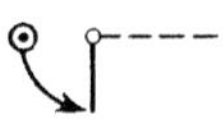	Eimerseilbagger, Tieflöffelbagger	Schwenkzeit
	Greifbagger	Schwenkzeit
	Planierraupe (Schrägschild)	

Beim LKW ist zu berücksichtigen, daß er nicht nur jeweils am Ende wenden, sondern an der Beladestelle gezielt in die Ladeposition hineinmanövriert werden muß und oft auch auf der Kippe eine bestimmte Position zum Entladen zugewiesen bekommt.

Die Überlegungen sollten hier immer dahin gehen, zusätzliche Fahrbewegungen zu vermeiden und solche Geräte auszuwählen, die auf direktem Wege fördern können. Das wird natürlich oft nicht möglich sein, weil es keine brauchbare Alternative gibt. Es gibt aber viele Möglichkeiten, diese Totzeiten zu verkürzen. Man denke etwa an den „schwenkenden" Bagger: Die halbe Spielzeit schwenkt er, und wenn man den Schwenkwinkel von 90° auf 60° verkürzt, wirkt sich das schon auf die Ladeleistung aus. Ähnliche Vergleiche lassen sich zwischen Bagger und Lader, Schürfraupe und Motorscraper, Planierraupe und Lader usw. anstellen.

3.1.6 Die Lösung

Viele Überlegungen sind anzustellen, bis man am Ziel einer Problemlösung ist. Vor allem sollte man sich mit den besonderen Umständen, dem „Wesen" einer Bauaufgabe, befassen, um das Wesentliche klar genug zu erkennen und die sinnvolle Verknüpfung mit den technischen Möglichkeiten herzustellen. Das folgende Beispiel soll das verdeutlichen:

Gegeben ist ein ca. 10 m mächtiger, flach einfallender sandwichartig abgelagerter Braunkohlenflöz, der mit unbrauchbarem Material durchzogen ist. Gesucht wird eine Abbaumethode, die „selektiven Abbau", d.h. das getrennte Herauslösen der einzelnen Schichten, ermöglicht. Eine sichelförmige Abbaukurve ist deshalb ungeeignet (Bild 3.66).

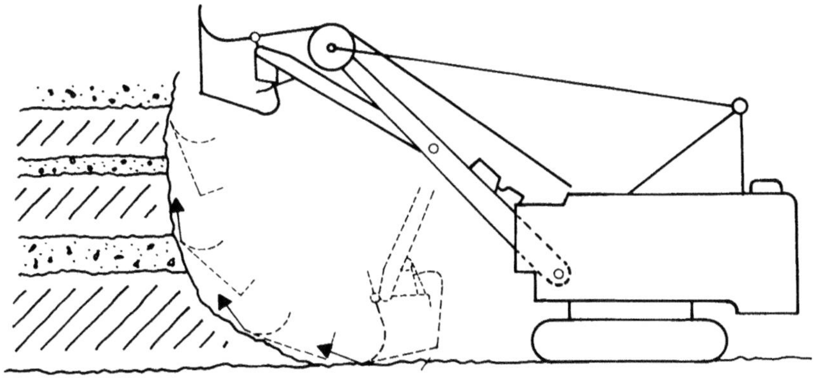

3.66 Braunkohlen-Schichten (/////) mit unbrauchbaren Zwischenlagerungen (::::::); Zwang zum selektiven Abbau mit (dafür) ungeeignetem Seilbagger

Da der Abraum mit Schaufelradbaggern abgetragen wird, kann man zunächst daran denken, diese Geräte auch für den Kohleabbau einzusetzen. Der Schaufelradbagger gräbt ähnlich wie der Seilhochlöffel „sichelförmig", kommt also für den separaten Abbau der einzelnen Schichten nicht in Frage. Da die Ablagerung verhältnismäßig fest ist und große Reißkräfte erfordert, steht weiterhin der Abbau mit großen Elektroseilbaggern zur Diskussion. Diese graben jedoch ebenfalls sichelförmig und vermischen Kohle und Zwischenlagerungen beim Abbau. Der Schürfkübelbagger ist im Abbau nicht genau genug, um eine saubere Trennung des Materials zu erreichen. Flachbagger scheiden aus, weil sie die für diese Aufgabe erforderliche Grabkraft nicht erbringen können. Ein Aufreißen der einzelnen Schichten mit schweren Planierraupen und Heckaufreißern ist ebenfalls zu ungenau, da die Reißtiefe optisch nicht kontrolliert werden kann. Außerdem liegt die Förderweite von ca. 6 km außerhalb des Wirtschaftlichkeitsbereichs der Motorschürfwagen.

Die schichtartige Lagerung und die hohe Gewinnungsfestigkeit führen zwangsläufig zu großen Hydraulikbaggern mit Ladeschaufeln, die – von oben beginnend – Schicht für Schicht innerhalb ihrer Reichweite das Material abschälen und in SKW verladen (Bild **3.**67).

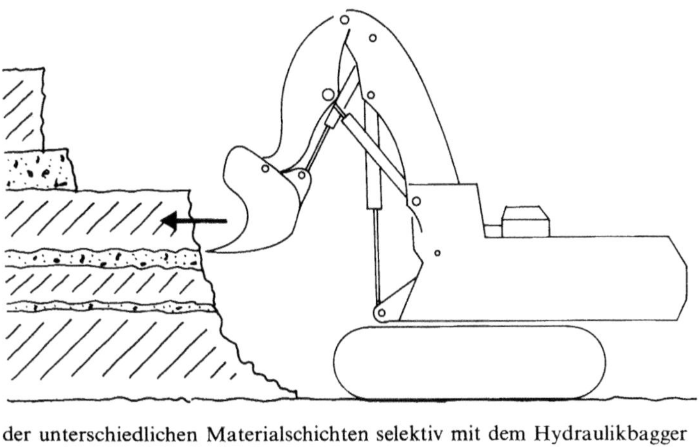

3.67 Abbau der unterschiedlichen Materialschichten selektiv mit dem Hydraulikbagger

Auch mit härteren Ablagerungen wird der Bagger gut fertig, denn er kann die Schaufel horizontal bzw. der Schichtneigung entsprechend in die Wand einstechen und das Material auf diese Weise losbrechen (Bild 3.68). Selektiver Abbau ist also in dieser Form einwandfrei möglich. Wenn das Ladegerät z. B. einen Inhalt von 7,5 m^3 hat, sind Hinterkipper von etwa 30 m^3 Muldeninhalt erforderlich (Verhältnis Löffel zu Mulde wie 1:4), um einen rationellen Abbau zu gewährleisten. Hinzu kommt, daß moderne Hydraulikbagger mit Parallelogrammanlenkung zwischen Ausleger und Löffelstiel ausgerüstet sind, die eine saubere Horizontalführung des Löffels bei der Grabbewegung ermöglicht (Bild 3.69).

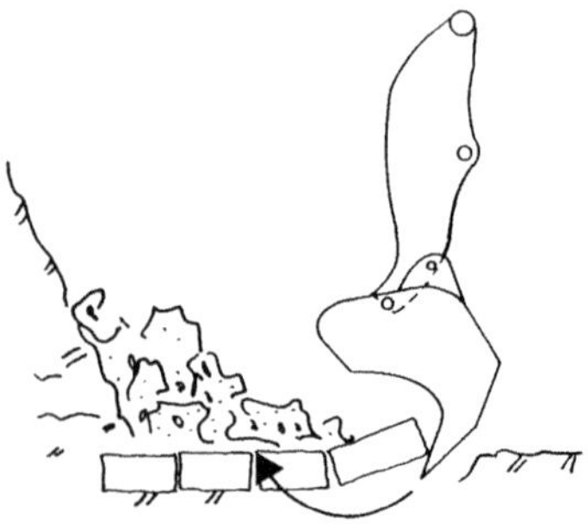

3.68
Losbrechen des harten Materials

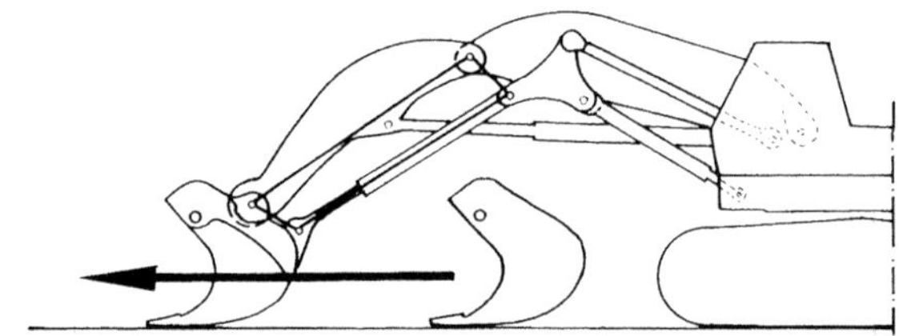

3.69
Horizontaler Vorschubweg für den selektiven Schichtabtrag

So sieht „Heuristik" in der Praxis aus: Man analysiert die Bauaufgabe, sucht nach dem System der Gesamtoperation, zerlegt dieses in Teilleistungen, filtert die mitwirkenden maßgebenden Grundoperationen heraus, wählt die dazu passenden Werkzeuge, und daraus resultieren die entsprechenden Grundgeräte. So ergibt sich die Lösung, die nun wirtschaftlich durchdacht und kalkuliert werden muß.

3.2 Umwelteinflüsse

3.2.0 Überblick

Die Erdbaumaschine – als System betrachtet – hat, wie alle Systeme, ihre ganz spezifische Umwelt, von der sie in ihrer Leistung abhängt. Sie ist in ihrer Produktivität (output = Förderleistung) verschiedenen „Störgrößen" unterworfen, die ihre Spitzenleistung – also das, was sie unter optimalen Bedingungen leisten könnte – auf eine sich tatsächlich einstellende „Gebrauchsleistung" reduzieren. Von der Systemumwelt soll hier die Rede sein.

In dieser Systemumwelt nimmt der Boden zwar die mit Abstand wichtigste Rolle ein, aber wenn man die Vorgänge in der „black box" Baumaschine näher analysieren will, (im Hinblick auf das, was dann herauskommen soll: den output) muß man zumindest noch das Wetter, den Menschen und den Betrieb hinzunehmen, denn sie können je nach den speziellen Verhältnissen eine ebenso gravierende Rolle spielen.

Boden und Wetter wirken gewissermaßen zusammen: Das Wetter variiert eigentlich nur einen gegebenen Boden nach der guten Seite (selten) oder nach der schlechten Seite (meistens). Das Wetter macht den Boden „härter" oder „weicher", verändert seine

Festigkeit in natürlicher Lagerung (Primärzustand) und beeinflußt die „Viskosität", d. h. die innere Zähigkeit (als rheologische Größe) des gelösten und damit aufgelockerten (krümelartigen, plattigen, körnigen) Bodengefüges (Sekundärzustand), der von großem Einfluß auf die erzielbare Kübel-, Schaufel- oder Löffelfüllung ist.

Der Mensch – vor allem der Maschinist, der mit der Maschine direkt im Eingriff steht, aber auch der „Leitende", der die Maschine sinnvoll einsetzt – ist am Zustandekommen einer Lade- oder Förderleistung ebenso maßgeblich beteiligt (da es sich hier ja um mobile Maschinen handelt, die „geführt" werden müssen).

Der Betrieb schließlich – also der Einsatz der Maschinen auf der Baustelle und ihr Zusammenwirken mit anderen Geräten, die an ihrer Leistung mit beteiligt sind – spielt ebenso in die Produktivität hinein. Es sind vor allem die „Friktionen" – analog zum Boden kann man auch hier von einer „inneren Reibung" sprechen –, die auf die Leistung drücken und manche stolze Kalkulation nachher auf der Baustelle auf recht bescheidene Zahlen zusammenschrumpfen lassen.

3.2.1 Boden

3.2.1.0 Die Rolle des Bodens

Das „Baumaterial" des Erdbaus ist der Boden. Er wird nicht aus anderen Komponenten hergestellt – „bereitet", er wird auch nicht zu Fertigteilen gewalzt, gegossen oder geknetet, sondern er ist „da" und muß nur umgelagert werden. Man hat es also auf jeden Fall immer mit „Natur" zu tun und ist ihren Schwankungen, Risiken und Launen in vollem Maße ausgeliefert.

Hinzu kommt, daß dieser Boden nicht nur bewegt, sondern aus dem gewachsenen Zustand herausgelöst und in eine sekundäre Zustandsform überführt werden muß, aus der er dann wieder in einen möglichst primärähnlichen Zustand zurückverwandelt – verdichtet – werden soll. Daneben tritt dieser Boden nicht nur als Baumaterial, sondern auch als Fahrbahn in Erscheinung. Hier wieder steht nicht die Bearbeitbarkeit, sondern gerade das Gegenteil, die Festigkeit, im Vordergrund. Und über allem lagert stets die bange Frage, was die Witterung (vor allem der Regen) mit diesem Boden machen wird; wie der Regen ihn verändern (aufweichen oder verfestigen) und neben seinen angenehmen Eigenschaften (leichtes Lösen und Laden) auch seine unangenehmen Verhaltensweisen (Festkleben am Werkzeug und Fahrwerk) wecken wird.

Dieser Boden bringt dem Erdbau so etwas wie eine 3. Dimension – mit allen Konsequenzen. Schon oben war der Erdbau mit dem Segelfliegen verglichen worden. So wie dort der Pilot eine besondere Sensibilität für die Thermik entwickeln, wie er Gefühl und Gespür für die unsichtbaren Horizontal- und Vertikalströmungen in der Luft haben muß, so muß auch der Erdbauer mit einem 6. Sinn für all das ausgestattet sein, was normalerweise gar nicht „gesehen" werden kann: die vielen „Tiefen" und „Untiefen" in dem zu bearbeitenden Gelände (sprich: die weichen und die harten Zonen unter der Geländeoberfläche) mit ihren Konsequenzen für den Geräteeinsatz. Und daraus muß sich dann immer das rechtzeitige Erkennen des optimalen Kurses ableiten: wie man den Boden am besten „austricksen", wie man die kritischen Stellen umfahren und was man tun kann, um vor der harten Reaktion einigermaßen gesichert zu sein.

Dieses „Gefühl für den Boden" muß man haben, wenn man Erdbau erfolgreich betreiben und alle sich bietenden Chancen richtig ausnutzen will. Und gerade dieses Gefühl kommt nicht von heute auf morgen, sondern braucht viel Zeit und Erfahrung, bis es sich einstellt und einen einigermaßen sicher – ja „krisensicher" – durch die Risiken der Konfrontation mit dem Boden trägt. Dieses Gefühl für den Boden zu erzeugen oder zu vertiefen ist das Ziel der folgenden Zusammenstellung.

3.2.1.1 Bodenbeschreibung

Schon damit beginnt die Problematik: Wenn man sich mit jemandem über „Boden" unterhält, fehlen immer wieder Worte und noch mehr präzise Zahlen, um das zu beschreiben und einigermaßen zu fixieren, wovon man redet. Und sehr oft stellt sich der eine Partner dann – trotz noch so ehrlichen Bemühens um die rechte Verständigung – etwas ganz anderes vor als der andere gemeint hat.

Zunächst einmal muß man sich damit abfinden, daß es nicht möglich ist, mit einer Beschreibung alle Belange abzudecken. So kann der Boden als Baugrund, von der Erdstatik her oder im Hinblick auf Wasser und Grundwasser betrachtet werden. Immer ist die Optik grundverschieden. Und hier muß er als Material gesehen werden, das verarbeitet werden will, das zäh und fest, weich und rollig, fließend oder klebend ist – und das im Hinblick auf die ihn be- und verarbeitende Maschine gewertet werden will.

Allgemein üblich (VOB, Teil C) ist die Einordnung des Bodens nach DIN 18 300. Aber diese DIN kennt nur 7 Bodenklassen:

1. Oberboden (Mutterboden)
2. fließende Bodenarten
3. leicht lösbare Bodenarten
4. mittelschwer lösbare Bodenarten
5. schwer lösbare Bodenarten
6. leicht lösbarer Fels
7. schwer lösbarer Fels

Und wenn dort auch versucht wird, verbal alles auszudrücken, was zur Einordnung des Bodens in eine dieser Klassen notwendig ist, so bleibt doch für den, der dann Geräte danach auswählen, Leistungen und Kosten bestimmen soll, kaum etwas „Handfestes" übrig. Denn was ist „mittelschwer lösbarer Boden"? – Was ist „mittelschwer" und womit wird er dann „gelöst"? Wieviel kW muß die Maschine haben, welche Leistungen in m^3/h wird sie erbringen, und was wird der m^3 kosten? Das sollte exakt aus der Norm abgeleitet werden können [23].

Es gibt die DIN 18 196 („Bodenklassifikation für bautechnische Zwecke und Methoden zum Erkennen von Bodengruppen"), die zwar sehr nützlich zum „Sezieren" des Bodens ist, aber auch wieder allein läßt, wenn es um den Maschineneinsatz geht.

So braucht es etwas, das es bis heute noch nicht gibt: eine „maschinengerechte Bodenklassifikation". Man kann sich dem zentralen Kern dieser Frage nur in immer enger werdenden Spiralen nähern und sich über Hilfswerte als „Strohhalme" an die Wahrheit herantasten. Daraus resultieren die weiterführenden Gedankenschritte:

Welche Wechselwirkungen zwischen Gerät und Boden sind überhaupt zu kennzeichnen?
Welche Gesichtspunkte sind dafür relevant?
Welche Wege bieten sich für maschinengerechte Bodenuntersuchungen an?
Welche Untersuchungsmethoden kommen in Frage?
Welche Hilfswerte decken die Zwischenräume ab?

3.2.1.2 Wechselwirkungen

Bei jeder Erdbauarbeit stehen gewisse prinzipielle Fragen im Vordergrund:

1. Wie fest bzw. weich ist der Boden?
2. Wo hat er seine schwachen Stellen? (Schichtung, Klüfte.)
3. Wie ist er am besten anzugreifen? (Hochlöffel, Planierraupe usw.)
4. Wie stark muß das Gerät sein?
5. Wie ist die Fahrbahn beschaffen? (Transportwiderstände usw.)
6. Wie läßt sich der Boden am besten verdichten?
7. Welche Leistung wird sich erzielen lassen?

Sie haben alle mit den Wechselwirkungen zwischen Boden und Werkzeug zu tun und lassen sich wie folgt präzisieren:

1. Struktur des Bodens

Hier geht es zunächst um die grundsätzliche Frage, ob der Boden rollig oder bindig ist bzw. zwischen diesen beiden Bereichen angesiedelt werden muß. Bei rolligem Boden interessiert die Struktur des Korngerüstes, seine „Verkittung" und die Zwischeneinlagerungen; bei bindigem Boden ist es der innere Zusammenhang (vor allem die Kohäsion, aber auch die Konsistenz), im Fels ist es das „Trennflächengefüge", also Schichtung und Klüftung, so weit vorhanden und erkennbar. In den Mischböden sind es Größe und Häufigkeit der Steineinlagerungen (der „Rosinen" im Kuchenteig) und die Zähigkeit des sie umgebenden Bodens.

2. Lösen

Die Gewinnungsfestigkeit des Bodens ist ausschlaggebend für den Schürf- und Schneidwiderstand und auch für den erforderlichen Kraftaufwand beim Reißen (Reißwiderstand).

3. Laden

Es gibt so etwas wie die „Ladefreudigkeit" des Bodens – die Art und Weise also, wie der Boden die ihm durch das Werkzeug aufgezwungenen Lade- und Füllbewegungen mitmacht. Ausschlaggebende Kenngröße hierfür ist die sogenannte „kinetische Bodenzähigkeit". Sie beeinflußt den Füllwiderstand wie auch den Füllungsgrad eines Grabgefäßes.

4. Transportieren

Der Boden als Fahrbahn muß vertikale und horizontale Beanspruchungen aushalten können. Vertikal wirkt die Bodenpressung (Fahrbahnbelastung), horizontal ist es der Kraftschluß (Verzahnung zwischen Fahrwerk und Fahrbahn). Als dritte Größe ist der Rollwiderstand zu berücksichtigen, der sich maßgeblich aus der Tragfähigkeit der Fahrbahndecke (Erdfahrbahn!) ergibt.

5. Verdichten

Die „Verdichtungswilligkeit" des Bodens läßt sich schwer in einer Kennzahl erfassen. Hier hilft man sich mit zusammengefaßten empirischen Daten. Ganz grob läßt sich jedoch im vorhinein beurteilen, ob sich der Boden gegen eine Verdichtung sperren wird, ob er auf Vibration anspricht oder gedrückt bzw. geknetet werden muß.

Diese Aspekte sind in einer ersten Annäherung wesentlich, und man sollte versuchen, schon möglichst frühzeitig – und wenn auch nur über die Frage nach dem Re-agieren – klare Vorstellungen über das Verhalten des Bodens zu gewinnen.

3.2.1.3 Bodenuntersuchungen

Welche Untersuchungsmethoden stehen heute zur Verfügung, um den Boden hinsichtlich seines Verhaltens den Maschinen gegenüber zu kennzeichnen? Die praktischen Erfahrungen haben folgende Geräte in den Mittelpunkt gerückt:

1. Drucksondierungen an der Oberfläche
Sie lassen sich am besten mit der Proctor-Nadel (Bild 3.70) bzw. dem Federkegel oder einem ähnlichen handbetätigten Instrument durchführen (Bild 3.71).

3.70 Drucksondierung an der Oberfläche mit der Proctor-Nadel. Gemessen wird die Kraft, die erforderlich ist, um einen Prüfstempel (8 cm^2) 7,5 cm in den Boden einzudrücken

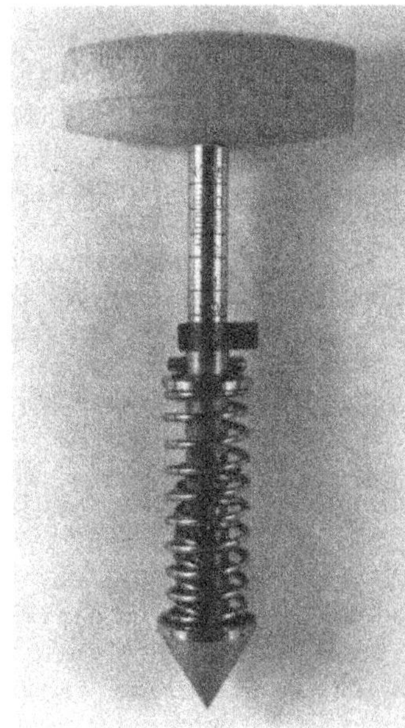

3.71 Der Federkegel, ein handliches Tascheninstrument mit 12 cm Bauhöhe

2. Drucksondierungen in der Tiefe
Hierfür stehen Drucksonden mit Kegelspitze in den verschiedensten Ausführungen zur Verfügung. Entscheidend ist dabei die Kraft, die aufgebracht werden muß, um den Kegel in den Boden einzudrücken. Ihr erfolgreicher Einsatz ist von der Verankerungsmöglichkeit des Gerätes abhängig. Die Gestängereibung ist zu berücksichtigen.

3. Rammsondierungen
Sie können mit Fallgewichten zwischen 50, 100 und 200 kg durchgeführt werden und erreichen Sondiertiefen bis zu 40 m (Bild 3.72).

Während die normale Rammsondierung von der Geländeoberfläche aus durchgeführt wird, kommt der Standard-Penetration-Test (SPT) von der Bohrlochsohle aus zum Einsatz. Es muß also jeweils auf die erforderliche Tiefe (in Abschnitten) vorgebohrt werden. Dann wird die Sonde angesetzt (Bild 3.73) und die Zahl der Schläge *N* ermittelt, die sich durch Schlagen mit einem Fallgewicht von 63 kg aus 75 cm Fallhöhe für jeweils 30 cm Eindringen ergibt. – Aus der Zahl der Schläge *N* ergeben sich Rückschlüsse auf die Lagerungsdichte rolliger Böden bzw. die Zylinderdruckfestigkeit bindiger Böden [24] [25].

3.72
Die SRS 200 – eine überschwere Rammsonde mit bis zu 200 kg Fallgewicht (zusätzlich für Druck- und Bohrsondierung verwendbar)

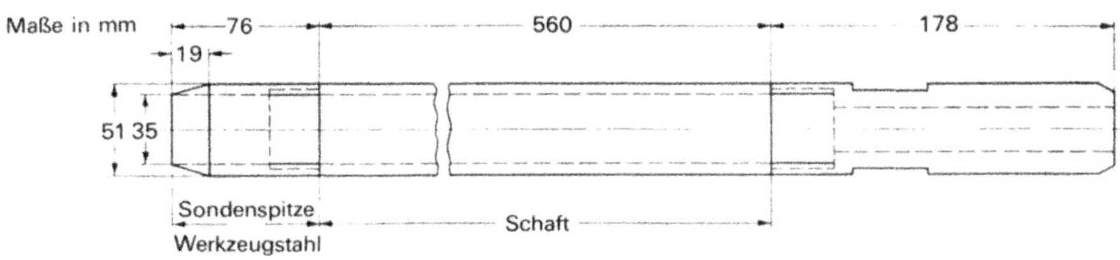

3.73 Die Standard-Sonde für den SPT-Test

4. Bohrsondierungen
Sie sind für Tiefenuntersuchungen (30 m bis 70 m) geeignet und messen über einen speziell entwickelten Schneidkopf (Bild **3.74**) den Schneidwiderstand bei rotierender Bewegung, der in den linearen Schneidwiderstand umgerechnet werden kann. Diese Methode ist am besten geeignet, um größere und vor allem tiefere Einschnitte hinsichtlich der Gewinnbarkeit des Bodens zu erkunden. Aushilfsweise kann auch mit einer Flügelsonde (Bild **3.75**) die Drehscherfestigkeit des Bodens (τ'_F) ermittelt und in den Schneidwiderstand umgerechnet werden [26].

3.74 Bohrkopf mit verstellbaren Schneidflügeln für (rotierende) Bohrsondierungen

3.75 Flügelsonde zur Ermittlung der Drehscherfestigkeit

5. Bodentester

Weiter sei auf ein kleines handliches Gerät hingewiesen, das problemlos in einem Kombiwagen untergebracht werden kann: den Bodentester (Bild 3.76). Er kann, mit Modellwerkzeugen ausgerüstet, den Schneidwiderstand im kleinen messen, der dann mit dem verfügbaren Algorithmus der Dimensionsanalyse in den Großmaßstab übertragen werden kann [27].

3.76 Leicht transportierbares Untersuchungsgerät: der Bodentester (Länge über alles: 2 m)

6. Erdhobel

Er kann in eine Art „großen Bodentester" umgebaut werden (Bild 3.77): Anstelle des üblichen Planierschildes erhält er eine Schneide 120 cm × 35 cm, die unter einem Winkel von 45° und mit einer Tauchtiefe von 10 cm (= Schürftiefe) in gewachsenem Boden gefahren wird. Diese Schneide ist mit einer Meßvorrichtung versehen, die den Schürfwiderstand ermittelt. Hinter der Schneide, in ca. 1 m Abstand, ist ein Staurohr montiert, das bis auf 4 cm Abstand zum neuen Planum in den geschürften Boden eintaucht. Dieser „Stauwiderstand" ist ein Maß für die kinetische Bodenzähigkeit η_B, die maßgebliche Kenngröße für das sekundäre Bodengefüge [21].

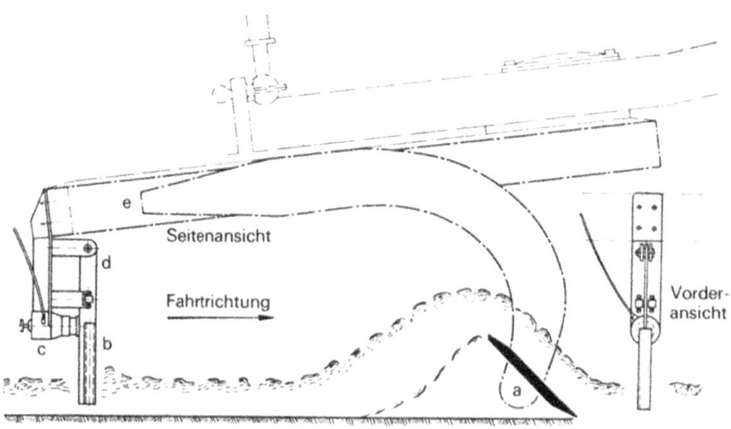

a: Bodenschneide für 10 cm Schürftiefe
b: Staurohr mit 6 cm Tauchtiefe
c: Meßwertaufnehmer
d: Führung des Staurohres
e: Drehkranz des Erdhobels

3.77 Meßgerät zur Ermittlung der kinetischen Bodenzähigkeit η_B, an einem Erdhobel (Grader) montiert.
Das Staurohr bleibt 4 cm vom neuen Planum entfernt und mißt – bezogen auf 10 cm gewachsenen Boden – den Staudruck der restlichen 6 cm

7. Meßharke

Sie dient zur Ermittlung des Gewebekennwertes k_g, der die „Verfilzung" des Oberflächenbewuchses (vor allem der Grasnarbe) quantifiziert. Ihr Einsatz kommt dann in Frage, wenn Mutterbodenabtrag in größerem Umfang durchgeführt werden muß (Bild **3.**78) [21].

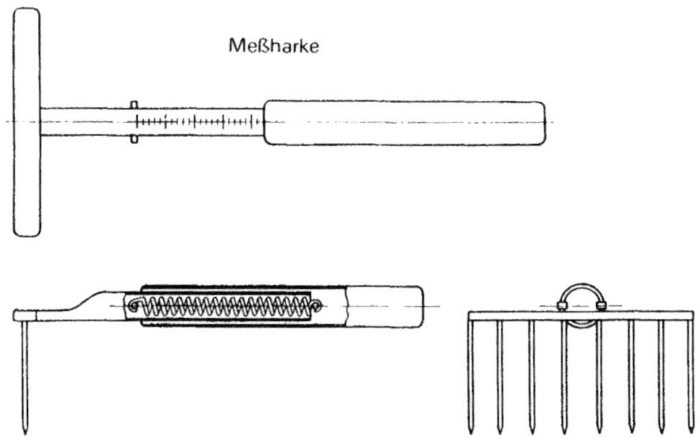

3.78 Meßharke zur Ermittlung des Gewebebeiwertes k_g

8. Handwerkzeuge

Schaufel, Spaten, Hacke usw. geben ein gutes „Gefühl" für die Festigkeit eines zu bearbeitenden Bodens und sollten immer allen weiteren Untersuchungen vorgeschaltet werden. Im allereinfachsten Fall können der „Spazierstock" für Boden und der „Spitzhammer" für Fels äußerst nützliche Erkundungswerkzeuge sein.

Zusammenfassend läßt sich sagen: Um einen Boden hinreichend zu kennzeichnen, kann man heranziehen

a) eine Unterteilung in rolligen (R), bindigen (B) oder Gewebeboden (G),
b) eine Reihe bodenmechanischer Kennwerte, die „in die Nähe" der gesuchten Werte führen,
c) Sondierwerte vertikal (Punkte 1 bis 3 in der obigen Darstellung),
d) Meßwerte horizontal (Punkte 4 bis 7 oben),
e) Handwerte (Punkt 8).

Natürlich wird man den Umfang der Untersuchungen und die gewählten Methoden auf die Ausmaße des zu bearbeitenden Projektes abstimmen. Bei großen Massenbewegungen (etwa ab 1 Million m^3 aufwärts bis hin zu Tarbela mit seinen 130 Millionen m^3) kann die Bodenerkundung nicht sorgfältig und umfangreich genug durchgeführt werden!

Es ist auch zu bedenken, daß die oft angebotenen Vorauskalkulationen der Herstellerfirmen vom Wettbewerb und vom „Verkaufen-wollen" diktiert sind und der verantwortliche Bauleiter eines solchen Großprojektes gut daran tut, sich daneben selbst ein Bild über die Situation zu machen. Dann sollte er schon einigen Aufwand investieren, um konkrete Informationen über die Beschaffenheit des Materials zu gewinnen, mit dem er sich dann jahrelang – und unter Erfolgszwang und Termindruck – beschäftigen muß. Das „Gefühl" für den Boden ist jedoch die entscheidende Voraussetzung.

3.2.1.4 Praktisches Vorgehen

Steht man vor einer konkreten Erdbauaufgabe, wie sie etwa in einer Ausschreibung dargestellt wird, so braucht man, um den Geräteeinsatz einigermaßen präzise kalkulieren zu können, von der Bodenseite her die folgenden 7 Grundwerte:

Schürfwiderstand
Auflockerung
Füllwiderstand
Füllungsgrad
Kraftschluß
Bodentragfähigkeit
Rollwiderstand

Je nach den Begleitumständen ist eine Begehung des Baugeländes möglich oder nicht. Und wenn, dann hängt es wieder davon ab, ob größere Bodenuntersuchungen durchgeführt werden können oder nicht (Entfernung, Umgebung, Zeit). Folgende Stufenleiter (einfach bis schwierig) ist hier zweckmäßig:

Stufe 1: Nur „Fernerkundung“ möglich: Die ausschreibende Instanz wird um eine genauere Beschreibung des Bodens, insbesondere um zahlenmäßige Angaben über wichtige Bodenkennwerte (Lagerungsdichte, Korngröße, Scherfestigkeit, Konsistenz, Kohäsion, Wassergehalt usw.) gebeten. Diese Werte lassen Rückschlüsse auf die zu erwartenden Arbeits- und Fahrwiderstände zu.

Stufe 2: Baustellenbegehung (kurz): Hier muß unbedingt eine „Handerkundung“ mit Spazierstock oder Hammer (bei verfestigten Böden und Fels) und ein Arbeitstest mit Handwerkzeugen (Schaufel, Spaten, Hacke usw.) vorgenommen werden. Federkegel oder Proctor-Nadel geben in feinkörnigen Böden (auf freigelegtem gewachsenem Boden angesetzt) gute Zahlenwerte.

Stufe 3: Untersuchungen in situ (Oberfläche): Im einfachen Fall kann der Bodentester auf das Baugelände transportiert werden. Anspruchsvollere Untersuchungen stützen sich auf den Einsatz eines Graders mit angebautem Testwerkzeug für Schneidwiderstand und Bodenzähigkeit ab. Auch der Federkennwert des Bodens ist zu ermitteln, wenn Mutterbodenabtrag in größerem Umfang vorgenommen werden muß.

Stufe 4: Untersuchungen in situ (Tiefe):
Festzustellen sind entweder der Verdrängungswiderstand durch Ramm- oder Drucksondierungen und der damit mögliche Rückschluß auf die Gewinnungsfestigkeit, oder der Bohrwiderstand (rotieren) mit Schneckenbohrer bzw. der Einsatz eines Schneidkopfes zur Ermittlung des Schneid- bzw. Schürfwiderstandes.

Stufe 5: Schürfgrube:
Eindringen in die Tiefe mit optischer Begutachtung des Bodens, Entnahme ungestörter Bodenproben und Ermittlung des Arbeitsaufwandes im Handschacht.

3.2.1.5 Ausgangswerte

Bild 3.79 zeigt den Zusammenhang zwischen den hier maßgebenden bodenmechanischen Kennwerten und den nachher benötigten arbeits- und fahrdynamischen Grundwerten für den Flachbaggereinsatz. Dieses Bild ist grundsätzlich für jede Erdbauarbeit maßgebend, jedoch sind die Konturen und Kontraste für die einzelnen Bauverfahren mehr oder weniger stark ausgeprägt. Am „härtesten“ ist die Gradation bei den Flachbaggern; sie sind die empfindlichsten unter den Erdbaugeräten und in der Prognose ihrer Einsatzmöglichkeiten besonders stark von einer guten Bodenerkundung abhängig.

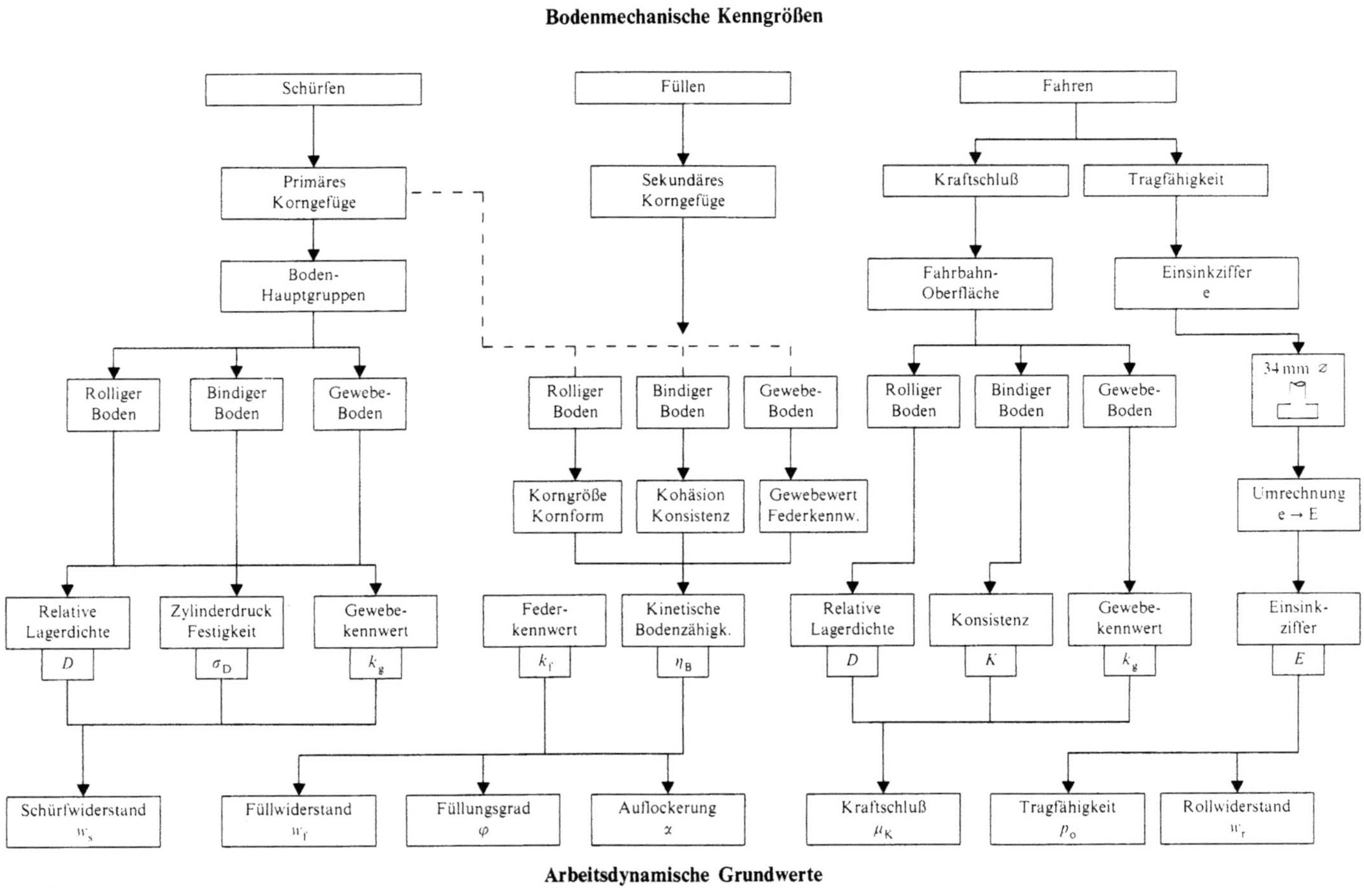

3.79 Die Entwicklung der arbeitsdynamischen Grundwerte aus bodenmechanischen Kenngrößen

Im folgenden sind nun eine Reihe von Tabellen, Diagrammen usw. wiedergegeben, die den „Einkreisungsprozeß" erleichtern und sicherer auf die nachher benötigten 7 Grundwerte hinführen sollen:

1. Eine Einteilung des Bodens nach grabtechnischen Gesichtspunkten (Tafel **3.**80).
2. Die Gewinnungsklasseneinteilung nach Kögler-Scheidig (Tafel **3.**81).
3. Die Einteilung des Bodens nach fahrtechnischen Gesichtspunkten (Tafel **3.**82).

Tafel **3.**80 Einteilung des Bodens nach grabtechnischen Gesichtspunkten

	Boden	Beispiele	Zusatzangaben	Lösewerkzeug
R	Rolliger Boden	Sand, Kies, Geröll	Korngröße, Beimischungen	Schneide ohne Zähne, Schneide mit Schutzzähnen, gabelartige Zähne
B	Bindiger Boden (plastisch)	Lehme, Tone, Klei, Schluff, erdfeucht	Tongehalt, Plastizität, Konsistenz	Schneide, bei härteren Böden: kleine Schürfzähne
G	Gewebe-Boden	Humoser Boden, Wurzelgeflecht, Torfboden, Wiesen, Grasnarbe	Gewebedichte, Stärke des Wurzelgeflechts	Schneide mit schmalen Zähnen
V	Verfestigter Boden	Verpreßte Sande, Pinmo, Lava, harte Lehme und Tone	Korngröße, Schollengröße, Grad der Verfestigung, Druckfestigkeit	Schneide mit Reißzähnen
K	Verkitteter Boden	Nagelfluh, Bimskies, Moränenablagerung, Geschiebe, Sandstein	Korngröße, Härte der Verkittung	Gezahnte Schneide, Kratzschneide, schmale steile Zähne
S	Geschichteter Boden	Schiefer, Schichtgestein, Mergel, Kreide	Stärke der Schichten, Stärke des Zusammenhanges	Reißzähne, Brechzähne, starke Seitenzähne
W	Verwitterter Fels	Morsche Sandsteine, Kalkstein, Gneis, Schiefer	Größe der Verwitterungsstücke, Grad der Verwitterung	Reißzähne, schmale lange Zähne

Tafel **3.**81 Gewinnungsklassen-Einteilung nach Kögler-Scheidig

Gew. Kl.	Bezeichnung	Zusammenhang	Boden lösbar mit:
1	Loser Boden	ohne Zusammenhang	Schaufel
2	Stichboden, mittel	geringer Zusammenhang, weich	Schaufel (schwer) Spaten (leicht)
3	Stichboden, schwer	mittlerer Zusammenhang	Spaten (schwer) Breithacke (leicht)
4	Hackboden, mittel	fester Zusammenhang	Breithacke (schwer) Spitzhacke (leicht)
5	Hackboden, schwer	sehr fester Zusammenhang	Spitzhacke (schwer)
6	Hackfels	verwittertes Gestein	Brechstangen

Tafel 3.82 Einteilung der Böden nach fahrtechnischen Gesichtspunkten

Boden		Beispiele	Kraftschluß	Tragfähigkeit	Wetterempf.
S	Sandböden	Mehlsand, Feinsand, Sand, Feinkies	erdfeucht: mittel trocken: schlecht	gut	nicht
G	Geröllböden	Geröll, Schotter, Grobkies	gut	sehr gut	nicht
W	Weiche Böden	Grasnarbe, Wiesen, Torf, Moor, Niederungen	gering	gering	sehr
P	Plastische Böden	Lehme, Tone, erdfeucht	mittel	mittel	sehr
H	Harte Böden	Lehme, Tone, hart, trocken, Mergel, Schiefer	gut	sehr gut	mittel (schmierig bei Regen)
F	Feste Böden	Feste Sande, Kalkstein, Schiefer	für Raupen: mittel für Reifen: sehr gut	sehr gut	nicht

Bis hierher steht die Festlegung des Bodens in Gewinnungsklassen im Vordergrund. Um diese zu präzisieren bzw. sich den besonderen Bodenverhältnissen besser anpassen zu können, sind weitere Anhaltswerte zu ermitteln:

4. Die Werkzeuge zum Ablösen der Schichtfugen in geschichteten Ablagerungen (Tafel 3.83).
5. Der Arbeitsaufwand für das Lösen im Handschacht (Tafel 3.84).

Tafel 3.83 Anhaltswerte für die Lösefestigkeit in geschichteten Böden

Schichten sind abzulösen in den Schichtfugen mit	Gew.-Kl.
Schaufel	4
Spaten	4–5
Breithacke	5
Spitzhacke	6
Brecheisen	7
Treibkeilen	7–8

Tafel 3.84 Anhaltswerte für die Ermittlung der Lösefestigkeit im Handschacht

1 geübter Arbeiter braucht zum Aushub von 1 m^3 Boden:	Gew.-Kl.
0,6– 0,8 Std.	1
0,8– 1,2 Std.	2
1,2– 1,9 Std.	3
1,9– 2,8 Std.	4
2,8– 4,0 Std.	5
4,0– 6,5 Std.	6
6,5–10,0 Std.	7

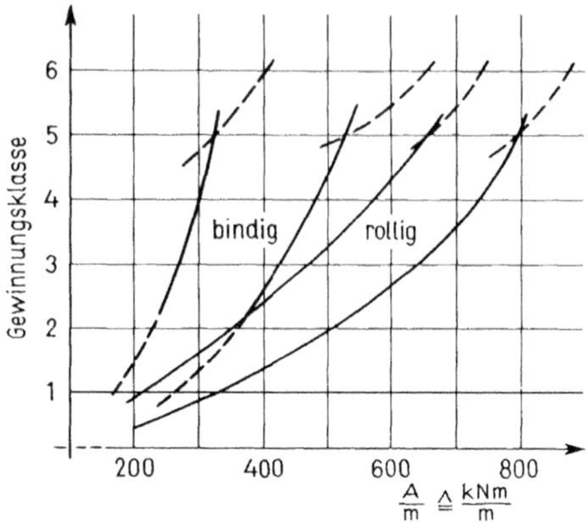

3.85 Zusammenhang zwischen dem Sondierwiderstand von Rammsondierungen (Arbeitsaufwand/lfdm. Sondiertiefe $\left(\left[\frac{\mathrm{A}}{\mathrm{m}}\right] \mathrel{\hat{=}} \left[\frac{\mathrm{kNm}}{\mathrm{m}}\right]\right)$ und der Gewinnungsfestigkeit des Bodens (Gewinnungsklassen nach Tafel **3.**81)

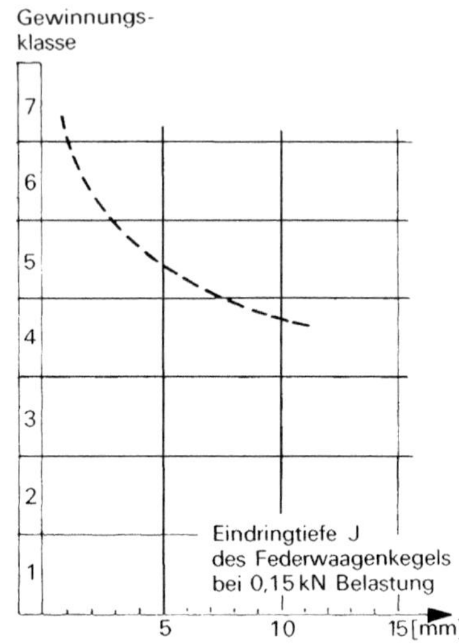

3.86 Die Gewinnungsfestigkeit harter Böden in Abhängigkeit von der Eindringtiefe des Federkegels

6. Der Zusammenhang zwischen Sondierwiderstand und Gewinnungsfestigkeit (Bild **3.**85).
7. Die Gewinnungsfestigkeit aus dem Eindringen des Federkegels in härteren Boden und Fels (Bild **3.**86).

Die Gewinnungsfestigkeit stellt noch keinen der 7 Grundwerte dar, aber sie enthält sehr wichtige Informationen über die Bodenfestigkeit schlechthin. Richtungweisend für die Quantifizierung der Grundwerte sind dann vor allem:

8. Die Lagerungsdichte (bei rolligen Böden) (Tafel **3.**87).
9. Die Lösefestigkeit in Abhängigkeit von Zylinderdruckfestigkeit σ_D (Bild **3.**88);
   Proctor-Eindringwiderstand P (Tafel **3.**89);
   Standard-Penetration-Wert N (Bild **3.**90);
   Spitzendrucksonde 20 mm ∅, 60° (Bild **3.**91).

Tafel **3.**87 Anhaltswerte zur Bestimmung der Lagerungsdichte D rolliger Böden

Sehr lockere Lagerung	$D = \ < 15\,\%$
Lockere Lagerung	$D = 15\text{–}\ 30\,\%$
Mittelfeste Lagerung	$D = 30\text{–}\ 50\,\%$
Feste Lagerung	$D = 50\text{–}\ 75\,\%$
Sehr feste Lagerung	$D = 75\text{–}100\,\%$

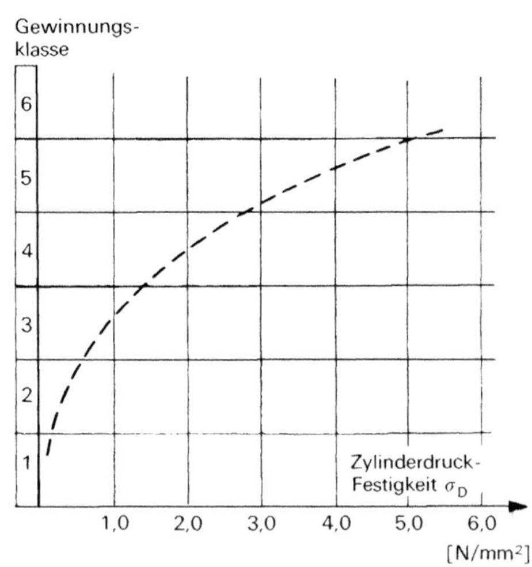

3.88 Zusammenhang zwischen Zylinderdruck σ_D und Lösefestigkeit

Tafel **3.89** Richtwerte für die Bestimmung der Lösefestigkeit des Bodens mit Hilfe der Proctor-Nadel

Proctor-Wert N/mm²	Gew.-Klasse	Bodenart
0–0,3	1	Loser Boden
0,3–0,8	2	Stichboden, leicht
0,8–1,5	3	Stichboden, schwer
1,5–3,0	4	Hackboden, leicht
3,0–5,0	5	Hackboden, schwer
>5,0	6	Hackfels

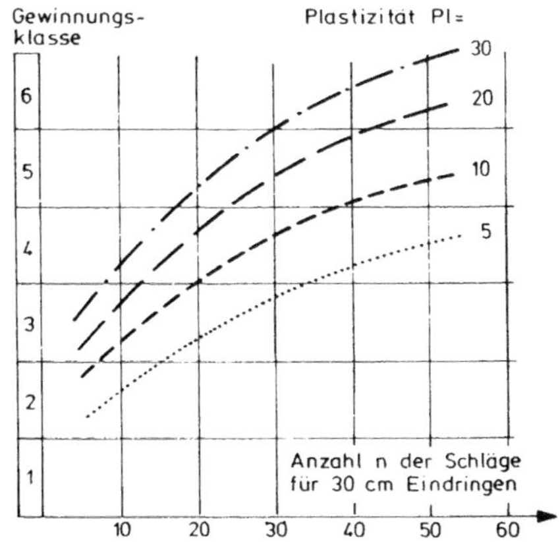

3.90 Zusammenhang zwischen dem Eindringwiderstand der SPT-Sonde (Anzahl der Schläge n für 30 cm Eindringen) und der Gewinnungsfestigkeit

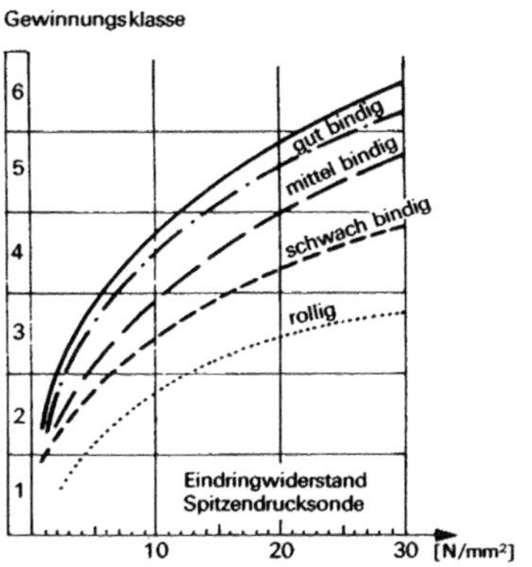

3.91
Richtwerte für die Ermittlung der Lösefestigkeit aus dem Eindringwiderstand einer Spitzendrucksonde 20 mm ⌀ und Kegelwinkel 60° (Umrechnung der Werte über [83])

Tafel **3.92** Richtwerte für den Gewebebeiwert k_g

Lockerer Boden mit Stoppelfeld	$k_g = 4$
Lockerer Sandboden mit schwacher Grasnarbe	$k_g = 6$
Sandiger Boden mit Unkraut	$k_g = 8$
Lockerer Boden mit Heidekraut	$k_g = 10$
Lockerer Boden mit Heidekraut und Gras	$k_g = 15$
Mäßig fester Boden mit schwacher Grasnarbe	$k_g = 20$
Mäßig fester Boden mit dichter Grasnarbe	$k_g = 25$
Mäßig fester Boden mit dichtem Gewebe und Heidegras	$k_g = 30$
Fetter, lockerer Mutterboden mit dichtem Grasteppich	$k_g = 30$
Fetter, fester Mutterboden mit Grasteppich	$k_g = 40$
Fester Wiesenweg mit Gras	$k_g = 50$
Sehr fester Boden mit dichtem Wurzelgewebe	$k_g = 60$
Im allgemeinen gilt für k_g:	
Sehr lockeres Gewebe	$k_g = 0$– 5
Lockeres Gewebe	$k_g = 5$–15
Mäßig festes Gewebe	$k_g = 15$–30
Festes Gewebe	$k_g = 30$–50
Sehr festes Gewebe	$k_g = 50$–70

Tafel 3.93 Richtwerte für die kinetische Bodenzähigkeit verschiedener Böden

Nichtbindiger Boden	η_B
Schluff, trocken	5
feucht	14
Mehlsand, trocken	7
feucht	16
Feinsand, trocken	9
feucht	17
Grabsand, trocken	14
feucht	18
Feinkies	18
Grobkies	25
Geröll bis 10 mm ⌀	35
bis 30 mm ⌀	50
Schotter	50
Bindiger Boden	
Lehm, sandig, steifplastisch	7
halbfest	11
mittelfett, steifplastisch	10
halbfest	16
fett, steifplastisch	15
halbfest	26
Ton, mittelfest, steifplastisch	15
halbfest	28
fett, steifplastisch	18
halbfest	35
hart	55
Gewebeboden	
Sehr lockeres Gewebe, spärlicher Bewuchs	12
lockeres Gewebe, schwacher Grasteppich	20
mäßig festes Gewebe, dichter Grasteppich	40
festes Gewebe, dichter Grasteppich	50
Gestrüpp und Unkraut	60

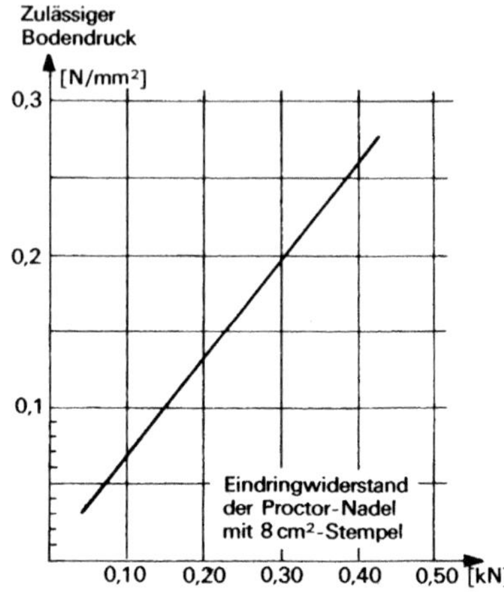

3.94 Zusammenhang zwischen der zulässigen Fahrbahnbelastung und dem Eindringwiderstand der Proctor-Nadel

Tafel 3.95 Richtwerte für die Einsinkziffer $E_{3,0}$ zur Kennzeichnung der Fahrbahnfestigkeit ($E_{3,0}$ = Einsinken eines 21.00 × 25 EM-Reifens bei Nennlast und 3,0 bar Reifen-Innendruck)

Fahrbahnfestigkeit	Einsinkziffer $E_{3,0}$ [cm]
Feste Baustraße, eben	0
Erdweg, hart	0,5
fest	2,0
mittelfest	2,5
weich, federnd	4,0
locker	4,5
zerfahren	6,0

10. Der Gewebekennwert k_g (Tafel **3.**92).
11. Die Bodenzähigkeit η_B (Tafel **3.**93).
12. Die Fahrbahnfestigkeit p_{zul} (Bild **3.**94).
13. Die Einsinkziffer $E_{3,0}$ (Tafel **3.**95).
14. Die Verdichtungsfähigkeit (Tafel **3.**96).

Als besonders brauchbar zur schnellen Information über den Boden erweisen sich immer wieder

a) die Gewinnungsklasseneinteilung nach Kögler-Scheidig,
b) das Abtasten des Bodens mit der Proctor-Nadel.

Tafel **3.96** Verdichtungseignung der Böden und zweckmäßige Verdichtungsmethoden

	Rütteln		Rütteln + Druck	Druck		Stampfen		Kneten
	Rüttler	Mammutrüttler	Vibrationswalze	Glattwalze	Gummiradwalze	Explosionsstampfer	Stampfbagger	Schaffußwalze
Rollige Böden								
Steine		+					+	
Geröll		+					+	
Kies	+							
Sand	+				+			
Bindige Böden								
weich (mit Steingerüst)	+			+				
plastisch					+			+
hart						+		
Krümelige Böden								
krümelig				+	+			+
bröckelig			+	+				
schollig			+			+		
Plattige Körnung								
schieferig						+		
plattig							+	
bankig							+	
Schotter, Blöcke								
Schotter < 100 mm ∅	+		+				+	
Schotter > 100 mm ∅		+						
gebrochenes Haufwerk		+						
grobe Blöcke		+						
Gemischte Böden								
viel Korn, wenig Binder			+					
viel Binder, wenig Korn								+

Sehr oft kann man schon, ohne ein Arbeitsgerät in die Hand zu nehmen, abschätzen, ob sich der Boden mit der Schaufel lösen läßt oder ob dazu Spaten, Breit- oder Spitzhacke, Brechstangen oder Keile erforderlich sind. Wenn keine andere Informationsmöglichkeit zur Verfügung steht, ist die Definition der jeweiligen Gewinnungsfestigkeit „besser als gar nichts".

Viel weiter führt das Abtasten mit der Proctor-Nadel. Diese – der moderne Spazierstock früherer Erdbauer – eignet sich sehr gut zur Untersuchung größerer Flächen oder Strecken, indem man alle ca. 100 m den gewachsenen Boden freilegt und den Eindringwiderstand mißt.

Diese Proctor-Werte sind nicht sehr genau und ergeben, einzeln für sich betrachtet, oft große Streuungen, aber wenn man eine ausreichende Zahl von Messungen macht, ergibt sich doch ein recht brauchbarer statistischer Mittelwert. Wie die weiteren Untersuchungen gezeigt haben, spielt der Verdrängungswiderstand (auch: Verformungswiderstand) des Bodens in viele andere wichtige Bodeneigenschaften mit hinein, und so lassen sich alle 7 Grundwerte – wenigstens in bindigen Böden – auf den Proctor-Widerstand zurückführen (Bild **3**.97). Als Hilfswert ist die Gewinnungsfestigkeit eingezeichnet, so daß man (wenn auch immer noch recht unscharf) von der Beurteilung des Bodens nach Kögler-Scheidig (Schaufel-Spaten-Hacke) direkt zu den gesuchten 7 Grundwerten finden kann.

Dieser Zusammenhang ist allerdings nur in bindigen Böden erkennbar. Bei rolligen Böden (aber wann kommt es schon vor, daß ein Boden exakt rollig ist?) muß als Ausgangswert die Korngröße verwendet werden, um zu den Grundwerten zu gelangen. Eine Querverbindung zu den Gewinnungsklassen ist hier nicht gegeben (Bild **3**.98).

Die fünf großen Gruppen der Bodenbetrachtung, um das noch einmal zusammenzufassen, sind also:

Gewinnungsklassen,
Lösefestigkeit,
Füllmechanik,
Fahrdynamik,
Verdichtung;

und die Stufen des „Sich-Herantastens" sind:

Handwerkzeuge,
bodenmechanische Kennwerte,
Sondierungen (vertikal),
Messungen (horizontal),
Schürfgruben,

wobei der Einsatz der Maschinen im Mittelpunkt steht und jeder Kennwert letzten Endes ein maschinenbezogener Kennwert sein muß.

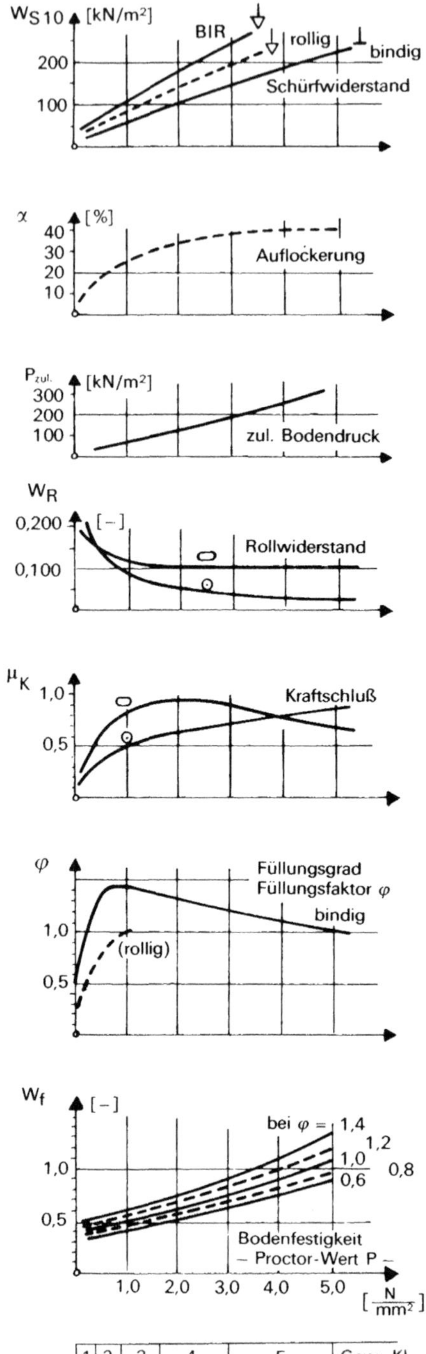

3.97
Die Größe der arbeitsdynamischen Kennwerte bindiger Böden in Abhängigkeit vom Eindringwiderstand der Proctor-Nadel

3.2.2 Wetter

3.2.2.1 Witterungseinflüsse

Die jeweilige Bodenart und ihr Zustand beeinflussen die Förderleistung der Geräte in mehr oder weniger starkem Maß. Sie bilden gewissermaßen die „Grundfrequenz", die je nach den örtlichen Gegebenheiten hoch oder niedrig sein kann.

Das Wetter „moduliert" diese Grundfrequenz, indem es seine Schwankungen (mit einer gewissen Zeitverzögerung) dieser Grundfrequenz aufdrückt. Die einmal für einen bestimmten Boden ermittelte Förderleistung wird laufend durch die Witterungsschwankungen abgewandelt. Wie sich das in der Praxis auswirkt, zeigt Bild **3**.99. Dort wird ausgegangen von der Förderleistung einer Scraperflotte in zwei unterschiedlichen Bodenarten: im (verhältnismäßig wetterunempfindlichen) humosen Sand und im (sehr wetterempfindlichen) fetten Ton. In beiden Fällen wird die Förderleistung in der Grundfrequenz, d.h. bei optimalen Witterungsbedingungen (ohne Leistungseinbuße durch die Witterung) gleich 100% gesetzt und die Leistungsreduzierung allein aufgrund des Witterungseinflusses über einen Beiwert η_W (Geräteausnutzung witterungsbedingt) berücksichtigt. Darüber sind die monatlichen Niederschlagsmengen (es handelte sich um eine Baustelle im mittleren Deutschland) aufgetragen. Man sieht dabei sehr deutlich:

a) Die Niederschlagsmengen wirken sich in jedem Fall auf die Leistung (hier: über die Geräteausnutzung η_W) aus, – „schlagen durch";
b) die Leistungseinbuße besonders in stark bindigen Böden ist erheblich, aber auch in rolligem Material ist sie noch vorhanden.

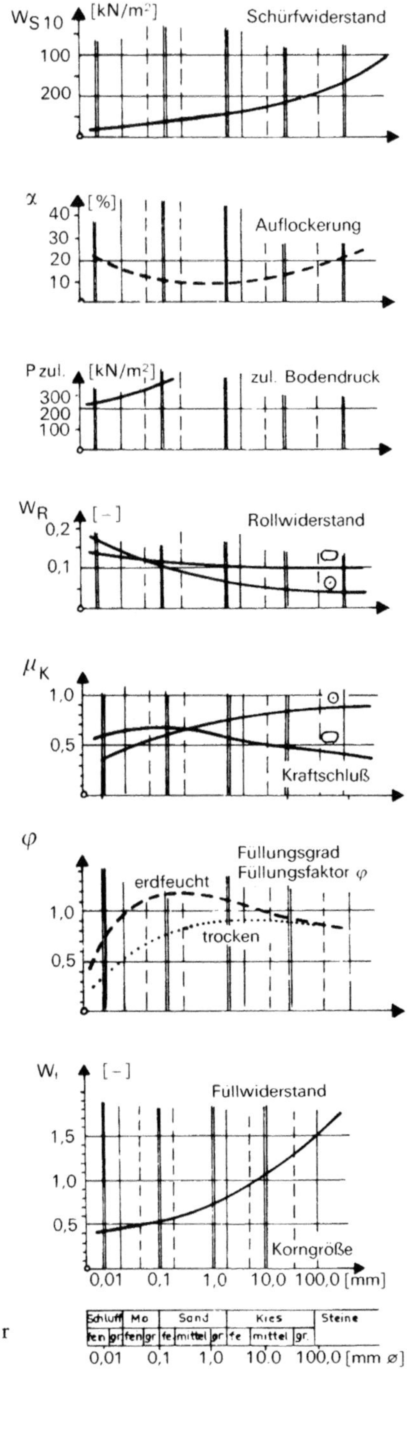

3.98
Die Größe der arbeitsdynamischen Kennwerte rolliger Böden in Abhängigkeit von der mittleren Korngröße

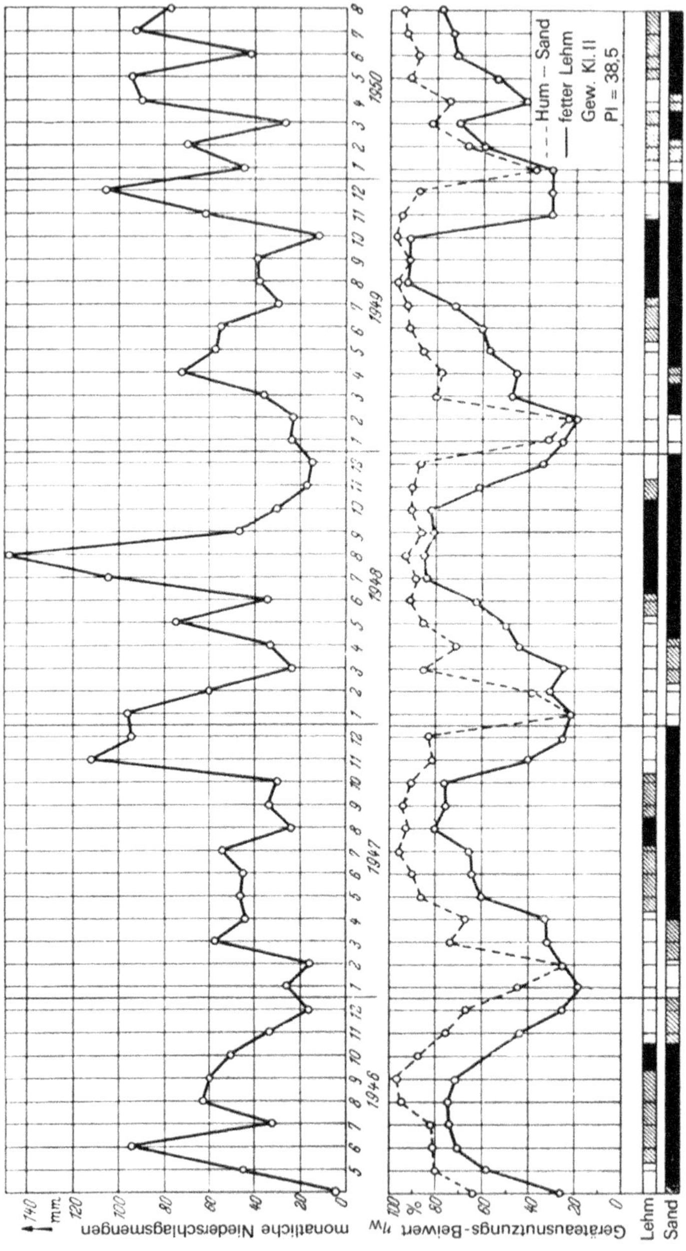

3.99 Die Geräteausnutzung η_W in Abhängigkeit von Niederschlagsmenge und Bodenbeschaffenheit

Das Wetter wirkt nicht unmittelbar auf den Geräteeinsatz, sondern es „stört" nur über den Boden, indem es ihn in seinem Zustand variiert und dadurch die einzelnen arbeits- und fahrdynamischen Werte verändert. Darüber hinaus kann es zum Abbruch des umlaufenden Förderbetriebes zwingen und einen mehr oder weniger langen Stillstand diktieren, – so lange bis der Förderverkehr wieder unter einigermaßen erfolgreichen Vorzeichen (ausreichende Förderleistung) in Gang gesetzt werden kann. Dies ist das wohl größte Problem für jeden Bauleiter im Erdbau: Wann soll er den Betrieb einstellen und wann soll er ihn wieder aufnehmen – und das alles unter dem sehr harten Zwang der Termineinhaltung!

3.2.2.2 Wetterfaktor η_W

Auch hier erhebt sich die Frage: Wie kann man das Wetter in der Leistungskalkulation berücksichtigen, wie kann man den Wettereinfluß quantifizieren? Im vorhinein sei schon darauf hingewiesen, daß es kein exaktes Verfahren gibt, – daß alles nur auf Betriebsaufzeichnungen beruht, in die viele andere Einflüsse mit eingehen, und die es sehr erschweren, den reinen Wettereinfluß zu extrahieren.

Folgende Fragen stehen im Vordergrund:

a) Welche Werte für Niederschlagsmenge und Verdunstung gelten für die Baustelle?
b) Wie wirken sich Niederschlag und Verdunstung auf den Boden aus?
c) Welche Leistungsschwankungen werden dadurch hervorgerufen?
d) Welche (wirtschaftlichen) Zwänge ergeben sich für den Förderverkehr (Einstellen; Wiederaufnahme)?

Zunächst: Zu jeder Erdbaustelle gehört ein direkter Kontakt mit der ständigen Wetterwarte – und eine laufende Information über die Großwetterlage anhand der Satellitenaufnahmen. Zumindest sind hier Schlecht- und Schönwettergebiete gut zu erkennen, und man kann sich mit der Betriebsplanung darauf einstellen.

Schwieriger wird schon die Beurteilung der nächsten Frage: Wie stark dringt das Regenwasser in den Boden ein, und wieviel davon läuft seitlich weg? Und im Zusammenhang damit: Wie lange dauert es, bis das eingedrungene, noch an der Oberfläche gebundene Wasser durch Verdunstung wieder „herausgesaugt", der Boden also getrocknet wird?

Diese beiden Fragen (die Leistungsschwankungen) werden berücksichtigt über die sogenannte „witterungsbedingte Geräteausnutzung" η_W. Und wenn man versucht, die vorliegenden Informationen in eine Formel umzumünzen, so kann man es etwa so ausdrücken (vorsichtig formuliert!):

$$\eta_W = W \cdot f_v$$

wobei W das Eindringen des Regenwassers in den Boden (abhängig von der monatlichen Niederschlagsmenge und der Durchlässigkeit des Bodens) und f_v den Verdunstungsfaktor (abhängig von der Jahreszeit) darstellt (Bild **3.**100 und Bild **3.**101 liefern die notwendigen zahlenmäßigen Unterlagen).

Auch das ist „mathematisches Probieren" – der Versuch, den Wettereinfluß η_W auf eine präzisere Basis zu stellen, indem man die hauptsächlich mitwirkenden Größen – monatliche Niederschlagsmenge, Bodendurchlässigkeit und Verdunstung – in die Betrachtung einbezieht. Hinzugefügt sei noch, daß die obigen Zusammenhänge nur für ebenes Gelände und für Reifenfahrwerk – also für die ungünstigsten Bedingungen – gelten.

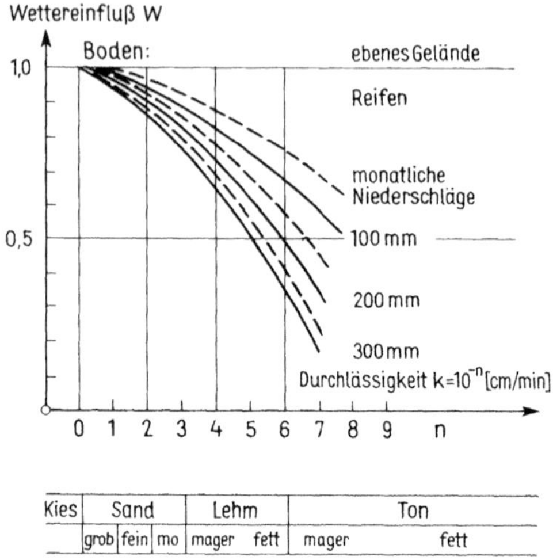

3.100 Wettereinfluß W in Abhängigkeit von der monatlichen Niederschlagsmenge und der Bodendurchlässigkeit k

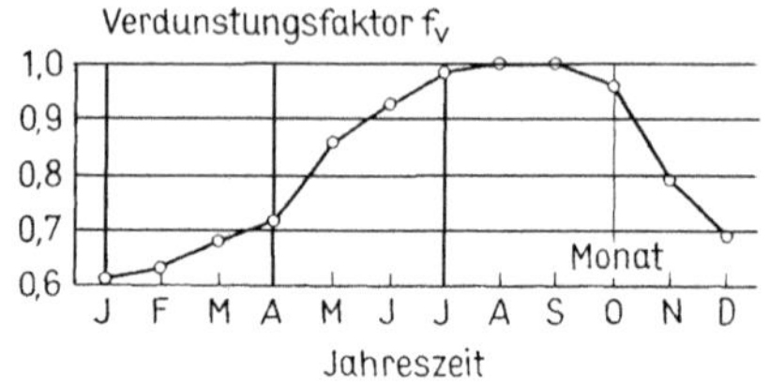

3.101 Verdunstungsfaktor f_v in Abhängigkeit von der Jahreszeit

3.2.2.3 Die Praxis

Man kann sich die (oft recht gravierende) Einwirkung des Wetters am besten so vor Augen führen: Da ist eine Erdbaustelle mit mehreren Scrapern bei gutem trockenem Wetter voll im Betrieb ($\eta_W = 1$). Nun beginnt es zu regnen, der Boden (mittelbindig) wird feucht, dann naß. Die Reifenfahrzeuge sinken mehr und mehr in den Boden ein, der Fahrwiderstand wird größer, die Fahrgeschwindigkeit geringer, und die Umlaufzeit nimmt zu; die Förderleistung sinkt. In die nasse Bodenoberfläche graben die Reifengeräte Fahrspuren ein, das Regenwasser sammelt sich in Pfützen, die darüberfahrenden Geräte walken es in den Boden ein; die Fahrzeuge beginnen zu rutschen, weil der Kraftschluß immer geringer und der Rollwiderstand (infolge des Einsinkens) immer höher wird. Auch beim Füllen des aufgeweichten Bodens und beim Entleeren ergeben sich nun Schwierigkeiten. Die Leistungskurve sinkt weiter ab, und nun stellen sich dem verantwortlichen Bauleiter drei Fragen:

a) Wie lange ist die Förderleistung noch „wirtschaftlich"?
b) Wann soll der Fahrbetrieb eingestellt werden?
c) Wann kann er wieder aufgenommen werden?

„Wirtschaftlich" ist eine Leistung dann noch, wenn alle Unkosten gedeckt sind. Das ist natürlich von Fall zu Fall (und je nachdem wie man kalkuliert) sehr verschieden. Im vorliegenden Beispiel ($\eta_W = 1$ als Ausgangsbasis) ist der kritische Zeitpunkt erreicht, wenn η_W auf 0,7 – 0,6 absinkt. Eindeutig eingestellt werden sollte der Betrieb jedoch bei etwa halber Leistungseinbuße ($\eta_W = 0,5$).

Nun kommt ein anderer Gesichtspunkt hinzu: Je länger man – bei anhaltendem Regen – weiterfördert, umso mehr knetet man das Wasser in den Boden, umso stärker und tiefer wird die Fahrbahn aufgeweicht. Umso länger dauert es dann auch, bis man mit dem Fahrbetrieb wieder beginnen kann. Der Zusammenhang ist hier auf keinen Fall linear, und ein zu langes Fördern auch bei anhaltendem Niederschlag kann katastrophale Folgen haben: Dann sind

3.102
Hier sollen noch Termine gehalten werden! (Schürfraupe im Schlechtwettereinsatz – aber sie „fährt" noch immer!)

die Fahrbahnen eine einzige Morastwüste, aus den glatten ebenen Baustraßen werden Wassergräben, und es kann Wochen dauern, bis der Betrieb wieder aufgenommen werden kann (Bild **3.**102).

Das ist die Kehrseite der gleislosen Erdbewegung! So leistungsfähig sie bei schönem Wetter und günstigen Bodenverhältnissen sein kann, so hoffnungslos kann es werden, wenn anhaltende Niederschläge insbesondere den Reifengeräten große Schwierigkeiten machen. Allerdings muß noch gesagt werden: In den meisten Fällen diktiert schon die Kippe eine Einstellung des Fahrbetriebes, weil der Boden dann seine optimale Einbaufeuchtigkeit längst überschritten hat und sich nicht mehr ausreichend verdichten läßt.

3.2.3 Mensch

Erinnert sei an die Definition der Erdbaugeräte als Modellierwerkzeuge. Sie verrichten die Arbeit, aber sie müssen geführt werden. Der menschliche Einfluß geht also direkt in die Maschine und damit in die Arbeitsleistung ein. Auch das muß irgendwie quantitativ berücksichtigt werden und geschieht am besten über die sogenannte Leistungsbereitschaft des Fahrers, die von seinem psychischen und seinem physischen Zustand abhängig ist. Die psychische Komponente wird erheblich beeinflußt durch die Identifikation des Fahrers mit s e i n e r Maschine, während im physischen Bereich heute z. B. die geräuscharme, komfortable Fahrerkabine eine große Rolle spielt.

Wenn über die Leistung einer Maschine so unterschiedliche Zahlen genannt werden, so liegt es zunächst einmal daran, daß der Hersteller in seinen Angaben die maschinelle Höchstleistung (Vorführleistung), der Betreiber dagegen die Dauerleistung sieht; und zwischen beiden können Unterschiede von 50% und mehr liegen!

Weil diese Materie so schwer zu fassen ist, sei empfohlen, sich durch ständiges Beobachten der einzelnen Maschinisten auf den verschiedenen Gerätetypen selbst eine eigene Vorstellung zu bilden und das in Vergleichszahlen zu fassen. Man sollte dabei sehr genau unterscheiden, nach

der Art des Gerätes (LKW/Grader),
der Art der Beobachtung (Beobachtet-werden!)
der Zeitdauer der Beobachtung.

Der menschliche Einfluß, fixiert in einem Ausnutzungsfaktor η_M, schlägt bei der Bedienung eines LKW lange nicht so durch wie bei der Arbeit mit dem Grader. Ein LKW muß nur „gefahren“ werden, ein Grader aber muß fahren und noch dabei arbeiten, und zwar sehr präzise Arbeit verrichten.

Auch spielt eine Rolle, ob sich der Maschinist beobachtet fühlt. Durch Leistungen unter „Kontrolldruck“ soll man sich nicht beeindrucken lassen. Es gibt auch Maschinisten, die sich gern bei der Arbeit zusehen lassen, ohne daß sie deswegen auch nur einen Deut schneller werden. Schließlich spielt die Zeitdauer der Beobachtung eine Rolle.

Auch hier können nur empirische Ermittlungen und der Versuch weiterhelfen, diese Informationen irgendwie in Zahlen zu fassen. So ist die Tafel **3**.103 zu sehen. Dort wurde η_M in eine innere und eine äußere Komponente aufgeteilt. – Auf moderne Methoden der Leistungskontrolle (z.B. mit REFA) wird weiter unten noch ausführlich eingegangen (Abschn. 5.2.3).

Tafel **3**.103 Menschlicher Leistungsfaktor η_M in Abhängigkeit von innerer (psychischer) und äußerer (physischer) Komponente

Innere Komponente	Äußere Komponente			
Veranlagung Interesse, Eifer	sehr gut	gut	mittel	schlecht
sehr gut	1,00	0,96	0,79	0,60
gut	0,94	0,88	0,71	0,56
mittel	0,81	0,75	0,64	0,52
schlecht	0,58	0,54	0,47	0,45

3.2.4 Betrieb

Bei jeder Leistungsdefinition spielt auch die Zeit, über die gemessen wird, eine große Rolle. Je länger der Zeitraum ist, über den die Leistung registriert wurde, umso mehr schlagen die betrieblichen „Bremsfaktoren“ durch, wird die „Friction“ spürbar, die auf einer Baustelle – zumal bei Abhängigkeit vieler Maschinen voneinander – herrscht. Es sind eben „stochastische“ Betriebsabläufe, und schon beim einfachsten Bagger-LKW-Betrieb ist der stochastische Einfluß nicht zu übersehen. Eine Geräteausnutzung von 100% ist auch dort nie zu erreichen. Das „Ankunftsverhalten“ der Fahrzeuge ist beim besten Willen nicht so zu steuern, daß – wie bei einer Perlenschnur – Fahrzeug hinter Fahrzeug kommt (Bild **3**.104).

3.104
Wunschtraum jedes Bauleiters in der Erdbewegung: Fahrzeug hinter Fahrzeug wartet auf das Beladenwerden durch den Bagger. Der Kritiker wird sofort sagen: Zuviele Fahrzeuge auf der Baustelle! Wo aber ist die Grenze?

Bei jeder Leistungsangabe muß man danach differenzieren, ob es sich um eine

Vorführleistung (15 Min.; Höchstleistung),
Stundenleistung,
Schichtleistung (8 bzw. 10 Std.),
Tagesleistung (8 bis 20 Std.),
Wochenleistung,
Monatsleistung,
Jahresleistung

handelt. Kann man bei der Vorführleistung eines einzelnen Gerätes noch von einem zeitlichen Geräteausnutzungsfaktor $\eta_z = 1$ ausgehen, weil dort wirklich in einem Parforce-Einsatz gezeigt werden soll, was in der Maschine drin steckt (unter optimalen Bedingungen), so beziehen sich die anderen η_z-Werte auf jene Leistungen, die man kalkulatorisch einsetzen soll. Der η_z-Wert für die verschiedenen Zeitspannen ist in Tafel **3.**105 zusammengestellt, soweit er sich überhaupt zahlenmäßig fassen läßt.

Tafel **3.**105 Zeitliche Geräteausnutzung η_Z (Richtwerte)

1. Spitzenwert	(nur Spielzeit)	$\eta_Z = 1{,}0$
2. Betriebsstunde	max.	0,9
	gut	0,8
	mittel	0,7
	schlecht	0,5
3. Arbeitsschicht	max.	0,75
	gut	0,7
	mittel	0,6
	schlecht	0,4
4. Woche	max.	0,7
	gut	0,65
	mittel	0,5
	schlecht	0,35
5. Monat	max.	0,65
	gut	0,6
	mittel	0,45
	schlecht	0,3
6. Jahr	max.	0,6
	gut	0,55
	mittel	0,45
	schlecht	0,3

Allgemein wird heute zwischen der availability (Verfügbarkeit) und der utilisation (zeitliche Nutzung) unterschieden. Beide Werte beziehen sich auf die Zeit: die availability gibt (in %) die Zeit an, die die Maschine einsatzbereit war, also hätte genutzt werden können, während die utilisation die dann tatsächlich genutzte Zeit angibt. Der eine Wert bezieht sich also auf die Maschine, der andere auf den Betrieb. Die availability sollte bei modernen Geräten in der

Gegend zwischen 89 und 92% liegen, während die utilisation meist im Bereich zwischen 75 und 60% zu finden ist.

Einen Überblick über die Zusammensetzung der availability gibt Tafel **3.**106, wobei diese in einem Betriebszeitbeiwert η_h ausgedrückt wird. Hierbei handelt es sich jedoch nicht um eine Stundenleistung, sondern darum, daß jahrelange Aufzeichnungen auf die Zahl der Betriebsstunden bezogen wurden!

Tafel **3.**106 Richtwerte für den Betriebszeitbeiwert η_h

	Planierraupe	Raupenschlepper mit Schürfkübelanhänger	Reifenschlepper mit Schürfkübelanhänger	Motorschürfwagen	Motortransportwagen	LKW	Pflugbagger
Zahl der untersuchten Geräte	126	107	26	58	54	116	6
A. Kleinere Ausfälle:							
1. Nachstellen von Kupplungen, Bremsen	3,5	2,9	2,2	1,9	1,2	3,8	1,7
2. Auswechseln von Verschleißteilen	1,6	1,8	1,4	1,4	0,9	1,8	1,3
3. Kleinere Reparaturen	2,4	2,5	0,7	0,7	1,0	1,6	2,2
4. Gesamtwert %	7,5	7,2	4,3	4,0	3,1	7,2	5,2
B. Größere Ausfälle:							
1. Reparatur von Geräteteilen	4,9	4,7	4,3	3,8	2,8	7,9	4,6
2. Auswechseln von Geräteteilen	2,7	2,4	2,4	2,1	2,3	4,5	3,3
3. Gesamtwert %	7,6	7,1	6,7	5,9	5,1	12,4	7,9
C. Gesamte Ausfallzeit %	15	14	11	10	8	20	13
D. Betriebszeitbeiwert η_h	0,85	0,86	0,89	0,90	0,92	0,80	0,87

4 Kalkulation

4.1 Leistungen

4.1.0 Vorbemerkungen

Immer wieder werden Versuche unternommen, die Leistung eines Erdbaugerätes durch Einführung neuer Berechnungsmethoden, neuer Faktoren oder Konstanten noch genauer als bisher zu ermitteln. Demgegenüber stehen die verblüffend einfachen Methoden der Praxis, die oft zu einem ganz ähnlichen (und damit also nicht weniger genauen) Ergebnis kommen. Beeindruckend ist z.B. die gerade in den USA oft anzutreffende Methode, den Boden in nur vier Gruppen einzuteilen (sand, common earth, clay, blasted rock) und darauf eine Leistungskalkulation aufzubauen. Demgegenüber steht unser Trend zur Perfektion, wo allein für die Leistungsermittlung eines Baggers bis zu 12 Faktoren für die „Feineinstellung" verwendet werden.

Es gibt keine exakte Methode für die Leistungsermittlung von Erdbaumaschinen. Und es hat daher auch keinen Sinn, die Leistung eines Gerätes mit einer immer stärkeren „Vergrößerung" bis ins letzte Detail aufschlüsseln zu wollen. Hier muß man einfach mit einer gewissen Unschärfe leben, die in der Natur der Sache (Boden, Mensch, Betrieb usw.) liegt und auch durch noch so viele Bemühungen nicht überwunden werden kann. Bei jeder Leistungsberechnung muß man daher irgendwo einen Strich ziehen, will man sich nicht hoffnungslos in ein Gewirr vielfältiger Abhängigkeiten verstricken.

So muß man z. B. das Zusammenspiel Bagger–LKW wieder als System betrachten. Weder der Bagger noch der LKW können für sich allein eine Leistung im Sinne der Erdbewegung vollbringen. Man kann nicht allein über die Leistung eines Baggers reden, sondern muß den Abtransport mit einbeziehen. Und da hat die Praxis eindeutig gezeigt, daß z. B. bei Baggern die LKW-Wechselzeit (das Einrangieren des LKW am Beladeort unter dem Bagger) eine viel größere Rolle spielt als die Spielzeitdifferenz zwischen dem schlechtesten und dem besten Ladegerät. Was also soll die immer weitere Steigerung der Genauigkeit in der Leistungsermittlung [27]?

Mit größerer Trennschärfe zu arbeiten lohnt sich nur bei Großgeräten (z.B. beim Steinbruchbagger ab etwa 5 m^3 Löffelinhalt). Dort allerdings kann man nicht exakt genug sein, denn jede Sekunde und jeder m^3 spielen in der Leistungsbilanz des Betriebes, auf die Zeit und Kapazität umgelegt, eine erhebliche Rolle.

Weiter sei bemerkt, daß in den folgenden Ausführungen nicht alle Geräte in ihrer Leistung betrachtet werden können. Man muß sich auf die wesentlichen Gerätetypen beschränken. Aber die Elemente der Leistungsermittlung werden trotz allem vollständig erfaßt.

4.1.1 Lösegeräte

Zum Lösen von hartem Boden und Fels kommen in Frage:

Hoch- und Tieflöffelbagger,
Reißraupen.

Die Leistungsermittlung ist hier besonders schwierig, weil es große Mühe bereitet, die Lösefestigkeit eindeutig zu definieren. Sehr häufig wird bei der Prognose nicht die Leistung an erster Stelle stehen, sondern die Frage: Wie groß und stark muß das Gerät sein, damit es den Fels einigermaßen wirtschaftlich lösen kann?

Werden Bagger eingesetzt, so orientiert man sich zunächst an der Gewinnungsfestigkeit (nach Kögler-Scheidig) und der erforderlichen Grabkraft nach Bild **4.**1. Die Werte sind hier bezogen auf den Querschnitt des zu lösenden Spans. Spanstärken von nur 5 oder 10 cm geben keinen wirtschaftlichen Einsatz mehr.

Der reine Lösewiderstand (Tafel **4.**2) liegt niedriger. Aus der Differenz ist schon zu erkennen, daß zum „wirtschaftlichen" Lösen eine deutliche Überlegenheit der Grabkraft der Maschine über den Lösewiderstand des Materials gehört.

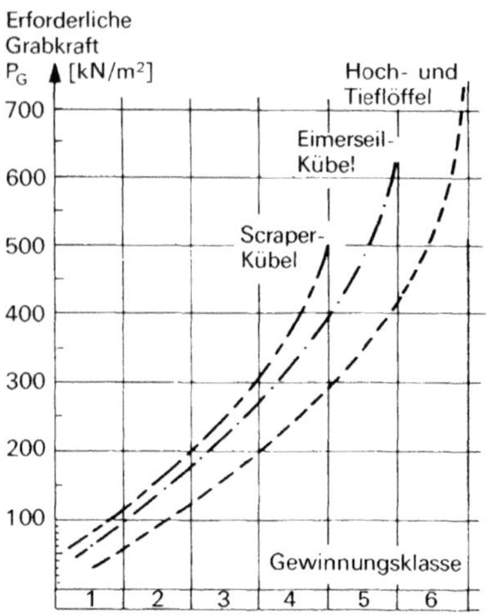

4.1 Richtwerte für die erforderlichen Grabkräfte (Lösen und Laden) von Baggerlöffeln und Schürfkübeln

Tafel **4.**2 Lösewiderstände (nur Lösen) für Baggerlöffel und Schürfkübel

Gewinnungs klasse	Lösewiderstand [kN/m²] Löffel	Kübel	Schaufel
1	15–25	25–45	30–35
2	30–70	50–120	35–90
3	50–120	100–190	80–150
4	120–200	160–280	130–210
5	200–300	260–490	180–420
6	300–400		
7	200–250	280–300	200–280
8	250–300	350–400	250–280
9	300–500	400–600	280–350

Für Reißraupen sind maßgebend

a) die maschinelle Kraftentwicklung (d. h. wie die Maschine über Schlupf und Kraftschluß ihre Zugkraft in den Boden bringt);

b) die Verbandsfestigkeit des Kluftkörpersystems (die Geometrie des Gesteinsverbandes und die Verbundwirkung im Trennflächengefüge);

c) die Gesteinsfestigkeit.

Wichtig ist vor allem das Trennflächengefüge des Kluftkörpersystems und die Reißrichtung dazu. Ausführliche Untersuchungen dazu liegen in [28] vor.

Allgemein üblich – jedoch nicht immer zutreffend – ist heute die Ableitung der Reißleistung von der seismischen Wellengeschwindigkeit und von der Raupengröße. Bild **4.**3 zeigt den funktionalen Zusammenhang. Unter „theoretischer Reißleistung Q_{TH}" ist zu verstehen: Die Reißraupe fährt 60 min geradeaus und reißt die ganze Zeit. In Wirklichkeit wird, wie Tafel **4.**4 zeigt, nur ca. 10–35 % einer Stunde wirklich gerissen. Die Q_{TH} muß also in jedem Fall ganz erheblich abgemindert werden.

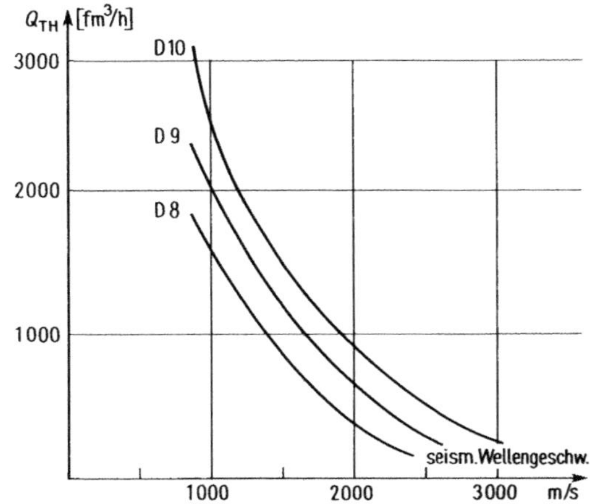

4.3
Der Zusammenhang zwischen theoretischer Reißleistung Q_{TH} und seismischer Wellengeschwindigkeit (in Anlehnung an [74])

Tafel **4.4** Zeitaufteilung beim Felsreißen [84]

Versuch Nr	Gesamt-Meßzeit	Reißen	Schieben	Rückwärts	Schalten
1	100 %	24,2 %	36,9 %	35,6 %	3,3 %
2	100 %	10,9 %	41,8 %	45,7 %	1,6 %
3	100 %	9,9 %	48,6 %	39,9 %	1,6 %
4	100 %	21,0 %	31,5 %	46,4 %	1,1 %
5	100 %	10,0 %	41,0 %	47,5 %	1,5 %
8	100 %	24,1 %	33,9 %	38,5 %	3,5 %
9	100 %	35,6 %	26,4 %	35,1 %	2,9 %
10	100 %	31,6 %	30,4 %	35,3 %	2,7 %
11	100 %	29,6 %	34,2 %	33,7 %	2,5 %

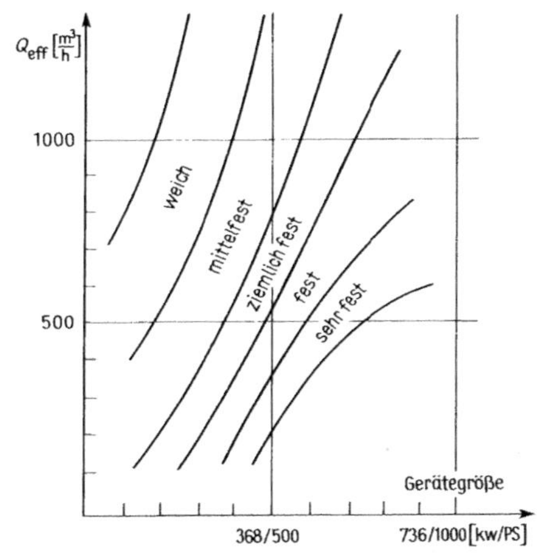

4.5 Zusammenhang zwischen effektiver (praktisch erzielter) Reißleistung Q_{eff} und Gerätegröße (Motorstärke in kW)

Eine Zusammenstellung zahlreicher praktischer Reißleistungen in Abhängigkeit von der Zughakenleistung des Schleppers zeigt Bild **4.5**. Sie eignet sich gut zur Bestimmung der notwendigen Schleppergröße und -stärke.

Überall dort, wo die Möglichkeit zu einer seismischen Untersuchung nicht besteht – aber auch zur Rückkontrolle des Seismotests –, bleibt praktisch nur die Möglichkeit, die mechanische und geometrische Beschaffenheit des Kluftkörpergefüges zu analysieren und daraus Anhaltswerte über die Größe des Reißwiderstandes zu gewinnen.

Die Reißbarkeit von Fels kann gesehen werden in Abhängigkeit von

– der maschinellen Kraftentwicklung (in die der Fels über Schlupf und Kraftschluß mit hineinspielt),

– der Verbandsfestigkeit des Kluftkörpersystems (die sich aus der Geometrie des Gesteinsverbandes und der Verbundwirkung im Trennflächengefüge zusammensetzt) und
– der Gesteinsfestigkeit selbst.

Die folgenden Einflüsse sind also zu berücksichtigen:

1. Der Kraftschluß des Raupenfahrwerks.
2. Die Reißrichtung im Vergleich zur Kluftkörperausrichtung.
3. Die Größe der Kluftkörper.
4. Die Verbundwirkung zwischen den Kluftkörpern („Haftfestigkeit").
5. Die Gesteinsfestigkeit.

Hier handelt es sich – schon im Hinblick auf die außerordentliche Schwierigkeit, den zu reißenden „Fels" einigermaßen zuverlässig zu definieren – um ein sehr komplexes Problem, das praktisch kaum zu lösen ist. Wie man sich (ohne Seismik, und auch die trifft nur in etwa 50% der Fälle ins Schwarze) trotzdem helfen kann, zeigen die beiden folgenden Abbildungen, bei denen konkret erzielte Reißleistungen sozusagen „im Rückwärtsgang" (etwa wie wenn man im Kino einen Film rückwärts laufen läßt) auf ihre Primärfaktoren hin analysiert und interpretiert wurden. Sie sind eine Hilfe – und mehr wollen sie auch gar nicht sein –, aber sie sind eben doch oft der berühmte „Strohhalm", an den man sich klammern kann.

In Bild **4.6** ist in einer „Grundkurve" der Zusammenhang zwischen dem spezifischen Reißwiderstand F_{SP} eines Felsmaterials und der erzielten theoretischen Reißleistung Q_{TH} gezeigt. Anhaltswerte für den spezifischen Reißwiderstand kann man sich wieder aus Bild **4.7**

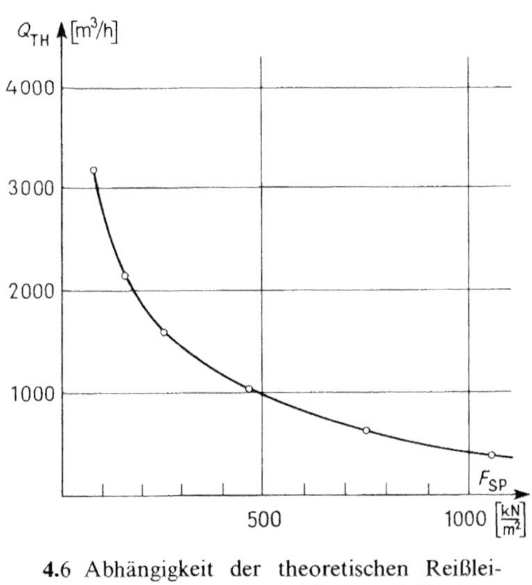

4.6 Abhängigkeit der theoretischen Reißleistung Q_{TH} vom spezifischen Reißwiderstand F_{SP} (für Reißraupe D9)

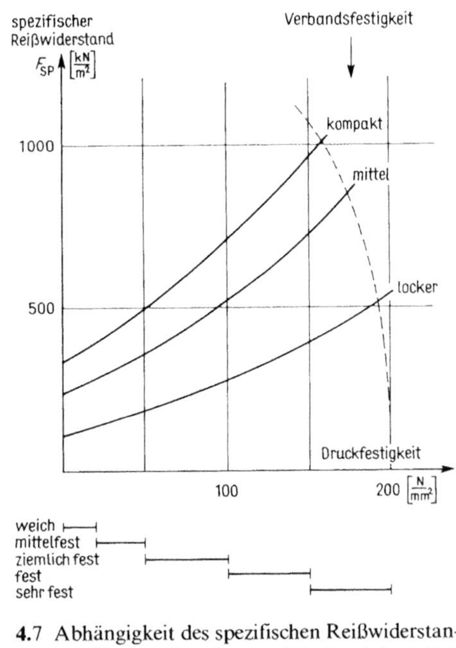

4.7 Abhängigkeit des spezifischen Reißwiderstandes F_{SP} von Gesteins- und Verbandsfestigkeit erarbeiten, wo F_{SP} in Abhängigkeit von der Gesteinsfestigkeit, basierend auf der Druckfestigkeit σ_D, und der Verbandsfestigkeit, diese allerdings nur verbal beschrieben, da anders kaum möglich, dargestellt ist. Diese Zusammenhänge gelten für eine Reißraupe von der Größe D 9 (410 PS/302 kW). Sie können angenähert auf eine D 10 (700 PS/515 kW) mit dem Faktor 1,35, auf eine D 8 (300 PS/221 kW) mit dem Faktor 0,75 umgerechnet werden.

Hinzu kommt dann noch die Umrechnung von Q_{TH} auf Q_{eff} über die Tafel **4.4**.

4.1.2 Ladegeräte

4.1.2.0 Überblick

Behandelt werden die drei wichtigsten Ladegeräte,

Hydraulikbagger,
Radlader,
Seilbagger,

wobei letzterer heute nur noch in der Ausrüstung als Schürfkübelbagger (Schleppschaufel-, Eimerseil-, Ziehschaufelbagger) wegen seiner langen Reichweite und dann als Elektro-Hochlöffelbagger für den schweren Betrieb interessiert.

Größere Bedeutung unter den Ladegeräten haben noch

Schaufelradbagger und
Naßbagger,

die in gesonderten Kapiteln betrachtet werden, weil sie doch ein wenig außerhalb des „normalen" Erdbaus liegen (s. Abschn. 4.1.6).

Für die Ladegeräte gilt in besonderem Maße das, was im vorhergehenden Kapitel angesprochen wurde: die Genauigkeit der Leistungsermittlung. Hier wird mit dem „Auflösevermögen" nur bis zur Spielzeit gegangen, weil das für die Praxis völlig ausreicht und weitere Verfeinerungen in anderen Ungenauigkeiten (z. B. Mensch, Betrieb) untergehen.

Man könnte die Spielzeit weiter auflösen in Zeitelemente und Zeitzuschläge, z. B. für Schwenkwinkel, Grabtiefe, Löffelform, Einpendeln über Fahrzeug, Entleeren, Auslegerlänge, Löffelgröße, Umsetzen, Nacharbeiten, Warten auf Fahrzeuge und sonstige Unterbrechungen. Aber das würde im Ergebnis kaum noch eine Steigerung der Genauigkeit bringen.

Am besten ist es (und das sei jedem angehenden Erdbauer geraten), sich selbst – durch möglichst intensive Beobachtung arbeitender Geräte – ein „Gefühl" zu verschaffen für

Löffelfüllung (bzw. Schaufelfüllung),
Spielzeit unter verschiedensten Bedingungen, und
Zahl der Spiele pro Stunde,

wobei gerade der letztere Wert den „Betrieb" und seine Organisation sehr gut erfaßt. Man kann über den Vergleich der „möglichen" Spielzahl mit der tatsächlichen sehr gut die betriebliche Ausnutzung (η_G) in den Griff bekommen. Beobachtet werden sollten beim reinen Zählen der Spiele Auflockerungs- und Füllungsgrade, besonders aber auch

die Grabkinematik des Gerätes,
die Fähigkeit des Maschinisten,
die Zusammenarbeit Bagger–LKW,

um die an der Leistung stark beteiligten, aber zahlenmäßig schwer zu fassenden Begleitumstände einzukreisen und den gemessenen Werten zuzuordnen. Der beste Bagger kann seine Leistung nicht unter Beweis stellen, wenn er von einem schlechten Maschinisten bedient wird oder lange auf Fahrzeuge warten muß. Und der beste Maschinist kann aus einer Maschine nur bescheidene Leistungen herausholen, wenn diese eine schlechte Arbeitskinematik hat.

4.1.2.1 Hydraulikbagger

Seine Ladeleistung (in „festen" m^3/h [fm^3/h] angegeben) ist

$$Q = C \cdot X \cdot \eta_G \qquad [fm^3/h].$$

C = Nutzladung [fm^3],
X = Zahl der Spiele/h,
η_G = Geräteausnutzung (Tafel **4.**8).

Die Nutzladung ist „das, was bezahlt wird", also die Anzahl der festen m^3, die der Löffel dann in gelöster Form verlädt. Sie ist

$$C = F_{100} \cdot \varphi \cdot \alpha \qquad [fm^3].$$

F_{100} = Löffelinhalt nach CECE [m^3],
φ = Füllfaktor (Tafel **4.**9),
α = Auflockerungsfaktor (Tafel **4.**10).

Tafel **4.**8 Geräteausnutzung η_G der Ladegeräte

bezogen auf	Praktischer Höchstwert	Betriebsbedingungen gut	mittel	schlecht
Arbeitsspiel (T)	1,0			
Betriebsstunde (h)	0,9	0,83	0,7	0,5
Schicht (S)	0,75	0,7	0,6	0,4
Woche (W)	0,7	0,65	0,5	0,35
Monat (M)	0,65	0,6	0,45	0,3
Jahr (J)	0,6	0,55	0,45	0,3

Tafel **4.**9 Füllfaktor φ für Ladeschaufeln

Bodenart	φ
Schwach bindiger Boden	1,2
Sand, erdfeucht	1,2
Sand, Kies, trocken	1,1
Mittel bindiger Boden	1,0
Stark bindiger Boden, hart	0,9
Fels, gut gesprengt, kleinstückig	0,75
Fels, Stückgröße 10–20 cm	0,65
Ton, naß, klebend	0,60
Fels, schwach gesprengt	0,55

Tafel 4.10 Auflockerungsfaktor α für Ladeschaufeln

Material	α
Ton, trocken	0,80
Ton, locker	0,77
Ton, dicht, zäh oder feucht	0,75
Boden, trocken	0,80
Boden, naß	0,80
Boden, mit Sand und Kies	0,85
Boden, mit Fels gemischt	0,77
Kies, trocken	0,89
Kies, naß	0,88
Lehm	0,83
Fels, fest, gut gesprengt	0,67
Fels und Steine, gebrochen	0,74
Fels, weich oder geschichtet	0,75

Zur Angabe des Löffelinhaltes ist zu sagen, daß die Hersteller gehalten sind, den Löffelinhalt ihrer Geräte nach CECE (Committee for European Construction Equipment) anzugeben. Bei amerikanischen Geräten wird häufig nach SAE (Society of Automotive Engineers) gekennzeichnet, in anderen Ländern ist der sogenannte „gestrichene Inhalt" üblich. Auf keinen Fall aber darf ein „gehäufter" Inhalt verwendet werden, solange man nicht weiß, wie groß seine „Häufung" gegenüber dem gestrichenen Inhalt (dessen Definition eindeutig festliegt, nämlich: Löffel mit Sand gefüllt und über die Seitenwangen „abgestrichen") ist. Die eindeutige Bezugsgröße für uns ist die Angabe nach CECE.

Der Füllfaktor φ gibt die räumliche Füllung des Löffels an ($\varphi = 1$ für den Nenninhalt nach CECE $= F_{100}$), „lockere" m^3, die dann über den Auflockerungsfaktor α wieder auf das gewachsene Maß reduziert werden.

Über den Faktor η_G wird die Geräteausnutzung berücksichtig, also das, was unter den gegebenen Einsatzbedingungen (Mensch, Betrieb, Organisation) aus dem Gerät herausgeholt werden kann.

Etwas ausführlicher muß auf den Spielzahlfaktor X eingegangen werden [27]. Er ist eine systembedingte Größe und faßt mehrere, für die Leistungsermittlung wichtige Aspekte zusammen. Seine Bedeutung wird in Bild **4**.11 erklärt. Es sei angenommen, daß die Lademulde des Fahrzeuges fünfmal so groß wie der Löffelinhalt ist:

$$\text{Volumenverhältnis } V = \frac{\text{Volumen der Mulde}}{\text{Volumen des Löffels}} = 5.$$

Dann braucht der Bagger auch fünf Spiele, um die Mulde zu beladen (jedes Spiel erfordert die Spielzeit S).

Der LKW (Volumen im Zähler) braucht, wenn er zur Beladung durch den Bagger freigegeben wird (das beladene Fahrzeug also den Platz am Bagger verlassen hat), eine gewisse Rangierzeit, bis er gewendet, zurückgestoßen und sich genau unter den Löffel gestellt hat. In dieser Zeit (der sogenannten LKW-Wechselzeit W), die erfahrungsgemäß ca. 25 bis 30 sec beträgt, hat der Bagger sein Ladespiel längst beendet (Dauer ca. 20 sec) und wartet mit vollem Löffel darauf, daß er in den neu angekommenen LKW entladen kann. Dieses Warten ergibt die sogenannte Ausfallzeit T_A $(= W - S)$. Es ist also notwendig, zu den fünf Löffelspielen, die zum Beladen erforderlich sind, noch die Ausfallzeit T_A hinzuzählen, wenn man die gesamte Verweilzeit des LKW am Bagger betrachtet. Die Zahl der möglichen Spiele pro h reduziert sich also.

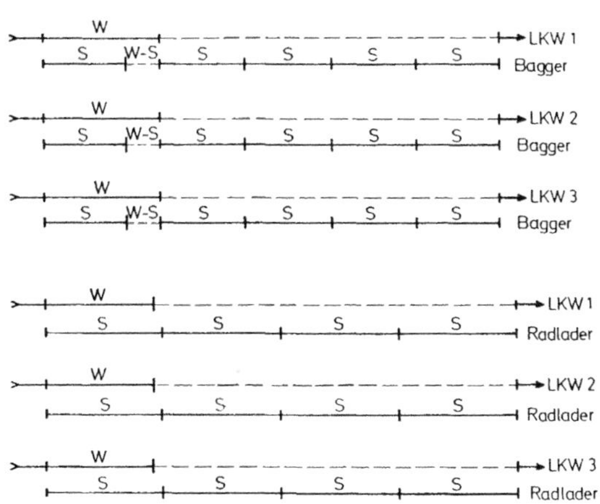

4.11 Die Betriebsverhältnisse am Ladepunkt [27].
Es bedeuten:
S = Spielzeit des Ladegerätes
W = Zeit für das Auswechseln des LKW unter dem Ladegerät („LKW-Wechselzeit")

Die gesamte Verweilzeit des LKW (für 1 Fuhre) ist

$$T_v = (V - 1) \cdot S + W \text{ [sec]}$$

oder besser $T_v = V \cdot S + (W - S)$.

V = Volumenverhältnis $\frac{\text{LKW}}{\text{Löffel}}$ S = Spielzeit des Baggers [sec]

W = LKW-Wechselzeit [sec]

Tafel **4**.12 Spielzeit von Hydraulikbaggern [27]

Schaufelgröße [m³]	Gerät Gewicht [t]	Motorleistung [kW/PS]	Material	Schaufelinhalt [kN]	Schaufelinhalt [m³ lose]	Ladespielzeit [s]	Beurteilung der Ladbarkeit
1,2	23,0	74/101 DIN	trockener Kies	19,50	1,3	15,0	1
2,4	45,3	154/210 DIN	Sand	48,00	3,0	17,4	2
2,4	45,3	154/210 DIN	Sand	28,70	2,2	18,0	1
2,6	64,0	191/260 DIN	nasser Boden von Halde	44,20	2,4	20,3	3
3,0	54,0	154/210 DIN	fester Kies	51,60	3,0	20,8	1
3,0	54,0	177/240 DIN	Kalk mit bindigem Boden	67,70	3,3	22,2	3
3,0	54,0	177/240 DIN	kleinstückig geschossener Fels	52,40	3,1	22,4	2
2,4	53,0	154/210 DIN	Fels und bindiger Boden, zugesch.	52,90	2,7	23,0	3
2,4	53,3	154/210 DIN	Kalk, zugeschoben	41,90	2,6	23,6	3
2,6	64,0	191/260 DIN	kleinstückig geschossener Fels	46,20	2,7	24,4	2
2,4	53,0	154/210 DIN	Kalk mit bindigem Boden	48,70	2,5	24,4	3
2,4	53,5	154/210 DIN	Mergel	50,10	2,8	24,6	3
2,4	53,0	154/210 DIN	Kalk mit bindigem Boden	59,40	2,9	26,0	3
2,6	46,0	191/260 DIN	Kalk, mittelgrob geschossen	36,50	2,1	26,3	3
2,4	53,5	154/210 DIN	Kalk, mittelgrob geschossen	40,00	2,7	26,4	3
4,0	36,4	154/210 DIN	Kies von Halde	63,20	4,0	26,9	1
2,4	53,5	154/210 DIN	Kalk, mittelgrob geschossen	43,90	2,9	27,0	4
2,4	53,5	154/210 DIN	Stahlwerkschlacke	40,80	2,4	27,0	4
2,4	53,5	154/210 DIN	Fels mit bindigem Boden	52,60	3,3	27,0	4
2,2	47,5	163/222 DIN	trockener Kies	28,60	2,2	28,5	1
2,6	46,0	191/260 DIN	Kalk mit bindigem Boden	62,30	3,1	28,9	4
2,4	53,5	154/210 DIN	Kalk, mittelgrob geschossen	37,20	2,3	29,4	4
2,4	53,0	154/210 DIN	Bauschutt	40,40	2,1	29,6	4
2,6	46,0	191/260 DIN	Stark bindiger Boden	52,10	3,1	30,3	5
1,0	30,0	196/130 DIN	Haufwerk, kleinstückig geschossen	20,60	1,2	32,0	2
2,6	46,0	191/260 DIN	Basalt, geschossen	47,00	2,8	32,2	4
2,3	56,0	154/210 DIN	Schlacke	33,00	2,0	41,7	4
1,6	33,6	115/156 DIN	Mutterboden	28,00	1,9	43,2	4
1,5	30,4	115/156 DIN	Kalk, mittelgrob geschossen	25,60	1,4	45,1	5

Für die Ladbarkeit des Materials gilt: 1 = sehr leicht ladbar, 2 = gut ladbar, 3 = normal ladbar, 4 = schwierig ladbar, 5 = sehr schwer ladbar.

Diese Verweilzeit geht dann ein in den Spielzahlfaktor X mit

$$X = \frac{3600 \cdot V}{T_v},$$

so daß die Leistungsformel (Dauerleistung) dann lautet:

$$Q_D = F_{100} \cdot \varphi \cdot \alpha \cdot \frac{3600 \cdot V}{V \cdot S + (W - S)} \cdot \eta_G \quad [\mathrm{fm}^3/\mathrm{h}].$$

Diese Formel stützt sich ab auf die Spielzeit S (als „kleinste Einheit“). Anhaltswerte für Hydraulikbagger gibt Tafel **4.**12. Dabei wurde noch die Ladbarkeit des Materials (1 = sehr leicht – bis 5 = sehr schwer ladbar) berücksichtigt. Die LKW-Wechselzeit W muß (wenn keine Erfahrungswerte verfügbar sind) geschätzt werden. Sie liegt

für kleine Fahrzeuge (3–5 m³) bei ≈ 25 sec,
für mittlere Fahrzeuge (10–15 m³) bei ≈ 30 sec,
für große Fahrzeuge (20–30 m³) bei ≈ 35 sec.

Die LKW-Wechselzeit (W) tritt natürlich nur dort auf, wo nicht im Kreisverkehr gefahren werden kann, sondern zurückgestoßen werden muß. Aber das ist eben überwiegend der Fall.

4.1.2.2 Radlader

Für den Radlader gilt prinzipiell das gleiche wie für den Hydraulikbagger, wenn es sich um normale Ladeeinsätze mit kurzen Fahrbewegungen handelt. Der Radlader schwenkt ja zwischen Lade- und Entladeort nicht wie der Bagger durch Drehen des Oberwagens, sondern er muß fahren, und dazu sind im Normaleinsatz zwei Spitzkehren erforderlich (Bild **4.**13). Erfahrungswerte über Radladerleistungen und ihre Spielzeiten enthält Tafel **4.**14.

Die Leistungsformel lautet

$$Q_D = F_{100} \cdot \varphi \cdot \alpha \cdot \frac{3600 \cdot V}{V \cdot S + (W - S)} \cdot \eta_G \quad [\mathrm{fm}^3/\mathrm{h}].$$

Der Füllfaktor φ kann bei Schaufelladern vereinfacht nach Tafel **4.**18 eingesetzt werden.

Liegen jedoch längere Fahrstrecken zwischen Lade- und Entladeort, d. h. wenn der Radlader auch als Transportgerät verwendet werden muß (load and carry), so empfiehlt sich die Berechnung nach [29].

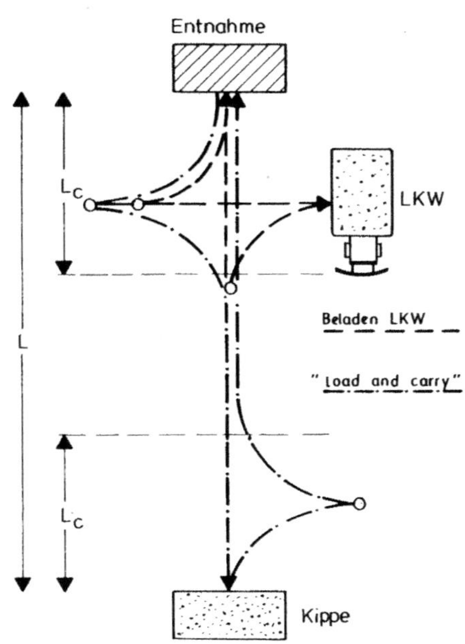

4.13 Die Fahrbewegung des Radladers bei einem Arbeitsspiel
a) beim Beladen von LKW ----
b) beim Materialtransport (sog. load and carry) -·-·-

Dort wird die Spielzeit (jetzt in 1/100 min) zerlegt in

$$S = t_l + t_f + t_e .$$

t_l = Zeit für das Laden (Bild **4.**15), t_e = Zeit für das Entladen (Bild **4.**16), t_f = Zeit für das Fahren (Bild **4.**17).

Tafel **4.**14 Spielzeit von Radladern [27]

Schaufelgröße [m³]	Gerät Gewicht [t]	Motorleistung [kW/PS]	Material	Schaufelinhalt [kN]	Schaufelinhalt [m³ lose]	Ladespielzeit [s]	Beurteilung der Ladbarkeit
1,8	9,5	82/112 DIN	Kies, trocken	23,40	1,8	21,4	1
3,8	24,5	221/300 SAE	Kies mit bindigem Boden	67,40	3,8	22,6	1
4,25	22,7	199/270 DIN	Kies mit bindigem Boden	75,50	4,25	22,7	1
4,0	30,6	239/325 SAE	Kies mit bindigem Boden	71,00	4,0	23,0	1
2,4	11,8	118/160 DIN	Schotter	36,40	2,4	24,9	1
3,2	17,2	149/203 DIN	Kies, feucht	61,95	3,4	25,3	2
2,5	13,5	112/152 DIN	Schotter	42,50	2,5	25,8	2
3,2	17,2	149/203 DIN	Kies, trocken	53,70	3,3	26,2	1
3,8	17,6	152/206 DIN	Fels, kleinstückig geschossen	68,40	3,8	26,8	3
4,5	30,6	239/325 SAE	Kies, sehr feucht	73,40	4,5	27,5	1
2,3	14,0	132/180 SAE	Kies, naß	43,90	2,4	28,0	1
3,8	24,5	221/300 SAE	Kies mit bindigem Boden	70,10	4,0	28,1	4
3,0	17,2	154/209 DIN	Fels, kleinstückig geschossen	49,30	2,8	28,4	3
3,2	13,8	112/152 DIN	Kies trocken	57,55	3,2	28,6	1
2,7	15,0	163/221 DIN	Schotter	45,90	2,7	29,1	2
3,8	30	184/250 DIN	Kies mit bindigem Boden	82,00	4,0	29,8	3
2,0	11,4	100/136 SAE	Kies mit bindigem Boden	43,70	2,3	30,3	5
7,65	56,0	405/550 SAE	Kalk ⌀ 40 mit bindigem Boden	152,10	7,8	30,4	2
1,8	9,8	82/112 DIN	Fels, grob geschossen	27,15	1,5	31,4	2
3,0	16,8	171/233 SAE	Basalt, mittelgrob geschossen	49,20	2,9	31,6	3
4,6	30,8	239/325 SAE	Mutterboden	80,25	4,8	31,8	3
7,6	55,3	373/507 SAE	Kies, naß	131,10	7,6	35,7	2
7,65	56,0	405/550 SAE	Fels, sehr grob geschossen	116,10	6,8	36,6	4
1,8	9,0	82/112 DIN	Mergel	32,20	2,1	36,7	5
2,0	13,5	112/152 DIN	Kalk mit Lehm vermischt	49,40	2,6	37,2	5
5,5	31,2	294/400 DIN	Fels, grobstückig geschossen	84,10	5,1	38,2	5
4,2	30,6	239/325 SAE	stark bindiger Boden	90,05	4,7	38,8	5
4,6	30,8	239/325 SAE	Kalk, gerissen und zugeschoben	71,40	4,1	39,2	4
3,2	17,2	152/206 DIN	Fels, grob (⌀ 80) geschossen	47,00	2,7	42,2	5

Für die Ladbarkeit des Materials gilt: 1 = sehr leicht ladbar, 2 = gut ladbar, 3 = normal ladbar, 4 = schwierig ladbar, 5 = sehr schwer ladbar.

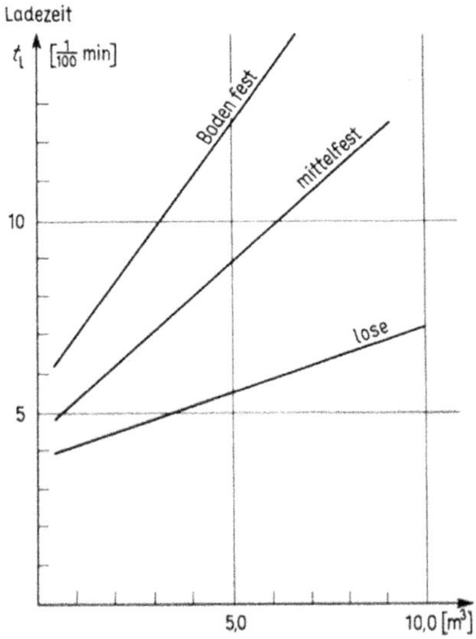

4.15 Ladezeit $t_l \left[\frac{1}{100} \min\right]$ für Radlader [29]

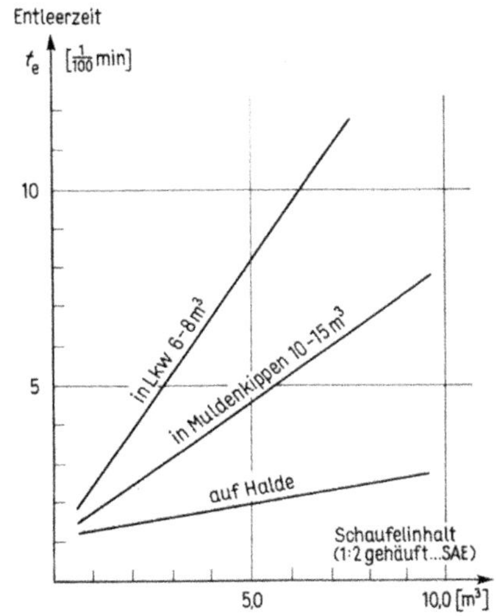

4.16 Entleerzeit $t_e \left[\frac{1}{100} \min\right]$ für Radlader [29]

Zur Ermittlung der Gesamtfahrzeit gilt auch

$$t_f = 2\left(t_c + \frac{l - l_c}{V_m}\right).$$

t_c = Zeit für 1 Spitzkehre [sec],
l = Gesamtförderweg einfach [m],
l_c = Fahrweg für 1 Spitzkehre [m],
V_m = mittl. Fahrgeschwindigkeit [m/s].

Für Fahrzeit und -weg einer Spitzkehre kann man folgende Werte ansetzen:

	l_c [m]	t_c [sec]
Radlader	15	13
Raupenlader	10	10

Die Raupenlader kommen wegen der schärferen Wendemanöver etwas besser weg. Schließt sich in der Arbeitsbewegung Wendeschleife an Wendeschleife, so ist

$$t_f = 2 \cdot t_c \text{ [sec]}.$$

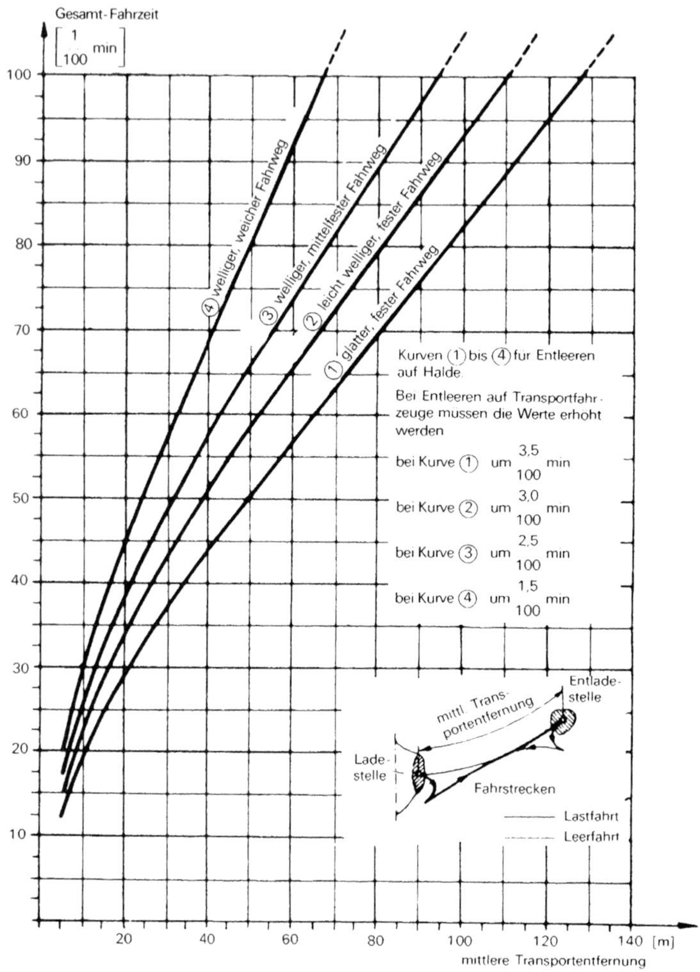

4.17 Mittlere Gesamt-Fahrzeit t_f (einschl. Schaltzeiten) für Radlader [29]

Tafel **4.18** Füllfaktor φ für Ladeschaufel

für Ladeschaufeln	φ
Leichter Boden	1,2
Mittelschwerer Boden	1,0
Schwerer Boden	0,75–0,9
Fels, gut gesprengt	0,55–0,8
Fels, schlecht gesprengt	0,25–0,6

Eine interessante Darstellung zur Ermittlung der Spielzeiten (Taktzeiten) von Radladern ist in Bild **4.**19 wiedergegeben. Bestimmende Ausgangswerte sind dort

der Schaufelinhalt [cu.yd] und das Schüttgewicht des Materials [lbs/cu.yd] („Materialdichte") zwischen 2 400 bis 2 700 lbs/cu.yd (Erdschaufel) und 3 000 bis 4 000 lbs/cu.yd (Felsschaufel), oder

die Motorleistung des Geräts in PS bzw. kW.

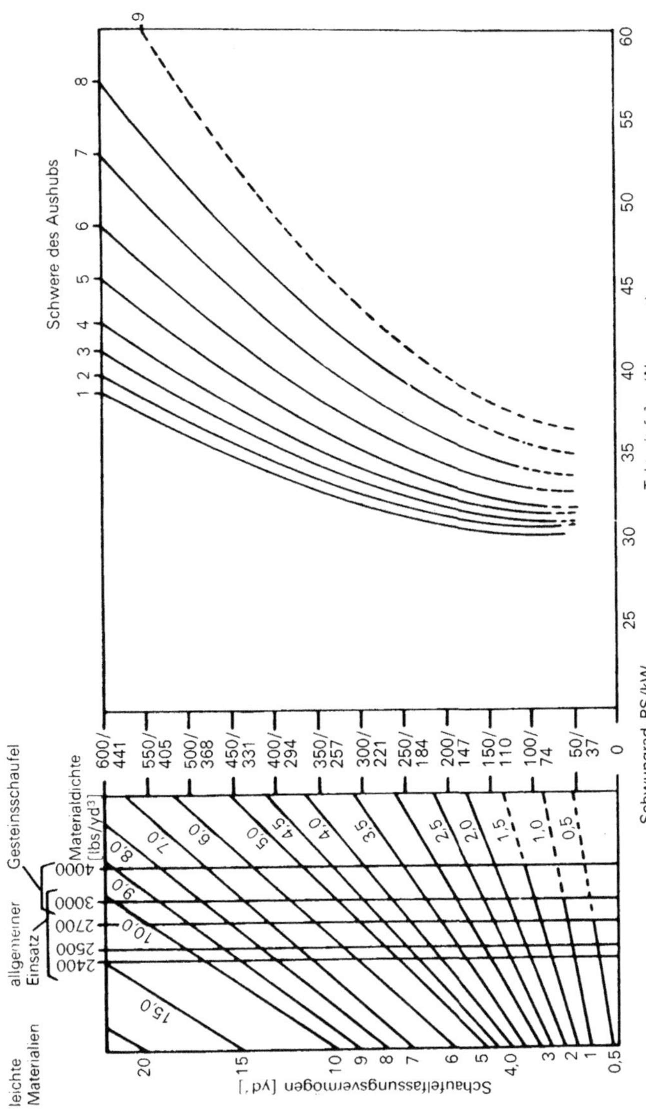

4.19 Ermittlung der Spielzeiten für Radlader in Abhängigkeit von Schaufelinhalt [cu.yd], Schüttgewicht [lbs/cu.yd] und Schwierigkeit des Aushubs [30]

Hinzu kommt eine Bewertung der Schwierigkeit des Aushubs mit den Stufen

1 sehr einfach: z. B. loser Sand

bis

9 sehr schwierig: z. B. schlecht gesprengter Fels; mürber Sandstein.

Beispiel. Schaufelinhalt: 10 cu.yd, Schüttgewicht des Bodens, feucht: 2700 lb/cu.yd (1600 kg/m³) entsprechend einer Motorleistung von 550 PS bzw. 405 kW. Schwierigkeitsgrad des Aushubs: z. B.: 6. Daraus folgt eine Spielzeit von 47 sec.

Zusammenfassende Angaben über die Ladeleistungen von Raupenladern enthält Bild **4.**20.

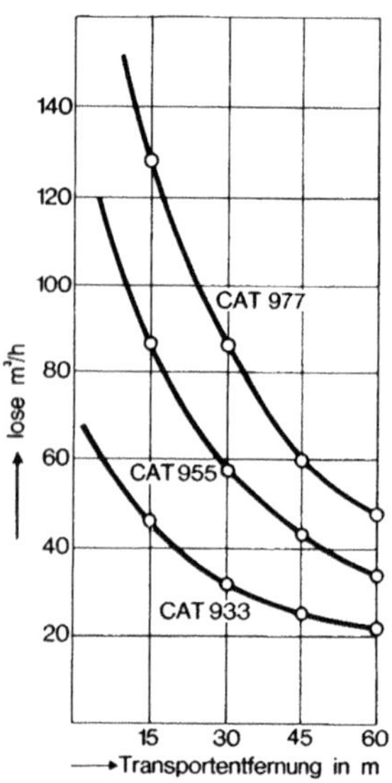

4.20 Ladeleistungen von Raupenladern [100]

Raupen- und Radlader lassen sich in ihrer Leistung nicht so eindeutig erfassen wie Hydraulikbagger. Hier ist man noch mehr auf Erfahrung angewiesen als bei den stationären Ladegeräten. Auf eine Erscheinung sei noch hingewiesen.

Die Praxis lieferte folgenden interessanten Vergleich:

Geräteeinsatz:

Hydraulikbagger	3,0 m³
Radlader	4,5 m³
LKW	18,5 m³

Es betrugen:

Spielzeit Bagger	20,8 sec
Spielzeit Radlader	27,5 sec
Volumenverhältnis Bagger	$V = 6$
Volumenverhältnis Radlader	$V = 4$

Für den LKW-Betrieb ergab sich

eine Wechselzeit	$W = 28{,}6$ sec

Erzielt wurden

mit dem Hydraulikbagger	430 m³/h
mit dem Radlader	522 m³/h

und zwar vor allem deswegen, weil die Ausfallzeit T_A, also das Warten des Ladegerätes auf die endgültige Beladeposition des LKW,

beim Hydraulikbagger	10 sec
beim Radlader nur	1,1 sec

betrug, weil die Spieldauer des Radladers mit	27,5 sec
fast an die LKW-Wechselzeit mit	28,6 sec
herankam, während der Hydraulikbagger mit	20,8 sec

Ladezeit länger darauf warten mußte, bis der LKW zum Beladen die richtige Position eingenommen hatte.

Bei längeren Ladezeiten (wie etwa Radlader) schlägt also die LKW-Wechselzeit nicht so zu Buche wie bei den schnelleren Hydraulikbaggern. Ein Grund mehr, dort besonders auf dieses Zeitelement zu achten!

4.1.2.3 Seilbagger

Seine Bedeutung als Erdbaugerät ist heute stark zurückgegangen. Dennoch soll seine Leistungsermittlung angesprochen werden, denn sowohl als Eimerseilbagger (Reichweite) wie als großer Steinbruchbagger (mit Mehrmotoren-Elektroantrieb) spielt er noch immer eine Rolle. Hinzu kommt, daß über Seilbagger umfangreiche Leistungszahlen vorliegen und daß es oft zweckmäßig ist, von dort her auf die zu erwartende Leistung eines Hydraulikbaggers umzurechnen.

Bei der Leistungsermittlung lassen sich vier „Empfindlichkeitsstufen" unterscheiden:

Methode 1 (grob). Man geht davon aus, daß der 1 m^3-Bagger als Hochlöffel etwa 100 m^3/h erreicht, und rechnet nach folgendem Schlüssel auf die anderen Arbeitseinrichtungen um:

Hochlöffel	= 1
Eimerseilbagger	= 0,9
Tieflöffel	= 0,65
Greifer	= 0,5

Ein 1 m^3-Bagger leistet als Tieflöffel also etwa $100 \cdot 0{,}65 = 65\,m^3/h$.

Methode 2 (spezifisch). In der Praxis wird die Baggerleistung gern auf den m^3-Löffelinhalt bezogen. Das ergibt als Dimension $fm^3/h/m^3$. Tafel 4.21 enthält Anhaltswerte für den Hochlöffel.

Methode 3. Hier wird die Dauerleistung nach der bekannten Methode ermittelt

$$Q_D = F_{100} \cdot \varphi \cdot \alpha \cdot \frac{3600}{S} \cdot \eta_G \; [fm^3/h],$$

F_{100} = Löffelinhalt nach CECE [m^3]; φ = Füllfaktor (Volumen) [–];
α = Auflockerung [–]; S = Spielzeit [sec];
η_G = Geräteausnutzung [–].

Die Werte für φ, α und η_G sind schon in Abschn. 4.1.2.1 erwähnt worden. Für die Spielzeit enthält Tafel **4.**22 Richtwerte, die zunächst nur für den Bagger M 154 als Hochlöffel gelten und auf andere Gerätegrößen über den

Größenfaktor B_{zeit}

umgerechnet werden müssen. Richtwerte siehe Tafel **4.**23.

Methode 4. Sie geht aus von einer sogenannten technischen Höchstleistung

$$Q_0 = \frac{3600}{S} \cdot C \cdot f_B \quad [fm^3/h],$$

wobei C = Nutzladung [fm^3], f_B = Baggerleistungsfaktor [–] ist.

Dieser Baggerleistungsfaktor setzt sich wieder aus weiteren Teilfaktoren zusammen:

$$f_B = f_H \cdot f_S \cdot f_E \cdot f_M .$$

f_H = Füllwegfaktor (Abtragshöhe) [–],
f_S = Schwenkfaktor (Schwenkwinkel) [–],
f_E = Entladefaktor (Volumenverhältnis Löffelinhalt zu Muldeninhalt) [–],
f_M = Bedienungsfaktor (menschlicher Einfluß) [–].

Richtwerte enthalten die Tafeln **4**.24 bis **4**.27.

Die praktische Dauerleistung ist dann

$$Q_D = \frac{3600}{S} \cdot C \cdot f_B \cdot \eta_G \ [\mathrm{fm^3/h}].$$

Tafel **4**.21 Anhaltswerte für die Ladeleistung von Hochlöffel-Seilbaggern (~1,5 bis 2,5 m^3 Löffelinhalt) in $fm^3/h/m^3$

Bodenart	fm^3/h pro m^3 Löffelinhalt
Sand, feinkörnig, locker	110
Sand, feinkörnig, fest	90
Sand, grobkörnig, fest	60
Lehm, schwach bindig	80
Lehm, stark bindig	50
Kies, locker	90
Kies, fest gelagert	75
Kies, verkittet	55
Nagelfluh, weich	50
Nagelfluh, hart	40
Haufwerk, leicht	45
Haufwerk, schwer	35
Knäpper	20
Moräne	30
Hangschutt, leicht	50
Hangschutt, schwer	30

Tafel **4**.22 Spielzeiten eines Hochlöffel-Seilbaggers M 154 (1,5 m^3 Löffelinhalt)

Löffelinhalt	T = (Spielzeit)
Sand, locker	14,5 sec.
Sand, fest, erdfeucht	15,5 sec.
Lehm, schwach bindig	16,0 sec.
Lehm, mittel bindig	16,5 sec.
Lehm, fest	17,5 sec.
Kies, fest (verkittet)	18,5 sec.
Geschiebemergel	19,5 sec.
Nagelfluh, weich	22,5 sec.
Nagelfluh, hart	26,5 sec.
Haufwerk, 10 cm ⌀	18,5 sec.
Haufwerk, 30 cm ⌀	20,5 sec.
Haufwerk, 50 cm ⌀	22,5 sec.
Haufwerk, 75 cm ⌀	29,0 sec.
Haufwerk, 100 cm ⌀	31,0 sec.
Knäpper	36,0 sec.
Schieferplatten, groß	38,0 sec.

Tafel **4**.23 Größenfaktor B_{Zeit} zur Umrechnung der Leistungen aus Tafel 4.22 auf andere Gerätegrößen

Gerätegröße (Nenninhalt des Baggerlöffels)	Größenfaktor B_{Zeit}
0,7 m^3	= 0,7
1,0 m^3	0,8
1,5 m^3	1,0
2,0 m^3	1,1
3,0 m^3	1,2
4,0 m^3	1,3
5,0 m^3	1,5

Tafel **4.24** Füllwegfaktor f_H für Hochlöffel in Abhängigkeit von Wandhöhe und Material

Optimale Wandhöhe [m]	Löffelinhalt [m³] 0,8	1,0	1,5	2,0	2,5	3,0	4,0
Rolliges Material	1,9	2,0	2,4	2,6	2,8	3,0	3,5
Schüttfähiges Material	2,4	2,6	3,2	3,5	3,8	4,2	4,9
stark bindiges Material	2,8	3,0	3,8	4,1	4,5	5,0	6,2

H/H opt in %	40	60	80	100	120	140	160
f_H =	0,8	0,91	0,97	1,0	0,97	0,91	0,85

Tafel **4.25** Schwenkfaktor f_S in Abhängigkeit vom Schwenkwinkel

Schwenkwinkel ∢ [°]	30	60	90	120	150	180
f_S =	1,4	1,2	1,0	0,9	0,8	0,7

Tafel **4.26** Entladefaktor f_E in Abhängigkeit von Volumenverhältnis „Mulde : Löffel" (W : V)
W = Muldeninhalt [m³]
V = Löffelinhalt [m³]

$\frac{W}{V}$ =	2,0	2,5	3,0	3,5	4,0	5,0	6,0
Fahrzeug:							
auf Sohle	0,8	0,85	0,9	0,95	1,0	1,05	1,1
unter Sohle	0,7	0,75	0,8	0,85	0,9	0,95	1,0

Tafel **4.27** Bedienungsfaktor f_M zur Berücksichtigung des menschlichen Einflusses

Leistung	Übung sehr gut	gut	mittel	schlecht
sehr gut	1,0	0,95	0,85	0,65
gut	0,95	0,90	0,80	0,60
mittel	0,85	0,80	0,70	0,55
schlecht	0,75	0,60	0,55	0,50

Tafel **4.28** Umrechnungsfaktor f_U zur Umrechnung der Ladeleistung von Seil- auf Hydraulikbagger

Material	Umrechnungsfaktor f_U
Sand, Kies	1,3
schwach bindiger Boden	1,2
stark bindiger Boden	1,0
Haufwerk	1,4

Im einzelnen ist noch zu bemerken: Über den Füllwegfaktor wird berücksichtigt, ob der Bagger überhaupt den für eine Löffelfüllung erforderlichen Füllweg ausfahren kann; z. B. ist beim Einsatz als Hochlöffel die Wandhöhe sehr maßgebend. Bei niedriger Wandhöhe kann der Löffel u. U. nicht voll werden!

Zur Umrechnung von Seil- auf Hydraulikbagger benutzt man Tafel **4.**28. Damit können viele Seilbaggerleistungen in solche von Hydraulikbaggern (Übertragungsbasis: gleicher Löffelinhalt) umgerechnet werden.

4.1.2.4 Bandlader

Für stationäre Bandlader (z. B. Kolman-Lader mit 52″ Bandbreite = 1,25 m) kann man mit einer Beladezeit von 0,5 min für ein Fahrzeug mit ca. 15,0 m^3 Inhalt rechnen.

Ein mobiler Bandlader (z. B. Pflugbagger, vom Raupenschlepper gezogen, in Bodenschütter seitlich entladend) braucht für ein Fahrzeug mit 15,0 m^3 Inhalt als Beladezeit

bei guten Verhältnissen	0,5 min,
bei mittleren Verhältnissen	0,6–0,7 min,
bei schlechten Verhältnissen	0,8 min,

wobei unter „Verhältnissen“ hier vor allem das Zusammenspiel zwischen Fahrzeug und Lader verstanden wird.
„Gut“ heißt: ein Fahrzeug reiht sich hinter das andere, bzw. das Ladeband ist mit einer umstellbaren Entladeschurre (für nebeneinanderfahrende LKW) ausgerüstet (Bild **4.**29).

4.29
Bandlader (hier: Trommelbagger, rechts) mit umstellbarer Entladeschurre zum Beladen nebeneinander fahrender Bodenschütter (keine Unterbrechung durch Fahrzeugwechsel)

4.1.3 Fahrzeuge

Hierher gehören zwei unterschiedliche Arten von Transportfahrzeugen, die jedoch nach einem einheitlichen Rechenschema behandelt werden:

a) die Hinterkipper mit starrem Chassis und „harten“ Reifen (für den Verkehr auf festen Wegen und Straßen entwickelt);

b) die Hinterkipper und Bodenschütter mit Kardangelenk zwischen Vorder- und Hinterachse und mit „weichen“ EM-Reifen (vor allem für Geländefahrten konzipiert).

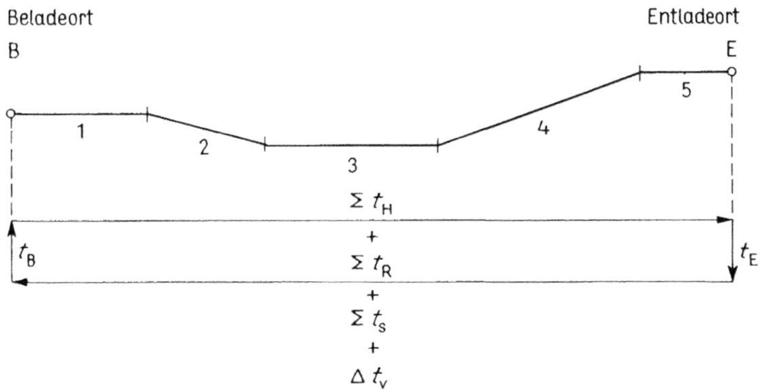

4.30 Fahrbahnlängsschnitt (vertikal): Zerlegen der gesamten Fahrstrecke von B nach E in Abschnitte gleicher Fahrbedingungen

Bei der Leistungsermittlung steht die Berechnung der Umlaufzeit für ein einzelnes Arbeitsspiel im Mittelpunkt. Folgende Schritte sind dazu notwendig:

1. Zerlegen der gesamten Fahrstrecke in Abschnitte gleicher Fahrbedingungen (Bild 4.30). Die gesamte Umlaufzeit eines Fahrzeugs für ein Spiel ist dann

$$T = t_B + \sum t_H + t_E + \sum t_R + \sum t_s + \Delta t_v .$$

t_B = Gesamtaufenthalt im Ladebereich,
$\sum t_H$ = Summe aller Fahrzeitabschnitte, $t_{H1} \ldots t_{Hn}$ für die Hinfahrt (beladen von B nach E),
t_E = Gesamtaufenthalt im Entladebereich,
$\sum t_R$ = Summe aller Fahrzeitabschnitte, $t_{R1} \ldots t_{Rn}$ für die Rückfahrt (leer von E nach B),
$\sum t_S$ = Summe aller Schaltzeiten, Δt_v = Zeitzuschlag für Verzögerungen.

2. Die Gesamtaufenthaltszeit im Ladebereich (t_B) ist

$$t_B = t_L + \Delta t_L \text{ [min]}.$$

$$t_L = \frac{F_F \cdot S}{F_B \cdot 60} \text{ [min]} = \text{die reine Beladezeit},$$

F_F = Fassungsvermögen des Fahrzeugs in [m^3],
F_B = Fassungsvermögen des Ladegefäßes [m^3],
S = Spielzeit des Ladegerätes [sec],
Δt_L = der Zeitzuschlag für das Beladen (das „Zielen" mit dem Ladegefäß für die richtige Position zum Entladen).

Hierfür gelten die Richtwerte in Tafel **4.**31.

3. Die Gesamtaufenthaltszeit auf der Kippe (t_E) wird überschlägig mit folgenden Richtwerten erfaßt (Tafel **4.**32).

4. Als Schaltzeiten (t_S) für Fahrzeuge mit mechanischen Getrieben können angesetzt werden je Schaltvorgang 5 sec bzw. ≈ 0,1 min.

Tafel **4.**31 Zeitzuschläge Δt_L beim Beladen von Fahrzeugen

Δt_L [min]	Betriebsverhältnisse gut	mittel	schlecht
Bodenschütter	0,15	0,5	1,0
Hinterkipper	0,15	0,3	0,5

Tafel **4.**32 Entladezeit t_E (Gesamtaufenthaltszeit auf der Kippe)

t_E [min]	Betriebsverhältnisse gut	mittel	schlecht
Bodenschütter	0,3	0,6	1,5
Hinterkipper	1,0	1,3	2,0

5. Fahrgeschwindigkeiten in den einzelnen Streckenabschnitten. – Hier müssen zunächst die Fahrwiderstände und die zu deren Überwindung erforderlichen Zugkräfte ermittelt werden. Daraus erst ergibt sich die eigentliche Fahrgeschwindigkeit. Zur Ermittlung der Fahrwiderstände muß das Gesamtgewicht des Fahrzeugs (Eigengewicht G_E + Nutzlast G_N) bekannt sein.

a) Der Fahrwiderstand ist

$$W_R = (w_r + w_i)(G_E + G_N) \quad [\text{kN}].$$

W_R = Fahrwiderstand [kN],
w_r = Rollwiderstandsbeiwert [–] (s. Tafel **4.**33),
w_i = Steigwiderstandsbeiwert [–],
je 1 % Neigung ergibt $w_i = 0{,}010$ Bergfahrt +, Talfahrt –
(Vorzeichen beachten),
G_E = Eigengewicht des Fahrzeuges [kN], G_N = Gewicht der Nutzlast [kN].

b) Die erforderliche Zugkraft ist dann

$$Z_t = W_R \quad [\text{kN}].$$

Tafel **4.**33 Rollwiderstandsbeiwerte w_r für Geländefahrzeuge

Beton, Asphalt		w_r 0,015
Erdstraße	glatt, hart, trocken (Kies mit Lehm)	0,020
	trocken, nicht verdichtet lockeres Material (Kies mit Lehm)	0,030
	weich, zerfurchter Boden schlecht instandzusetzen	0,040
	feuchte, schlammige Oberfläche auf festem Grund	0,040
	weicher, zerfurchter Boden	0,060
	unverdichtete Kippe	0,080
	trockener Sand oder Kies	0,100
	tief zerfurchter, schlammiger Untergrund	0,160
Schnee	verdichtet	0,030
	10 cm locker	0,050

c) Die theoretische Fahrgeschwindigkeit (V_{max}) kann entweder aus dem sogenannten Fahrkraftdiagramm (Bild **4**.34), das in den meisten Fahrzeugprospekten angegeben ist und den Zusammenhang zwischen Zugkraft und Fahrgeschwindigkeit darstellt, abgegriffen

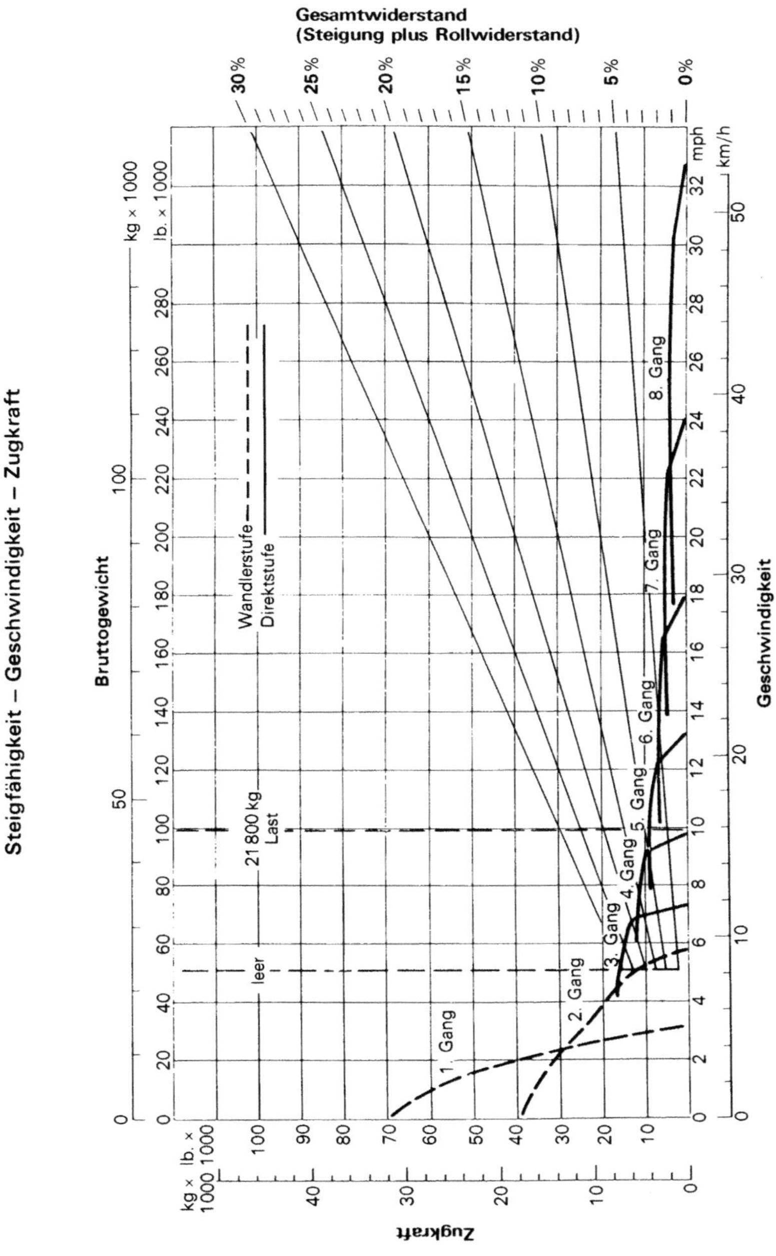

4.34 Fahrkraftdiagramm eines Hinterkippers Cat 621 [100]

oder errechnet werden:

$$V_{max} = \frac{P_{mo} \cdot \eta}{Z_t} = \frac{P_{mo} \cdot \eta}{(G_N + G_E)(\sum w)} = \frac{P_{mo} \cdot \eta}{(G_N + G_E)(w_r \pm w_i)} \left[\frac{m}{sec}\right].$$

Z_t = Zugkraft [kN],
P_{mo} = Motorleistung [kW],
G_N = Nutzlast [kN],
G_E = Eigengewicht [kN],
$\sum w$ = Summe der Widerstandsbeiwerte,
w_r = Rollwiderstandsbeiwert [–],
w_i = Steigwiderstandsbeiwert [–],
$\eta = 0{,}81$ mechanisches Getriebe,
$\eta = 0{,}75$ Drehmomentwandler.

d) Um die mittlere Fahrgeschwindigkeit (d.h. die dann praktisch gefahrene Fahrgeschwindigkeit) zu erhalten, muß man die V_{max} mit einem sogenannten „Beschleunigungsfaktor" reduzieren nach

$$V_m = V_{max} \cdot f_b.$$

Bild **4.**35 enthält die entsprechenden Werte für f_b in Abhängigkeit von der jeweils zu befahrenden Teilstrecke. Dabei wird unterschieden, ob das Fahrzeug aus dem Stillstand heraus anfährt (stehender Start), in voller Fahrbewegung aus dem vorhergehenden Abschnitt einfährt (fliegender Start) oder nur über kurze Strecken fährt (stehend-stehend).

Für überschlägige Rechnungen kann man sich auch der Werte aus Bild **4.**36 bedienen. Dabei wird mit

$$V_m = V_{max} \cdot f_v$$

die listenmäßige (Höchst-) Geschwindigkeit über einen Geschwindigkeitsfaktor abgemindert.

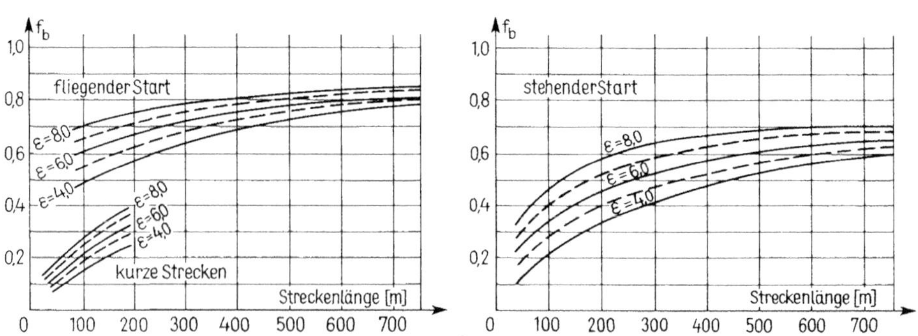

4.35 Beschleunigungsfaktor f_b [21] für Reifenfahrzeuge (beladen) bei fliegendem Start, stehendem Start und Anfahren und Abbremsen auf kurzen Strecken. $\varepsilon = \frac{\text{Motorleistung [PS]}}{\text{Gesamtgewicht [t]}}$

Auf unebenen Baustraßen (wellige Fahrbahn mit Querrillen) ist die Geschwindigkeit nicht mehr von den maschinellen Möglichkeiten, sondern von der Gestaltung der Fahrbahn abhängig. Bild 4.37 zeigt den Zusammenhang zwischen dem Wellencharakter der Fahrbahn (Wellenlänge und Amplitude) und der noch fahrbaren Geschwindigkeit.

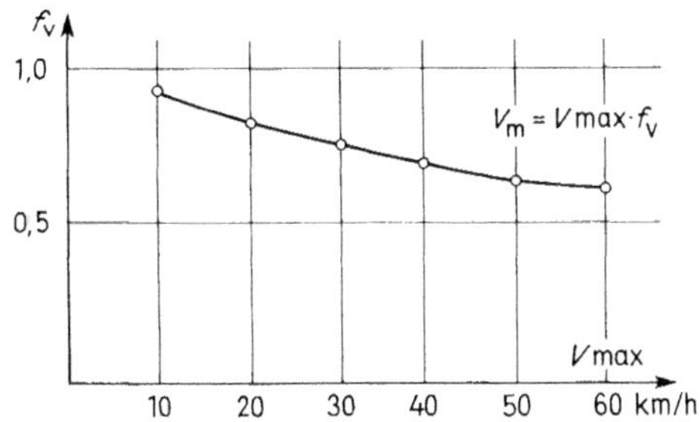

4.36 Geschwindigkeitsfaktor zur Ermittlung der tatsächlich gefahrenen Geschwindigkeit durch Abminderung der Katalog-Geschwindigkeit V_{max} (für Fahrzeuge mit EM-Reifen)

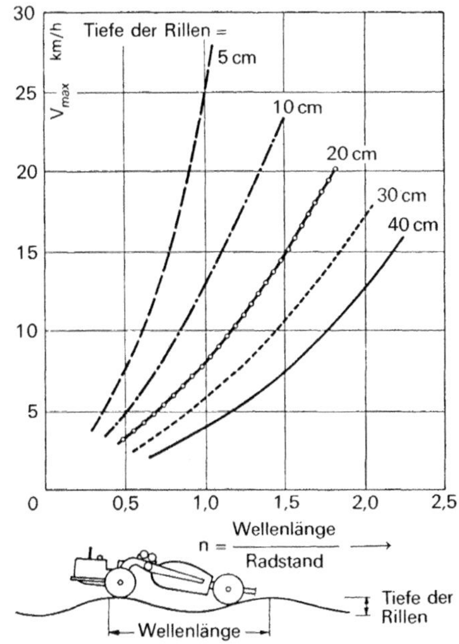

4.37 Maximale Fahrgeschwindigkeiten der Reifenfahrzeuge bei verschiedener Fahrbahnwelligkeit (Querrillen)

Für die Rückfahrt (leer) wird die Geschwindigkeitsberechnung vereinfacht durchgeführt. Man geht von V_{max} aus und reduziert

bei guter Fahrbahn	$V_{max} \cdot 0{,}85$,
bei mittlerer Fahrbahn	$V_{max} \cdot 0{,}8$,
bei schlechter Fahrbahn	$V_{max} \cdot 0{,}75$.

e) Die Fahrzeit für einen Fahrbahnabschnitt berechnet sich zu t_n

$$t_n = \frac{60}{V_m} \cdot L \quad [\text{min}].$$

V_m = mittlere Fahrgeschwindigkeit [km/h],
L = Länge des Fahrbahnabschnitts [km].

f) Die Umlaufzeit ergibt sich aus der Addition aller Teilzeitbeträge

$$T = t_B + t_{H1} \ldots t_{Hn} + t_E + t_{R1} \ldots t_{Rn} + \sum t_s + \Delta t_v,$$

wobei Δt_v einen Verzögerungszuschlag darstellt. Er muß „gefühlsmäßig" gewählt werden für

z. B. Einbahnverkehr (Wartezeiten),
Verzögerungen an Kreuzungen,
Geschwindigkeitsbegrenzungen,

und liegt in der Größenordnung von 2 bis 10 min pro Fahrzeug.

g) Die Zahl der Fahrten pro Stunde ist dann

$$N = \frac{60}{T} \quad \left[\frac{1}{\mathrm{h}}\right].$$

h) Die Nutzladung des Fahrzeuges (gewachsener Boden) ist

$$C_\mathrm{F} = F_\mathrm{F} \cdot \alpha \quad [\mathrm{fm}^3].$$

F_F = Raumfüllung (Volumen) = $F_{100} \cdot \varphi$ [m³]
α = Auflockerungsbeiwert.

i) Die Förderleistung des Einzelfahrzeugs beträgt

$$Q_\mathrm{F} = C_\mathrm{F} \cdot N \cdot \eta_\mathrm{G} \; [\mathrm{fm}^3/\mathrm{h}].$$

C_F = Nutzladung [fm³],
N = Zahl der Fahrten/h,
η_G = Geräteausnutzung.

j) Der Fahrzeugbedarf für eine geforderte Transportleistung ist

$$n = \frac{Q}{Q_\mathrm{F}} + \Delta F$$

mit Q = Gesamt-Transportleistung (Soll),
Q_F = Leistung des Einzelfahrzeuges,
ΔF = Zahl der Reservegeräte:

für gute Betriebsverhältnisse	10:1
für mittlere Betriebsverhältnisse	6:1
für schlechte Betriebsverhältnisse	4:1

(d. h. z. B. auf vier Fahrzeuge ein Reservefahrzeug in Bereitschaft).

4.1.4 Flachbagger

4.1.4.1 Planierraupen

Die Berechnung der Fahrgeschwindigkeiten ist hier, wie bei allen langsam fahrenden Geräten, verhältnismäßig einfach. Man geht von den im Katalog angegebenen Geschwindigkeiten (V_max) aus und reduziert über einen Geschwindigkeitsfaktor f_v (Bild **4**.38):

$$V_\mathrm{m} = V_\mathrm{max} \cdot f_\mathrm{v} \; [\mathrm{km/h}].$$

4.38
Geschwindigkeitsfaktor f_v für Planierraupen

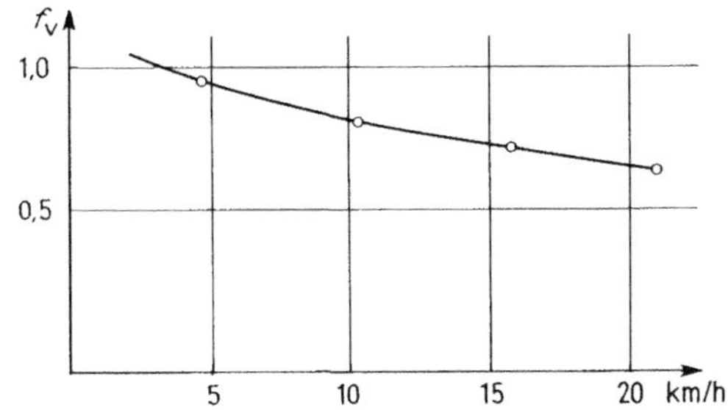

Wesentlich problematischer ist die einigermaßen exakte Erfassung der jeweils transportierten Nutzladung vor dem Schild. Sie wird am einfachsten so ermittelt:

$$C = F_{100} \cdot f_c \ [\mathrm{fm}^3].$$

$$F_{100} = \frac{h^2}{2} \cdot b = \text{geometrische Schildkapazität},$$

h = Schildhöhe, b = Schildbreite, f_c = Nutzladungsbeiwert [–].

Tafel **4**.39 enthält φ und α; dazu die sogenannte wirksame Schildbreite b_e.

Tafel **4**.39 Nutzladungsbeiwert f_c für A Planierschilde, selbstladend; B Schürfkübel, selbstladend; C Bodenschütter, von Baggern beladen

Material	A	B	C
Kies, scharfkantig	0,78	0,76	1,12
Kies, rundlich	0,71	0,70	1,15
Sand, trocken	0,65	0,65	1,10
Sand, feucht	0,91	0,91	1,18
Schluff, feucht	1,12	0,92	1,16
Sand, schwach lehmig, erdfeucht	1,27	1,08	1,14
Sand, lehmig, erdfeucht	1,48	1,12	1,10
Sandiger Lehm, erdfeucht	1,50	1,13	1,08
Sandiger Lehm, mit Kies	1,47	1,10	1,07
Mittlerer Lehm, erdfeucht	1,32	1,06	1,07
Schwerer Lehm, erdfeucht	1,22	1,02	1,03
Mutterboden, sandig	0,88	0,91	1,12
Mutterboden, mittel	1,09	0,96	1,12
Mutterboden, fett	1,02	0,86	1,10
Ton, schwach bindig, erdfeucht	1,33	1,10	1,07
Ton, mittel, erdfeucht	1,42	1,08	1,05
Ton, gut bindig, erdfeucht	1,37	0,99	1,02
Ton, fett, hart	0,78	0,70	0,86
Mergel	0,97	0,75	1,02
Geschiebemergel	0,72	0,69	0,93
Grasnarbe, schwaches Gewebe	0,74	0,71	0,79
Grasnarbe, dichtes Gewebe	0,60	0,60	0,54
Schichtgestein, mit Tiefreißer gelockert	0,58	0,51	0,63
Sprengfelsen, kleines Haufwerk bis 10 cm ⌀	0,58	0,60	0,84
Sprengfelsen, mittleres Haufwerk 10–30 cm ⌀	0,54	0,57	0,75
Sprengfelsen, großes Haufwerk über 30 cm ⌀	0,48	0,50	0,68

Der Nutzladungsbeiwert wurde dadurch gewonnen, daß man die tatsächlich festgestellte Nutzladung in einem bestimmten Boden in Beziehung setzte zu dem Bezugswert F_{100}, der lediglich das (theoretische) Schildvolumen repräsentiert.

(Für genauere Berechnungen wird auf die sogenannten Füllmaßstäbe in [21] hingewiesen, die die Abhängigkeit der Schildfüllung von den Bodenverhältnissen sehr genau erfassen.)

Die Förderleistung für eine Planierraupe ist dann

$$Q = F_{100} \cdot f_c \cdot \frac{3600}{T} \cdot \eta_G \ [\text{fm}^3/\text{h}].$$

T = Spielzeit [sec].

Dieses T beträgt beim einfachen Planieren ca. 50 sec. Wird die Planierraupe zum Fördern, d. h. zum Verschieben des Bodens über längere Strecken (bis ca. 80 m) eingesetzt, so reduziert sich die Förderleistung durch seitliches Abfließen des Füllgutes auf ca. 80 % des vollen Wertes.

Anhaltswerte für das Verteilen und Einplanieren auf der Kippe (also die typische Arbeit einer Planierraupe) gibt Tafel **4.**40. Im übrigen hängt hier sehr viel von der Kunst des Fahrers ab!

Tafel **4.**40 Planierraupen-Leistungen Q_{max} [fm³/h]
Verteilen und Einplanieren auf der Kippe

Q_{max} [fm³/h]	Gerätegröße			
kW	75	150	200	300
PS	100	200	300	400
Bindiger Boden				
trocken, bröckelig	250	350	450	550
feucht, krümelig	220	320	400	500
Rolliger Boden				
Sand, feinkörnig	210	290	380	460
Schotter	180	260	340	420
Sprengfels, grob	160	230	300	380

Tafel **4.**41 Füllfaktor φ für Schürfraupen

	φ
Rolliger Boden	
feinkörnig, trocken	0,7
feinkörnig, erdfeucht	0,9
feinkörnig, naß	0,75
grobkörnig	0,8
Schotter	0,7
Steine	0,6
Bindiger Boden	
erdfeucht	1,1
steif	1,0
halbfest	0,9
fest	0,85

4.1.4.2 Schürfraupe

Die Schürfraupe stellt wenige Probleme bei der Ermittlung der Förderleistung. Als Raupenfahrzeug liegt sie mit ihren Fahrgeschwindigkeiten im Bereich von 0–16 km/h, und ihre Fahr- und Umlaufzeiten lassen sich damit über Festzeiten, Kataloggeschwindigkeiten und Reduktionsfaktoren einfach erfassen. Ähnlich sieht es mit der Kübelfüllung aus. Die Schürfraupe hat ein verhältnismäßig eng begrenztes Transportgefäß und eine sehr große Ladekraft. Der Kübel wird also fast immer „voll", wobei der Füllungsgrad meist bei $\varphi = 1$ liegt, selten bis auf 0,85 absinkt und oft Werte bis 1,15 erreichen kann. Im Gegensatz zum Scraperkübel, in dem der Boden mehr „freiwillig" nach oben klettert und Füllungen erheblich über F_{100} hinaus ergeben kann, wird der Boden in den Kübel der Schürfraupe zwangsweise hineingepreßt. Abgesehen davon stellen auch die schräg hochsteigenden Seitenwände bei der Schürfraupe schon von selbst die Begrenzung einer gehäuften Füllung dar. Die gesamte Füllmechanik ist also hier ein wenig anders. Werte für φ gibt Tafel **4.**41 an.

Die Nutzladung ist auch hier

$$C = F_{100} \cdot \varphi \cdot \alpha \ [\text{fm}^3].$$

Schürfen und Entladen werden über Festzeiten erfaßt. Es können angesetzt werden

für Schürfen: $t_s = 0{,}7 \ldots 1{,}0$ min.,
für Entladen: $t_e = 0{,}4 \ldots 0{,}5$ min.,

wobei die niedrigeren die „Normalwerte" sind und die höheren Werte für erschwerte Einsatzbedingungen gelten. „Normal" ist auch, wenn sich der Kübel nicht nur in 40 sec., sondern auch innerhalb einer Schürfstrecke l_s von ca. 30 m füllt. Für „Schalten" sind je 5 sec. ($\approx 0{,}1$ min) anzusetzen.

Für die Fahrzeitermittlung gilt folgendes:

1. Ermittlung der erforderlichen Zugkraft für jeden Fahrbahnabschnitt.

$$Z_t = (w_r \pm w_i) \cdot G \quad [\text{kN}].$$

Z_t = Zugkraft [kN],
G = Gesamtgewicht [kN],
w_r = Rollwiderstandsbeiwert [–],
w_i = Steigwiderstandsbeiwert [–].

2. Ermittlung der zugehörigen Fahrgeschwindigkeit V_{max}
a) aus dem Fahrkraftdiagramm,
b) aus den Katalogangaben.

3. Reduzieren der V_{max} auf durchschnittliche V_m für jeden Fahrbahnabschnitt nach

$$V_m = V_{max} \cdot f_v \ [\text{km/h}],$$

wobei Richtwerte für f_v aus Bild **4.**42 zu entnehmen sind.

4. Ermitteln der Fahrzeiten je Fahrbahnabschnitt.

5. Addition der Festwerte für Schürfen, Entleeren und Schalten (je Schaltwechsel 0,1 min) und der Zeiten für die einzelnen Fahrbahnabschnitte. Daraus ergibt sich die Umlaufzeit T für 1 Arbeitsspiel.

6. Ermittlung der Förderleistung nach

$$Q_D = C \cdot \frac{3600}{T} \cdot \eta_G \ [\text{fm}^3/\text{h}].$$

T = Spielzeit [sec]

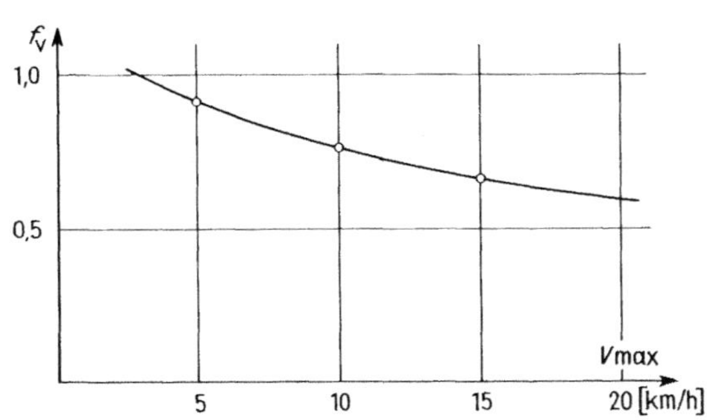

4.42 Geschwindigkeitsfaktor f_v für Schürfraupen

4.1.4.3 Motorschürfwagen

Die Ermittlung der Förderleistung von Motorscrapern ist verhältnismäßig aufwendig. Die beiden Leistungskomponenten Nutzladung und Umlaufzeit setzen sich aus zahlreichen füll- und arbeitsdynamischen Teilwerten zusammen, die zudem stark bodenabhängig sind.

Das System der Leistungsermittlung zeigt Bild **4.**43, wobei Schlepper (Zugmaschine) wie Schürfkübel gleichermaßen beteiligt sind. Es ist nicht nur ein System, sondern so etwas wie ein Regelsystem, das sich um das Ausbalancieren zwischen der nutzbaren Zugkraft Z_N auf der einen und dem Gesamtladewiderstand W_L auf der anderen Seite herumrankt.

Wird der Gesamtladewiderstand größer als die verfügbare Zugkraft Z_N, so muß W_L reduziert werden, damit noch eine Fahrbewegung zum Laden möglich ist, und das geschieht, indem man

– entweder die Schürftiefe reduziert, – dann wird zwar der Schürfwiderstand geringer, aber der Schürfweg und damit die Schürfzeit wird größer,

– oder den Füllprozeß vorzeitig abbricht, damit einen geringeren Füllwiderstand hat, aber eine reduzierte Kübelfüllung in Kauf nehmen muß.

Beides wirkt sich leistungsmindernd aus.

Die Arbeitsdynamik der Flachbagger basiert auf den 7 bodenabhängigen Grundwerten, die sich nach Bild **3.**97 und **3.**98 zusammensetzen. Diese 7 Grundwerte kann man überschlägig verhältnismäßig schnell (und über die gesamte Fahrbahnlänge) mit der Proctor-Nadel ermitteln. Aus diesen Grundwerten läßt sich die Förderleistung ermitteln nach

$$Q_D = N \cdot C \cdot \eta_G \quad [\mathrm{fm^3/h}].$$

N = Zahl der Fahrten/h,
C = Nutzladung (gewachsen) [fm³],
η_G = Geräte-Ausnutzung [–].

Die einzelnen Stufen der Leistungsermittlung sind:

0. Ausgangswerte. Es ist empfehlenswert, sich zu Beginn einer Leistungsberechnung folgende Ausgangswerte zusammenzustellen:

a) Technische Daten der Geräte:

Konstr. Gewicht	G_K	[kN]
Nutzlast	G_L	[kN]
Gesamtgewicht	G	[kN]
Gewichtsverteilung		
vorn		[%]
hinten		[%]
Antriebsleistung	P_{mo}	[kW]
Kübelinhalt	F_{100}	[m³]

b) Fahrkraftdiagramm

c) Fahrbahnlängsschnitt

Unterteilung der Fahrbahn in Abschnitte gleicher Einsatzbedingungen
(d. h. gleicher Fahrwiderstände).

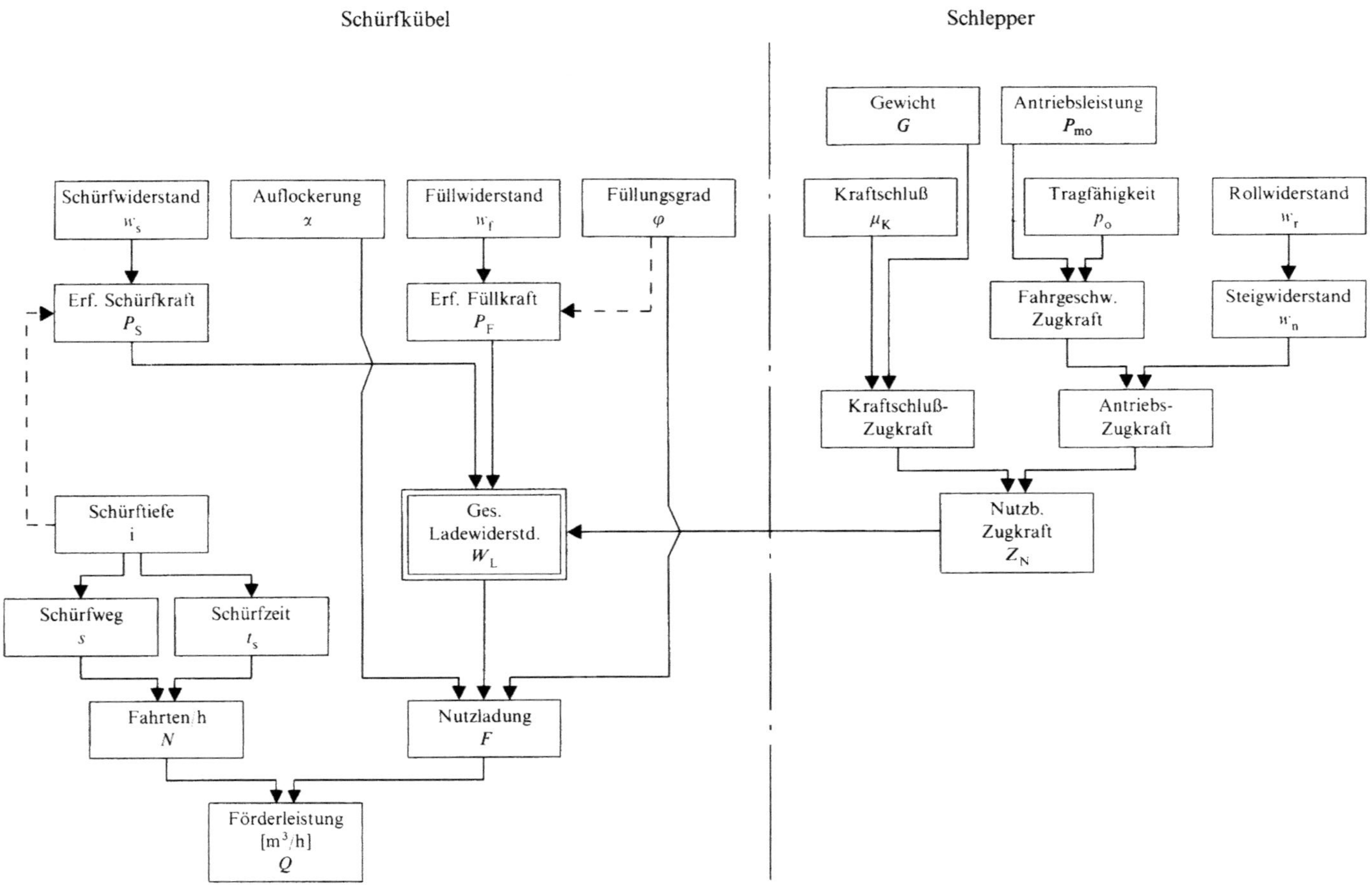

4.43 Regelsystem zur Leistungsermittlung bei Motorschürfwagen

d) Maßgebende Bodenkennwerte:

Kraftschlußbeiwert	μ_K	[–]
Füllfaktor	φ	[–]
Auflockerung	α	[–]
Schürfwiderstandsbeiwert	w_s	[kN/m²]
Füllwiderstandsbeiwert	w_f	[–]
Neigungswiderstandsbeiwert	w_i	[–]
Rollwiderstandsbeiwert	w_r	[–]
zulässiger Bodendruck	p_{zul}	[kN/m²]

1. Nutzbare Zugkraft Z_N. Sie erfolgt durch Vergleich von Kraftschlußzugkraft Z_K und Antriebszugkraft Z_A.

Ist die Kraftschlußzugkraft kleiner als die Antriebszugkraft, steht also von der Zugmaschine her mehr Vortriebskraft zur Verfügung, als über den Kraftschluß auf die Fahrbahn gebracht werden kann, so drehen die Antriebsräder durch. Ist die Antriebszugkraft kleiner als der auftretende Gesamtwiderstand, so wird der Motor abgewürgt.

Hierbei spielt die Wahl des Getriebeganges eine wesentliche Rolle. Die jeweilige Getriebestufe sollte so gewählt werden, daß die Antriebszugkraft Z_A größer als der gesamte Fahrwiderstand, aber kleiner als die Kraftschlußzugkraft Z_K ist. Andererseits ist zu bedenken, daß stets mit dem höchstmöglichen Gang gefahren werden sollte, um möglichst viele Fahrten/h und damit eine große Förderleistung zu erreichen.

Die Kraftschlußzugkraft Z_K ist

$$Z_K = G_T \cdot \mu_K \; [\text{kN}].$$

G_T = wirksames Adhäsionsgewicht auf der Triebachse [kN],
μ_K = Kraftschlußbeiwert (Tafel **4.**44).

Dabei sind 3 verschiedene Fälle zu unterscheiden (Bild **4.**45).

a) Beim Raupenfahrzeug verteilt sich das Gesamtgewicht der Raupe auf die volle Raupen-Aufstandsfläche. Als Adhäsionsgewicht G_T wirkt hier das Gesamtgewicht des Schleppers.

b) Bei Reifenfahrzeugen mit Allradantrieb ist ebenfalls der Kraftschlußbeiwert μ_K auf das Gesamtgewicht des Fahrzeuges zu beziehen (dabei ist zu unterscheiden, ob das Fahrzeug leer oder beladen fährt, das Gewicht der Nutzlast also mit einbezogen werden muß oder nicht).

c) Ist bei Reifenfahrzeugen nur eine Achse angetrieben (und bei der großen Mehrzahl der Motorscraper ist das der Fall), so wirkt als Adhäsionsgewicht nur die Achslast der Triebachse, wobei hier noch zusätzlich zu beachten ist, daß die Gewichtsverteilung beim beladenen Fahrzeug anders ist als beim leeren!

Die Antriebszugkraft Z_A ist

$$Z_A = \frac{P_{mo} \cdot \eta}{V} \quad [\text{kN}].$$

P_{mo} = Motorleistung [kW],
η = mechanischer Wirkungsgrad des Getriebes,
= 0,85 für Schaltgetriebe, = 0,72 für Drehmomentwandler,
V = Fahrgeschwindigkeit [m/sec].

Die nutzbare Zugkraft Z_N ist dann gleich dem kleineren der beiden Werte Z_K und Z_A.

Tafel **4**.44 Kraftschlußbeiwert μ_k für EM-Reifen

Fahrbahnbeschaffenheit	Reifen	Raupen
Beton, trocken, rauh	1,00	0,45
glatt	0,75	0,45
naß, rauh	0,40	0,45
Grasnarbe, erdfeucht	0,55	0,90
feucht	0,35	0,70
durchnäßt	0,25	0,65
Sandiger Lehm, trocken	0,45	0,55
erdfeucht	0,50	0,70
naß	0,45	0,65
Mittlerer Lehm und Ton, trocken	0,55	0,60
erdfeucht	0,55	0,80
naß	0,40	0,55
Fetter Lehm und Ton, trocken	0,55	0,55
erdfeucht	0,55	0,90
naß	0,30	0,55
Mutterboden, trocken	0,40	0,60
erdfeucht	0,50	0,70
naß	0,30	0,35
Kiesweg, fest	0,35	0,30
locker, zerfahren	0,30	0,25
Sandweg, fest, erdfeucht	0,30	0,30
locker, trocken	0,20	0,25

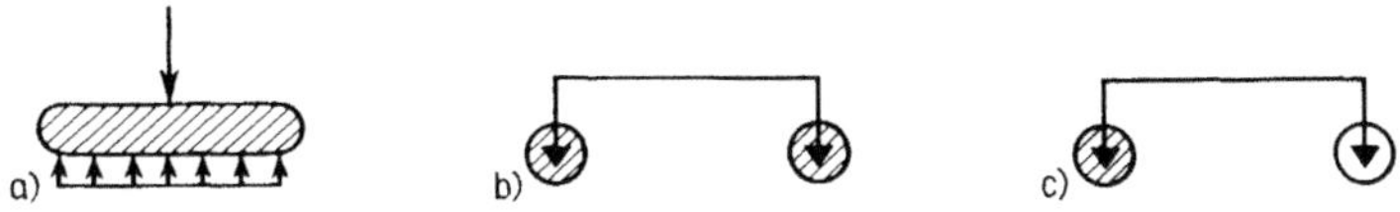

4.45 Die Gewichtsverteilung in der Kontaktebene Fahrwerk/Fahrbahn bei
a) Raupenfahrzeugen
b) Reifenfahrzeugen mit Allradantrieb
c) Reifenfahrzeugen mit Teilantrieb

2. Nutzladung C. Hierbei ist zu unterscheiden, wie weit sich der Kübel

a) vom Boden her („innere Steife", d. h. Bodenzähigkeit η_B),

b) von der nutzbaren Zugkraft (Z_N) her,

füllen kann.

Die bodenkinetische Höchstfüllung (Volumen) beträgt

$$F_{R(B)} = F_{100} \cdot \varphi \ [\text{m}^3]$$

mit φ aus Tafel 4.46.

Die kraftmäßige Höchstfüllung $F_{R(K)}$ ergibt sich aus der zur Überwindung des Gesamtladewiderstandes notwendigen bzw. verfügbaren nutzbaren Zugkraft Z_N.

Tafel **4.46** Richtwerte für den Füllfaktor φ bei Scraper-Kübeln

R-Boden:	
Geröll	0,52
Kies	0,90
Kiessand	0,92
Sand, trocken	0,85
erdfeucht	1,08
naß	0,45
Schotter	0,82
B-Boden:	
Lehm, schwach bindig, erdfeucht	1,35
trocken	1,05
Ton, mittelbindig, breiig	0,45
plastisch	0,94
steifplastisch	1,22
halbfest	1,30
hart	1,25
Ton, fett, breiig	
plastisch	0,98
steifplastisch	1,38
halbfest	1,25
hart	1,07

3. Der Gesamtladewiderstand W_L setzt sich zusammen aus

$$W_L = W_r + W_s + W_f \pm W_i \text{ [kN]}.$$

Im einzelnen werden berechnet:

Der Rollwiderstand W_r (dieser ist getrennt vom Rollwiderstand auf der eigentlichen Fahrbahn zu berücksichtigen!)

$$W_r = G_G \cdot w_r \text{ [kN]}.$$

G_G = Gesamtgewicht [kN]
w_r = Rollwiderstandsbeiwert [–] (Tafel **4.47**).

Der Schürfwiderstand W_s ermittelt sich aus dem Schürfwiderstandsbeiwert für 10 cm Schürftiefe und einem Korrekturfaktor für andere Schürftiefen.

$$W_s = w_{s10} \text{ P } b \cdot f_s \text{ [kN]}.$$

w_{s10} = Schürfwiderstandsbeiwert [kN/m²], (Tafel **4.48** a) bei 10 cm Schürftiefe,
b = Schneidenbreite [m],
f_s = korrigierte Schürftiefe [m] (Bild **4.48** b).

Tafel **4.47** Rollwiderstandsbeiwerte w_r der Reifengeräte mit EM-Reifen

	w_r
1. Betonstraßen oder harte glatte Erdwege	0,020
2. Glatter trockener fester Erdboden mit Kies, gut instand gehalten und eingeebnet	0,023
3. Trockener Boden, mit Kies vermischt, mittelfest gelagert	0,030
4. Erdweg, mäßig gepflegt, feucht gehalten. Geringes Eindrücken der Oberfläche	0,035
5. Weicher gewachsener Boden mit tragender Oberflächendecke (Grasnarbe)	0,040
6. Häufig befahrener Erdweg, schlecht gepflegt	0,043
7. Feuchte schmierige Oberfläche auf festerem Untergrund	0,045
8. Normale Erdfahrbahn, zerfahren, wenig gepflegt	0,050
9. Ausgetrockneter sandiger Boden	0,060
10. Weicher zerfurchter Mutterboden	0,075
11. Schwach verdichtete Kippe	0,080
12. Zerfahrener schlammiger Erdweg	0,090
13. Sandiger aufgeweichter Lehm	0,100
14. Lockerer Kies	0,110
15. Lockerer Sand erdfeucht	0,125
16. Lockerer Sand trocken	0,150
17. Zerfurchter weicher Boden	0,160
18. Weicher schwammiger Untergrund	0,190

Tafel **4**.48 Schürfwiderstandsbeiwerte w_{s10} für rollige, bindige und Gewebe-Böden
a) Basiswerte w_{s10} für 0,1 m Schürftiefe

(a) Bodenart rollig	relative Lagerungsdichte [%]	w_{s10} [kN/m²]
Fluß – Gruben – Sand/Kies	10	37
Schwach lehmiger Sand/Kies	20	40
Feuchter Sand/Kies	30	49
weicher oder sandiger Lehm	40	60
grober loser Kies/Gerölle	50	71
sehr bindiger grober Kies	60	83
oder Gerölle	70	97
festes grobes Geröll	80	115
loser verwitterter Fels	90	132
	100	150
(b) Bodenart bindig	**Zylinderdruckfestigkeit [kN/m²]**	**w_{s10} [kN/m²]**
Mittelschwerer Boden/Stichboden		
weicher Lehm oder Ton	50	40
schwacher lehmiger Sand/Kies		
bindiger mittelschwerer Boden/		
schwerer Stichboden	100	50
stark lehmiger Sand, weicher sandiger Lehm,		
fester Lehm/Ton/Mergel, schwerer Boden	200	80
fetter steifer Ton, stark ausge-		
trockneter fester Lehm, bindiger		
mittelschwerer Boden mit Geröll	300	120
schwerer Hackboden, loser ver-		
witterter Fels, sehr harter Ton	400	165
	500	220
Hackfels	600	290
	700	370
(c) Bodenart Gewebe	**Gewebebeiwert [kN]**	**w_{s10} [kN/m²]**
Lockerer Boden mit schwacher Grasnarbe	0,05	40
Sandiger Boden mit Unkraut	0,10	60
mäßig fester Boden mit schwacher Grasnarbe	0,20	100
fetter lockerer Mittelboden mit dichtem		
Grasteppich	0,30	160
fetter fester Mittelboden mit dichtem		
Grasteppich	0,40	205
fester Wiesenweg mit Gras	0,50	270
sehr fester Boden		
mit dichtem Wurzelgewebe	0,60	340

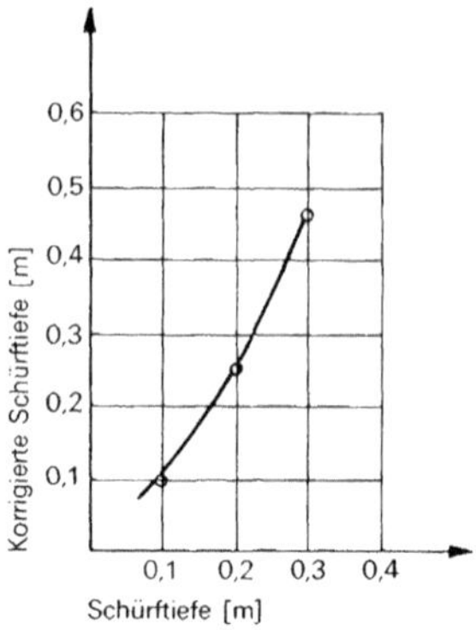

4.48b Korrekturfaktor f_1 für andere Schürftiefen [m]

Tafel **4.49** Richtwerte für den Füllwiderstandsbeiwert w_f

Bodenart	bei Kübelfüllung (%)		
	60	100	140
R-Boden			
Schluff	0,450	0,500	0,630
Feinsand	0,500	0,530	0,650
Grobsand	0,550	0,580	0,700
Feinkies	0,550	0,600	0,750
Grobkies	0,600	0,680	0,830
Geröll bis 10 cm ⌀	0,700	0,800	–
30 cm ⌀	0,900	1,100	–
Schotter	0,900	1,100	–
B-Boden			
Lehm, sandig	0,380	0,400	0,430
mittelfett	0,410	0,430	0,580
Ton, mittelfett	0,430	0,520	0,630
fett	0,500	0,600	0,740
G-Boden			
lockeres Gewebe	0,420	0,500	0,600
schwache Grasnarbe	0,500	0,600	0,770
dichte Grasnarbe	0,750	0,900	1,200
festes Wurzelgewebe	0,900	1,100	1,400

Tafel **4.50** Materialgewicht γ_R (spezif. Gewicht der Nutzladung)

Bodenart	Gewicht [kN/m³]	
	gewachsen	locker
Sand oder Kies, trocken	19,40	17,30
Sand oder Kies, naß	21,50	19,10
Sand oder Kies, bindig	18,50	15,80
Lehm	16,10	13,40
Lehm, schwach bindig	16,70	14,10
Ton, schwach bindig	16,50	12,90
Ton, dicht, zäh	17,90	12,80
Schiefer, rauher Fels	18,00	12,50
Fels, hart, gut gesprengt	23,80	16,00
Zäher, gummiartiger Ton	21,00	15,50
Fels, schwach gesprengt	23,80	14,00

Der Füllwiderstand W_f wird ermittelt zu

$$W_f = w_f \cdot F_R \cdot \gamma_R \ [\text{kN}].$$

w_f = Füllwiderstandsbeiwert überschlägig meistens
$w_f \approx 0{,}8 \ldots 1{,}0$, genauer: (Tafel **4.49**);
F_R = Raumfüllung $[m^3] = F_{100} \cdot \varphi \cdot \alpha$;
γ_R = spezifisches Gewicht der Nutzladung in $[kN/m^3]$ (gewachsen!).

Anhaltswerte s. Tafel 4.50.

Der Neigungswiderstand W_i (besonders wichtig bei geneigtem Schürfen in Einschnitten) ist

$$W_i = G_G \cdot w_i \text{ [kN]}.$$

w_i = Neigungswiderstandsbeiwert:
$w_i \mathrel{\hat=} 0{,}01$ für jedes % Neigung.
Vorzeichen: Bergfahrt + Talfahrt −.

Erreichbare Nutzladung C: Es darf immer nur sein

$$W_L \leqq Z_N.$$

Die erreichbare Nutzladung ist

$$C = F_{100} \cdot \varphi \cdot \alpha \text{ [fm}^3\text{]}.$$

F_{100} = Nenninhalt (gestrichen) [m³],
φ = Füllfaktor [–],
α = Auflockerungsbeiwert [–].

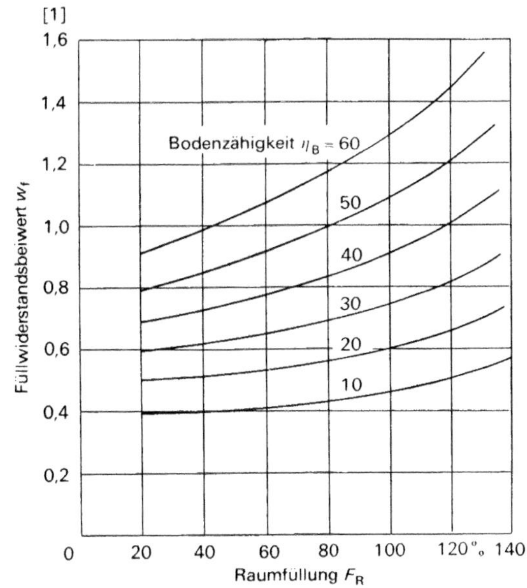

4.51
Füllwiderstandsbeiwerte w_f für einen Schürfkübel mit $F_{100} = 9{,}2\,\text{m}^3$ bei unterschiedlicher Bodenzähigkeit η_B

Will man den Füllwiderstand genauer ermitteln, so muß man Bild **4.**51 verwenden. Dort wird ausgegangen von der erzielbaren Raumfüllung F_R, aus der sich über die Bodenzähigkeit η_B (Tafel **4.**52) der Füllwiderstandsbeiwert w_f ergibt.

Diese Darstellung gilt für einen Schürfkübel mit 9,2 m³ (gestrichen) Inhalt. Werden andere Schürfkübelgrößen verwendet, so muß w_f über einen Kübelgrößen-Korrekturfaktor f_m (Bild **4.**53) modifiziert werden nach

$$w_f' = w_f \cdot f_m.$$

Tafel **4.**52 Richtwerte für die kinetische Bodenzähigkeit η_B

	η_B
Nichtbindiger Boden:	
Schluff, trocken	5
feucht	14
Mehlsand, trocken	7
feucht	16
Feinsand, trocken	9
feucht	17
Grobsand, trocken	14
feucht	18
Feinkies	18
Grobkies	25
Geröll bis 10 mm ⌀	35
30 mm ⌀	50
Schotter	50
Bindiger Boden:	
Lehm, sandig, steifplastisch	7
halbfest	11
mittelfett, steifplastisch	10
halbfest	16
fett, steifplastisch	15
halbfest	26
Ton, mittelfett, steifplastisch	15
halbfest	28
fett, steifplastisch	18
halbfest	35
hart	55
Gewebeboden	
Sehr lockeres Gewebe, spärlicher Bewuchs	12
lockeres Gewebe, schwacher Grasteppich	20
mäßig festes Gewebe, dichter Grasteppich	40
festes Gewebe, dichter Grasteppich	50
Gestrüpp und Unkraut	60

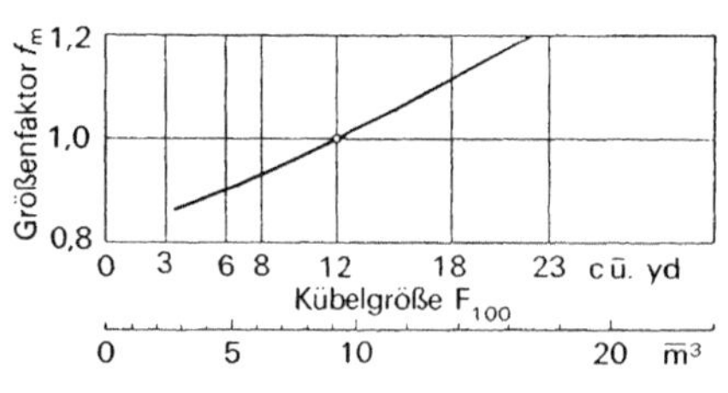

4.53
Kübelgrößen-Korrekturfaktor f_m (zu Bild **4.**51)

Beispiel. Boden: schwachbindiger Lehm mit Materialgewicht (locker) $\gamma_R = 14{,}1\ \mathrm{kN/m^3}$, kinetische Bodenzähigkeit $\eta_B = 10$, Raumfüllung $F_R(\varphi) = 135\,\%$.

Dann ergibt sich aus Bild **4.**51

$$w_f = 0{,}58\,.$$

Der Nenninhalt des Kübels beträgt 14 m^3 (gestrichen), der Füllungsgrad = 135 %; das ergibt

eine Raumfüllung $F_R = 18{,}9\,m^3$,
eine Nutzladung $G_T = 267\,kN$.

Der Größenkorrekturfaktor f_m ist für den 14,0 m^3-Kübel = 1,13.

Dann ist

$$W_F = w_f \cdot f_m \cdot G_T$$
$$= 0{,}580 \cdot 1{,}13 \cdot 267\,kN = 175\,kN.$$

4. Der Fahrwiderstand W_R auf den einzelnen Fahrbahnabschnitten ist

$$W_R = w_r \cdot G_T \;[kN].$$

G_T = Belastung der Antriebsachse, muß bezogen werden auf
a) einen der 3 Fälle der Gewichtsbelastung der Triebachse (s. Bild **4**.45),
b) die unterschiedliche Gewichtsverteilung: beladen (auf der Hinfahrt), leer (auf der Rückfahrt);
w_r = Rollenwiderstandsbeiwert (s. Bild **4**.47).

Eine wesentliche Rolle bei der gesamten Fahrwiderstandsberechnung spielt der Rollwiderstand, der eine innere Komponente (der rein mechanische Bewegungswiderstand des Raupen- bzw. Reifenfahrwerkes) und eine äußere Komponente (Zustand der Fahrbahn) hat. Von der Fahrbahn her beeinflußt den Rollwiderstand die Fahrbahnfestigkeit (Tragfähigkeit), die zunächst über einen der 7 Grundwerte, den zulässigen Bodendruck p_{zul} [kN/m^2] erfaßt wird. Eine genauere Darstellung des Zusammenhanges für bindige Böden (dort tritt das Problem hauptsächlich auf) zeigt Bild **4**.54. Entsprechende Richtwerte enthält Tafel **4**.55.

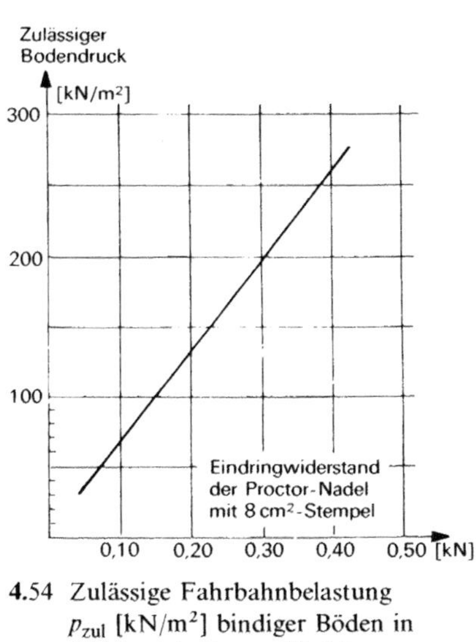

4.54 Zulässige Fahrbahnbelastung p_{zul} [kN/m^2] bindiger Böden in Abhängigkeit vom Eindringwiderstand der Proctor-Nadel

Tafel **4**.55 Richtwerte für die zulässige Belastung p_{zul} [kN/m^2] von Erd-Fahrbahnen in Abhängigkeit von der Bodenart

Erd-Fahrbahnen	[kN/m^2]
Fester Erdweg	1000
Mittelfester Erdweg	
feucht	300
trocken	500
naß	200
Grasnarbe	
feucht	100
naß	50
Zerfurchter Mutterboden	50
Kippe, schwach verdichtet	100
gut verdichtet	400
Lehmboden, steifplastisch	150
weichplastisch	60
Schlammiger Untergrund	
weich	30
morastig	20

Diese Untersuchung dient der Entscheidung, ob das Gelände überhaupt mit einem Fahrzeug entsprechender Fahrbahnpressung befahren werden kann.

Diese Fahrbahnpressung besteht wieder nicht nur aus der (statischen) Grundbelastung, die bei Raupengeräten meist schon aus den Katalogwerten zu entnehmen ist (sie liegt bei etwa 0,05 N/mm²), bei Reifengeräten aus der Formel

$$p_0 = k \cdot p_i \quad [\mathrm{N/mm^2}]$$

k = Steifefaktor für Reifenseitenwände; Anhaltswerte:
Weiche Laufreifen $k = 1{,}1$
Normale Triebreifen $k = 1{,}15$
Harte Triebreifen $k = 1{,}2$
p_i = Reifeninnendruck [N/mm²]

zu berechnen ist. Dazu kommt ein sogenannter dynamischer Stoßkoeffizient δ, für den Tafel **4.**56 entsprechende Richtwerte liefert. Die tatsächlich (für die Gefahr des „Einbrechens" in die Fahrbahnoberfläche) zu berücksichtigende Fahrbahnpressung für Reifengeräte ist dann

$$p = k \cdot p_i \cdot \delta \ [\mathrm{N/mm^2}];$$

diese muß $< p_{zul}$ sein.

Tafel **4.**56 Stoßkoeffizient δ zur Berücksichtigung der effektiveren Fahrbahnbelastung durch Flachbagger-Geräte

Raupenfahrzeug:	glatte Fahrbahn	5 km/h	$\delta = 1{,}1$
		10 km/h	$= 1{,}3$
	wellige Fahrbahn	5 km/h	$= 1{,}5$
		10 km/h	$= 1{,}8$
Reifenfahrzeug:	glatte Fahrstrecke	15 km/h	$= 1{,}05$
		30 km/h	$= 1{,}1$
	welliger Fahrweg	15 km/h	$= 1{,}12$
		30 km/h	$= 1{,}3$

Nach der grundsätzlichen Frage, ob das jeweilige Fahrzeug eine bestimmte Geländefahrbahn überhaupt befahren kann (ob die Fahrbahn also das Fahrzeug „ertragen" kann), ist der Komplex Rollwiderstand näher zu untersuchen. Das beginnt damit, daß man die Einsinktiefe E [cm] des Fahrwerks in der Fahrbahnoberfläche ermittelt. Das praktische Vorgehen ist hier so:

a) Abtasten der Fahrbahn mit der Proctor-Nadel mit Stempeldurchmesser 3,4 cm und Ermittlung der entsprechenden Einsinkziffer E (E ist hier gleich dem Proctorwert P in N/mm²).

b) Ermittlung der Einsinkziffer $E_{3,0}$ (für eine Bodenpressung von 0,3 N/mm²) nach Bild 4.57. Richtwerte für $E_{3,0}$ enthält Tafel **4.**58.

c) Ermittlung des zugehörigen Rollwiderstandsbeiwertes w_r aus Bild **4.**59.

Bei größeren Erdbewegungsaufgaben ist eine solche präzisierte Berechnung des Fahrwiderstandes unbedingt zu empfehlen. Hier summieren sich Bruchteile von Sekunden sehr schnell zu großen Unterschieden in der Zahl der Fahrten/h und damit in der Förderleistung.

5. Oft ist auch die Schürfzeit t_s noch differenzierter zu betrachten. Es ist der Schürfweg l_s

$$l_S = \frac{1{,}05 \cdot C}{b \cdot s} \quad [\mathrm{m}]$$

C = Nutzladung [fm³]
b = Schneidenbreite [m]
s = Schürftiefe [m]

und daraus die Schürfzeit t_s

$$t_s = \frac{l_s}{V_s \cdot 16{,}6} \quad [\mathrm{min}]$$

V_s = Schürfgeschwindigkeit [km/h].

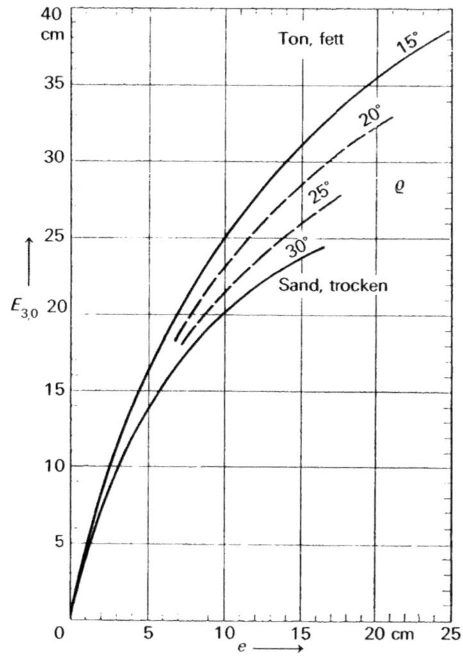

4.57 Ermittlung der Einsinkziffer $E_{3,0}$ aus der mit der Proctornadel (Stempelfläche 8 cm², Stempeldurchmesser 3,4 cm) ermittelten Einsinkziffer e

Tafel **4.**58 Richtwerte für die Einsinktiefe $E_{3,0}$

Fahrbahnfestigkeit	$E_{3,0}$ [cm]
1. Harter oberflächenbehandelter Erdweg, kein Eindringen	0
2. Glatter trockener fester Erdweg mit Kies, frei von losen Bestandteilen	0,5
3. Trockener Boden mit Kies vermischt, mittelfest gelagert, wenig lockere Bestandteile	2,0
4. Mittelfester Erdweg, feucht gehalten, geringe Verformung unter der Last	2,5
5. Weicher gewachsener Boden mit härterer tragender Oberfläche (Grasdecke)	4,0
6. Lockerer, häufig befahrener Erdweg	4,5
7. Feuchte schlammige Oberfläche auf festem Untergrund	5,0
8. Durchschnittliche Erdfahrbahn mit mittlerer Festigkeit, zerfahren, wenig Pflege	6,0
9. Mittelfester trockener sandiger Boden	8,0
10. Erdweg, aufgelockert und nachgiebig	10,0
11. Weicher zerfurchter Mutterboden	11,0
12. Boden auf schwach verdichteter Kippe	12,0
13. Erdweg, zerfahren oder schlammig	14,0
14. Feuchter lockerer Sand, sandiger aufgeweichter Lehm	16,0
15. Loser Kies	18,0
16. Sandiger trockener Erdweg	20,0
17. Lockerer trockener Sand	22,0
18. Tief zerfurchter klebender bis schlammiger Boden	28,0
19. Weicher schwammiger Untergrund	35,0

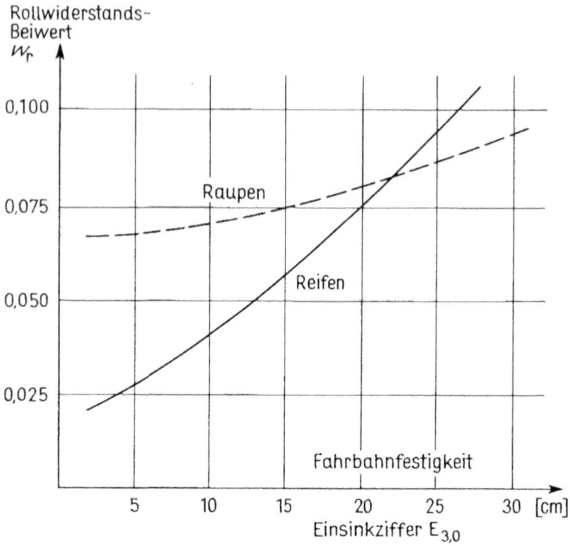

4.59
Zusammenhang zwischen Rollwiderstand (w_r) und Fahrbahnfestigkeit ($E_{3,0}$) für Raupen- und Reifenfahrwerke

Allgemein sollte für Motorschürfwagen

$$l_s < 30\,\text{m}$$
$$t_s < 1\,\text{min}$$

betragen.

6. Die gesamte Umlaufzeit T *ist*

$$T = t_s + t_e + t_w + \sum t_g + \sum t_H + \sum t_R \text{ [min]},$$

wobei überschlägig

$$t_e \approx 0{,}5\,\text{min (Entladezeit)},$$
$$t_w \approx 0{,}5\,\text{min } (2 \times \text{Wenden zu je } 180°),$$
$$t_g \quad 0{,}05 \ldots 0{,}1\,\text{min für jedes Schalten.}$$

Liegen unebene Fahrbahnverhältnisse vor, so ergeben sich für die Fahrgeschwindigkeiten Höchstwerte, die von Wellenhöhe und Wellenlänge der Querrillen abhängen (s. Bild **4.**37).

7. Die Förderleistung Q ermittelt sich aus der Zahl der Fahrten/h

$$N = \frac{60}{T}$$

zu

$$Q_D = N \cdot C \cdot \eta_G \text{ [fm}^3\text{/h]}.$$

η_G = Gesamt-Geräteausnutzung zwischen 0,85 bis 0,5 je nach Baustellenverhältnissen.

8. Schlußbetrachtung zur Leistungsermittlung. Insgesamt gesehen gibt es also vier Stufen der Annäherung an die zu erwartende Förderleistung von Motorschürfwagen:

1. Die Verwendung von Leistungsschaubildern für
a) Motorschürfwagen (Bild **4.**60),
b) Schürfraupen (Bild **4.**61).

2. Die überschlägige fahrdynamische Ermittlung, ausgehend
in bindigen Böden von den Proctorwerten,
in rolligen Böden von der Korngröße,
über die 7 Grundwerte (s. Bild **3.**97 u. **3.**98).

3. Die genauere fahrdynamische Ermittlung, wie sie in Abschn. 4.1.4.3 beschrieben wurde.

4. Noch exaktere Ermittlungen unter Verwendung von Angaben in [21], [29], [30].

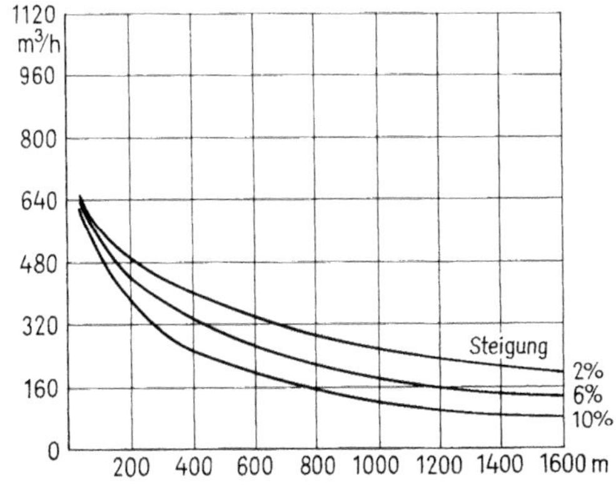

4.60 Leistungsschaubild für einen Motorschürfwagen 631 b [100]

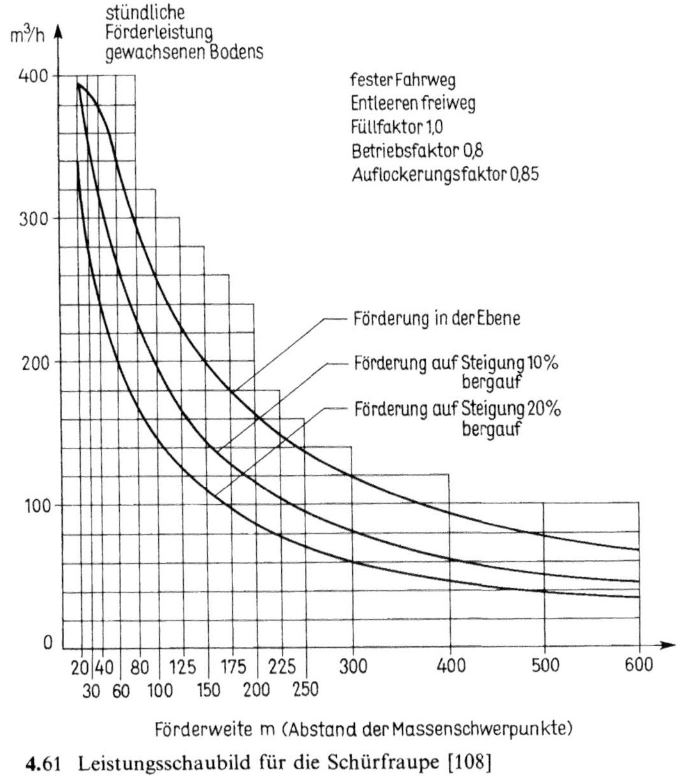

4.61 Leistungsschaubild für die Schürfraupe [108]

Nochmals sei darauf hingewiesen, daß der Motorschürfwagen das wohl empfindlichste Gerät hinsichtlich der Einflüsse auf die Förderleistung ist. Der Umfang der Genauigkeit in der Leistungsermittlung hängt vom Massenumfang und damit von der Zahl der eingesetzten Geräte ab. Gerade in unsicheren Fällen sollte man sich die Mühe präziser Ermittlungen umso mehr machen, als hier Unter- wie Überkalkulationen gravierende Folgen haben können.

4.1.4.4 **Erdhobel** (Grader)

Erdhobel sind in ihrer Leistungsfähigkeit schwer zu erfassen. Sie werden hauptsächlich bei Planierarbeiten zur Fahrbahninstandhaltung (Erdfahrbahn) eingesetzt, und dort können die Geräteleistungen nur auf m^2, also auf die jeweils bearbeitete Fläche, bezogen werden. Wird dagegen regelrechte Aushubarbeit durchgeführt (z. B. Herstellen von breiten Gräben mit flachgeneigten Böschungen, Auftragen von niedrigen Verkehrsdämmen aus dem Aushubmaterial der seitlichen Entwässerungsgräben), so wird in m^3/h kalkuliert.

Tafel **4.**62 gibt Leistungswerte für einen Grader mit 56 kW Motorleistung an, wie sie im praktischen Einsatz festgestellt wurden.

Will man eine spezielle Aufgabe kalkulieren, so muß man sich analytisch herantasten. Dabei ist vor allem zu überlegen,

a) wieviele Übergänge erforderlich sind (d. h. wieviele Bearbeitungsfahrten auf der gleichen Bodenfläche durchgeführt werden müssen),

b) mit welcher Geschwindigkeit gefahren werden muß,

c) wie es um die Geschicklichkeit des Fahrers bestellt ist.

Tafel **4.**62 Leistungswerte eines 56kW-Erdhobels

A. Gerät: Galion Grader Model 101 D.

Schneidenbreite	3,68 m
Motorleistung	56 kW
Druck an der Schneide	45 kN
einschl. Tiefreißer	54 kN

B. Einsatzbedingungen: Soweit nicht besonders erwähnt, sind die Versuche in lehmigem Sand (erdfeucht) bei einem Schwenkwinkel der Schneide von 30° durchgeführt worden.

C. Förderleistungen pro Stunde:	m^3	m^2
1. Ausheben von V-Gräben		
in Sandboden	340	
in lehmigem Sand	230	
2. Aufreißen und Abtragen von schwacher Grasnarbe, die beim Reißen zerfällt		250
3. Aufreißen und Abtragen von mittlerem Boden		330
4. Aufreißen von harter Bodenkruste		210
5. Schürfen von leichtem Boden im Straßenbau	380	
6. Instandhalten von Förderwegen		490
7. Verteilen und Einebnen von gehäuftem Schüttgut (Kies, Schotter usw.)	150	
8. Hobeln von steilen Böschungen		320
9. Einebnen der Schürfstellen von		
a) Planierraupe		520
b) Eimerseilbagger		350
c) Planierbagger		430
10. Einebnen der Schüttstellen von Schürfwagen bei 15 cm Schichtdicke		800
11. Planieren in hartem, festem Sandboden (Wüstengegenden), maximale Leistung		4500

Wird der Grader zum Herstellen einer Feinplanie (z. B. Sportplatz, Flugplatz usw.) eingesetzt, so besteht der Einsatz meist aus

2 bis 3 Übergängen mit 5–6 km/h

und

1 bis 2 Übergängen mit 8–10 km/h,

wobei in der langsamen Geschwindigkeit die Grobarbeit, in den schnellen Gängen das „Überbügeln", das „Finishing", durchgeführt wird.

Beim Unterhalt der Baustraßen (Erdfahrbahn) sollte der Grader mindestens alle 3–4 Stunden die Fahrbahn an der gleichen Stelle „abgradern", wobei das oft auch im Wechsel mit Sprengwagen zur Fahrbahnanfeuchtung geschehen sollte.

So schwer der Gradereinsatz zu kalkulieren und so schwer der Grader zu bedienen ist, so wichtig ist sein Einsatz auf Erdbaustellen. So haben z. B. Untersuchungen auf einer großen Staudammbaustelle mit bis zu 30 000 m³ Einbauleistung/Tag (ca. 80 Hinterkipper mit je 20 t Nutzlast) ganz eindeutig gezeigt, daß sich die zur Fahrbahninstandhaltung eingesetzten 2 Grader innerhalb eines Jahres bezahlt gemacht hatten. Die Fahrgeschwindigkeiten der Fahrzeuge stiegen (= höhere Transportleistung), und die Reparaturkosten (vor allem Rahmenbrüche, Getriebe- und Reifenschäden) sanken ganz erheblich und ergaben – gegenüber dem Betrieb vorher ohne Fahrbahninstandhaltung – eine Einsparung von ca. 500 000 DM im Jahr.

4.1.5 Verdichtungsgeräte

Für die Leistungskalkulation der Verdichtungsgeräte gilt ähnliches wie für die Grader. Maßgebend sind die Zahl der Übergänge und die jeweilige Arbeitsgeschwindigkeit.

Die Zahl der Übergänge ist wieder von der jeweils zu verdichtenden Schütthöhe und von der Verdichtungswirkung des einzelnen Gerätes abhängig.

Alle wesentlichen Kriterien sind in der Tafel **4.**63a verarbeitet, die die Erfahrungen der Praxis detailliert zusammenfaßt. Hingewiesen wird besonders auf das entsprechende Merkblatt [32].

Allgemein ist die Leistung eines Verdichtungsgerätes

$$Q = \frac{60 \cdot v \cdot B \cdot d}{\ddot{U}} \cdot \eta \quad [\mathrm{m^3/h}].$$

v = Fortbewegungsgeschwindigkeit [m/min],
B = wirksame Breite des Verdichtungswerkzeugs (Walze, Platte, Reifen) [m],
d = Schütthöhe, die jeweils zu verdichten ist [m],
$\ddot{U}$ = Anzahl der Übergänge (s. Tafel 4.63a).
η = Baustellen- und Betriebsfaktor
bei sehr guten Verhältnissen = 0,8
bei mittleren Verhältnissen = 0,75
bei schlechten Verhältnissen = 0,5

Tafel **4.**63a Anhaltswerte für den Einsatz der Verdichtungsgeräte [32]

	Geräteart	Eignung (E), Schütthöhe (H), und Übergänge (Ü) abhängig von: Bodenart [1]) Lockergestein (get. Verdichtung: 97% bzw. 100% Proctordichte) grobkörnig (nicht bindig)			feinkörnig (bindig) bindige Sande			gemischtkörnig (bindig, schwach steinig)			Fels: Steine u. Blöcke bis 400 mm Kantenlänge (nicht bindig)			Baustellenbedingungen: Damm u. Einschnitt Arbeitsfläche eng	frei	Bauwerkshinterfüllg.	Leitungsgräben [2])
		E	H cm	Ü Anz.	E	H cm	Ü Anz.	E	H cm	Ü Anz.	E	H cm	Ü Anz.	E	E	E	E
	1	2	3	4	5	6	8	9	10	11	12	13	14	15	16	17	17
statisch	Glattmantelwalze	○	10–20	4–8	○	10–20	4–8	○	10–20	4–8				○	○		
	Schaffußwalze				+	20–30	8–12	○	20–30	8–12	○ [3])	20–30	8–12	○	+		
	Gummiradwalze selbstf.	+	20–30	6–10	+	20–30	6–10	○	20–30	6–10				+	+		
	Gummiradwalze gezog.	+	30–50	6–10	+	30–40	6–10	+	30–40	6–10					+		
	Gürtelradwalze				+	20–30	6–8	+	20–30	6–8				+	+		
	Gitterradwalze				○	20–30	6–10	+	20–30	6–10	○ [3])	30–40	8–12	○	+		
dynamisch	Fallplatte				○ [4])	50–70	4 [7])	+	50–70	4 [7])	+	50–80	4 [7])	+	○		
	Explosionsstampfer	○	20–50	3–5	+	20–40	3–5	○	20–50	3–5	○ [3])	30–50	3–5	+	○	○	○
	Schnellschlagstampfer	○ [5])	20–40	2–4	○ [5])	10–20	2–4	○ [5])	20–30	2–4				○		+	+
	Anhängevibrationswalze leicht (< 5 Mp)	+	30–50	3–5				○	20–40	3–5				○	+		
	Anhängevibrationswalze mittel	+	40–60	3–5	○ [4])	20–30	3–4	+	30–50	3–5	○	40–60	4–6		+		
	Anhängevibrationswalze schwer (> 8 Mp)	+	50–80	3–5	○ [4])	30–40	3–4	+	40–60	3–5	+	50–100	4–6		+		
	Doppelvibr.walze leicht (< 2,5 Mp)	+ [6])	20–40	4–6	○ [6])	10–20	5–8	○ [6])	20–30	5–8				+	○	○	○
	Doppelvibr.walze schwer (> 2,5 Mp)	+	30–50	4–6	○	10–30	5–8	+	20–40	5–8	○ [3])	30–50	5–8	+	+	○	
	Vibr.tandemwalze leicht (< 5 Mp)	+	20–40	4–6										+	○		
	Vibr.tandemwalze schwer (> 5 Mp)	+	30–50	4–6				○	20–40	5–8				+	+		
	Vibr. Schaffußwalze	○	30–50	3–5	+	20–40	6–10	+	20–40	6–10	+ [3])	30–50	6–10	○	+		
	Rüttelplatten leicht (< 2 MpFk) [8])	+	20–40	5–8				○	10–20	5–8				+	○	+	+
	Rüttelplatten schwer (> 2 MpFk)	+	30–60	4–6				○	20–40	4–6	○ [3])	30–50	4–6	+	+	○	○

Bemerkungen: + empfohlen, ○ meist geeignet. [1]) siehe Abschn. 4; [2]) Einsatz in bzw. oberhalb der Leitungszone siehe „Merkblatt ü. d. Zufüllen von Leitungsgräben"; [3]) nur für mürbes und weiches Gestein; [4]) für trockene Böden zu empfehlen; [5]) für Grabenverfüllung u. entspr. eingespannte Böden empfohlen; [6]) Einsatz leichter Geräte nur in beengten Arbeitsflächen; [7]) Zahl der Schläge/Punkt; [8]) Fliehkraft

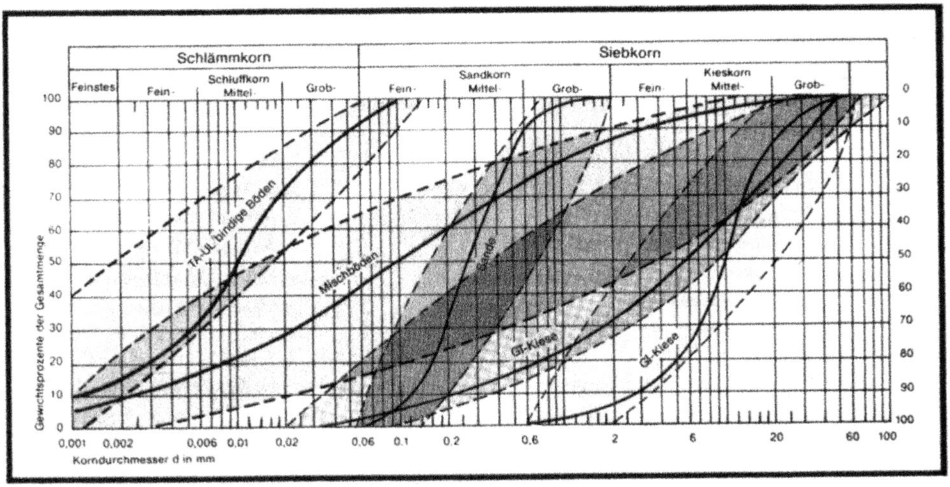

TA-UL Bindige Böden	1.	BW 215	PD	
	2.	BW 212	PD	
	3.	BW 10	S	
	4.	BW 6	S	
	5.	BW 4	S	
Mischböden	1.	BW 216	AD	
	2.	BW 15		
	3.	BW 215	D	
	4.	BW 10		
	5.	BW 212	D	
	6.	BW 6		
	7.	BW 212		
	8.	BW 4		
	9.	BW 212	AD	nF
	10.	BW 212	A	nF
	11.	BW 160	AD1	nF
	12.	BW 160	AD2	nF
	13.	BW 160	A	
	14.	BW 141	AD	
	15.	BW 120	AD	
	16.	BW 100	AD	
	17.	BW 101	AD	
Sande	1.	BW 212	A	hF
	2.	BW 212	AD	hF
	3.	BW 160	AD1	hF
	4.	BW 160	AD2	hF
	5.	BW 160	A	hF
	6.	BW 141	AD	hF
	7.	BW 6		
	8.	BW 4		
	9.	BW 120	AD	
	10.	BW 100	AD	
	11.	BW 101	AD	
GT-Kiese	1.	BW 212	AD	nF/hF
	2.	BW 212	A	nF/hF
	3.	BW 216	AD	
	4.	BW 215	D	
	5.	BW 15		
	6.	BW 10		
	7.	BW 212	D	
	8.	BW 6		
	9.	BW 212		
	10.	BW 4		
	11.	BW 160	AD1	nF/hF
	12.	BW 160	AD2	nF/hF
	13.	BW 160	A	nF/hF
	14.	BW 141	AD	nF/hF
	15.	BW 120	AD	
	16.	BW 100	AD	
	17.	BW 101	AD	
GI-Kiese	1.	BW 212	AD	nF/hF
	2.	BW 212	A	nF/hF
	3.	BW 160	AD1	nF/hF
	4.	BW 160	AD2	nF/hF
	5.	BW 160	A	nF/hF
	6.	BW 141	AD	nF/hF
	7.	BW 120	AD	
	8.	BW 100	AD	
	9.	BW 101	AD	
	10.	BW 212	D	
	11.	BW 212		
	12.	BW 215	D	
	13.	BW 4		
	14.	BW 6		
	15.	BW 10		
	16.	BW 15		
	17.	BW 216	AD	

4.63 b) Eignungsbereiche der BOMAG-Walzen in Abhängigkeit von den Bodengruppen [92]

Sehr informative Angaben sind von den einzelnen Herstellern von Verdichtungsgeräten zu bekommen. Als Beispiel sei auf Bild 4.63b [92] hingewiesen. Dort sind die wichtigsten Bodengruppen und die am besten geeigneten Geräte der eigenen Produktion angegeben. Im weiteren Verlauf der Ausarbeitung werden die Leistungsdaten auf folgende betriebliche Parameter bezogen:

Schütthöhe
Fahrgeschwindigkeit
Angabe der Übergänge
Frequenz
Arbeitsbreite
Überlappung

Weiter sei auf die besondere Problematik der Verdichtung von Dammschultern hingewiesen. Hier informiert am besten [96].

4.1.6 Spezialgeräte

4.1.6.0 Überblick

Im Hinblick auf die wachsende Bedeutung für die Erdbauaufgaben der Zukunft soll auch auf die Geräte eingegangen werden, die allein den Durchbruch in andere Dimensionen des zu bewältigenden Erdbauvolumens bringen können: die beiden Transportsysteme der kontinuierlichen Förderung, wobei hier wieder nur die Ladegeräte (und das auch nur in einem informativen Überblick) behandelt werden können. Einzelheiten der Leistungsermittlung sind [11] zu entnehmen.

Der Schaufelradbagger ist besonders interessant geworden, seit er in Ausführungsformen zur Verfügung steht, die auch für den Erdbaubetrieb geeignet sind: mit Dieselantrieb (d. h. ohne die lästige Stromversorgung über Kabel) und mit einer schnellen Ersatzteilbelieferung (keine Einzelanfertigung, sondern Seriengeräte). Nachteilig ist die starke Beschränkung auf (weitgehend) homogene Bodenverhältnisse, d. h. keine sinnvolle Einsatzmöglichkeit in steinigen Böden oder Böden mit größeren Steineinschlüssen. Der Schaufelradbagger kann zwar, wie die Erfahrung längst gezeigt hat, auch mit extrem harten Abbauvorkommen (z. B. gefrorener Ölsand, Sandstein, Kalkstein, Eisenerz, Phosphat usw.) fertig werden, aber diese müssen gleichmäßig strukturiert sein und dürfen keine härteren Felsbänke usw. enthalten. Mit entsprechenden Graborganen ausgerüstet (Zwischenschneiden oder Reißzähne) fräßt das Schaufelrad dann die Felsbank ab. Vorteilhaft ist der kontinuierliche Förderstrom – Ursache für die hohen Förderleistungen. Diese sind jedoch nur zu erreichen, wenn das Gerät zügig eine Wand oder eine Strosse abfahren kann und keine größeren Stellungswechsel machen muß. Im Erdbau kann er durchaus auch als Ladegerät für LKW-Abfuhr interessant (aber nicht unbedingt wirtschaftlich) sein, z. B. wenn größere Einschnitte herzustellen sind.

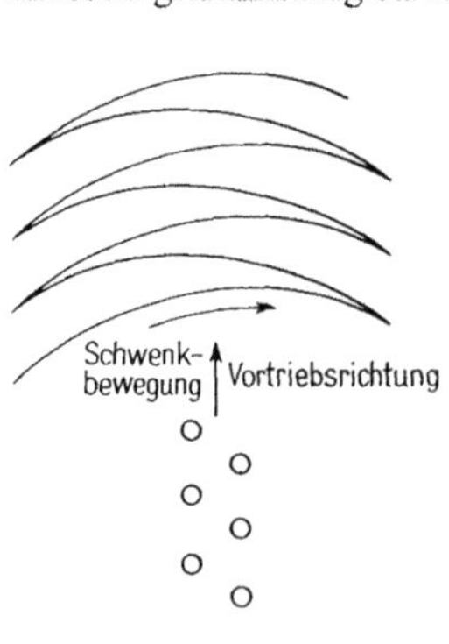

4.64 Arbeitsweise des Saugbaggers im Sichelschnitt

Als Naßbaggergeräte für den Erdbaubetrieb sind vor allem zerlegbare (und damit straßentransportable) und (auf aufblasbaren Gummiwalzen) rollbare Saugbagger interessant, die entweder (nur mit Saugrüssel versehen) als Grundsauger oder (mit Schneidkopf) als Schneidkopfsaugbagger verwendet werden können. Im letzteren Fall müssen sie mit Drehpfählen ausgerüstet sein, um die erforderliche sichelförmige Schneidebewegung (Bild **4.**64) durchführen zu können. Vorteilhaft ist vor allem, daß auch diese Geräte „rund um die Uhr" arbeiten können und damit – bei entsprechenden Bodenverhältnissen – hohe Förderleistungen erzielen. Aber: Steine im Boden, Hindernisse (Baumstämme, Draht, Pfähle) und harter Boden sind nichts für sie!

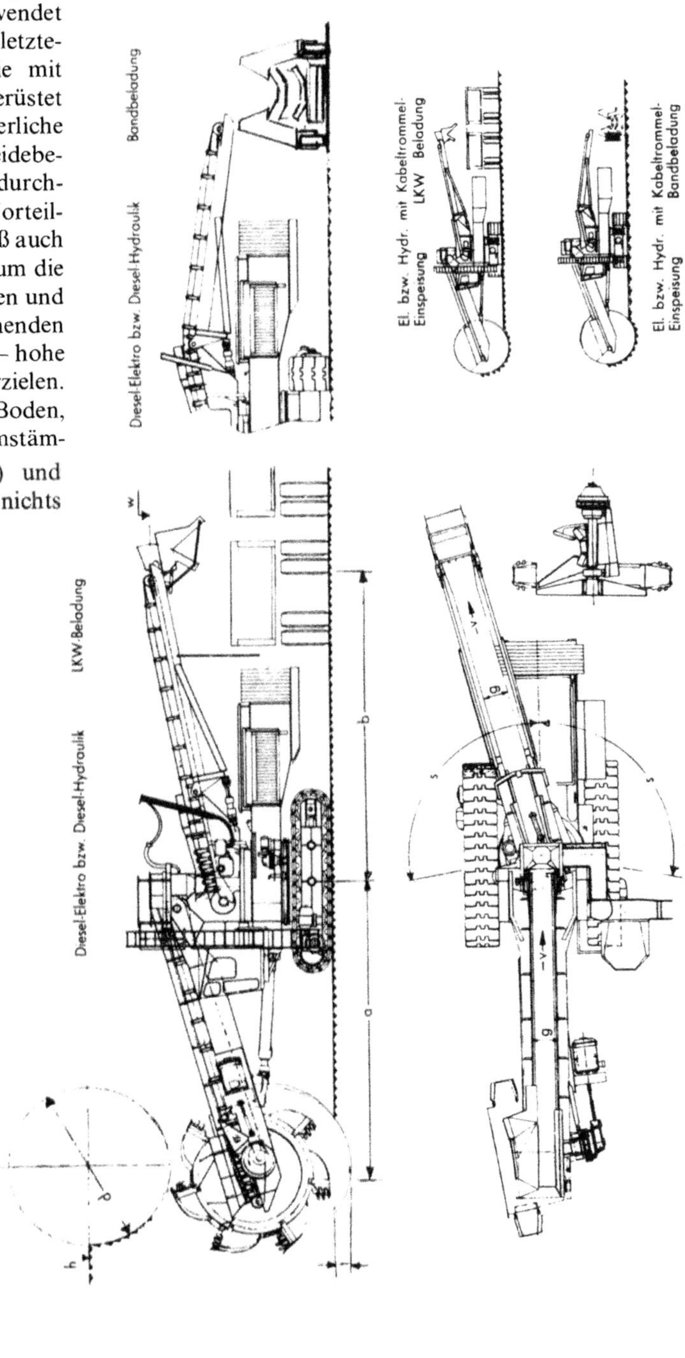

4.65 Schaufelradbagger für universellen Einsatz: Aufbau des Standardgeräts [106]

4.1.6.1 Schaufelradbagger

Bild **4.**65 zeigt einen modernen Schaufelradbagger. Auch hier geht man bei der Leistungsberechnung von einem theoretischen Wert aus:

$$Q_{\text{theor.}} = I \cdot s \cdot 60 \quad [\text{m}^3/\text{h}] \text{ locker:}$$

I = Nenninhalt der einzelnen Schaufel [m^3] (Prospektangabe)
s = Schüttungszahl/min (Prospektangabe).

Damit ergeben sich sofort die Fragen nach der praktisch erreichbaren Eimerfüllung und der praktisch zu fahrenden Schüttungszahl/min. Als groben Anhalt kann man eine Geräteausnutzung $\eta_G = 0{,}5$ bis 0,6 annehmen, so daß $Q_{\text{eff}} = Q_{\text{theor.}} \cdot \eta_G$ [m^3/h].
Zur Umrechnung in fm^3/h ist diese Leistung noch mit dem Auflockerungsbeiwert α mit

$\approx 0{,}8$ für sandige Böden
$\approx 0{,}65$ für bindige Böden

zu multiplizieren, sodaß

$$Q_{\text{eff}} = Q_{\text{theor.}} \cdot \alpha \cdot \eta_G \quad [\text{fm}^3/\text{h}].$$

Einzelheiten müssen jedoch wesentlich genauer und dazu in Absprache mit dem Hersteller berücksichtigt werden. [33]

Von außerordentlicher Bedeutung ist im Vorfeld des Schaufelradbaggereinsatzes die Frage nach der erforderlichen Gerätegröße. Tafel **4.**66 gibt eine Herstellertabelle wieder, die auch Angaben über die verfügbare Schneidkraft der Gerätes enthält.

Tafel **4.**66 Typenreihe des Standardgerätes nach Bild **4.**65 [106]

Typenbezeichnung = Schaufelinhalt in l		40	85	170	430	800	1940
Schaufelraddurchmesser d	m	2,2	3,1	4,5	5,2	6,4	9,0
Anzahl der Schaufeln	Stck.	6	8	8	7	8	8
Anzahl der Schüttungen	min^{-1}	95	90	80	51	55	22,5–60
Schnittgeschwindigkeit	m.s^{-1}	1,82	1,88	2,36	1,98	2,31	1,32–3,54
maxim. Reißkraft bei 1,6 Mn*	t	1,3	2,6	3,9	7,3	12,2	30
Förderleistung (lose)	$\text{m}^3.\text{h}^{-1}$	100–200	200–400	350–720	600–1200	1200–2400	2400–4000
Theoret. Förderleistung (lose)	$\text{m}^3.\text{h}^{-1}$	228	450	810	1320	2640	4400
Abtragshöhe h	m	3,5	6,0	8,5	11,0	11,5	14,0
Schnittiefe unter Planum t	m	0,2	0,3	0,4	0,5	0,5	0,5

* Kippmoment

Tafel **4.**66 (Fortsetzung)

Typenbezeichnung = Schaufelinhalt in l			40	85	170	430	800	1940
Länge des Schaufelradauslegers	a	m	4,3	6,0	8,0	9,9	13,7	14,4
Länge des Verladeauslegers	b	m	4,3	6,9/9,9 /15,0	10,2/14,2 /18,0	10,2/14,2 /20,0	14,0/18,0 /26,0	16,0
max. Verladebandabwurfhöhe	w	m	2,6	3,8/4,6 /5,9	5,8/7,5 /6,3	5,8/6,5 /7,8	6,0/6,5 /7,2	6,5
Gerätelänge (kurzer Verladebandausleger)		m	9,7	14,4	20,5	22,7	30,9	34,9
Gerätehöhe		m	2,8	3,3	5,2	6,0	7,8	13,5
Schwenkbereich des Oberhaus		$\sphericalangle$ °	360	360	360	360	360	360
Schwenkbereich des Oberbaus	s	$\sphericalangle$ °	2×90	2×100	2×100	2×100	2×100	2×105
Bandbreite	f	mm	500	800	800	1000	1400	1800
Bandgeschwindigkeit	v	$m.s^{-1}$	2,7	2,1	3,4	3,5	3,0	2,85
max. Bandneigung		o	18	17^{30}	18	18	17^{30}	20
Raupenanordnung: Einzelraupen			2	2	2	2	2	2
Fahrgeschwindigkeit bei Ortswechsel		$m.min^{-1}$	20	15	10	6	6	6
größtes Steigungsverhältnis (beim Ortswechsel)			1:10	1:10	1:10	1:10	1:10	1:10
installierte Leistung		kW	60	116	190	246	510	1050
Betriebsspannung		Volt	380–500	380–500	380–500	380–500	380–500	380–500
Dienstgewicht (bei kürzester Verladeauslegerlänge)		[kN]	220	500	900	1300	2640	6000
mittlerer Bodendruck		$[kN/m^2]$	120	140	140	140	140	
Personalbedarf		Anzahl	1	1	1	$1\frac{1}{2}$	2	2
Dieseldauerleistung nach DIN 6270		PS	75	142	250	390	780	1500
		kW	55	105	184	287	574	1103
Dieselölverbrauch		l/h	11	20	38	50	100	210
Montagedauer		Tage	$\frac{1}{4}$	$\frac{1}{4}$	2	3	8	80

Tafel **4.67** Spezifische Schneidkräfte *k* für schaufelradbaggerfähiges Material [95]

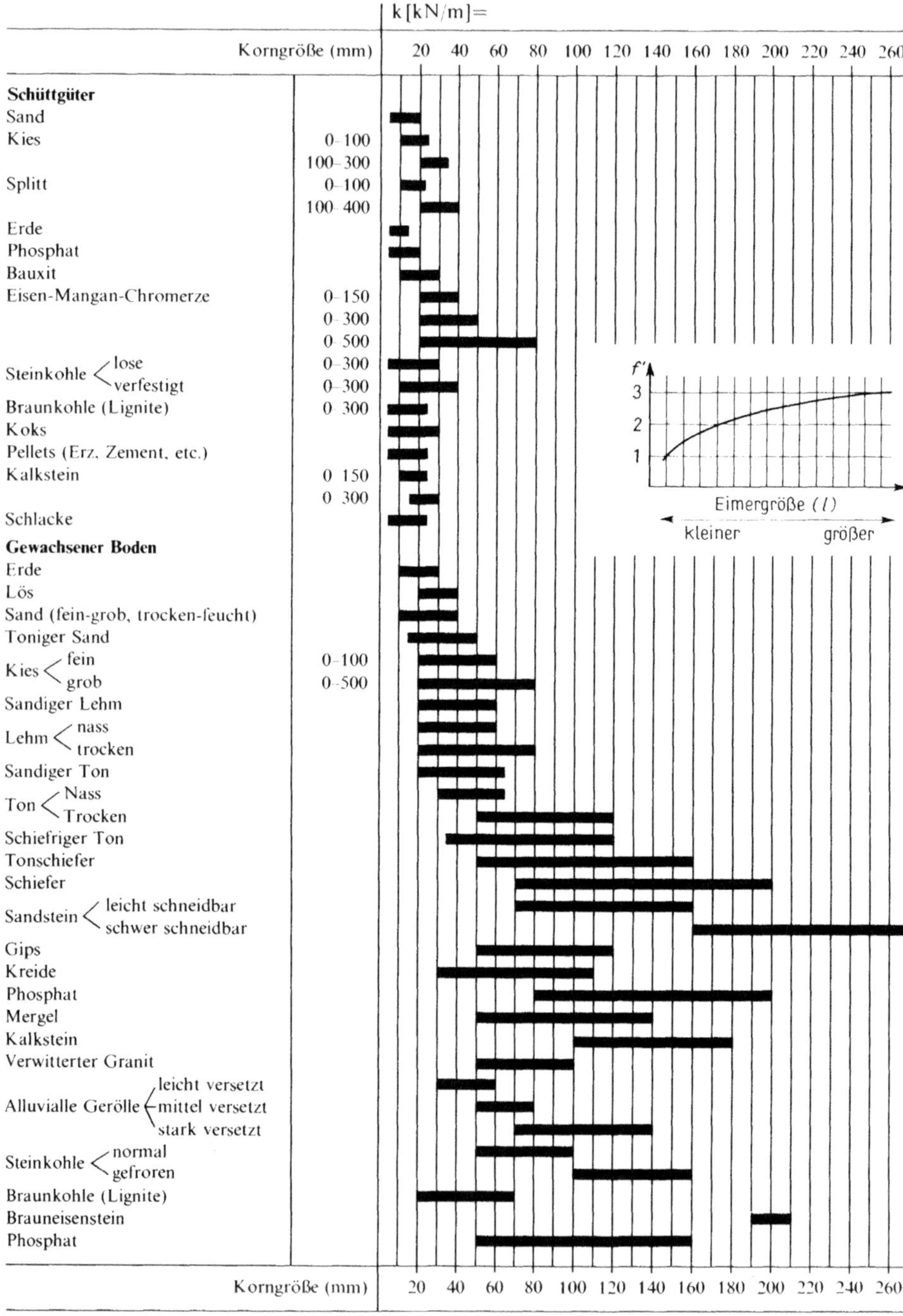

Zur Ermittlung der erforderlichen Baggergröße geht man wie folgt vor:

1. Ermittlung der spezifischen Schneidkraft k in kN/m nach Bild **4.**67, die die Gewinnungsfestigkeit des zu lösenden Materials erfordert.

2. Korrektur dieses Wertes über einen Faktor f' zur Berücksichtigung der Eimergröße (qualitativ in Bild **4.**67 eingezeichnet).

Als Anhaltswerte dienen für Eimergröße

$$40\,l\colon \quad f' \approx 1$$
$$10\,000\,l\colon \quad f' \approx 3$$

3. Auswahl der Gerätegröße für den ermittelten k'-Wert nach Tafel **4.**68.

$$k' = k \cdot \text{Korrekturfaktor } f'.$$

Beispiel. Angenommen wird Flußgeschiebe, stark versetzt, mit $k = 80$ kN/m Schneidwiderstand. Dieser Wert wird hinsichtlich der zu erwartenden Eimergröße (ca. 500 bis 1.000 l) mit $f' = 1{,}5$ multipliziert, so daß $k' = 80 \cdot 1{,}5 = 120$ kN/m Schneidenlänge. Nach Tafel **4.**68 liefert der Gerätetyp 1940:

im Dauerbetrieb	$k' = 122{,}0$ kN/m
im Spitzenbetrieb (kurzzeitig)	$k' = 200{,}0$ kN/m

Schneidkraft bzw. Reißkraft.

Es muß also unbedingt ein Gerät vom Typ 1940 verwendet werden. Der nächst kleinere Typ 800 reicht nicht aus. Typ 1940 erzeugt eine Reißkraft von max. 300 kN am Radumfang. Das dürfte der Abbausituation angemessen sein.

Tafel **4.**68 Die erreichbaren k'-Werte der Geräte aus Tafel **4.** 66

Typ	k' (1,0 Mn)	k' (1,6 Mn)
40	25	40
85	32	51
170	41	68
430	52	85
800	85	116
1940	122	200
	Dauerbetrieb	kurzzeitig

(Mn = Antriebsmoment E-Motor)

4.1.6.2 Saugbagger

Hier muß noch mehr auf die einschlägige Literatur verwiesen werden (genauere Rechenschemata in [11]). Der hydraulische Transport ist ein Beispiel dafür, wie im Bereich von Boden, Wasser und Fels mit großen Unschärfen gerechnet werden muß. Alle Kalkulationen ergeben daher immer nur Näherungslösungen, die durch die Praxis überprüft werden müssen.

Die grundsätzliche Arbeitsweise eines Saugbaggers zeigt Bild **4.**69. Herzstück der Anlage ist die Baggerpumpe, die im Normalfall in Höhe des Wasserspiegels installiert ist. Sie saugt das Wasser auf der einen Seite an und drückt es auf der anderen Seite über eine Rohrleitung auf die Kippe. Nur ist dieses „Wasser" hier eine feststoffbeladene Flüssigkeit, es wird also Material (Boden) damit transportiert. Dieser Boden macht die anzusaugende Flüssigkeitssäule schwerer. Außerdem kommt Strömungswiderstand hinzu usw. Auf der Druckseite wirkt vor allem die Rohrreibung, die die Leistung und die Förderweite begrenzt.

Wesentlich für die Berechnung einer Saugbaggerleistung sind

die mittlere Korngröße	d_m [mm],
die kritische Fördergeschwindigkeit	v_{krit} [m/s],
die Feststoffkonzentration	K_T (Verhältnis Feststoff : Wasser),
die Rohrleitungslänge.	L [m].

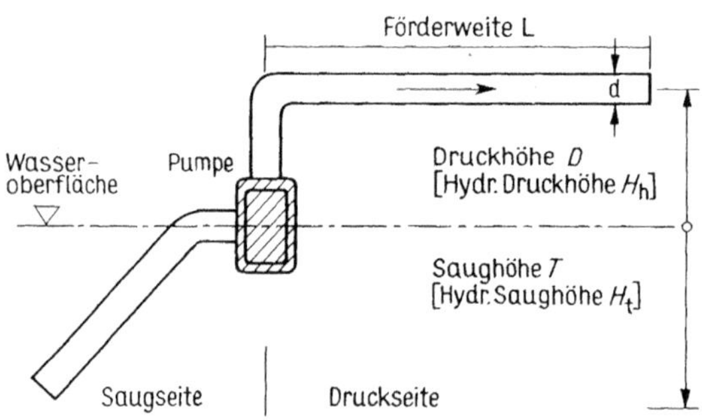

4.69
Grundbegriffe der hydraulischen Bodenförderung

Allgemein werden alle Widerstände in mWS, d. h. „Meter Wassersäule", gerechnet, also in der Kraft, die erforderlich ist, um eine Wassersäule soundsoviel Meter hochzudrücken.

Zielgröße bei der Dimensionierung ist im allgemeinen die erforderliche Pumpenleistung (hydraulisch N, mechanisch N_e).

Die Feststoffkonzentration muß geschätzt werden. Hier gelten folgende Erfahrungswerte:

Sehr gute Bedingungen		$K_T = 1:1$	bzw.	$n = 1$
gute Bedingungen		$1:2$		2
mittlere Bedingungen	(Sand 0,2–0,6 mm)	$1:4$		4
mäßige Bedingungen	(Sand 0,6–2,5 mm)	$1:10$		10

wobei n als sog. Wasserkoeffizient bezeichnet wird.

Unter 1:10 wird der Naßbaggereinsatz unwirtschaftlich. Die gängigen Werte liegen bei $K_T = 1:4$ bis $1:6$.

Die Rohrleitungslänge hat einen wesentlichen Einfluß auf die Wirtschaftlichkeit des Saugbaggereinsatzes. Dies geht aus Tafel **4.**70 hervor. Dort ist angegeben:

Der Druckhöhenverlust ΔH in [mWS] je 100 m Rohrlänge, bei gleicher Feststoffkonzentration (1 : 3,75), Bodenförderleistung (578 m^3/h), bei Rohrdurchmesser = 450 mm, bei einer Förderhöhe der Pumpe = 69 mWS und vor allem bei unterschiedlicher Korngröße [34] [35].

Tafel **4**.70 Einfluß der Rohrleitungslänge auf die (mit 1 Baggerpumpe) erreichbare Spülweite [34], [77]

	d_m [mm]	ΔH/100 m [m WS]	Erreichbare Spülweite L [m]
Feinsand	0,2	3,28	2.100
Mittelsand	0,4	6,00	1.150
Grobsand	1,0	10,18	678
Feinkies	2,0	12,74	541

Man sieht, wie bei immer größerem Korndurchmesser der Druckhöhenverlust der Pumpe ansteigt, also ihre „Druckkraft" absinkt und (über den Rohrleitungswiderstand) die erreichbare Spülweite kräftig reduziert wird. Die Korngröße spielt also eine große Rolle, oder anders gesagt: Die Schleppkraft des Wasserstroms, der diese Körner mitnehmen muß, ist von entscheidender Bedeutung.

Zunächst: Saugbagger eignen sich nur zum Ansaugen und Transportieren von „körnigem" Material. Dieses muß entweder ein natürliches Korngefüge sein (wie z. B. Sand), oder es muß durch den Schneidkopf in kleinen „Spänen" aus dem vollen herausgelöst worden sein. Grundsätzlich können immer nur „Körnchen" vom Wasserstrom mitgerissen werden.

Ausschlaggebend ist der maßgebende Korndurchmesser d_m [mm].

Liegt er im Bereich zwischen 0,2 bis 0,6 mm (Mittelsand), so ist das Material gut saugbar.

Beträgt er nur 0,1 bis 0,2 mm (Feinsand), so ist er schlecht saugbar. Das gilt für den reinen Saugbetrieb (Grundsauger).

Beträgt der Feinstkornanteil (< 0,063 mm) mehr als 5 %, dann ist mit hoher Lagerungsdichte zu rechnen (unter Wasser!) und der Cutterbagger (Schneidkopfsaugbagger) und nicht mehr der einfache Grundsauger einzusetzen. Der Grundsauger wird gut mit locker gelagertem bis leicht lösbarem Boden fertig, bei Druckwasseraktivierung sogar mit mittelfestem Boden. In allen bindigen Böden, schluffigen Sanden, Torf und Schlick muß jedoch der Cutterbagger verwendet werden. Zur Bodenerkundung werden in locker gelagertem Boden Schlauchkern-Aufschlußbohrungen, in fest gelagertem Boden Drucksondierungen durchgeführt.

Bei der Leistungsermittlung der Saugbagger muß wieder vom Boden ausgegangen werden. Optimal spülfähig ist der Boden nur im Feinsandbereich (Korndurchmesser 0,2 bis 0,6 mm), und das wieder hängt ganz wesentlich mit der sogenannten kritischen Strömungsgeschwindigkeit zusammen, – jener Strömungsgeschwindigkeit, bei der für einen bestimmten Boden noch eine ablagerungsfreie Gemischströmung gewährleistet ist, die Körner also „schweben" und nicht auf den Boden der Rohrleitung absinken.

Die kritische Strömungsgeschwindigkeit v_{krit} ist die eigentliche Leitgröße des Berechnungsverfahrens. Anhaltswerte sind in Bild **4**.71 wiedergegeben. Aus dem zu verwendenden Rohrleitungsdurchmesser d_R mit seiner Querschnittsfläche A_R und der gewählten Fördergeschwindigkeit v_m (die immer größer als v_{krit} sein muß) ergibt sich der Gemischförderstrom in m^3/sec bzw. l/sec bzw. m^3/h. Die 2. wichtige Bestimmungsgröße ist die Transportkonzentration K_T, also der Feststoffgehalt des Gemischförderstromes, so daß man damit die Förderleistung in festen m^3/h errechnen kann. Stattdessen wird auch mit dem sog. „Wasserkoeffizient n" gerechnet, der das Verhältnis Wasser ($=n$) zu Boden ($=1$) angibt.

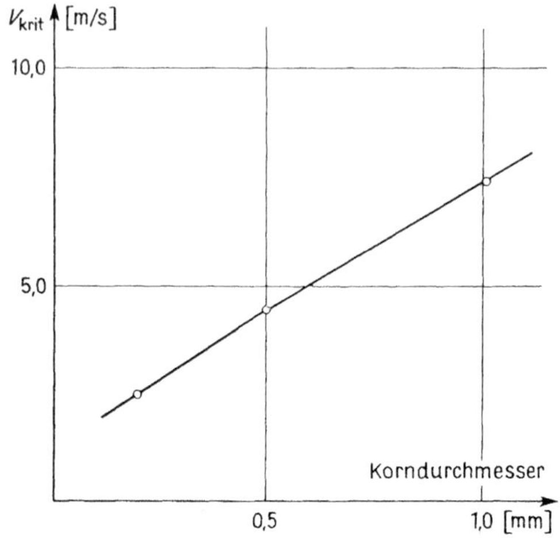

4.71
Zusammenhang zwischen kritischer Strömungsgeschwindigkeit V_{krit} und Korngröße für den schwebenden Transport [77]

Schließlich muß die erforderliche Pumpenantriebsleistung (Pumpengröße) bestimmt werden.

Der Leistungsbedarf der Baggerpumpen (Kreiselpumpen) errechnet sich für reines Wasser:

$$P = \frac{Q \cdot H}{102 \cdot \eta} \cdot \frac{1000}{3600} = 0{,}00454 \cdot Q \cdot H \quad [\text{kW}].$$

P = Pumpenantriebsleistung [kW],
Q = Volumenstrom [m^3/h],
H = Manometrische Förderhöhe [mWS],
η = Pumpen-Wirkungsgrad $\approx 0{,}6$

Bei der Förderung von Gemisch ist die Gemischdichte zu berücksichtigen. Sie kann geschätzt (in 1. Annäherung $\approx 1{,}2$) oder überschlägig wie folgt berechnet werden:

$$\varrho_G = \frac{\varrho_{Bü} + n \cdot \varrho_w}{n + 1} \quad \text{bzw.} \quad \varrho_G = \varrho_w + K_T \cdot \varrho_w \left(\frac{\varrho_{Bü}}{\varrho_w} - 1 \right)$$

ϱ_G = Gemischdichte [t/m^3]
ϱ_w = Wasserdichte [t/m^3]
Süßwasser = 1,00
Salzwasser $\approx$ 1,02
n = Wasserkoeffizient [–]
Sandgemisch ≈ 3 (entsprechend $K_T = 0{,}25$)
Kleigemisch ≈ 5 (entsprechend $K_T = 0{,}17$)
$\varrho_{Bü}$ = Bodendichte über Wasser [t/m^3]
Sand $\approx 2\,t/m^3$

Die erforderliche Antriebsleistung der Pumpe bei Gemischförderung wird dann

$$P = \frac{Q \cdot H}{102 \cdot \eta} \cdot \frac{1000}{3600} \cdot \varrho_G \cdot g \cdot 10^{-3} \quad [\text{kW}],$$

oder vereinfacht

$$P = 0{,}27 \cdot \frac{Q \cdot H}{\eta} \cdot \varrho_G \cdot g \cdot 10^{-3} \quad [\mathrm{kW}],$$

P = Antriebsleistung [kW] für Pumpe bei Gemischförderung,
Q = Volumenstrom [m^3/h],
η = Wirkungsgrad $\approx 0{,}6$ [–] (angenommen),
ϱ_G = Gemischdichte [t/m^3],
g = Erdbeschleunigung ≈ 10 [m/sec^2]

Für die zu installierende Gesamtleistung (Baggerpumpe + Schneidkopfantrieb + Winden) ergibt sich

$$N_{ges} \approx 1{,}5 \cdot P.$$

Richtwerte für Gerätegröße und -kosten können aus der BGL entnommen werden.

Über die manometrische Förderhöhe H geht die Geometrie der Baustelle ein. Es ist

$$\Sigma H = \text{Saughöhe} + \text{Druckhöhe} \ [\mathrm{m}] + \text{Reibungshöhe} \ [\mathrm{m}].$$

Die Reibungshöhe ist der innere Rohrleitungswiderstand (abhängig von der Rohrwandung, von Krümmungen, Ventilen usw.) und muß überschlägig ermittelt werden (Genaueres siehe [77]).

Dimensionierungsbeispiel für eine erste überschlägige Berechnung: [31].

Aufgabe:
Erforderliche Leistung: 100 000 m^3/Woche reiner Boden;
Material: Feinsand $d_m = 0{,}2$ mm Korndurchmesser;
Spülentfernung: 3000 m;
Manometrische Förderhöhe: 36 m (angenommen).

Lösung:

1. Strömungsgeschwindigkeit

   kritische: $v_{krit} = 2{,}5$ m/s
   gewählte: $v_m = 3{,}2$ m/s

2. Rohrleitung (frei gewählt)

   Durchmesser $d_R = 700$ mm
   Fläche $A_R = 0{,}385\ m^2$

3. Gemischförderstrom (erzielbar)

$$Q_G = A_R \cdot v_m = 0{,}385\ m^2 \cdot 3{,}2\ m/s = 1{,}23\ m^3/s = 4.430\ m^3/h$$

4. Transportkonzentration (angenommen)

   $K_T = 0{,}3$ (Feststoffanteil) (entsprechend $n = 2{,}3$)

5. Bodenförderstrom (erzielbar)

$$\begin{aligned} Q_B &= Q_G \cdot K_T \\ &= 1{,}23\,\mathrm{m^3/s} \cdot 0{,}3 \\ &= 0{,}37\,\mathrm{m^3/s} \\ &= 1\,330\,\mathrm{m^3/h} \approx 100\,000\,\mathrm{m^3/Woche} \end{aligned}$$

6. Erforderliche Antriebsleistung für Feststoffgemisch

$$P = 0{,}27 \cdot \frac{Q \cdot H}{\eta} \cdot \varrho_G \cdot g \cdot 10^{-3}$$

$$= 0{,}27 \cdot \frac{4430 \cdot 36}{0{,}6} \cdot 1{,}2 \cdot 10 \cdot 10^{-3}$$

$$= 862\,\mathrm{kW}$$

Q = Fördervolumen = 4430 = Q_G			$[\mathrm{m^3/h}]$	
H = Manometrische Förderhöhe			[mWS]	
	= Saughöhe	+ Reibungshöhe		
		+ Verluste	10 m WS	(voll ausgenutzt)
	+ Druckhöhe	+ Reibungshöhe		
		+ Verluste	26 mWS	(vorgewählt)
			36 mWS	
η = Pumpenwirkungsgrad = 0,6			(angenommen)	
ϱ_G = Gemischdichte (angenommen ≈ 1,2)			$[\mathrm{t/m^3}]$	
g = Erdbeschleunigung ≈ 10			$[\mathrm{m/sec^2}]$.	

7. Reichweite

Gegeben: Förderhöhe	36 mWS	
abzüglich (Saugseite)	10 mWS	
verbleiben	26 mWS	(für Druckseite)

$$L = \frac{h_D \cdot d_R}{\frac{v^2}{2g} \cdot \lambda} \quad [\mathrm{m}].$$

h_D = Druckhöhe = 26 mWS,
d_R = Rohrdurchmesser = 0,7 m,
v = Fördergeschwindigkeit = 3,2 m/s,
g = Erdbeschleunigung = 9,81 m/sec^2,
λ = Rohrwiderstandsbeiwert ≈ 0,016.

$$L = \frac{26 \cdot 0{,}7}{\frac{3{,}2^2}{2g} \cdot 0{,}016} = \frac{18{,}2}{0{,}0082} = 2219\,\mathrm{m}.$$

Um 3000 m zu erreichen, muß die Pumpenleistung also noch etwas erhöht werden.

Eine andere (allerdings noch „grobere“, aber dafür schnellere Möglichkeit des größenmäßigen „Sich-Herantastens“ an die Entscheidungskriterien bietet das Nomogramm (Bild **4.**72), das nur für die Gemischströmung, nicht jedoch für die Bodenförderleistung gilt.

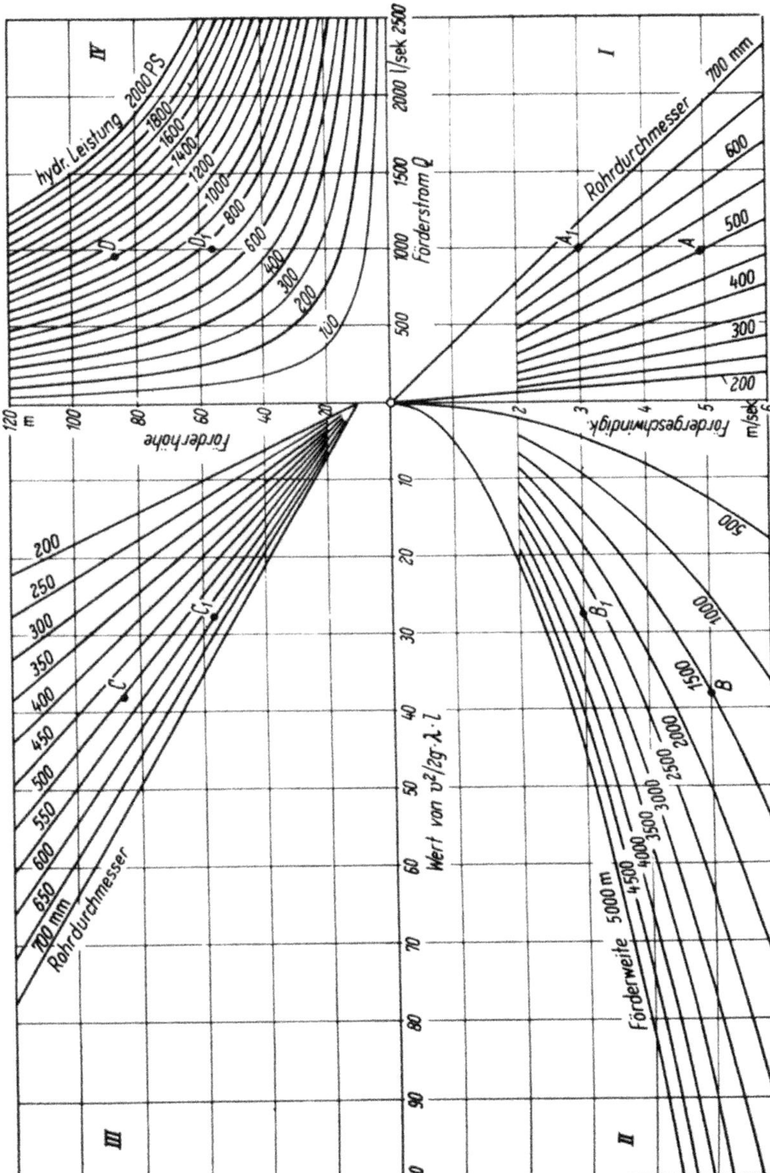

4.72 Nomogramm zur Bestimmung der erforderlichen hydraulischen Leistung einer Baggerpumpe aus Rohrdurchmesser, Fördergeschwindigkeit, Förderweite und Förderhöhe [85]

Ausgangswert ist die für eine Bauaufgabe erforderliche Gemischleistung (Förderstrom Q in l/s), hier angenommen mit

$$Q_G = 1\,000 \text{ l/s}.$$

Sie kann erreicht werden

a) mit einem Rohr-∅ von 500 mm und einer Fördergeschwindigkeit von $v = 5$ m/s. – Punkt A –;

b) mit einem Rohr-∅ von 650 mm und einer Fördergeschwindigkeit von $v = 3$ m/s – Punkt A_1 –.

Wird eine Förderweite von

$$L = 1500 \text{ m}$$

gefordert (Punkt B), so ergibt sich für den Rohrdurchmesser von 500 mm (Punkt C) mit einer manometrischen Förderhöhe von

$$H = 85 \text{ mWS}$$

eine erforderliche hydraulische Leistung der Pumpe von

$$N = 1100 \text{ PS} \quad (810 \text{ kW})$$

entsprechend einer maschinellen Antriebsleistung (bei $\eta = 0{,}6$) von

$$N_e = 1830 \text{ PS} \quad (1346 \text{ kW}).$$

Näher untersucht werden sollten dabei jedoch

die erforderliche kritische Fördergeschwindigkeit v_{krit},

die manometrische Förderhöhe H (Summe aller Widerstände, hier insbesondere die geometrische Förderhöhe).

4.2 Kosten

4.2.0 Überblick

Die Ermittlung der Gerätekosten in DM/Betriebsstunde erfolgt offiziell nach dem in der Baugeräteliste (BGL) [36] angegebenen Schema. Damit sind Streitigkeiten über die Art und Weise, wie man Gerätekosten fixieren kann, weitgehend ausgeschaltet. Und dennoch ist diese Methode nur so etwas wie ein „Esperanto", – eine Ausdrucksweise, in der man sich in einem größeren Kreis verschiedenster Interessenten ohne wesentliche Schwierigkeiten verständigen kann.

Neben dieser mehr pauschalen Methode gibt es individuelle Verfahren, die

auf das einzelne Gerät,
auf die konkrete Bauaufgabe,
auf die jeweilige Baustellensituation,
auf den jeweiligen Maschinisten

abgestimmt sind und auf eine wesentlich differenziertere Art und Weise alle die Faktoren berücksichtigen, die beim Zustandekommen der Gerätekosten eine Rolle spielen.

Das setzt allerdings voraus, daß keine Mühe gescheut wird, um über die wirkliche Größe eines bestimmten Kostenfaktors, unter den speziellen Betriebsbedingungen der Maschine, informatives Datenmaterial zu erhalten. Nur so können die wirklich echten Kosten erfaßt und für eine Weiterverwendung aufbereitet werden. Es ist z. B. nicht damit getan, Maschinen-Begleitbücher zu führen und dort die täglichen Betriebsstunden und den Brennstoffverbrauch einzutragen. Es ist auch damit nicht getan, daß die Werkstattkosten für die Reparatur an der Maschine „gefühlsmäßig“ aus den anfallenden Gesamtkosten auf das einzelne Gerät verteilt werden. Diese Werte müssen den wahren Sachverhalt zutreffend kennzeichnen! Man kontrolliere nur einmal den Dieselverbrauch einer Planierraupe oder eines Baggers und wird dann oft sein blaues Wunder erleben: mehr als 0,27 kg/kWh kann ein Motor niemals schlucken, – aber die notierten Verbrauchszahlen liegen oft wesentlich höher!

Schließlich sei noch auf den sehr relativen Charakter des Begriffes „Wirtschaftlichkeit“ hingewiesen. Wirtschaftlich ist ein Gerät zu nennen, wenn es die Bodenbewegung unter allen denkbaren technischen Möglichkeiten am billigsten durchführt, die Förderkosten in DM/m^3 also am niedrigsten liegen. Diese Förderkosten können niemals absolut, sondern immer nur in Relation zu den Kosten der anderen noch in Frage kommenden Geräte gesehen werden. Es muß also sehr sorgfältig vorgegangen werden, wenn man die Grenzen von Wirtschaftlichkeitsbereichen fixiert, und vor allem dürfen solche Werte dann niemals verallgemeinert werden. Sie gelten immer nur für eine ganz bestimmte Situation.

4.2.1 Die Kostenermittlung nach BGL

Es ist zweckmäßig, diese Kostenermittlung nach einem Formblatt (z. B. Tafel **4.**73) durchzuführen. Darin wird unterschieden zwischen

festen Kosten (die immer anfallen),
Betriebskosten (die nur während des Einsatzes entstehen),
Lohnkosten (die den Maschinisten betreffen).

Die Festkosten enthalten

den Abschreibungswert A: den mittleren Neuwert der Maschine, wie in der BGL ausgedruckt;

die Nutzungsdauer: die Zeit, über die ein Gerät wirtschaftlich und technisch erfolgreich eingesetzt werden kann;

den Faktor für Abschreibung und Verzinsung k.

Daraus ergibt sich dann die monatliche Abschreibung und Verzinsung

$$K = k \cdot A \quad \text{(DM/Monat)}.$$

k = monatlicher Abschreibungs- und Verzinsungssatz in % vom Gerätewert,
A = Abschreibungswert (Geräteneuwert).

Der Faktor k ist in der BGL für monatliche Abschreibung angegeben. Er beträgt z. B. für eine Planierraupe (Nutzungsdauer = 4 Jahre)

$$k = 3{,}2\text{–}3{,}8\,\% \text{ monatlich.}$$

Tafel 4.73 Formblatt (Beispiel) für die Kostenermittlung der Betriebsstunde einer Baumaschine

Betriebsstunden-Kostenermittlung bei Baumaschinen				DM/h
Festkostenermittlung	1	Geräteart	Planierraupe K8E	
	2	DIN PS/KW	80/59	
	3	Abschreibungswert DM	98 000,–	
	4	Nutzungsdauer nach BGL (Baugeräteliste)	4 Jahre	
	5	Zinssatz %	3	
	6	Jährliche Abschreibung + Verzinsung %	27,9	
	7 6 × 3	Jährl. Abschr. + Verz. DM	27 342,–	
	8	Beschäftigungsgrad % 1 Jahr = 12 Monate = 2400 h 1 Monat = 200 h	80	
	9 aus 8	Jährliche Betriebsstunden	1920	
	10 7:9	Abschr. + Verzins. DM/h		14,24
Betriebskosten	11	Reparaturen DM/h 40/50/60/max. 67 % von 10 (hier: 67 %)		9,54
	12	Betriebskosten DM/h Verbrauch pro PS · h × PS Angabe × DM/l Anhaltswerte: 0,12–0,175 l pro PS · h 0,12 × 80 × 0,70		6,72
	13	Wartung und Schmierung DM/h 20/25/30 % von 12		1,68
Lohnkosten	14	Fahrerlohn DM/h		14,00
	15	Stundenaufwendungen (Summe aus 10–14) DM/h		46,18

Die Nutzungsdauer nach BGL beträgt (je nach Gerätegröße) für

Planierraupen	4 Jahre	Motorscraper	4 Jahre
Hydraulikbagger	5–8 Jahre	Schaufelradbagger	15 Jahre
Grader	5 Jahre		

Die Betriebskosten setzen sich zusammen aus

Reparaturkosten,
Kraftstoffkosten,
Wartungs- und Schmierstoffkosten.

Die Reparaturkosten R werden auf die Festkosten (K) bezogen,

$$R = r \cdot K \quad \text{(DM/h)},$$

wobei r ein Rechenfaktor ist und nach dem BGL-Verfahren bei Erdbaugeräten im Bereich zwischen 0,6 und 0,85 liegt.

Die Kraftstoffkosten ergeben sich aus dem Kraftstoffverbrauch, der ebenfalls in der BGL angegeben ist.

Als Schmierstoffkosten werden 25 % der Kraftstoffkosten eingesetzt.

Bei den Lohnkosten sind außer den Lohn- auch die Lohnnebenkosten zu berücksichtigen, die 40 bis 85 % der Lohnkosten betragen.

4.2.2 Detailliertes Verfahren

Es unterscheidet sich in 4 Punkten von dem Normalansatz nach BGL, – und diese sind auch zugleich die Angelpunkte jeder genaueren Kostenermittlung:

die wirtschaftliche Nutzungsdauer,
die Reparaturkosten,
die Wartungskosten,
die Fahrwerkskosten.

Die wirtschaftliche Nutzungsdauer ist ein sehr dehnbarer Begriff. Sie ist einmal von der technischen Weiterentwicklung der Geräte abhängig. Am Beispiel der Seilbagger sei dies verdeutlicht: Solange es keine Hydraulikbagger gab, hatten die Seilbagger eine Nutzungsdauer von 12 Jahren. Heute wäre dieser Wert allenfalls noch für die Verwendung der Seilbagger als Trägergeräte (z. B. für Drehbohrgeräte) oder als Kran, niemals aber für einen Einsatz gerechtfertigt, wo Seilbagger mit Hydraulikbaggern konkurrieren. Hier kann man für den Seilbagger kaum einen höheren Wert ansetzen als für den Hydraulikbagger: nämlich 8 Jahre.

Aber was heißt überhaupt „wirtschaftliche Nutzungsdauer"? Doch nichts anderes als: die Zeit, über die das Gerät einen Gewinn erwirtschaftet, also mehr einbringt, als es kostet. Und hier spielen Beanspruchung und Pflege des Gerätes eine große Rolle. In Steinbrüchen z. B. gibt es Bagger, die schon 50 Jahre alt sind und immer noch arbeiten, weil sie eben noch „wirtschaftlich" sind. Aber diese Geräte wurden von wenigen ausgesuchten Maschinisten bedient und haben nie große Leistungen erbringen müssen (z. B. in einer Zementfabrik); sie mußten im wesentlichen „da" sein, wenn sie gebraucht wurden, mußten ein hohes Maß an Betriebssicherheit und Zuverlässigkeit erbringen (denn die Drehöfen liefen ja rund um die Uhr und brauchten „Futter") und sollten – gewissermaßen auf Knopfdruck – von dieser oder jener Sohle des Steinbruches bestimmtes Rohmaterial liefern. Und es spielt eine große Rolle, ob ein Radlader nur Sand oder Kies schaufeln oder im Steinbruch mit gesprengtem grobem Haufwerk härteste Arbeit leisten muß (z. B. für ein Schotterwerk). Hier lassen sich keine Richtwerte angeben; die individuellen Einflüsse sind zu verschieden.

Außer der technischen Überalterung und der Beanspruchung im Einsatz spielt auch der Zustand des Gerätes eine Rolle. Auch unter den Baumaschinen gibt es „Montags-Autos", bei denen irgendetwas in der Fertigung schiefgelaufen ist. Oder das Gerät ist von sehr unterschiedlichen Maschinisten ganz unterschiedlich „rangenommen" worden oder hat sehr unterschiedliche Einsätze hinter sich. Will man hier präziser werden, so muß man sich schon selbst einmal auf die Maschine setzen und mit ihr arbeiten, um mitzubekommen, „wie sie sich anfühlt", – und daraus dann das Alter und damit die – noch – wirtschaftliche Nutzungsdauer – bestimmen.

Bezugnehmend auf die Werte der BGL kann man sagen: Dort sind Mittelwerte angegeben, die sowohl um bis zu 50 % unterschritten wie bis zu 100 % überschritten werden können. Eine Planierraupe, die „normalerweise" eine Nutzungsdauer von 4 Jahren hat, kann auch nach 2 Jahren schon „hinüber" sein und soviel Reparatur- und Wartungskosten verursachen, daß sie keinen Nutzen mehr abwirft. Sie kann aber ebenso gut auch nach 8 Jahren noch wirtschaftlich arbeiten.

Die Reparaturkosten sollten am besten für jede Maschine einzeln festgehalten und aufgezeichnet werden. So kann man den „Krankheitsstand" am ehesten überblicken und auch sehr genau verfolgen, wann die Reparaturkosten die „kritische" Marke überschreiten. Vor allem sieht man auch anhand dieser „Sägezahnkurve", wie die einzelnen Wartungen und Überholungsarbeiten kostenmäßig zu Buche schlagen (Bild **4**.74).

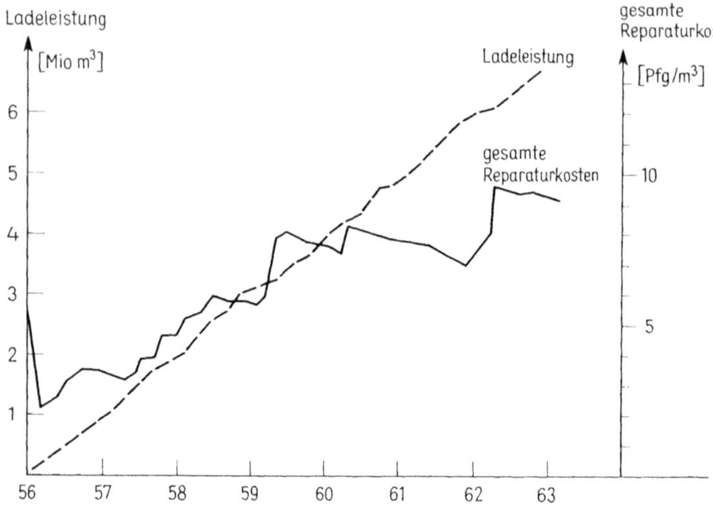

4.74 Reparaturkosten und Ladeleistung eines Steinbruchbaggers DN über 7 Betriebsjahre

Will man die an einem einzelnen Gerät ermittelten Reparaturkosten in größerem Rahmen weiter verwenden, so muß man sie auf einen allgemein gültigen Richtwert beziehen. Dafür hat die BGL die festen Kosten ausgewählt, und das ist sicher der gangbarste Weg. Nur sind die dort veranlagten Reparaturkostensätze doch sehr pauschaliert und müssen bei der genaueren Betrachtung differenziert werden. Es ist ein großer Unterschied, ob eine Planierraupe nur Mutterboden abschiebt oder schweren Fels reißt. Und eine Schürfraupe, die (etwa bei Deicharbeiten) ständig im Wasser fährt, hat einen ganz anderen Kettenverschleiß als ein Gerät, das bindigen Boden fördert. Nimmt man die Festkosten K als Richtwert, so dürfte der Reparaturkostenfaktor k_r etwa betragen:

Mutterbodenabtrag	$k_r = 0{,}4$
Sand und Kiesarbeiten	$k_r = 0{,}6$
bindiger Boden	$k_r = 0{,}8$
gesprengter Fels	$k_r = 1{,}0$
schwerer Reißeinsatz	$k_r = 1{,}5$.

Aufschlußreich für die Höhe der Reparaturkosten (bezogen auf die Festkosten) sind auch die Untersuchungen in [37]. Dort wurden die Reparaturkosten

der Seilbagger (Bild **4.**75),
der Hydraulikbagger und Lader (Bild **4.**76),
der Planierraupen (Bild **4.**77),
der Hinterkipper (Bild **4.**78),

auf die Einsatzbedingungen bezogen und diese Einsatzbedingungen nach vier Bodenklassen unterteilt:

Bodenklasse a: sandiger Kies, locker gelagert;
Bodenklasse b: grober Schotter, dicht gelagert;
Bodenklasse c: gesprengter Fels und Hangschutt;
Bodenklasse d: schwere grobblockige Moräne (mit Reißen und Sprengen).

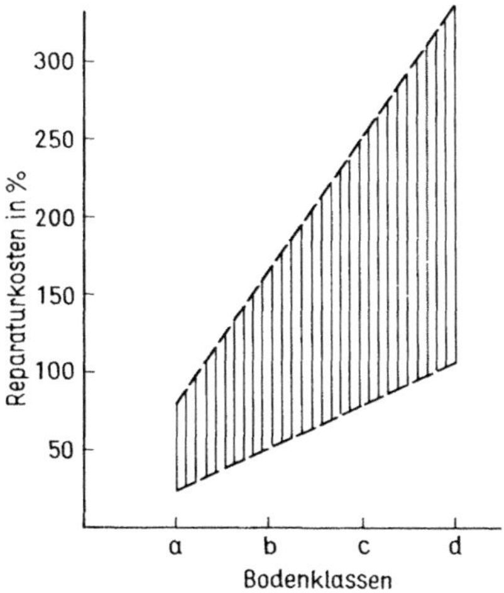

4.75 Einfluß der Einsatzbedingungen auf die Reparaturkosten von Seilbaggern (Werte der BGL = 100 %) [37]. (Bodenklassen s. Text S. 222)

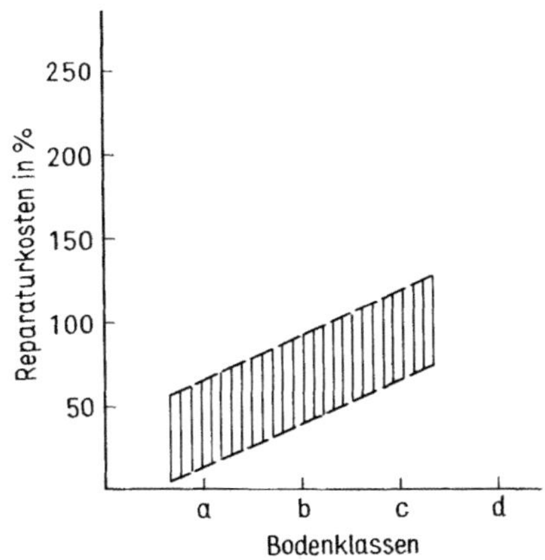

4.76 Einfluß der Einsatzbedingungen auf die Reparaturkosten von Hydraulikbaggern, Radladern und Raupenladern (Bodenklassen s. Text S. 222) (BGL = 100 %) [37]

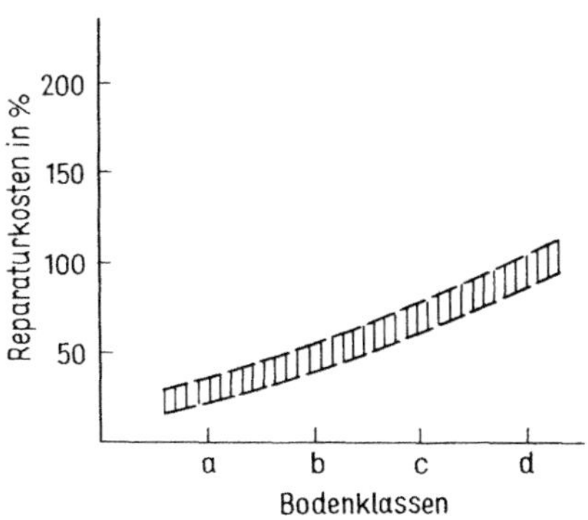

4.77 Einfluß der Einsatzbedingung auf die Reparaturkosten von Planierraupen (BGL = 100 %) [37]

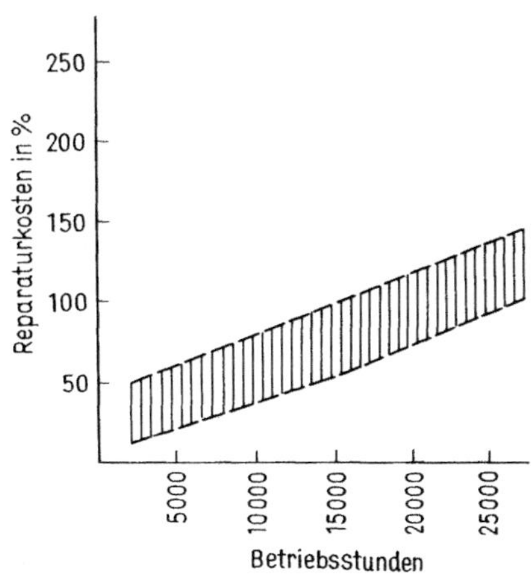

4.78 Einfluß des Gerätealters (in Betriebsstunden) auf die Reparaturkosten der Transportfahrzeuge (BGL = 100 %) [37]

Bei näherer Betrachtung der Reparaturkosten muß noch weiter unterschieden werden nach

Einsatzart,
Fabrikat,
Alter,
Art (Seilbagger, Grader usw.) und Betreuung

der Maschinen. Auch kann ein Zusammenhang zwischen dem jeweils zu bearbeitenden Boden (oder Fels) und den Reparaturkosten über die drei Bodenkennziffern

γ_R	Raumgewicht des Bodens (fest)	[kN/m^3]
φ	Reibungswinkel	[°]
c	Kohäsion	[MN/m^2]

hergestellt werden. (Diese Bodenkennziffern können auch im ersten Ansatz schon wertvolle Hinweise darüber geben, wie stark die Maschine in kWh/m^3 sein muß.)

Die Kosten für die Wartung werden entweder in die Reparaturkosten mit eingerechnet oder getrennt erfaßt. Dabei ist zu unterscheiden, ob das Gerät periodisch überholt und gewartet wird, oder plötzlich (und dazu „stochastisch") ausfällt und in die Werkstatt muß.

Es ist sinnvoll, beide Faktoren unter „Reparaturkosten" zusammenzufassen. Im allgemeinen betragen die Wartungskosten ca. 30 %, die Reparaturkosten ca. 70 % der Gesamtkosten für Wartung und Reparatur; wobei sich bei einer wohlüberlegten und sorgfältigen Instandhaltungsstrategie die Wartungskosten auf bis zu 50 % erhöhen und die Reparaturkosten entsprechend abnehmen, bei gleichzeitigem Absinken des k_r-Faktors (für den Gesamtaufwand) um 10 % bis 30 %.

Eine genauere Kostenberechnung erfordert auch eine getrennte Erfassung der Fahrwerkskosten. Dabei wird in den Festkosten als Abschreibungswert nur der Neuwert der Maschine abzüglich des Fahrwerks verwendet. Das Fahrwerk wird unter den Betriebskosten berücksichtigt (was auch sinnvoll ist, da das Fahren zum Betrieb des Gerätes gehört). Den hier anzusetzenden Stundensatz erhält man, indem man den Neuwert des Fahrwerks durch die Lebensdauer in Betriebsstunden dividiert. Kostet das Raupenfahrwerk einer Planierraupe z. B. DM 30000,– und haben die Ketten eine Lebensdauer von 3000 Stunden, so ergeben sich als Fahrwerkskosten DM 10,–/h.

Will man noch genauer vorgehen, so muß man differenzieren hinsichtlich Raupen- und Reifenfahrwerk. Beim Raupenfahrwerk sind nicht nur die Raupenketten an den Kosten beteiligt. Tafel **4.**79 gibt einen Überblick über die Lebensdauer der einzelnen Fahrwerksteile.

Tafel **4.**79 Lebensdauer der Fahrwerksteile in Betriebsstunden [h].

	min.	max.	Mittel
1. Ketten	1200	7000	4200
2. Laufrollen (unten)	500	4100	3200
3. Stützrollen	300	3800	2900
4. Dichtung an Rollen	500	3200	2000
5. Antriebsräder	1500	7200	4200
6. Leiträder	6000	–	8800

Für die EM-Reifen gibt Tafel **4.**80 die zu erwartende Lebensdauer an, die nach Trieb-/Laufreifen und nach Fahrbahnklassen unterteilt ist, wobei sich die Fahrbahnklasse auf die Güte der Fahrbahnoberfläche bezieht.

Tafel **4**.80 Lebensdauer der Geländereifen (EM) in Betriebsstunden [h]

	Triebreifen Fahrbahnklasse				Laufreifen Fahrbahnklasse			
	A	B	C	D	A	B	C	D
Motorschürfwagen	—	4000	3000	2500	3000	7500	5000	4500
Schürfwagenanhänger	—	—	—	—	3000	7500	5000	4500
Reifenschlepper, zweiachsig	2000	1500	3000	2500	—	—	—	—
Tandemgeräte (Grader)	1000	1200	2500	2000	800	800	1500	1200
Transportfahrzeuge:								
2-Rad-Antrieb	2000	5000	4000	3000	3000	7500	5000	4500
4-Rad-Antrieb	2500	8000	5000	4000	—	—	—	—

Fahrbahnklasse: A: Scharfkantige Oberfläche. B: Harte, ebene Oberfläche. C: Weicher, bindiger Boden. D: Rolliger Boden.

4.2.3 Wirtschaftlichkeitsvergleich

Aus der Division der Förderleistung durch die Gerätekosten ergeben sich die Förderkosten in DM/m³. Da die meisten Erdbaugeräte in ihren Leistungen wie Kosten stark von der jeweiligen Förderweite (Transportentfernung) beeinflußt werden, wird immer wieder auch die Frage nach den „Wirtschaftlichkeitsbereichen" gestellt, also: Von wo bis wo (in m oder km) ist das Gerät wirtschaftlich, d. h. hier: liefert es den m³ am billigsten?

Exakt vergleichen kann man immer nur konkrete Fälle, d. h. bestimmte Maschinen unter bestimmten Einsatzbedingungen. Will man dennoch einen Überblick in größerem Rahmen haben, so muß man (um objektiv zu bleiben) die Leistungen der Geräte auf eine Normbaustelle umrechnen, wo für alle zu vergleichenden Geräte gleiche Betriebsbedingungen herrschen. Die „normierten" Einsatzbedingungen beziehen sich auf

einen bestimmten Boden,
bestimmte Arbeitswerkzeuge,
eine bestimmte Fahrbahn,
bestimmte Betriebsverhältnisse.

Vergleicht man nun die Leistungen der einzelnen Geräte miteinander und ermittelt die zugehörigen Förderkosten, so ergibt sich ein Zusammenhang nach Bild **4**.81. Vereinfacht dargestellt ist die Situation in Bild **4**.82: Jeder einzelne Gerätetyp hat einen bestimmten Entfernungsbereich, in dem er „am billigsten" fördert, und das ist sein Wirtschaftlichkeitsbereich. Da die Förderkosten (DM/m³) stark von der Gerätegröße abhängen, können immer nur „Bereiche" miteinander verglichen werden, die sich an den Grenzen gegenseitig durchdringen. Und wenn man daran denkt, daß die obere Grenzlinie für die kleinsten, die untere für die größten Geräte zutrifft, so ergibt sich sehr deutlich, daß der Schnittpunkt zweier Kostenlinien in einem ganz anderen Entfernungsbereich liegen kann, je nach dem, ob das kleinste Gerät in der vorhergehenden Geräteart mit dem größten der nachfolgenden Geräteart ermittelt wird oder umgekehrt. Die Schwankungen können also beträchtlich sein.

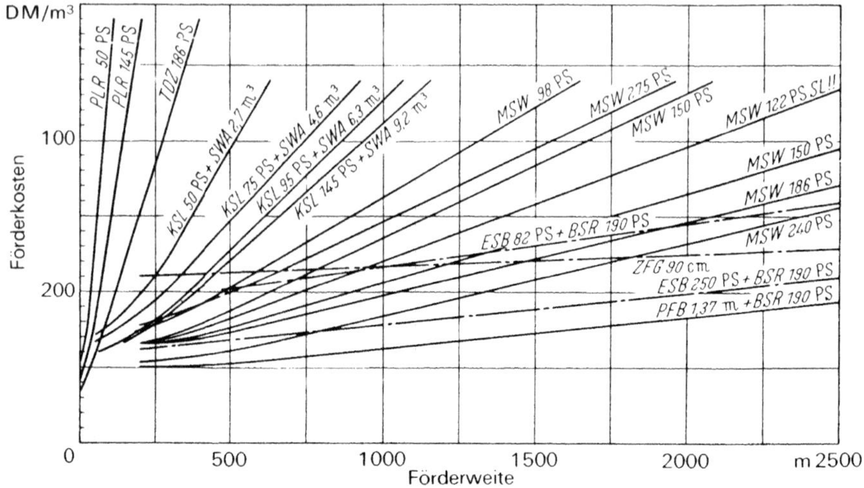

4.81 Förderkosten (Kosten für den m³ Bodenbewegung) der gleislosen Geräte
Es bedeuten:

PLR	Planierraupe	MSW	Motorschürfwagen
TDZ	Tournadozer (Reifenplaniergerät)	ESB	Eimerseilbagger (Schürfkübelbagger)
		BSR	Bodenschütter
KSL	Raupenschlepper	PFB	Pflugbagger
SWA	Schürfwagen-Anhänger	ZFG	Zugförderung

Bild **4.**82 veranschaulicht das Kostenschema der maschinellen Erdbewegung: Im Kurzstreckenbereich dominieren die Planierraupen mit geringer Fahrgeschwindigkeit und geringer Nutzladung. Das Gegenstück dazu bilden im Langstreckenbereich die Motorschürfwagen mit hohen Fahrgeschwindigkeiten (Reifenfahrwerk) und großer Nutzladung. Den Mittelstreckenbereich teilen sich Schürfkübelraupen und Schürfwagenanhänger. Im rechten Teil dominiert der Schürfwagenanhänger mit großer Nutzladung, Reifenfahrwerk und Raupenschlepper als Zugmaschine. Im linken Teil führt die Schürfraupe mit wesentlich kleinerer Nutzladung und ebenfalls Raupenfahrwerk. Das Spiel wiederholt sich auf andere Weise: links liegt die steilste Kostenkurve mit geringem Anfangswert (Festkosten), rechts die flachste Kurve, mit hohem Anfangswert (Geräteinvestitionen). Zwischen diesen Möglichkeiten gilt es nicht nur verfahrenstechnisch, sondern auch kostenmäßig zu wählen, wobei die Förderweite die maßgebende Kenngröße ist.

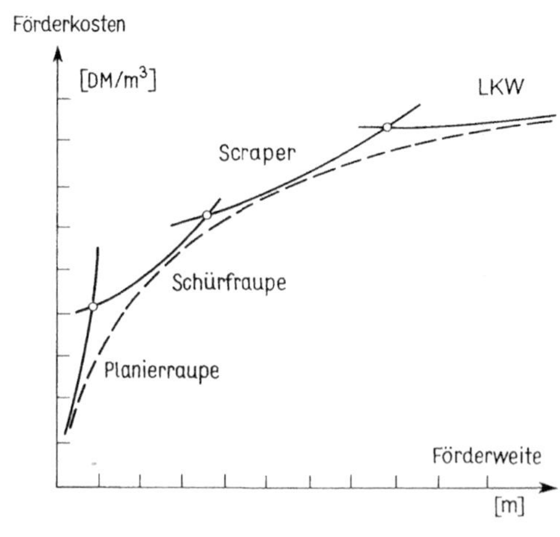

4.82
Funktionaler Zusammenhang zwischen Förderweite und Förderkosten der Flachbaggerförderung

5 Einsatz

5.1 Einsatztechnik

5.1.0 Überblick

Ist der Auftrag für die Ausführung einer Erdbauarbeit erteilt – und in der gedanklichen Entwicklung dieses Buches sind wir nun soweit –, so muß zunächst eine intensive Arbeitsvorbereitung erfolgen. Denn nun muß das Denken, Planen und Überlegen in die „Ausführung" übergehen, müssen die Zeichnungen „gebaut", also in das reale Bauwerk umgewandelt werden, – und das so rationell und optimal wie möglich!

Diese „Realisierungsphase" hat deutliche Parallelen zum militärischen Handeln und den dabei geübten Praktiken. Der Bauingenieur ist gut beraten, wenn er sich für das dort übliche Vorgehen interessiert. Sicher braucht eine Bauunternehmung keinen „Generalstab", – nur: in der „Abteilung AV" – der Arbeitsvorbereitung – hat sie ihn ja längst! Und das Vorgehen ist hier wie dort sehr ähnlich:

Liegt (um es einmal mit den Ausdrücken der Militärs zu sagen) der „operative Leitgedanke" (bei uns: das Bauverfahren) fest und ist der „Operationsplan" (bei uns: der Bauablaufplan) ausgearbeitet, so muß im Detail

ein „Aufmarschplan" für die Bereitstellung der Geräte und
ein „Vormarschplan" für die Steuerung der Geräte im Rahmen des Baufortschrittes

hinzukommen, und hier ist wirklich „Generalstabsarbeit" erforderlich, wenn der Ablauf der Bautätigkeit, also die eigentliche Handlung, optimal erfolgen soll. Nur: Was im Hoch- und Ingenieurbau schon „Stand der Technik" ist, wird im Erdbau oft noch recht stiefmütterlich behandelt. Man redet sich mit „Boden" und „Wetter" und ihren weitgehend stochastischen Einflüssen heraus und übersieht darüber ganz, daß es eine Menge Details (mit oft wesentlicher Bedeutung) gibt, die man vorher exakt festlegen kann, weil sie jener Stochastik nicht unterliegen.

Immer wieder muß man sich vor Augen halten: Wenn man im Erdbau einen Fehler macht (z. B. ein Ladegerät falsch aufstellt), dann ist dieser Fehler – ganz für sich betrachtet – zwar klein, aber er wiederholt sich alle 20 oder 30 Sekunden und kann sich zu immenser Größe auswachsen. Also: „Arbeitsvorbereitung" sollte auch im Erdbau ganz, ganz ernst genommen werden!

Abgrenzung. Im Abschnitt 3.1.5 war von der Arbeitstechnik die Rede gewesen. Hier nun steht die Einsatztechnik im Mittelpunkt. Beide Begriffe gehören zusammen, nur müssen sie von zwei verschiedenen Standorten aus betrachtet werden:

Arbeitstechnik bezieht sich auf die Geräte selbst und befaßt sich mit dem Fragenkomplex:

Wie arbeiten die Geräte?
Wie ist ihre Arbeitsmechanik?
Wie ist ihre spezielle Dynamik und Kinematik?

Einsatztechnik dagegen handelt vom Umgang mit den Geräten und fragt:

Wie arbeitet man mit den Geräten?
Wie setzt man sie am besten an?

Während also die Arbeitstechnik die Wirkung des einzelnen Gerätes an sich behandelt, untersucht die Einsatztechnik, wie man dieses Gerät am besten zur Wirkung bringt im Rahmen der jeweiligen Bauaufgabe.

Dieses „zur Wirkung bringen" gliedert sich wieder in drei maschinenspezifische Betrachtungsebenen:

die Ansatztechnik, die festlegt, wie man die Geräte am besten „ansetzt" (hinstellt, in Stellung bringt);

das Abbauschema, das zeigt, wie man die Bauaufgabe am besten aufteilt (zerlegt, zerteilt), damit die Geräte sie auch richtig „packen" können;

die Operationstechnik, die ermittelt, wie sich die Geräte als Ganzes am besten bewegen sollen, damit die Arbeits- und Fahrbewegungen minimiert werden.

Praktisch gliedert man die Einsatztechnik der Geräte in drei „Schnittflächen":

Die Ansatztechnik wird im Hochschnitt (Längsschnitt in Richtung Arbeitsfortschritt),

das Abbauschema im Querschnitt (quer zur Arbeitsrichtung),

die Operationstechnik (Fahrbewegungen) in der Draufsicht

untersucht, um

- die optimale Aufstellung des Gerätes,
- die optimale Unterteilung der Aushub- bzw. Auftragsquerschnitte in „kleinere Portionen",
- die optimale Fahr- und Fortbewegung der Geräte

herauszufinden.

Schwerpunkte. Jedes Gerät erfordert für eine gegebene Bauaufgabe eine ganz spezielle Einsatztechnik. In gestraffter Form läßt sich das Thema nur über gewisse Schwerpunkte behandeln:

Bei den stationär arbeitenden Geräten (Bagger, Bandlader) steht ganz eindeutig das „richtige Hinstellen", also die Aufstellung bzw. der Ansatz der Geräte im Vordergrund. Von der richtigen Aufstellung eines Baggers zur Abbauwand (und von der Gestaltung dieser Wand) – im Hochschnitt gesehen – kann die Leistung des Gerätes entscheidend abhängen. Die Fahrbewegungen, d. h. das „Umsetzen" von Angriffspunkt zu Angriffspunkt, haben demgegenüber sekundäre Bedeutung. Die Fahrbewegung ist hier nicht „produktiv", aber sie ist dennoch wichtig, weil sie Zeit kostet und an der produktiven Einsatzzeit verloren geht.

Das Gegenteil ist bei den aus der Fahrbewegung heraus arbeitenden Geräten der Fall: Hier interessiert primär die Gestaltung der Fahrbewegungen (die Linienführung, – in Draufsicht), denn die Fahrbewegung wirkt entscheidend an der Förderleistung mit; je kürzer die Fahrzeit ist, um so höher wird die Förderleistung. Die Fahrzeit nimmt auch einen weit größeren Teil der Umlaufzeit ein als das Lösen und Laden, das dabei sekundären Charakter hat.

So werden hier (auszugsweise) die Bagger (Hochlöffel, Tieflöffel, Schürfkübel) vornehmlich vom Standpunkt der Einsatztechnik her,

die Lader (Radlader) und Flachbagger (Planierraupe, Schürfraupe, Motorschürfwagen, Grader) vom Standpunkt der Fahrbewegung her betrachtet.

Die Einsatztechnik läßt sich schwer in „Rezepte" fassen. Sie muß eigentlich für jeden Einsatzfall individuell „maßgeschneidert" werden. Daher kann man Einsatztechnik auch immer nur empirisch (in der Analyse von Ausführungsbeispielen oder am Sandkasten) studieren. Die Elemente der besonderen Situation sind jeweils zu eruieren und zu einem speziellen Konzept zusammenzusetzen. Auf jeden Fall ist viel „Zeichenarbeit" (Skizzieren von Einsatzmöglichkeiten) oder viel „Modellierarbeit" (im Sandkasten) erforderlich, bis man die optimale Lösung hat. Und sofort setzt dann schon wieder das kritische Fragen ein: ob es nicht vielleicht noch eine bessere Lösung gibt.

5.1.1 Ansatztechnik

5.1.1.1 Hochlöffel

Vorausgeschickt sei, daß die folgenden Ausführungen im Prinzip sowohl für Seil- wie für Hydraulikbagger gelten. Im Vordergrund stehen:

- die Aufstellung des Baggers zur Abbauwand und
- die Gestaltung der Abbauwand an sich.

Da der Löffel wegen seiner Anlenkung über Stiel und Ausleger immer auskragt, sollte der Bagger so dicht wie möglich vor der Abbauwand stehen. Hierbei ist jedoch auf die Standsicherheit der Wand Rücksicht zu nehmen, von der keine Gefahr drohen darf. Je weiter der Bagger von der Wand weg steht, um so geringer wird seine Grabkraft und umso stärker die maschinelle Beanspruchung.

Der Bagger ist so aufzustellen, daß sein Grabbereich möglichst tief in die Abbauwand bzw. in den Schüttkegel hineinreicht (Bild 5.1).

Dieser Grabbereich wird von der Auslegerneigung beeinflußt (Bild 5.2). Je flacher der Ausleger steht, um so flacher und gestreckter ist die Grabkurve. Muß der Ausleger dagegen wegen großer Wandhöhe steiler gestellt werden, so ist daran zu denken, daß die

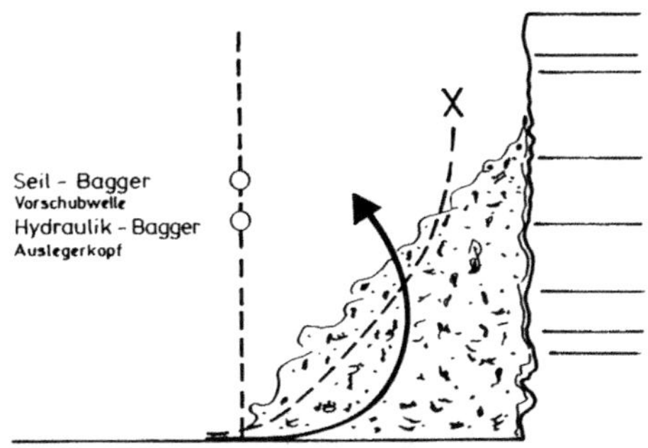

5.1 Grabkurven des Hochlöffels im Haufwerk eines Steinbruches: richtig (—) und falsch (--)

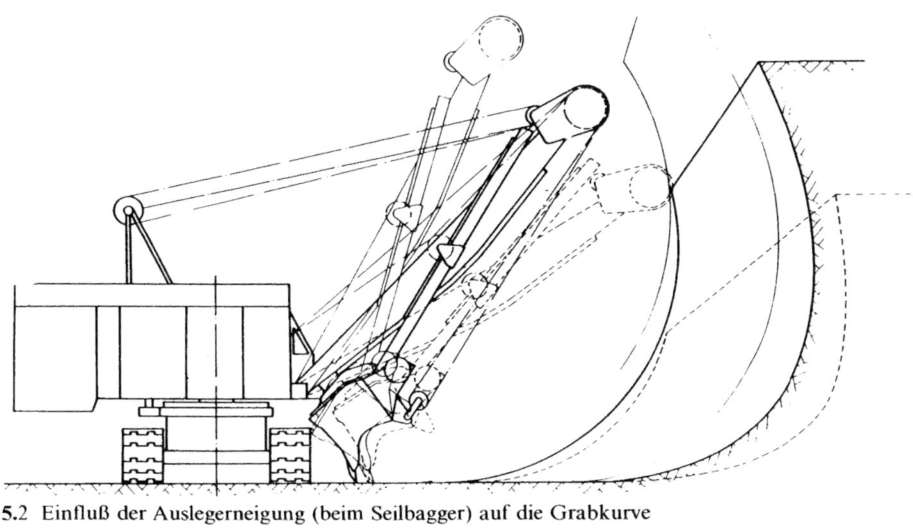

5.2 Einfluß der Auslegerneigung (beim Seilbagger) auf die Grabkurve

Grabkurve nach oben hin zurückläuft, so daß eventuell Überhänge entstehen, die Wand also unterhöhlt wird (Bild 5.3). Es gilt als praxiserprobte Regel (streng genommen allerdings nur beim Seilbagger), daß die Abbauwand nicht höher als der Auslegerkopf sein sollte. Andernfalls muß die Abbauhöhe in mehrere Etagen unterteilt werden, vor allem, wenn die Wand härter ist.

5.3
Wandhöhe und Auslegerkopf auf gleicher Höhe (Gefahr des Überhanges)

Die günstigste Wandhöhe wird durch die Kräfteverhältnisse festgelegt. Der Bagger wird, je höher er hinaufreichen muß, immer „schwächer“. Sind z. B. große Steine aus der Wand zu lösen oder ist selektiv abzubauen, so wird das nach oben hin immer schwieriger. Die Grabkurve sollte nur in dem nach vorn (zur Wand hin) gerichteten Teil (d.h. bis zum Umkehrpunkt) genutzt (Bild 5.4) und gut in die Wand hineingelegt werden.

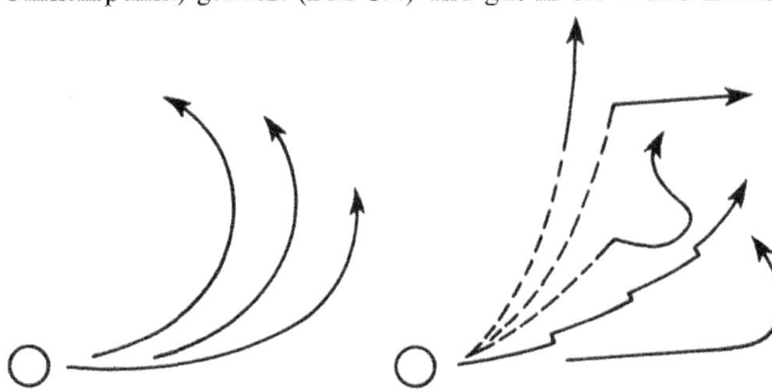

5.4
Typische Grabkurven der Hochlöffel
a) Seilbagger
b) Hydraulikbagger

Die Abbausohle muß möglichst eben und horizontal sein. Es bekommt dem Bagger (vor allem dem Drehwerk) schlecht, wenn er ständig unter Neigung seinen Oberwagen schwenken muß. Jeder Bagger kann sich selbst ein ausreichend waagrechtes Planum schaffen. Und das sollte genutzt werden!

Beim Durchdenken des Einsatzes sollte auch die Bordwandhöhe der SKW-Mulden mit in Betracht gezogen werden. Die Mulde muß bequem gehäuft beladen werden können. Die Bewegungen der Löffelklappe bzw. Kippschaufel sind besonders zu beachten!

5.1.1.2 Tieflöffel

Der Tieflöffel ist nicht nur wegen seiner großen Reißkraft, sondern auch wegen seiner Reichtiefe und Reichweite interessant. Hier spricht jedoch die Statik ein wichtiges Wort mit:

Je größer die Reichweite sein soll, umso kleiner muß der Löffel werden, und umso kleiner wird auch (im Hinblick auf die Standsicherheit) die wirksame Grabkraft.

Besonders beim Arbeiten im Wasser kann die Reichweite nicht groß genug sein. Man sollte aber überlegen, ob es nicht besser ist, einen Leitdamm vorzuschütten und von dort aus mit kurzem Ausleger, großem Grabgefäß und großer Reißkraft zu arbeiten oder sogar den Bagger auf einen Ponton zu stellen (Bild **5**.5). Auch sind die Verstellmöglichkeiten der Arbeitseinrichtung auszunutzen und sinnvoll anzupassen.

5.5
Leitdämme bis in Flußmitte: die verlängerten „Arme" der Tieflöffelbagger. (Im Hintergrund links: Bohrinseln für Unterwassersprengungen)

Der Tieflöffel wird selten im Hochschnitt, vorwiegend im Tiefschnitt eingesetzt. Die typischen Grabprofile sind in Bild **5**.6 dargestellt. Beim Einsatz im Hochschnitt ist immer zu bedenken, daß der Löffel dann Schwierigkeiten hat, das gelöste Material aufzunehmen. Hier kann es sich also meist nur um Löse- (Reiß-) oder Planierarbeiten handeln.

Wichtige Anwendungsgebiete sind die Profile B und C, wo Schichtabtrag erfolgt, also eine dünne Felsschicht oder eine Straßendecke aufgerissen wird, Im Fall B ist dabei die Form der Seitenwände (Keilwirkung), im Fall C die Losbrechkraft des Löffels von entscheidender Bedeutung. Profil D sollte, wenn der Boden nicht zu hart ist, besser dem Schürfkübelbagger überlassen werden, da er höhere Leistungen bringt. Ab Profil D wächst die Gefahr, daß sich der Bagger seine eigene Standfläche untergräbt. Nicht immer sieht der Baggerführer rechtzeitig, was ihm hier droht. Profil F hat Bedeutung vor allem beim Abstechen senkrechter Baugrubenwände, – aber nur, wenn der Boden noch lösbar ist. Keinesfalls sollte diese Position zum Meißeln von Fels genutzt werden. Das hält der beste Bagger nicht lange aus!

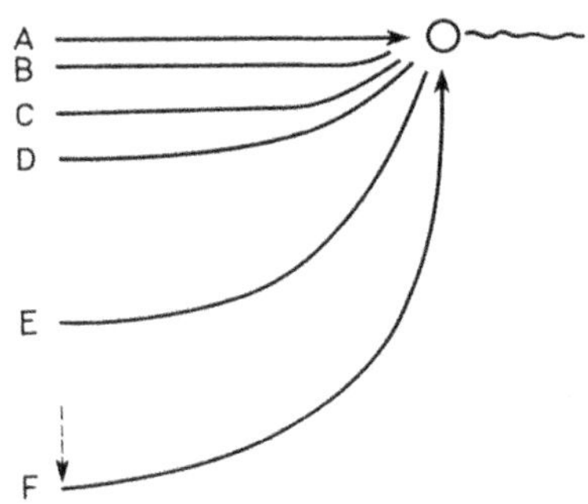

5.6 Typische Grabprofile der Tieflöffelbagger

Hingewiesen sei auf die Möglichkeit, Profillöffel oder Planierlöffel anzubauen, um Arbeiten einfacher und schneller durchzuführen. Unter Umständen muß hier jedoch eine andere Einsatztechnik vorgesehen werden.

5.1.1.3 Schürfkübelbagger

Die Ansatztechnik sei zunächst an den Grabprofilformen veranschaulicht (Bild 5.7): Der Schürfkübelbagger kann durchaus auch gut im Hochschnitt arbeiten, nur muß dann auf der Sohle ein zusätzlicher Graben zur Aufnahme des gelösten Materials offen gehalten werden. Die typischen Einsatzbereiche sind jedoch die Profile C und D, also flache Einschnitte. Die Kurve E geht schon mehr in den Bereich des Tieflöffels über, aber auch Kurve F ist schon gefahren worden (Bild 5.8). Entscheidend ist dabei immer, daß der Kübel noch in den Boden eindringt. Das wieder hängt von Form und Anstellwinkel der Zähne sowie vom Gewicht des Kübels ab.

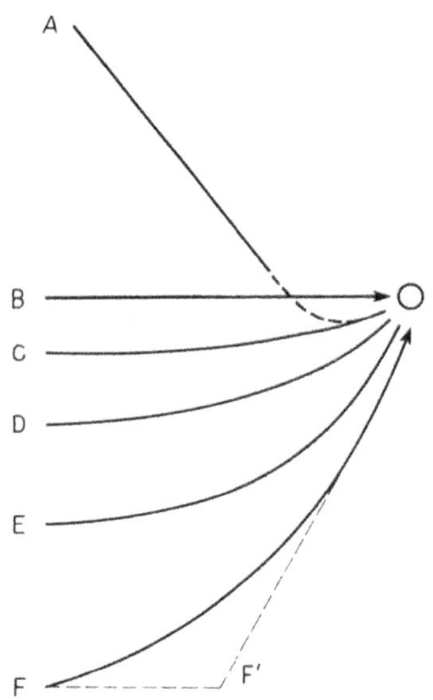

5.7 Typische Grabprofile der Schürfkübelbagger

5.8 Einsatz des Schürfkübelbaggers zum Aushub einer 10 m tiefen Baugrube mit senkrechten Wänden

Das Konstruktionsgewicht des Eimers beeinflußt den Eimerinhalt. Und auch hier muß bei der Wahl der richtigen Arbeitsweise daran gedacht werden, daß die Auslegerlänge den Eimerinhalt stark beeinflußt, und daß daher grundsätzlich gelten sollte:

Ausleger so kurz und
Eimer so groß wie möglich.

Zu bedenken ist, daß die Reichweite des Baggers durch Auswerfen des Eimers bis 50 % über den Auslegerkopf hinaus gesteigert werden kann (Bild 5.9). Das maximale Lastmoment wird für den beladenen Eimer senkrecht unter dem Auslegerkopf hängend ermittelt. Und es ist auch daran zu denken, daß der günstigste Arbeitsbereich des Schürfkübelbaggers jenseits des Auslegerkopfes liegt und der Kübel beim Heranziehen an den Bagger unter dem Auslegerkopf gefüllt sein und dann gehoben werden sollte. Alles weitere Heranziehen an das Grundgerät kostet nur unnötig Zeit [1], [86].

5.9
Steigerung der Reichweite eines Schürfkübelbaggers durch Auswerfen des Eimers

Auch hier kann es zweckmäßig sein, eine Bauaufgabe auf mehrere Geräte zu verteilen, statt alles mit großer Reichweite machen zu wollen. Bild **5.**10 zeigt den Abbaugraben eines Braunkohletagebaus, der die Abraumbewegung und die Kohlegewinnung auf kleinere Geräte aufteilt (statt für die Abraumbewegung 1 Großgerät zu verwenden).

Die Fahrzeuge sollten auf der Baggersohle stehend beladen werden. Infolge der Eimeraufhängung tut sich der Schürfkübelbagger schwer mit dem Beladen von Fahrzeugen unter Planum.

5.10
Aushub eines tiefen Abbaugrabens im Braunkohlentagebau durch staffelweisen Einsatz kleinerer Geräte

Wesentlich für einen erfolgreichen Schürfkübelbaggereinsatz ist, daß der Kübel in den Boden eindringt, sich die Zähne also gut einbeißen und eine gute Eimerfüllung bei kurzem Schürfweg ergeben. Wie der Kübel gräbt, zeigt Bild **5.**11. Zudem ist es oft schwierig, die Eimerfüllung im Grabgefäß festzuhalten. Gewisse Streuverluste sind nicht zu vermeiden, und es bedarf einer ständigen Kontrolle und Nachstellung des Kübelgehänges, um die optimale Grab- wie Hängelage auszufahren (Bild **5.**12). Eine ausführliche Darstellung der Problematik des Schürfkübelbaggereinsatzes findet sich in [1].

5.1.1.4 Radlader

Hier gilt ähnliches wie für den Hochlöffel: Um eine gute Füllung der Schaufel zu erreichen, muß der Lader weit genug in das Haufwerk oder den Schüttkegel hineinfahren und die Schaufel dann ohne große Füllverluste durch Einkippen aus der Böschung herauslösen (herausbrechen).

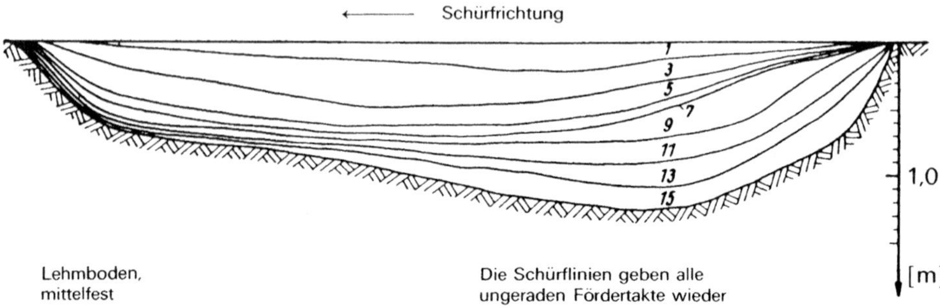

5.11 Das Eingraben des Schürfkübels, beispielhaft dargestellt durch die Schürflinien (jeweils nur die ungeraden Spiele 1, 3, 5 usw.) in mittelfestem Lehmboden

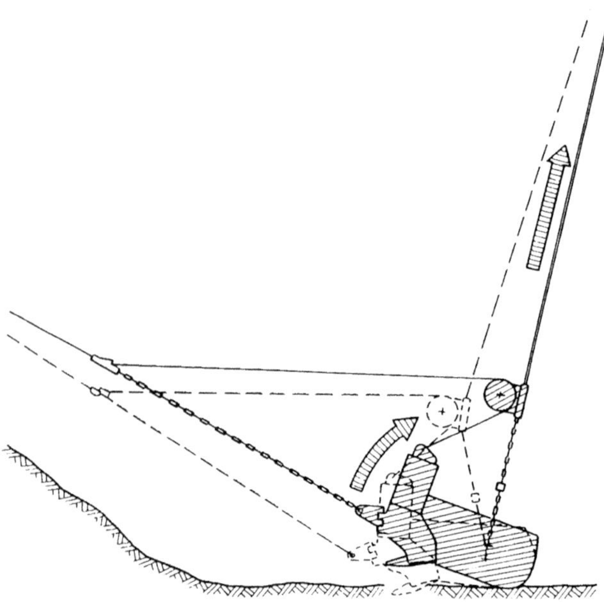

5.12 Korrekte Einstellung des Kippseiles am Schürfkübel zum Anheben des Kübels beim Übergang von der Schürf- in die Hängelage

5.1.1.5 Flachbagger

In der Vertikalebene (Hochschnitt) gesehen gilt hier vor allem: das Gefälle nutzen! Das trifft insbesondere für das Schürfen zu, wo allgemein die größte Vortriebskraft benötigt wird. Jedes Prozent Neigung bringt 100 N/t zusätzliche Ladekraft und kann unter Umständen die Schubraupe ersetzen (Bild 5.13). Scraper-Umläufe sind immer so zu planen, daß das Gefälle „mithelfen" kann. Einschnitte sollten immer mit Hilfe des Gefälleschubes aufgefahren werden.

Die Planierraupe kann beim Hanganschnitt, bei der Böschungsherstellung oder beim Mutterbodenabtrag an schräg geneigten Bodenflächen unter Umständen sogar angeseilt werden (Bild 5.14). In Fallinie fährt sie mit eigener Kraft und benutzt dabei das Schild als „Bremse", – rückwärts wird sie mit der Seilwinde hochgeholt, da dann meist der Kraftschluß nicht mehr ausreicht.

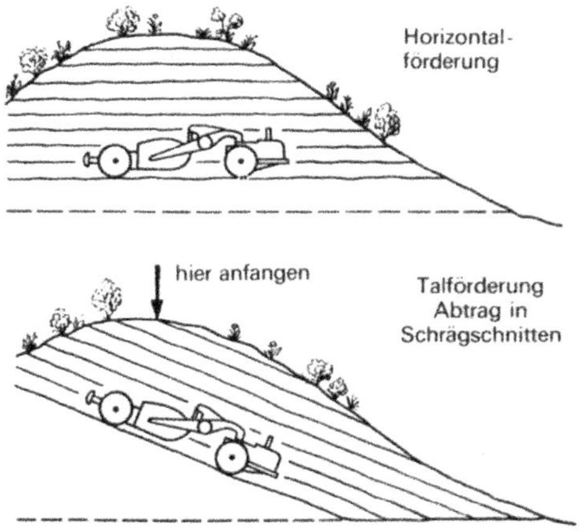

5.13 Ausnutzung der Gefälle-Schubkraft beim Abtrag eines Einschnittes (nicht Horizontal-, sondern Talförderung)

5.14 Einsatz einer angeseilten Planierraupe zur Begradigung einer Böschung 1 : 1,5

So sind Hänge mit Neigungen bis zu 1 : 1,5 erfolgreich bearbeitet worden.

Für den Auftrag (Einbau auf der Kippe) gilt umgekehrt: Hier muß vorzugsweise in horizontalen Lagen geschüttet werden. Die Verdichtungsgeräte machen das erforderlich. Man muß also – gerade zu Beginn einer Talauffüllung – bis auf die Talsohle hinunterfahren und die Auffüllung von unten aus Schicht für Schicht nach oben aufbauen (eine Art „Blätterteig-Einbau“, Bild **5.**15).

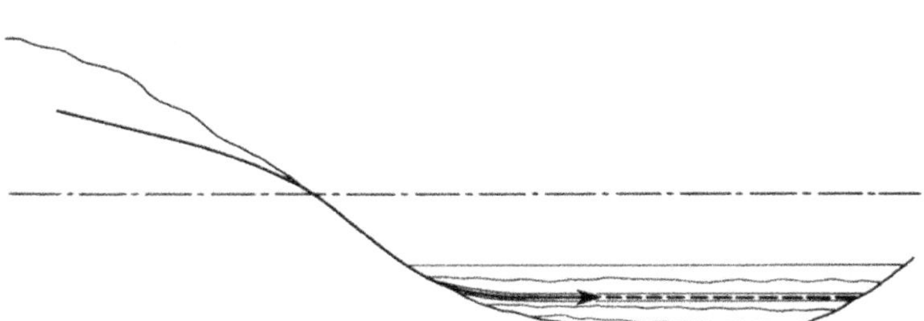

5.15 Aufbau eines Verkehrsdammes in dünnen, horizontal verlaufenden Schichten

Muß das Material nicht verdichtet werden oder wird Material geschüttet, das kaum verdichtet werden kann (z. B. Felsausbruch, grobes Haufwerk usw.), so wird über die Böschungskante abgekippt und abgestoßen. Allerdings ist dann die Setzung entsprechend groß, und es ist auch nicht gewährleistet, daß freie Böschungsflächen ausreichende Standfestigkeit besitzen. Böschungsrutschungen (die gefährliches Ausmaß annehmen können!) sind dann nicht selten.

Von diesen wenigen Hinweisen abgesehen liegt der Schwerpunkt der Einsatztechnik bei den Flachbaggern im Bereich der Fahrbewegungen.

5.1.2 Abbauschema

5.1.2.1 Leitgedanken

Was hier mit „Abbauschema" bezeichnet wird, entspricht der „Bauweise" der Tunnelbauer: Der Blick in Vortriebsrichtung bzw. Grab- oder Schürfrichtung mit der zweckmäßigen Aufteilung des Aushubquerschnitts. Ein Einschnitt im Autobahnbau (z. B. 20 m tief, flach geböscht und mit der entsprechenden Breite an der Geländeoberfläche) läßt sich auf die unterschiedlichste Art und Weise beginnen und ausführen. Hier lohnen sich durchaus konkrete Überlegungen darüber, wie man

a) das Gesamtvolumen des Aushubes in „kleine Portionen" unterteilt, so daß sie von den eingesetzten Erdbaugeräten auch verarbeitet werden können;

b) die einzelnen Schnitte legt, damit der Aushub mit möglichst wenig Arbeitsaufwand abgetragen wird (man könnte das etwa mit dem „Tranchieren" in der Gastronomie vergleichen);

c) den Boden bei den einzelnen Arbeitsbewegungen sinnvoll zusammenhält, damit nicht zuviel m^3 doppelt und dreifach angepackt werden müssen.

Dabei ergeben sich folgende Leitgedanken:

1. Reduzierung des Grabwiderstandes dadurch, daß man nicht Schürfbahn neben Schürfbahn (gilt sowohl für Scraper wie für Draglinekübel) setzt, sondern immer übergreifend – in einer Art Pilgerschritt – einschneidet, also nicht Bahn 1–2–3 usw., sondern Bahn 1–3–2–4 usw., wobei dann die dazwischen stehengebliebenen Bahnen (2, 4 usw.) nicht mehr aus dem Vollen herausgelöst werden müssen und entsprechend leichter abgebaut werden können (Bild **5.**16).

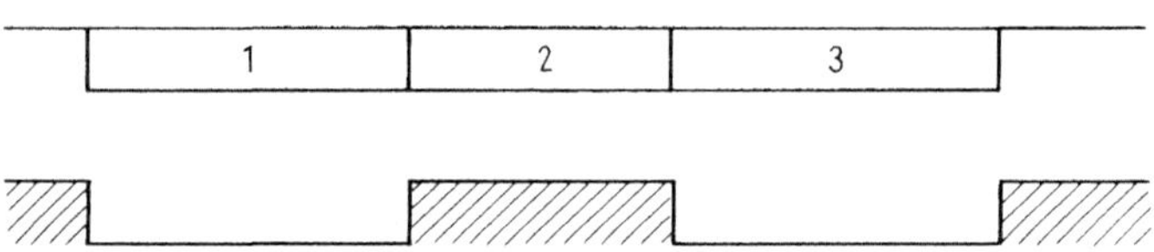

5.16 Abbau harter Bodenschichten in intermittierenden Schürfbahnen

2. Reduzierung der seitlichen Streuverluste beim Schürfen durch Grabenförderung oder durch paarweisen Einsatz der Geräte (Planierraupen) nebeneinander.

3. Einschneiden von Hanganschnitten durch Ausnutzung der Verstellmöglichkeiten des Planierschildes (Angledozer!)

4. Hochfördern des Bodens aus dem Aushubgraben durch Schräg-Hochstellen des Planierschildes und Längsfahren in der Trassenrichtung (also kein Querfahren und ständiges Umsetzen des Gerätes).

5. Rückverfüllen von Gräben durch seitliches Entlangfahren am Grabenrand mit schräg gestelltem Schild.

5.1.2.2 Beispiele

Bild **5.**17 zeigt verschiedene Möglichkeiten des Grabenaushubs mit jeweils anderer Unterteilung der Querschnittsfläche. Allen Ausführungsformen gemeinsam ist das „straddle loading", das sogenannte „Spreizschürfen", um die jeweils in der Mitte stehenbleibende Bahn leichter (und damit auch entsprechend schneller) aufnehmen zu können.

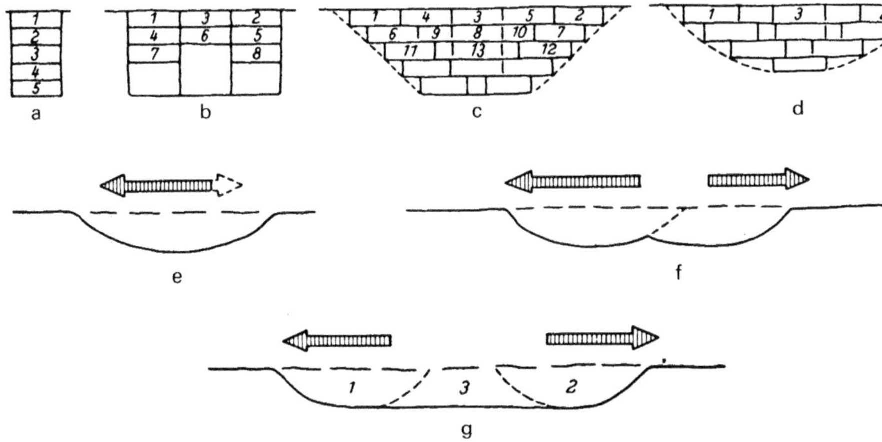

5.17 Möglichkeiten der Unterteilung eines Grabenprofils zum Aushub mit kleineren Geräten

Um das seitliche Abfließen des Materials beim Planierschild zu reduzieren – ganz vermeiden läßt es sich nicht –, können zwei oder mehr Planierraupen mit ihren Planierschilden unmittelbar nebeneinander schürfen (Bild **5**.18). Abflußverluste treten immer nur an den Außenkanten des Schildes auf. Arbeiten zwei Planierschilde „side by side", also dicht nebeneinander, so bleibt der Materialverlust zwar gleich, verglichen mit der dann doppelten Förderleistung reduziert er sich jedoch auf die Hälfte, bei 3 Geräten auf 1/3. Und dieser Materialverlust kann bei einem Gerät bis zu 30% der Schildfüllung betragen!

Ähnliches läßt sich erreichen, wenn die Planierraupe zum Materialtransport immer den gleichen Förderweg benutzt und sich dabei einen trapezförmigen Graben einschneidet, der das Material besser zusammenhält (Bild **5**.19).

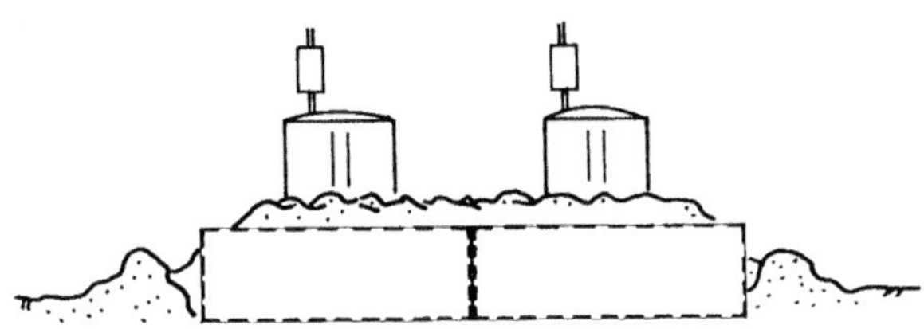

5.18 Vermeidung von Füllverlusten an Planierschilden (seitliches Abfließen) durch Einsatz „side by side"

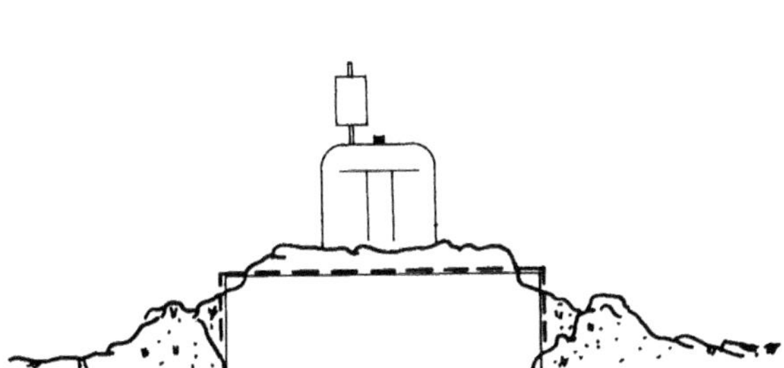

5.19 „Grabenförderung" einer Planierraupe zur Vermeidung von Füllverlusten

Das Einschneiden von Fahrbahnen in Hänge parallel zur Neigungsfläche geschieht am besten mit dem Angledozer, dessen schräg gestelltes und mit der vorspringenden Kante tiefer gestelltes Schild sich Stufe für Stufe von der ursprünglichen Hangneigung in die ebene Fahrbahnsohle „hineinschraubt" (Bild 5.20).

Wird der Grader zum Aushub von flachen Entwässerungsgräben mit Hochtransport des Materials an den Grabenrand eingesetzt, so erfolgt der Einsatz nach Bild 5.21: Das gelöste Material wird spiralförmig vor dem schräg und hochgestellten Schild nach oben gerollt und bleibt dann als Bodenwall zurück. Soll ein Straßendamm damit aufgeschüttet werden, so folgt am besten gleich ein 2. Grader, der diesen Wall dann breitschiebt (Bid 5.22).

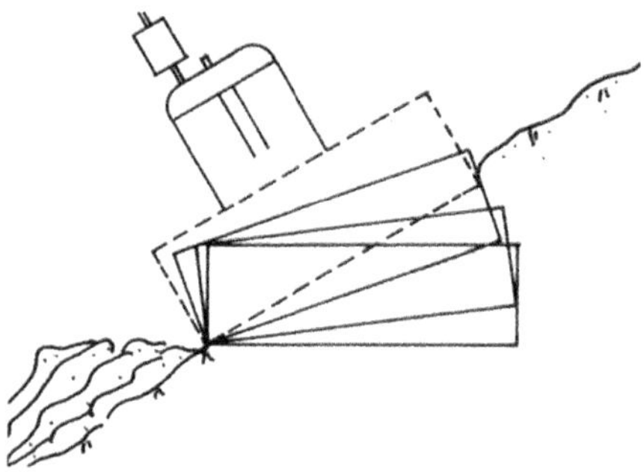

5.20 Einschneiden des Angledozers in eine Hangtrasse

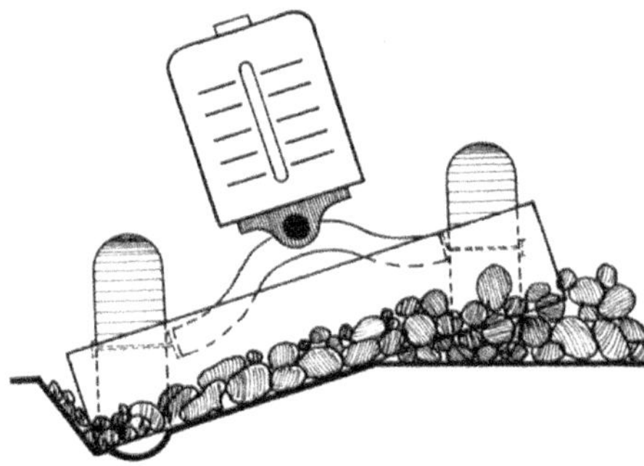

5.21 Aushub eines flachen Entwässerungsgrabens mit schrägstehendem Graderschild

5.22 Aufbau eines Dammkörpers aus dem Aushubmaterial des Straßengrabens mit 2 Gradern (gestaffelt eingesetzt)

Maßgebend bleibt immer, Grabwiderstände und Materialverluste zu reduzieren und ein „Schnittmuster" zu entwerfen, das der spezifischen Arbeitsweise der einzelnen Geräte angepaßt wird. So sollte man Scraper immer in der Fläche (Schürfbahn neben Schürfbahn, „gespreizt!"), Tieflöffel dagegen besser in „Gräben" (d. h. Schürfbahn hinter Schürfbahn) arbeiten lassen (um die beiden extremen Formen klar herauszustellen).

5.1.3 Fahrbewegung

5.1.3.1 Leitgedanken

Bei allen mobilen Geräten ist die Fahrwegplanung oberstes Gebot. Optimiert wird hier in erster Linie in der Draufsicht. Es interessieren die Fahrtrouten der Geräte bzw. der Weg, den die einzelnen „Portionen" (die Nutzladungen) zwischen Abtrag und Auftrag nehmen. Dabei kommt es vor allem an auf:

1. die grundsätzlichen Unterschiede in der spezifischen Fahrbewegung der einzelnen Geräte (z. B. Kreis- oder Pendelverkehr);
2. die Fahrbewegungen, die die Ladegeräte im Rahmen ihrer Arbeitsspiele ausführen (und die ja mit in die Leistung eingehen);
3. spezifische Arbeitsbewegungen, die einzelne Bauaufgaben erfordern (z. B. Grabenaushub quer oder längs zur Grabenrichtung);
4. Fahrbewegungen, die sich aus dem Zusammenspiel von Geräten ergeben (z. B. Schubraupen mit Scrapern);
5. Anpassung der Fahrbahnen an die besonderen topographischen Verhältnisse;
6. Anpassung der Fahrbahn an die besonderen Untergrundverhältnisse und ihre Beeinflussung durch das Wetter.

Sind Erdbaustellen an eine lineare Ausdehnung (z. B. Straßen, Eisenbahndämme) gebunden, so wird die Optimierung des Fahrwegschemas nicht so einfach zu realisieren sein. Man ist dann entweder auf die Trasse selbst oder die (meist) begleitenden Baustraßen angewiesen. Flächenbaustellen dagegen (Flugplätze, Flurbereinigung, Abraumbewegung usw.) fordern zur Optimierung geradezu heraus.

Insbesondere für die Flachbagger (die ja auf Flächenbaustellen vorzugsweise zum Einsatz kommen) gilt, daß dort – eben weil die Flächenausdehnung dazu reizt – nicht jeder Fahrer machen kann, was er will: Die Fahrtroute muß genau ausgewählt und vorgeschrieben werden.

Noch etwas kommt hinzu: Der Verkehr auf großen Erdbaustellen ist so dicht geworden, daß eine Verkehrsregelung – und damit ein weiterer Aspekt für die Fahrtroutengestaltung – notwendig wird, besonders dort, wo Flaschenhälse (Brücken, Einschnitte, Durchfahrten, enge Wendekehren usw.) auftreten. Erdbewegung ist heute auch eine Form des „Fließens", – eines Fließens der Fahrzeuge möglichst reibungslos und ohne Pausen auf der „Ameisenstraße" zwischen Einschnitt und Auftrag.

5.1.3.2 Beispiele

Die spezifischen Fahrbewegungen der einzelnen Geräte lassen sich auf die drei Grundtypen

Pendelverkehr	(Beispiel Schürfraupe),
Kreisverkehr	(Beispiel Motorschürfwagen),
Wendeverkehr	(SKW)

zurückführen, – womit immer auch Verlustzeiten unterschiedlicher Größe verbunden sind. Sie sind im Pendelverkehr nur durch den Schaltvorgang bedingt, betragen im Kreisverkehr je 180° Wendung ca. 0,25 min und im Wendeverkehr jeweils 0,8 bis 1 min. Das Optimieren muß sich hier darauf beschränken, daß diese Verlustzeiten so klein wie möglich bleiben, die Kontrolle sich also auf Anfang und Ende der Transportstrecke konzentriert.

Bei den Fahrbewegungen der Ladegeräte (vor allem Radlader) sind 5 Fälle zu unterscheiden (Bild **5**.23). Fall B ist der am häufigsten praktizierte; aber man sollte versuchen, ihn auf A oder D zu reduzieren, das heißt den LKW (sofern die Sicherheit es zuläßt) so dicht wie möglich an die Wand bzw. die Angriffsstelle des Laders heranzuführen. Auch hier steht als Optimierungskriterium im Hintergrund die Zeit! Wird ein Bandlader (stationär) eingesetzt, so gilt es zu berücksichtigen, daß die Geräte, die ihn füttern, genug „Anlauf" haben müssen, um ihr Schild bzw. ihren Kübel zu füllen und somit jede Fahrt voll auszulasten. Das typische Fahrwegschema für die Hilfsgeräte des stationären Bandladers sieht aus wie in Bild **5**.24a und b dargestellt.

Viele Bauaufgaben erfordern spezifische Fahrbewegungen der einzelnen Geräte. So muß z. B. beim Grabenaushub mit der Planierraupe unterschieden werden, ob das Gerät quer oder längs zur Grabenrichtung (und dann mit Quer- oder Schrägschild) eingesetzt werden soll (Bild **5**.25). Ähnliches gilt für das Rückverfüllen von Gräben (Rohrleitungen, Pipelines), wo ebenfalls quer oder längs gearbeitet werden kann (Bild **5**.26). In beiden Fällen ergeben sich beträchtliche Unterschiede in den einzelnen Spielzeiten!

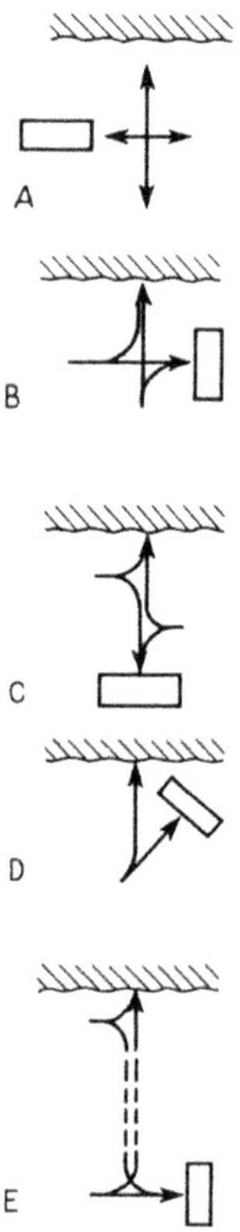

5.23 Fahrwegtypen des Zusammenspiels zwischen Radlader und LKW

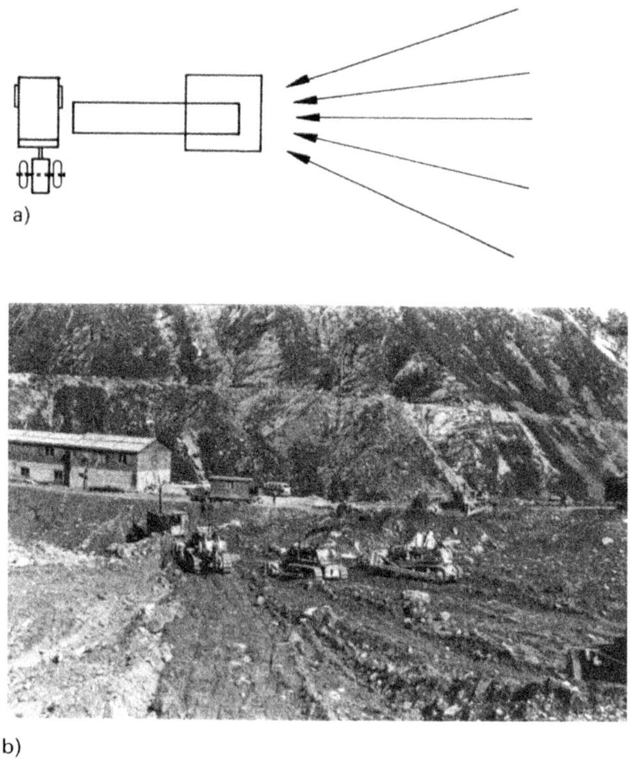

5.24 Das „Füttern" eines stationären Bandladers
a) schematisch
b) im Einsatz
(Der Bandlader ist nur mit Führerstand und Auspuff links in der Mitte zu sehen)

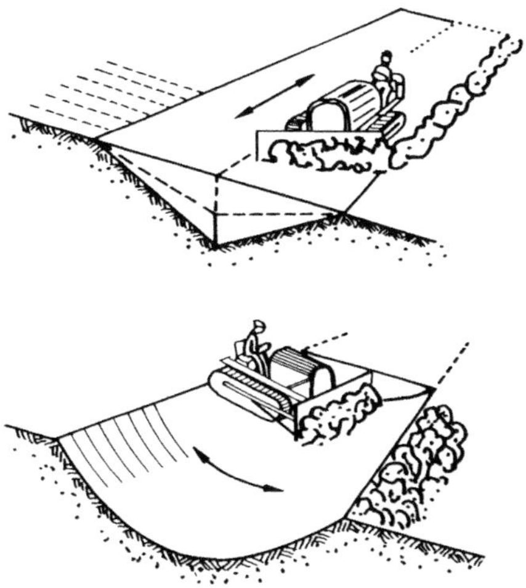

5.25 Grabenaushub mit der Planierraupe
a) in Längsförderung (Angledozer)
b) in Querförderung (Bulldozer)

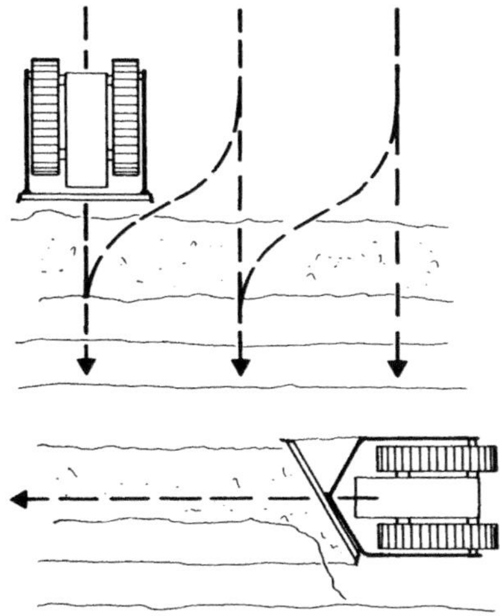

5.26 Rückverfüllen von Rohrleitungsgräben mit Quer- (oben) bzw. Schrägschild

Bei den Fahrbewegungen, die sich aus dem Zusammenspiel mehrerer Geräte ergeben, ist in erster Linie an den Schubraupeneinsatz zu denken (Bild 5.27), der „in Linie" oder „gestaffelt" erfolgen kann (was meist schon vom verfügbaren Platz entschieden wird). Ebenso ist an den Push-pull-Betrieb der Motorschürfwagen zu denken. In Bild 5.28 ist 1 das zuerst eintreffende Gerät, das bei b schürft, wobei es von Gerät 2 geschoben wird. Dann schürft Gerät 2 bei b, und dieses wird dabei von Gerät 1 gezogen.

Sehr oft muß die Fahrbahn an die topographischen Verhältnisse des Baugeländes angepaßt werden. Dabei sind Neigungen besonders zu berücksichtigen. Außerdem ist der gesamte Geräteablauf so zu steuern, daß immer talwärts geschürft wird und der Materialtransport talwärts erfolgt, damit die Fahrzeuge bei der Rückfahrt auf der Steigstrecke leer sind (Fahrwiderstände!). Einige typische und schematische Fälle sind in Bild 5.29 aufgezeigt. Zusätzlich gilt hier, daß der Förderverkehr dadurch entzerrt werden kann, daß der Abtrag einer Kuppe nach 2 Seiten hin und ebenso das Auffüllen von Taleinschnitten von 2 Seiten her durchgeführt wird. Durch die Steuerung der Fahrzeuge in einer 8 werden dann jeweils 2 Wendeschleifen vermieden, was vor allem bei den Scrapern Zeitersparnis bedeutet.

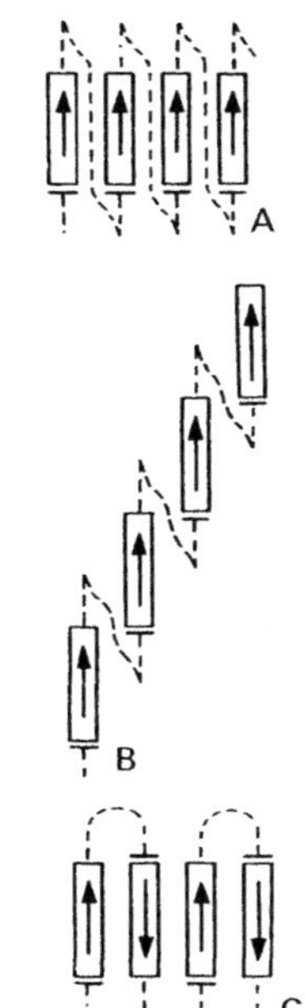

5.27
Die verschiedenen Ansatzmöglichkeiten der Schubraupen
A nebeneinander
B gestaffelt
C im Wendeverkehr
↑ Schürfrichtung des Kübels
⊤ Schubrichtung und Ansatz der Raupe

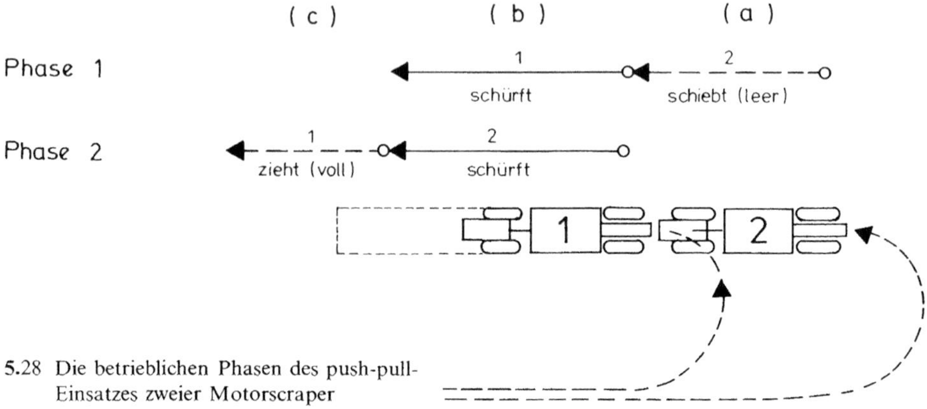

5.28 Die betrieblichen Phasen des push-pull-Einsatzes zweier Motorscraper

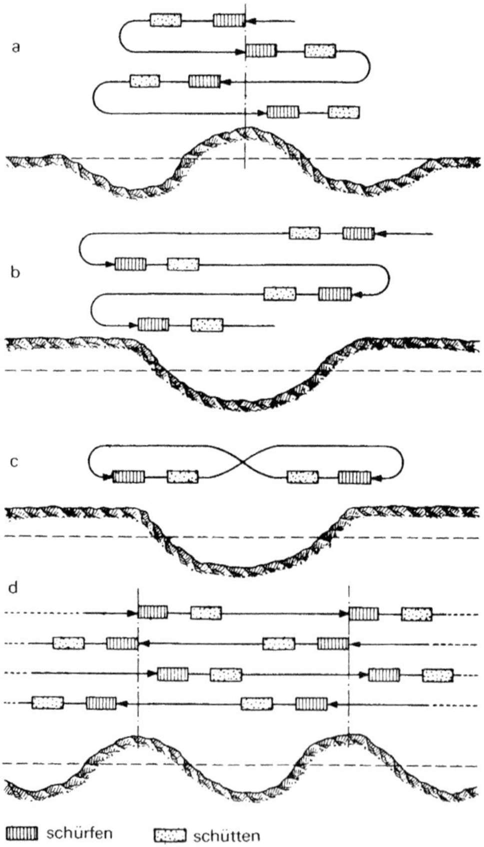

5.29 Einsatzmöglichkeiten von Motorscrapern bei verschiedenen Bauformen

Am wichtigsten jedoch ist die Anpassung der Fahrbahn an die besonderen Untergrundverhältnisse und die Vorbereitung von Ausweichrouten bei schlechter Witterung. Vorbedingung dazu ist die genaue Erkundung des Untergrundes und seiner

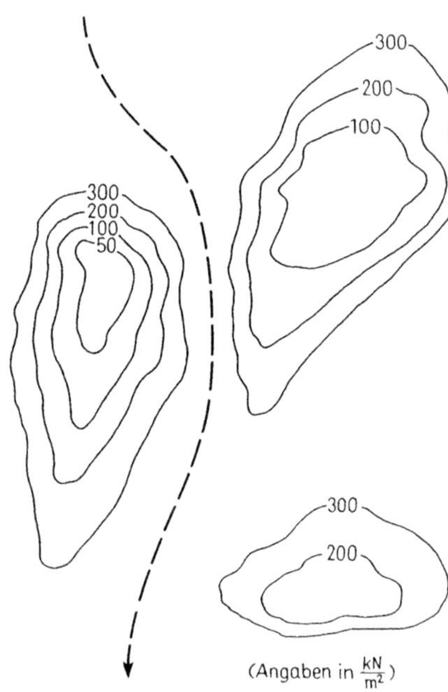

5.30 Tragfähigkeitskarte (Beispiel) einer Erdbaustelle (die Zahlen geben die zulässige Bodenpressung p_{zul} des Baustellengeländes an)

Änderung bei Regen. Es empfiehlt sich hier, eine Art „Wetterkarte" mit einer 3. Dimension (eigentlich ist es schon eine 4. Dimension) anzulegen, die die Tragfähigkeit des Bodens angibt und die jeweilige Situation sichtbar vor Augen führt, indem man die Änderung der Bodentragfähigkeit bei Niederschlägen durch überlagerte Folien mit entsprechend geänderten Werten sichtbar macht.

Eine solche „Tragfähigkeitskarte" zeigt Bild **5**.30. Begleitend dazu (natürlich gilt das nur für große Erdbaustellen) kann für die einzelnen Fahrwege und die Ersatzrouten ein „Fahrbahnlängsschnitt" gezeichnet werden (Bild **5**.31), der neben den Fahrbahnneigungen vor allem auch die wichtigsten fahrdynamischen Daten enthält (Rollwiderstände,

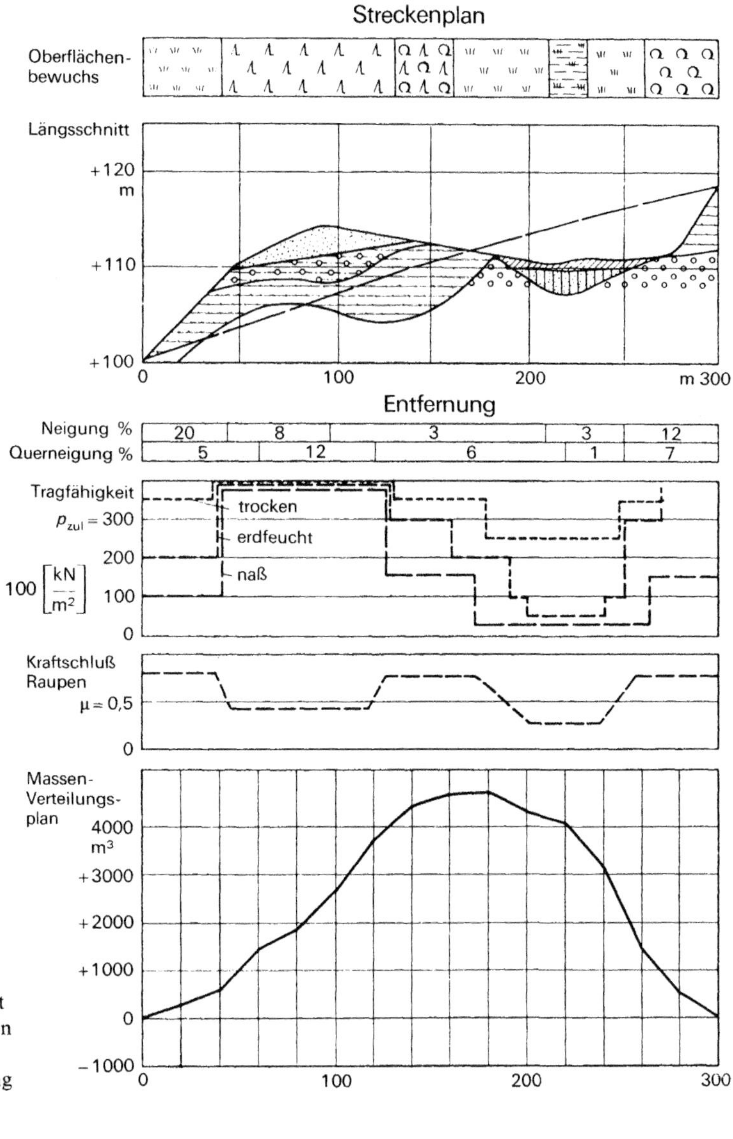

5.31
Streckenplan (Fahrbahnlängsschnitt) mit den wichtigsten Daten für die Fahrwegplanung und -berechnung

Steigwiderstände usw.) und ein besseres Hineindenken in die Betriebszustände der einzelnen Fahrtrouten ermöglicht. Dabei lassen sich dann auch Rückschlüsse hinsichtlich des Geräteeinsatzes ziehen, z. B. ob eine Route noch mit Reifengeräten befahren werden kann, ob an Steigstrecken zusätzlich Schubraupen einzusetzen sind, ob für Raupengeräte breitere Ketten aufgelegt werden müssen und wie die Profilierung der Reifen auszusehen hat. – Das alles sind Hilfsmittel für ein „Jonglieren" mit den Fahrtrouten und für ein schnelles Umdisponieren bei Änderung der Einsatzbedingungen (wobei immer an das Wetter als den größten Feind der Erdbewegung zu denken ist).

Eines ist vor allem bei Motorschürfwagen zu bedenken: Sie sind Hochleistungsgeräte, und ihre Leistungsfähigkeit beruht auf dem Ausfahren hoher Geschwindigkeiten. Daher muß auf der Baustelle alles getan werden, um diese Fahrgeschwindigkeiten zu ermöglichen. Dazu gehören nicht nur feste ebene Fahrbahnen, sondern immer auch eine sorgfältige Fahrbahnpflege mit den dazu notwendigen Hilfsgeräten wie Bulldozer (als Schubraupe) und Grader zum ständigen Glatthobeln der Fahrbahnoberfläche.

5.1.4 Operationspraxis

Das „Operieren", das richtige Ansetzen und Leiten der Geräte beim Einsatz auf der Baustelle, läßt sich kaum schematisieren, sondern man muß sich bei jeder neuen Aufgabe analytisch der Lösung nähern. Am Anfang steht immer die Formulierung des „operativen Leitgedankens". Und Rüstzeug dazu bilden die Längs- und Querprofile des Bauwerkes auf der einen und die Arbeits- und Fahrwegschemata der Geräte auf der anderen Seite.

Ergänzend zu den vorangegangenen Ausführungen sollen hier drei praktische Beispiele behandelt werden:

für das Ansetzen des Gerätes (Hochschnitt),
für die Unterteilung des Aushubquerschnitts (Querschnitt),
für die Gestaltung der Fahrbewegungen (Draufsicht).

Fall 1: (Hochschnitt). Die Situation ist in Bild **5.**32 dargestellt: Der Bagger hat hartes, stark verkittetes Flußgeschiebe abzugraben und steht vor einer zu hohen Wand. Der Baggerführer hat vor allem mit dem oberen Bereich der Abbauwand Schwierigkeiten: sie läßt sich schlecht lösen und hängt zudem über. „Oberer Teil der Wand" heißt für ihn: möglichst hoch hinauf! –

5.32
Hochlöffel-Seilbagger vor einer harten (verkittetes Flußgeschiebe), zu hohen und überhängenden Wand

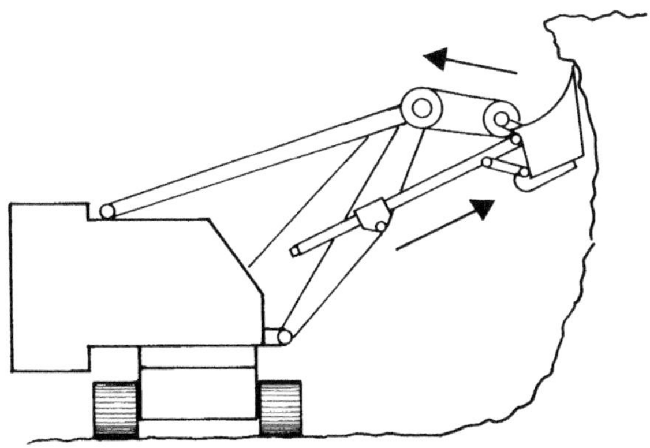

5.33
Gegenläufige Kraftrichtungen von Hub- und Vorschub im oberen Grabbereich

also: den Löffel „hochdrücken". „Hoher Grabwiderstand" heißt: „Vorschub geben!" (Bild 5.33). Nun wirken aber die beiden Kraftkomponenten (Hub und Vorschub), die sich im unteren Grabbereich durchaus unterstützen, im oberen Grabbereich gegeneinander, was eine Überbeanspruchung zur Folge hat. Und da das Seil im allgemeinen „schwächer" ist als eine Zahnstange, gibt es zuerst nach und reißt. Die Folge ist hoher Seilverschleiß im Hubseil (im konkreten Fall: für jedes Gerät alle 2 bis 3 Tage ein neues Hubseil für ca. 1000 DM!). Ursache: Die Wand ist zu hoch und wegen des Überhanges ist es zu gefährlich, dicht an sie heranzufahren. Abhilfe: Halbieren der Abbauhöhe von 10 auf 5 m und Abbau in 2 Sohlen. Ergebnis: normalisierter Einsatz mit üblichem Seilverschleiß!

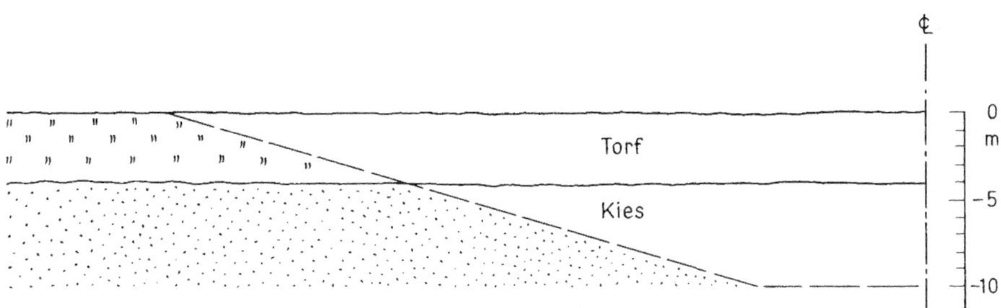

5.34 Kanalquerschnitt (nur 1 Hälfte) mit Torf- und Kiesvorkommen

Fall 2: (Querschnitt). Hier ist ein Kanal nach Bild 5.34 auszuheben. Im unteren Bereich (ab −4 m) steht Kies an, der von einer weichen Torfschicht überlagert wird. Da hohe Förderleistungen notwendig sind, kommen nur große und entsprechend schwere Geräte in Frage, die aber einen Bodendruck von nur 100–150 kN/m^2 haben dürfen. Hier bieten sich Schreitbagger (Walking Draglines) an (Bild 5.35). Die Frage ist jedoch: Wie bringt man diese Geräte auf der weichen Torfoberfläche zum Einsatz.

Auf jeden Fall muß man dort, wo die großen Geräte fahren sollen, vorher den Torf entfernen. Die Torfschicht selbst kann also nur mit kleinen (und entsprechend leistungsschwachen) Geräten mit Spezialfahrwerk (geringer Bodendruck) entfernt werden. Die Torfdecke muß für die Vorbereitung der Fahrbewegungen der Großgeräte „aufgeschlitzt" werden, – bis auf die tragfähige Kiesoberfläche hinab. Es werden zwei derartige „Schlitze" jeweils am Kanalrand angelegt, in denen sich die Walking Draglines später fortbewegen.

5.35
Schreitbagger (Walking Dragline) beim Kanalaushub

Die praktische Durchführung vollzieht sich in folgenden Arbeitsphasen:

Phase 1: 2 Moorbagger mit breiten Raupenketten (30 kN/m^2 Bodenpressung) heben die Torfschicht in 25 m Breite aus. Wegen ihrer geringen Reichweite können sie nicht seitlich von den Grabenrändern aus baggern, sondern müssen am Kopf des Schlitzes eingesetzt werden und das ausgehobene Material hinter sich werfen, wo es Bulldozer aus der Trasse herausschieben und den Weg für die Bagger freihalten (Bild 5.36).

Phase 2: Ein kleiner Tieflöffelbagger folgt in der freigelegten Kiessohle und hebt beiderseits des Fahrstreifens je einen Entwässerungsgraben aus. Da es sich bei dem Aushubmaterial um Kies handelt, kann der Aushub auf die Schlitzsohle abgekippt werden. Ein nachfolgender Bulldozer übernimmt das Einplanieren.

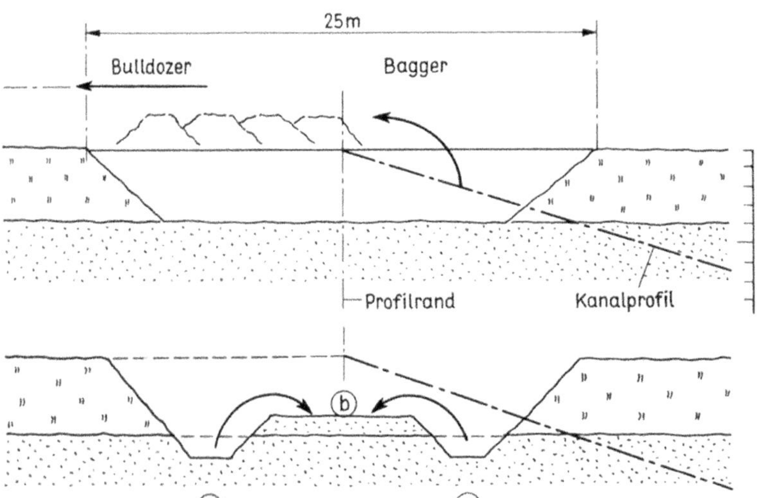

5.36 Stufen des Vorgehens zur Vorbereitung des Großgeräte-Einsatzes:
Phase 1 Aufschlitzen der Torfschicht bis auf Kiessohle mit kleinen Moorbaggern
Phase 2 Aushub der Entwässerungsgräben (a) und Einbau des Materials auf der künftigen Schreitbahn (b) der Walking Draglines

Phase 3: Auf diesen Fahrbahnschlitzen (an den beiden Rändern des Kanaleinschnittes hergestellt) werden nun die beiden Großgeräte eingesetzt, die (mit 40 m-Ausleger ausgerüstet) den Kanal bis zur Mitte (ca. 45 m weit) ausheben, dann um 360° schwenken und das Material bei 180° auf Halde abkippen, wobei diese Halde später als Damm profiliert wird. Im Endergebnis bringen die beiden Schürfkübelbagger, jeder auf einer der beiden Aushubseiten eingesetzt, eine Leistung von 130 m^3/h im Dammbaubetrieb (mit ca. 80 m Förderweite im Durchmesser des Arbeitskreises gemessen).

Fall 3: (Draufsicht). Über einem Kiesvorkommen ist eine 2 m hohe Abraumschicht zu entfernen und ca. 200 m weit entfernt zu deponieren. Der Abraum besteht aus Moor, blauem weichem Ton, Schluff und lehmigem Feinsand. Grundwasser steht in 3 m Tiefe an, das Oberflächenwasser staut sich jedoch bei längeren Regenfällen und macht das Gelände dann nahezu unbefahrbar. Der Abraum soll trotz aller Witterungsbehinderungen so schnell wie möglich entfernt werden.

Schürfgruben ließen erkennen, daß das Grundwasser sehr schnell bis dicht unter die Oberfläche des Abraumes ansteigt (Bild **5**.37). Zum Einsatz kam eine Schürfraupe, die jedoch in dem morastigen Gelände große Schwierigkeiten hatte (Bild **5**.38) und den Betrieb immer wieder einstellen mußte, weil sie so tief einsank, daß sie mit dem Kübelboden („Bauch“) aufsaß und freigeschleppt werden mußte (Bild **5**.39).

5.37 Hoher Grundwasserstand in den Schürfgruben

5.38 Schürfraupe im schwierigsten Einsatz

5.39 Festgefahren im Morast

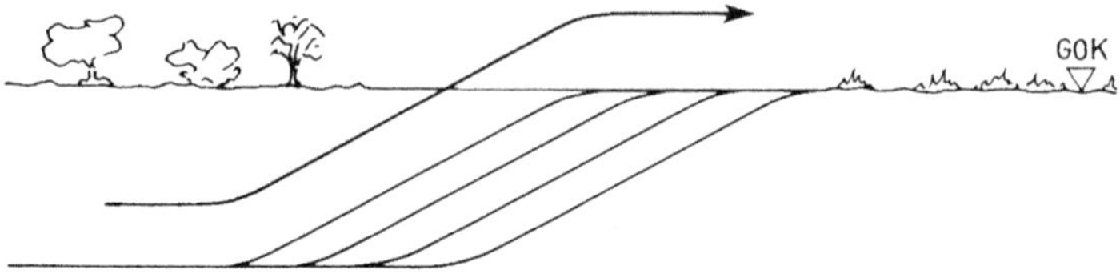

5.40 Tiefes Einschneiden zu Beginn (leerer Kübel), Schürfen in schrägen Schnitten nach oben und Fahrt auf der Grasnarbe der Geländeoberfläche

Wie konnte man hier trotzdem arbeiten? Die Lösung zeigt Bild **5**.40: Die Maschine schnitt sich zu Beginn des Aushubs auf volle Tiefe ein und nahm den Abtrag dann in möglichst steilen, von unten nach oben führenden Schnitten vor. Dadurch mußte die Maschine immer nur ein Minimum der gesamten Fahrstrecke im Wasser zurücklegen und konnte vorwiegend auf der festen Grasnarbe fahren.

Hier trat nun erst das eigentliche Problem auf: Eine aufgeweichte Grasnarbe läßt sich mit Raupengeräten nicht lange befahren. Also mußten die Fahrspuren so über das Gelände verteilt werden, daß die Grasnarbe möglichst gleichmäßig beansprucht und eine bestimmte Fahrbahn immer nur für wenige Übergänge benutzt wurde. Es ergab sich in der Praxis dann eine Art „Fischgrätenmuster" nach Bild **5**.41, das im Endergebnis die Durchführung des Abraumabtrages auch bei länger anhaltenden Regenfällen ermöglichte und eine Dauerleistung der Schürfraupe mit ca. 80 m^3/h garantierte (wobei sich die Schwierigkeiten immer wieder auch auf die Kippe verlagerten!).

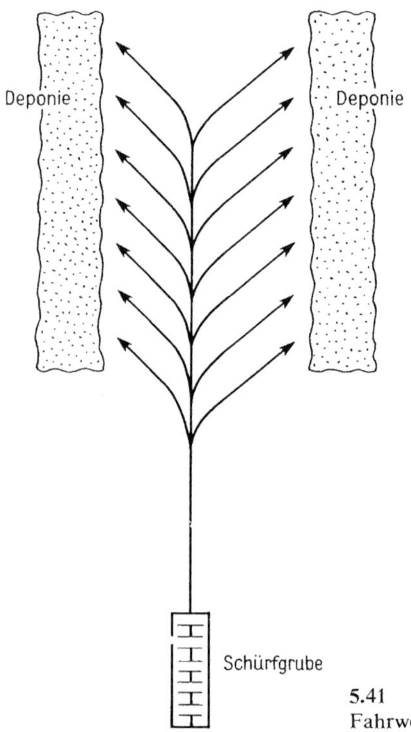

5.41
Fahrwegschema mit minimaler Beanspruchung der Grasnarbe

5.2 Betrieb

5.2.0 Überblick

Das „Betreiben" einer Erdbaustelle erfordert die Beachtung und Einhaltung zahlreicher einsatztypischer Gesichtspunkte, Merkmale und Richtlinien. Schon beim Antransport des umfangreichen Geräteparks auf die Baustelle ist daran zu denken, daß kein Gerät zu viel, aber überall ausreichende maschinelle Reserven vorhanden sein sollen. Die maschinenintensive Baustelle zwingt nicht nur zur präzisen Auswahl der geeigneten Gerätetypen, sondern auch zu einer exakten Einschätzung ihrer Leistungen und damit zu einer genauen Abgrenzung zwischen dem unbedingt nötigen Gerätepark und den erforderlichen Reserven.

5.32
Die typische Erdbaustelle: Alles in Bewegung [114]

Die Baustelleneinrichtung gehorcht hier anderen Notwendigkeiten als bei einer stationär orientierten Baustelle. Hier ist „alles in Bewegung", und die Leistungen werden „durch Bewegung" erbracht (Bild **5**.42). Das zwingt dazu, mit den notwendigen Einrichtungen für Wartung, Instandhaltung und Reparatur dicht an die Einsatzstellen der Geräte heranzugehen.

Ablaufsteuerung und Arbeitsstudien gehören gewissermaßen zusammen: Nur durch laufende Kontrolle aller Bewegungen kann man einen Überblick gewinnen, ob der Arbeitsprozeß flüssig abläuft und wo Engpässe oder Verzögerungen entstehen, die durch schnelles Eingreifen überwunden werden müssen. Dazu wieder gehört ein „Generalstab" auch auf die Baustelle, der alle Informationen sinnvoll und nutzbringend erarbeitet und der Bauleitung das nötige Rüstzeug für die korrigierenden Eingriffe in den Betriebsablauf liefert.

Fahrbahninstandhaltung, Reifenanpassung und Schlechtwettereinsatz sind ein weiterer wichtiger Themenkomplex für die Optimierung des Erdbaubetriebes. Auf vielen Baustellen in Mitteleuropa ist die Berührungszone zwischen Fahrbahn und Fahrwerk die „kritische Ebene" der Erdbewegung, und dafür kann man die „Vergrößerung" nicht groß genug wählen, um alle Feinheiten des Wechselspiels zwischen Maschine und Boden genau zu erkennen und in ihren Auswirkungen zu beurteilen. Die Einbettung des Baustellenbetriebes in die Umwelt muß unter dem Gesichtspunkt der Unfallverhütung intern und von Lärm- und Staubbelästigung extern gesehen werden. Hier kommen auf das Führungspersonal immer größere Zwänge in Form von menschlichen Aspekten und behördlichen Vorschriften zu, die den Freiraum des Betriebes auf der Baustelle einengen und dennoch bewältigt werden müssen.

Die Führungstechnik schließlich ist auf einer Erdbaustelle mit dem Masseneinsatz von Maschinen und den sie bedienenden Menschen in besonders hohem Maße gefordert. Der Betrieb muß „rollen", – und je besser er rollt, umso höher werden die erzielten Leistungen sein.

5.2.1 Baustelleneinrichtung

Dem mobilen Charakter des Erdbaus entsprechend sieht die Baustelleneinrichtung hier anders aus als auf einer stationären Baustelle, etwa einer Staumauer. Die (mobilen) Geräte sind „vorn an der Front" im Einsatz, und sie benötigen dazu eine sehr aufwendige Logistik, die ihre Betriebsbereitschaft sicherstellt. In dem Aufbau der Logistik liegt der Schwerpunkt der Baustelleneinrichtung dieser Geräte.

Wesensinhalte dieser Logistik sind:

die Versorgung der Maschinen mit Betriebsstoffen,
die laufende Instandhaltung,
die Wartung und Reparatur,
die Anlage und Unterhaltung der Baustraßen.

Die Maschinen müssen während des Einsatzes sozusagen „in der Luft" aufgetankt werden. Dazu gehören Tankfahrzeuge, die Brenn- und Schmierstoffe unmittelbar an die Maschinen bringen. Auch die laufende Instandhaltung, die Behebung kleinerer Reparaturen, das Auswechseln von Verschleißteilen ist „vorn" an den Maschinen durchzuführen. Das erfordert mobile Wartungswagen, – kleine fliegende Werkstätten.

Turnusmäßige Wartungen und aufwendige Reparaturen machen die Anlage von Feldwerkstätten „dicht hinter der Front" erforderlich, wie überhaupt der Grundsatz gelten soll: Nicht die Maschine muß zur Werkstatt, sondern die Werkstatt muß zur Maschine kommen. Nur bei großen Wartungen (1000-Std.-Inspektionen) und ernsteren Schäden ist die „Überweisung vom Hauptverbandplatz in das Feldlazarett" erforderlich (Bild **5**.43).

5.43 Die Zentralwerkstatt einer Hochgebirgsbaustelle (Staudamm) im Winter. Der Außenbetrieb ist eingestellt, die Großgeräte warten vor der Werkstatt auf ihre Generalüberholung (zugeschneit), andere Geräte sind schon überholt worden (schneefrei)

Jede Erdbaustelle muß über eine gut ausgerüstete Werkstatt mit ausreichend bevorratetem Ersatzteillager verfügen. Das gehört dazu, um die Maschinen „mobil" zu halten. Vom zentralen Ersatzteillager aus müssen jedoch „Versorgungsschwerpunkte" in einzelnen Etappen bis hin zum Einsatzbereich der Maschinen angelegt werden, um unnötige Transporte der (im allgemeinen recht schweren) Maschinen zu verhindern und sie möglichst an Ort und Stelle zu versorgen.

Im Zusammenhang damit steht die Anlage von Baustraßen, – nicht nur als reine Förderwege für die Massenbewegung zwischen Einschnitt und Auftrag, sondern auch als „Versorgungswege“ zwischen Werkstätten und den einzelnen „Gefechtsfeldern“. Hierher gehört die sorgfältige Anbindung von Seitenentnahmen und Seitenkippen durch leistungsfähige Baustraßen, denn diese Wege werden meist für längere Zeit und dann entsprechend stark genutzt.

Es lohnt sich, ein funktionsfähiges Baustraßennetz anzulegen und dessen Instandhaltung größte Aufmerksamkeit zu schenken.

5.2.2 Ablaufsteuerung

Jede Erdbaustelle, als System betrachtet, ist ein Regelkreis und muß dementsprechend aufgebaut und organisiert sein (Bild 5.44). Dazu gehört aber, daß man nicht nur die Baustelle als „Regelstrecke“ und den Polier als „Stellglied“ sieht, sondern auch den „Regler“ beachtet, der als Steuergerät fungiert und die notwendigen Korrekturimpulse ausarbeitet.

Jede größere Erdbaustelle erfordert heute ein Planungsbüro, das die Soll-Ist-Kontrolle exakt verfolgt und für alle denkbaren Abweichungen Maßnahmen ausarbeitet, die den Produktionsprozeß auf der Baustelle immer wieder in den Plan zurückholen. Hier sollen am laufenden Prozeß alle nur denkbaren (vor allem aber die wesentlichen) Vorgänge in ihren Auswirkungen auf Zeit, Leistungen und Kosten gemessen und zu einer Art „Atlas“ verarbeitet werden, um dem Bauleiter für jeden Betriebszustand die Auswirkungen und Folgen einer Änderung am Prozeßablauf vor Augen zu führen.

Großbaustellen sollten als „Regler“ nicht nur „Generalstabsoffiziere“ erhalten, sondern auch ein „Feuerleitgerät“, einen Prozeßrechner, mit dem wichtige Eingriffe in den Betriebsablauf simuliert und deren Folgen schnell abgesehen werden können.

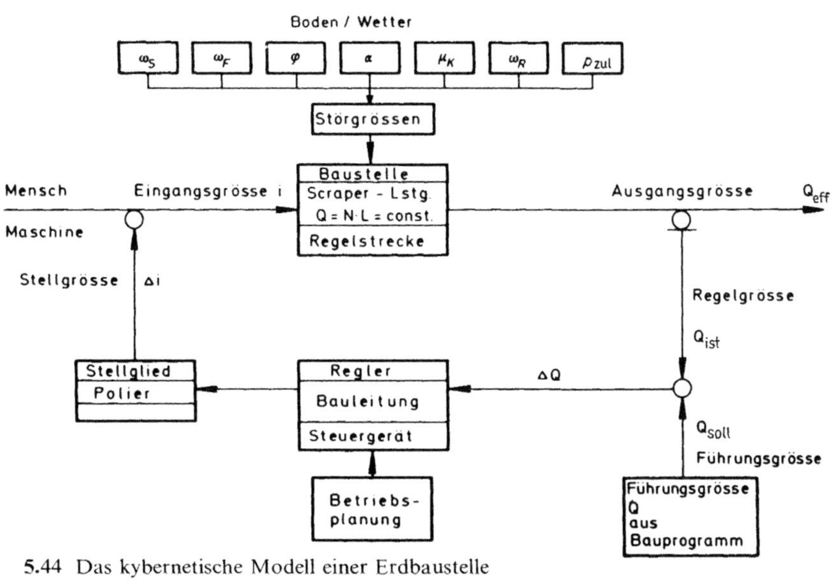

5.44 Das kybernetische Modell einer Erdbaustelle

Manche Großbaustelle besitzt ein Direktorium, das wichtige Entscheidungen – aufbereitet durch die Reglerinstanz – in Übereinstimmung mit den Interessen der einzelnen Partnerfirmen trifft und diese dann dem Bauleiter zum Durchsetzen auf der Baustelle weitergibt. In der Mehrzahl der Fälle ist der Bauleiter jedoch gleichzeitig auch Entscheidungsglied, – nur: noch dazu „Prozeßrechner“ zu sein, das übersteigt sicher seine Möglichkeiten!

Die moderne Computertechnik bietet eindrucksvolle Möglichkeiten, die betrieblichen Verfahrensabläufe innerhalb der black-box einer Baustelle zu simulieren und in kurzer Zeit festzustellen, wie die Ausgangsseite der black-box auf bestimmte Eingangssignale reagiert, wie sie den Input in Output umwandelt. Wenn einmal ein reales System als mathematisches Modell nachgebildet ist, kann man die verschiedensten betrieblichen Abläufe simulieren und dabei studieren, wie das untersuchte System reagiert (s. Abschn. 2.21) [94].

5.2.3 Arbeitsstudien

Arbeitsstudien sind in der stationären Fertigungsindustrie seit langem üblich. Hierfür gibt es eine umfangreiche Literatur, die sich um das Stichwort REFA (Reichsausschuß für Arbeitszeitermittlung, heute: Verband für Arbeitsstudien REFA EV) rankt [38].

Während die dort beschriebenen Methoden im lohnintensiven Hochbau Eingang gefunden haben, kommt man im Erdbau mit verhältnismäßig einfachen Operationen aus. Nur: Man sollte mehr Gebrauch davon machen!

Im Mittelpunkt des Interesses stehen: Zeitaufnahmen bezüglich

- Spielzeit (z. B. Bagger),
- Umlaufzeit (z. B. LKW),
- Verlustzeiten (z. B. Warten),

aber auch

Bewegungsstudien und
Leistungsgradschätzungen.

Während man für die Zeit-Untersuchungen nur eine Stoppuhr benötigt (auch die Armbanduhr mit Sekundenzeiger reicht schon aus!), ist für die Bewegungsstudien ein Fotoapparat mit schneller Aufnahmefolge (z. B. Robot) erforderlich. Aber auch hier reicht eine Schnellschußkamera, sofern nur gewährleistet ist, daß die Bildfolge ca. 1 sec betragen kann.

Über die Wichtigkeit der Spielzeitermittlung usw. ist schon gesprochen worden. Die Spielzeit spielt als Grundwert für die Leistungsermittlung eine große Rolle, und jeder Erdbauer sollte nicht nur die Spielzeiten der wichtigsten Geräte im Kopf haben, sondern auch an keinem neueren Gerät vorübergehen, ohne auf die Uhr zu blicken und die Spielzeit zu ermitteln, – etwa so wie ein Arzt, der bei jedem Patienten zuerst den Puls feststellt. – Ähnliches gilt für die Ermittlung von Verlustzeiten bzw. die Auswirkung von betrieblichen Maßnahmen, um diese zu verkürzen.

Bewegungsstudien kommen vor allem dann in Frage, wenn man die Leistung von Geräten verbessern will oder nach Ursachen für „unrunde“ Betriebsabläufe sucht. Bild **5.45** zeigt die Auswirkung einer solchen Bewegungsstudie bei einem Steinbruchbagger; hier stand der Vergleich mit einem anderen, etwa gleich großen Gerät zur Debatte, das im gleichen Haufwerk eine ca. 20 % geringere Ladeleistung erzielte. Woran konnte das gelegen haben?

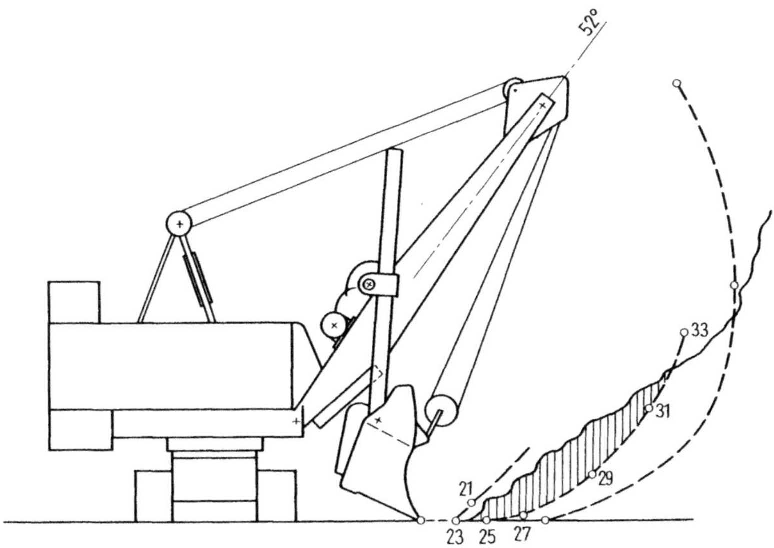

5.45 Bewegungsstudie an einem Steinbruchbagger – zur „Verlustquellenforschung"

Leistungsgradschätzungen von Maschinisten sind eine sehr problematische Angelegenheit, aber hier und da kommt man nicht daran vorbei. Man vergleiche aber einmal die Leistung des gleichen Geräts z. B. in der Früh- oder der Spätschicht mit unterschiedlichen Maschinisten, oder bei Tag- oder Nachtbetrieb oder in Zusammenarbeit mit unterschiedlichen Fahrzeugen. Die Überraschung über die dann festgestellten Unterschiede wird groß sein! Auch hier heißt es: den Ursachen auf den Grund gehen und die Mißstände abstellen. Wie gesagt: eine kleine Stoppuhr kann Wunder wirken!

5.2.4 Fahrbahninstandhaltung

Die Fahrbahn ist der „Lebensnerv" der mobilen Geräte. Von der Fahrbahnfestigkeit und -ebenheit gehen gravierende Einflüsse auf den Rollwiderstand und damit auf Fahrgeschwindigkeit und Leistung auf der einen, Brennstoffverbrauch und Reparaturkosten auf der anderen Seite aus.

Die Fahrbahnfestigkeit läßt sich etwa nach Tafel **5.46** klassifizieren, wobei grob zwischen fester, plastischer, lockerer und Sandfahrbahn unterschieden wird. Dahinter stehen in letzter Konsequenz die Fahrgeschwindigkeiten und damit die Förderleistung der Geräte.

Ziel muß immer sein, die Fahrbahnoberfläche so

fest,
eben,
glatt

wie möglich zu gestalten. Die Fahrbahn ist das „Gleis", über das der Förderverkehr rollt.

Tafel 5.46 Einteilung der Erdfahrbahn nach der Festigkeit der Fahrbahnoberfläche (Fahrbahnklassen)

		Abkürzung
Feste Fahrbahnoberfläche	hart	FF
	halbfest	FH
Plastische Fahrbahnoberfläche	steifplastisch	PS
	weich	PW
	breiig mit festem Untergrund	PB
	schmierige Oberfläche	PO
Lockere Fahrbahnoberfläche	Geröll	LG
	Schotter	LS
	Grobkies	LK
Sandfahrbahn	Feinkies	SK
	Sand	SS
	Feinsand	SF
	Mehlsand	SM

Zur Fahrbahninstandhaltung – wobei hier zunächst nur an den trockenen Betriebszustand gedacht wird – kommen vor allem zwei Maßnahmen in Frage:

Einsatz des Graders,
Einbau einer provisorischen Schwarzdecke.

Über den Einsatz des Graders, der hier zum echten „Straßenhobel" wird, ist schon gesprochen worden (Abschn. 3.1.3). Hingewiesen sei auf die unabdingbare Notwendigkeit, diese Instandhaltung permanent zu betreiben! Der Grader muß „rund um die Uhr" die Fahrbahn abfahren und jede beginnende Bildung von Querrillen sofort beseitigen, jede Unebenheit in der Längsrichtung ausgleichen und auch für das nötige Gefälle zum Abfluß des Regenwassers sorgen (Bild **5**.47).

5.47 Grader bei der Fahrbahninstandhaltung einer großen Erdbaustelle

5.48
Wasserwagen (Sprengwagen) zum Feuchthalten der Fahrbahnoberfläche

In vielen Fällen, vor allem bei permanenten Baustraßen, wird es zweckmäßig sein, einen festen Schwarzdeckenbelag aufzubringen und damit die Erdstraße in eine befestigte Fahrbahn zu verwandeln. Hier können nur Kostenabschätzungen entscheiden, welche Maßnahme zweckmäßiger ist. Nicht zu vergessen ist jedoch, daß eine feste Schwarzdecke eine um 10–15 km/h höhere Fahrgeschwindigkeit zuläßt als eine nur mit dem Grader behandelte Erdfahrbahn, da der Grader nicht überall sein kann und die Erdfahrbahn sich unter dem laufenden Verkehr sehr schnell wieder deformiert.

Im Zusammenhang damit steht das Staubproblem. Hier können Wasserwagen wahre Wunder wirken (Bild **5**.48): Auch sie müssen permanent im Einsatz stehen. Hinzu kommt, daß durch die Anfeuchtung der Fahrbahndecke auch die (scheinbare) Kohäsion gesteigert wird und damit eine zusätzliche Verfestigung eintritt.

5.2.5 Reifenanpassung

Während die Reifenauswahl in Abschn. 6.2.8 besprochen wird, geht es hier um die Anpassung vorhandener Reifen an die Fahrbahnverhältnisse. Im Mittelpunkt steht dabei die Reduzierung des Luftdrucks im Reifen zur Vergrößerung der Reifenaufstandsfläche. Den schematischen Zusammenhang zeigt Bild **5**.49.

Anhaltswerte zur Ermittlung der Reifenaufstandsfläche F_a bei verschiedenen Radlasten und Luftdrücken enthält Bild **5**.50. Diese Werte gelten nur für EM-Reifen 21.00 × 25, können jedoch über Bild **5**.51 auch für andere Reifengrößen umgerechnet werden.

Eine maßgebliche Rolle spielt die Zusammendrückung (Einfederung) des Reifens (d. h. die Reduzierung der Reifenhöhe), die über den Zusammendrückungsbeiwert z gekennzeichnet wird (Bild **5**.52) und abhängt

außen: von der Gesamt-Radlast P, die resultiert aus der statischen Radlast P_{ST} und dem dynamischen Stoßkoeffizienten;

innen: vom Reifeninnendruck p_i.

Aus dem Reifenzusammendrückungs-Beiwert z und dem Reifeninnendruck p_i läßt sich nach Bild **5**.52 die Reifenbelastung P bestimmen, die wiederum nach Bild **5**.50 Auskunft über die Größe der Aufstandsfläche gibt.

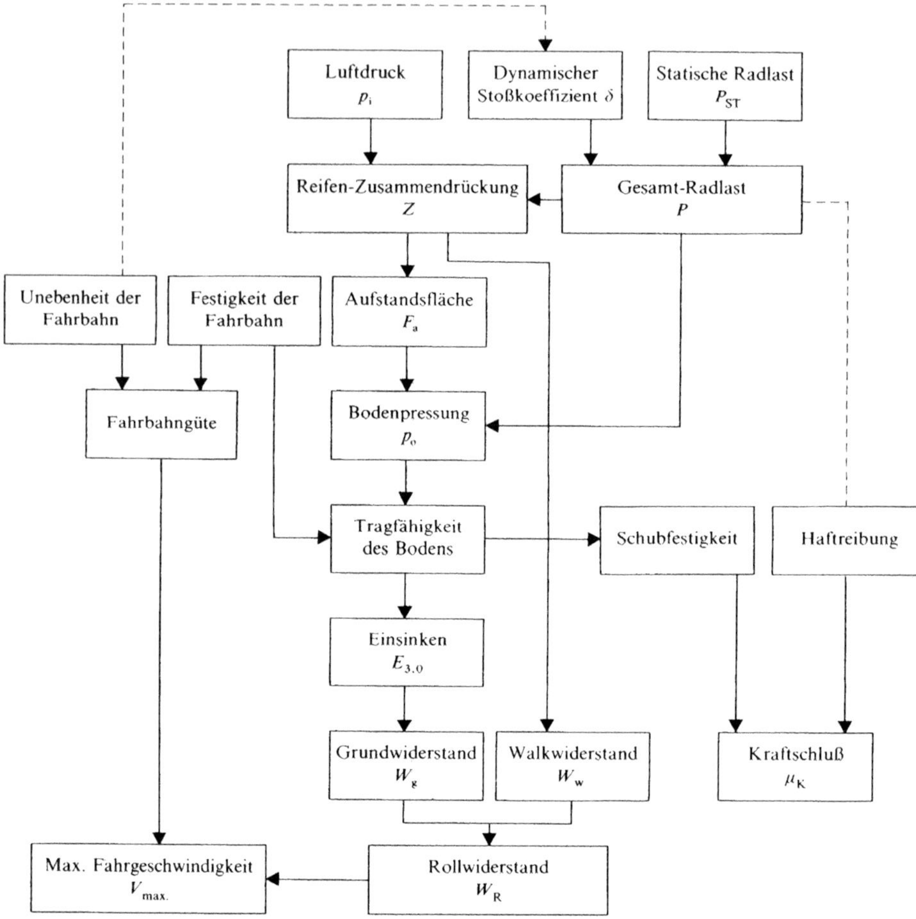

5.49 Einfluß der Reifen auf die Elemente des Fahrbetriebes

Die Bodenpressung p_o ergibt sich schließlich aus dem Quotient zwischen Radlast und Aufstandsfläche.

Von der Bodenpressung p_o einerseits und der Tragfähigkeit des Bodens andererseits ist abhängig die

Einsinktiefe E,

die ihrerseits den

Grundwiderstand (Einsinkwiderstand) W_g

bestimmt. Dieser und der Walkwiderstand W_w, der von der Reifen-Zusammendrückung abhängt (Bild 5.53), legen den

Rollwiderstand W_R

fest.

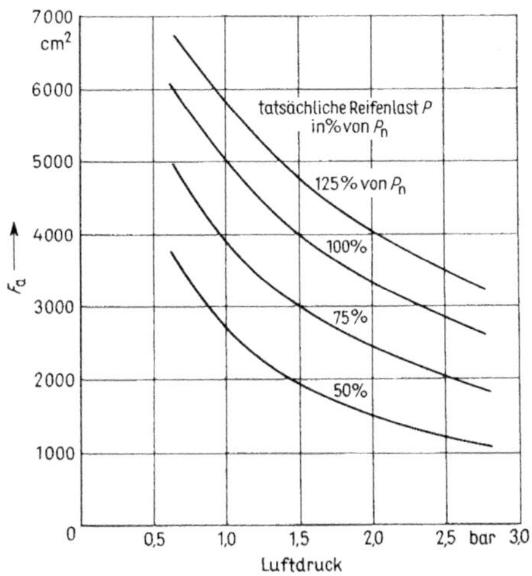

5.50 Die Größe der Aufstandsfläche F_a eines 21.00 × 25-EM-Reifens bei verschiedenen Luftdrücken und Belastungen

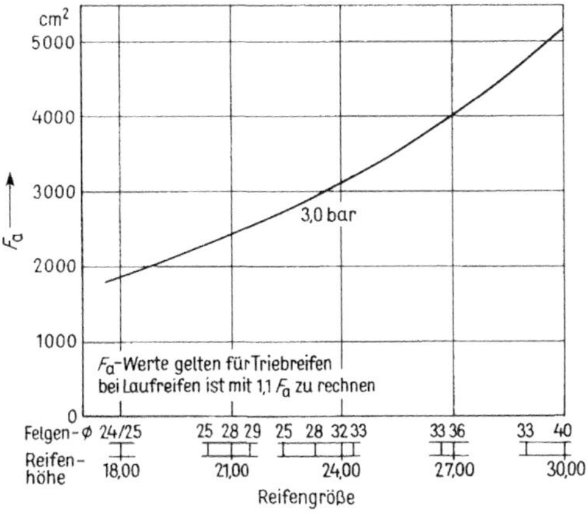

5.51 Die Aufstandsflächen verschiedener Reifengrößen bei Reifen-Nennlast P_n und Reifeninnendruck 3,0 bar

Die Bilder 5.50 bis 5.54 eignen sich gut zum präziseren Erfassen der Vorgänge rund um die Luftdruckabsenkung. So gibt Bild 5.50 zunächst eine Darstellung der Größe von F_a bei einem EM-Reifen 21.00 × 25; die Werte können nach Bild 5.51 auf andere Reifengrößen übertragen werden, wo der Luftdruck (3,0 bar) konstant gehalten, aber die Reifengröße variiert ist.

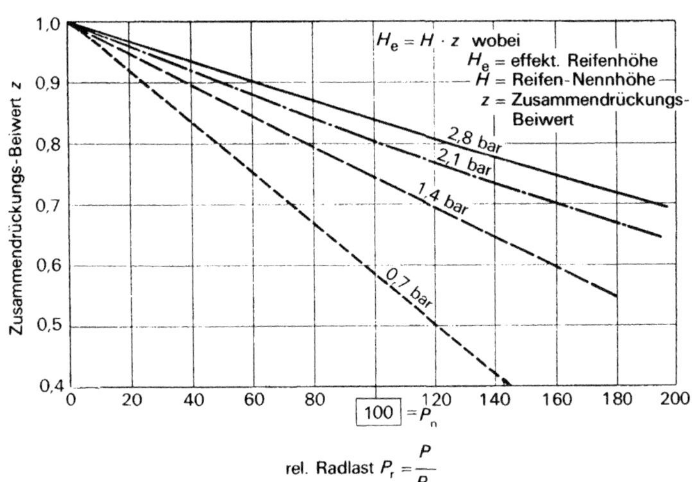

5.52 Zusammenhang zwischen der relativen Radlast P_r (d. h. dem Verhältnis der tatsächlichen Radlast P zur Reifen-Nennlast P_n) und dem Zusammendrückungsbeiwert z

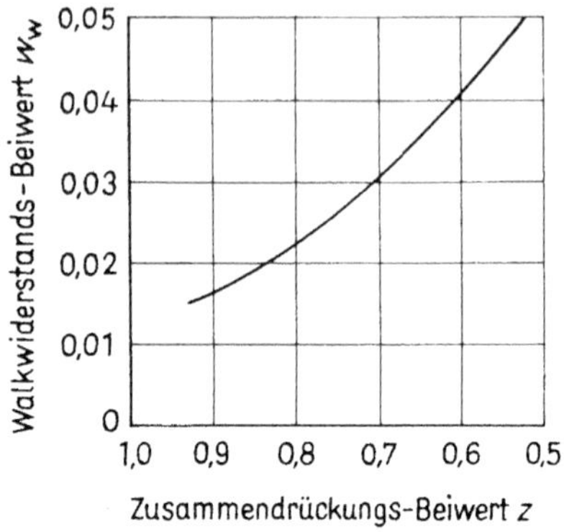

5.53 Zusammenhang zwischen dem Zusammendrückungsbeiwert z und dem Walkwiderstandsbeiwert w_w ($W_w = w_w \cdot G$)

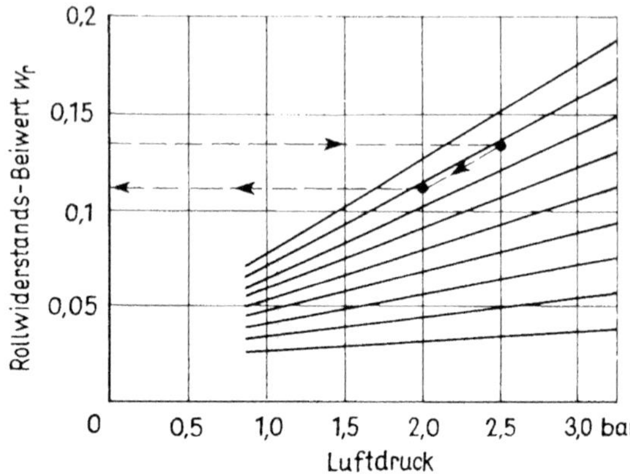

5.54 Der Einfluß der Luftdruckabsenkung auf den Rollwiderstandsbeiwert w_r

Die Bilder 5.52 und 5.53 (und dazu 5.54) betrachten den funktionalen Zusammenhang zwischen der Reifenzusammendrückung z und den fahrdynamischen Kennwerten W_w (Walkwiderstand) und W_R (Rollwiderstand). Bild 5.52 zeigt zunächst die Einfederung des Reifens bei verschiedenen Luftdrücken; Bild 5.53 vollzieht den nächsten Schritt von z zum Walkwiderstandsbeiwert w_w, und Bild 5.54 wieder führt vom Riefeninnendruck zum neuen Rollwiderstandsbeiwert w_r.

Ausführlich ist die gesamte Problematik der Luftdruckabsenkung und ihrer Ergebnisse im praktischen Fahrbetrieb dargestellt in [76].

Die Festigkeit der Fahrbahn hängt ab von der Tragfähigkeit des Bodens und im weiteren Verlauf von der Schubfestigkeit der Fahrbahndecke. Diese und die Haftreibung gehen wieder ein in den erzielbaren Kraftschluß μ_K.

Die Ebenheit der Fahrbahn wie auch der Rollwiderstand W_R bestimmen die erzielbare

maximale Fahrgeschwindigkeit V_{max}.

Will man bei wenig tragfähiger Fahrbahndecke die Bodenpressung und damit das Einsinken und den Rollwiderstand verringern, so geschieht das am einfachsten über eine Absenkung des Reifeninnendruckes. Allerdings wird dann der Walkwiderstand erhöht und damit auch wieder der Rollwiderstand im umgekehrten Sinn beeinflußt. Wie aus Bild 5.54 zu ersehen ist, überwiegt jedoch die Aufstandsflächenvergrößerung, und beträgt z. B. bei einem Reifeninnendruck von 3 bar der Rollwiderstand 0,11, so sinkt er bei 1 bar auf 0,05 ab, – also beträchtlich! Verbunden damit ist allerdings auch wieder eine geringere Haftung der Reifen auf den Felgen und damit eine (geringe) Reduzierung des übertragbaren Drehmoments wie auch eine geringfügige Einbuße am Kraftschluß. Es ist also beträchtliches Fingerspitzengefühl erforderlich, um die richtige Abwägung der Vor- und Nachteile zu erreichen.

Für die Wahl des günstigsten Luftdruckes gilt grundsätzlich:

1. Je weicher der Boden: umso geringer der Luftdruck.
2. Je unebener der Boden: umso geringer der Luftdruck.
3. Je verschlammter die Fahrbahnoberfläche: umso höher der Luftdruck (damit der Reifen durch die Schlammschicht gut bis in feste Bodenschichten „durchschneidet").

4. Soll der Boden verdichtet werden (Kippe): hoher Luftdruck.
5. Bei geringerem Luftdruck: höherer Reifenverschleiß in den Seitenwänden!

Eine wesentliche Rolle spielt die Festigkeit der Reifenseitenwände: Je weicher diese sind, umso größer ist die „Einfederung" des Reifens, das Nachgeben unter der Last und damit die Vergrößerung der Aufstandsfläche. Andererseits nimmt dadurch aber auch der Walkwiderstand erheblich zu, und die Walkarbeit (die sich in Wärme umsetzt) führt zu einer schnelleren Zerstörung der Reifen. Aus Bild **5**.53 ist gut zu ersehen, daß bei der Abnahme des Reifenzusammendrückungsbeiwertes von $z = 1{,}0$ auf $z = 0{,}5$ der Walkwiderstand (also nur der Widerstand durch die Walkarbeit der Reifenseitenwände) von ca. 0,01 auf mehr als 0,05 zunimmt. Der Zusammendrückungsbeiwert ist

$$z = \frac{\text{Reifenhöhe belastet}}{\text{Reifenhöhe unbelastet}}.$$

Werden Geräte für längere Zeit in wenig tragfähigen Böden eingesetzt, so empfehlen sich langfristige Maßnahmen wie

a) Verwendung weicherer Reifen (siehe Abschn. 6.2.9 „Reifenauswahl"),
b) Verwendung doppelter Bereifung,
c) Verwendung von Breit-, Lysoid- und Ballonreifen,

wenn die geringere Fahrbahntragfähigkeit durch das Reifenfahrwerk aufgefangen werden soll. Darüberhinaus sind jedoch

a) Verfestigung der Fahrbahn,
b) Übergang zu Raupenfahrwerk

in Erwägung zu ziehen.

5.2.6 Schlechtwettereinsatz

5.2.6.0 Überblick

Hier muß vorausgeschickt werden, daß sich der Schlechtwettereinsatz beim Baustoff „Erde" in vielen Fällen von selbst verbietet, weil der Boden meist auch eingebaut und verdichtet werden muß, – und da schon rein bodenmechanisch gesehen Schwierigkeiten hinsichtlich des optimalen Wassergehalts zur Erzielung größtmöglicher Verdichtung auftreten. Also: Das Thema hat nur dann einen tieferen Sinn, wenn aus terminlichen Gründen so lange wie möglich weiter gearbeitet werden muß (und einwandfreie Verdichtung gewährleistet ist). Dann also, wenn es darauf ankommt, die Baustelle so vorzubereiten, daß sie eine Schlechtwetterperiode gut übersteht und der Fahrbetrieb so bald wie möglich wieder aufgenommen werden kann.

Wenn es zu regnen beginnt, werden rolliger und bindiger Boden ganz unterschiedlich reagieren: Beim rolligen Boden tritt zunächst eine gewisse Verfestigung (durch scheinbare Kohäsion bedingt) ein, während beim bindigen Boden sofort die Konsistenz absinkt und der Bodenzustand immer mehr in den weichen Bereich abgleitet. Besonders erschwerend wirkt sich die Tatsache aus, daß mobile Geräte immer Fahrspuren hinterlassen, daß sich in diesen Fahrspuren das Regenwasser sammelt, das dann durch weiteres Darüberfahren der Geräte immer tiefer in den Boden eingewalkt wird. Es gibt eigentlich – wenn man in der Wahl der Mittel frei ist – nur drei echt wirksame Wetterabwehrmaßnahmen im Hinblick auf eine aufziehende Schlechtwetterfront:

1. Alle gefährdeten Flächen einzuebnen und mit leichtem Gefälle zu versehen, damit das Oberflächenwasser schnell ablaufen kann und möglichst wenig in den Untergrund eindringt.
2. Den Fahrbetrieb bei Regen so schnell wie möglich einzustellen.

3. Genügend Geduld aufzubringen bei der Wiederaufnahme des Fahrbetriebes und das Austrocknen der Fahrbahnoberfläche abzuwarten.

Das ist gewiß leichter gesagt als getan. Und dennoch sollte man sich immer von zwei Erkenntnissen leiten lassen:

a) Mit dem „Quälen" der Geräte in den Schlechtwettereinsatz hinein nimmt die Zeit bis zur Wiederaufnahme des Fahrverkehrs nicht linear, sondern exponentiell zu. Ein Weiterfördern von nur 1 Stunde Dauer kann eine Verlängerung der Ausfallzeit von mehreren Tagen bewirken.
b) Je eher man den Betrieb einstellt, um so schneller kann man wieder damit beginnen. Die Leistungsfähigkeit der Erdbaugeräte bei trockenem Wetter ist so enorm groß, daß es sich immer lohnt, längere Stillstände in Kauf zu nehmen und danach umso leistungsfähiger weiterzufördern.

Insgesamt gesehen gibt es 4 verschiedene praktisch wirksame Möglichkeiten, mit den Wetterschwierigkeiten auf der Baustelle fertig zu werden:

1. Anpassung der Baustelle,
2. Anpassung des Fahrwerks,
3. Befestigung der Fahrbahn,
4. Berücksichtigung der Regenausfallzeit.

5.2.6.1 Wetterabwehrmaßnahmen auf der Baustelle

Alles, was hier unternommen werden kann, muß diktiert sein von dem Bestreben, dem Oberflächenwasser keine Chance zu lassen, daß es in den Boden eindringen kann. Es muß sofort seitlich abfließen oder abgeleitet werden. Dazu sind folgende Schritte zu empfehlen:

1. Schürfstelle

a) Wassergräben anlegen,
b) Gefälle anlegen (auch dort, wo vorerst nicht geschürft wird),
c) Fahrspuren gleichmäßig verteilen, damit sich keine tieferen Rillen bilden können,
d) aufgeweichte Oberfläche mit Grader oder Planierraupe immer wieder abstoßen.

2. Fahrbahn

a) ständig Erdhobel patroullieren lassen, um Fahrspuren einzuebnen und Wassernester aufzufüllen.
b) ständig Seitengefälle aufrecht erhalten (Gradereinsatz),
c) aufgeweichte Oberfläche abstoßen (Grader).

3. Kippe

a) Bester Schutz ist: wirksame Verdichtung! Möglichst dünn und gleichmäßig auftragen. Am besten mit Reifenwalzen glätten.
b) Fahrspuren gleichmäßig über die Kippe verteilen,
c) ständig für Gefälle sorgen (Grader),
d) dichten Oberflächenschluß herstellen,
e) Dammschüttungen jetzt umgekehrt vornehmen: Überhöhung in der Mitte und Gefälle nach den Seiten hin.

4. Vorwarnzeit

a) ständiger Kontakt mit einer Wetterwarte,
b) Verfolgung der Großwetterlage (Satellitenfotos im Fernsehen),
c) ständige Verfeinerung des „mobilen Einsatzplanes" für den Schlechtwettereinsatz.

Das alles gilt nur für bindige Böden. In nichtbindigen Böden kann oft auch bei Regen mit voller Leistung weiter gefördert werden.

5.2.6.2 Fahrwerksanpassung

Hier ist zunächst mit der irrtümlichen Ansicht aufzuräumen, daß Raupenfahrwerk für den Schlechtwettereinsatz besser geeignet sei als Reifenfahrwerk. Genau das Umgekehrte kann der Fall sein: Fahrzeuge mit abgefahrenen glatten Reifen halten besser durch als Raupenfahrzeuge. Hier kommt es weniger auf die Bodenpressung bzw. Bodentragfähigkeit an (die ja vor Regenbeginn auf jeden Fall ausreichend war), sondern auf die Zerstörung der Fahrbahnoberfläche!

Und da können Raupenketten mit ihren hohen Kettenstegen oft erheblichen Schaden anrichten, besonders auch, wenn sie scharfe Wendungen durchführen. Dennoch kann man eine Raupenkette nicht verändern, man kann nur den Einsatz der Raupengeräte reduzieren und auf möglichst schonendes Fahren achten.

Ganz andere Möglichkeiten bieten Reifengeräte. Hier spielt zunächst

die „Glattheit" der Reifenoberfläche und
die „Weichheit" der Reifenkarkasse

eine wesentliche Rolle. In Schlechtwettergebieten bzw. -zeiten sollte mit möglichst abgefahrenem oder glattem Reifenprofil gefahren werden. Und dann ist vor allem auch der Luftdruck abzusenken, damit die Reifen möglichst weich werden und sich in der Aufstandsfläche breit auf das Gelände legen. Die Amerikaner sprechen hier vom „floating", vom „Schwimmen" der (wenig aufgepumpten) Reifen über die Fahrbahnoberfläche. Das geht natürlich auf die Kosten der Reifenlebensdauer, aber es ist oft der einzige Ausweg, um den Fahrbetrieb noch einige Zeit weiter aufrecht zu erhalten, ohne die Fahrbahn nachhaltig zu zerstören.

Wenn Reifengeräte auf der Baustelle immer wieder mit Schwierigkeiten zu kämpfen haben, so liegt es oft genug daran, daß man von den Möglichkeiten der Reifenanpassung keinen Gebrauch macht und einfach „so weiter fährt" wie wenn es keinen Regen gäbe. Der Reifen – gerade der hier meist verwendete EM-Reifen (Niederdruck-Geländereifen) – kann in seinen fahrdynamischen Eigenschaften äußerst variabel gestaltet werden. Man muß von diesen Möglichkeiten nur Gebrauch machen! Auf den Einfluß der Reifen auf den Fahrbetrieb allgemein ist schon in Abschn. 5.2.5 hingewiesen worden. Weiter unten werden Einzelheiten noch einmal im Zusammenhang mit der „Reifenfrage" (Abschn. 7.6) erörtert. Wichtig ist nur, daß das maschinentechnische wie das bauleitende Personal von diesen reichhaltigen Möglichkeiten Gebrauch macht!

5.2.6.3 Fahrbahnbefestigung

Hier sind 5 prinzipielle Möglichkeiten zu unterscheiden, die sich in folgende Aktionsstufen gliedern lassen:

1. Abwalzen und Abhobeln der noch trockenen Fahrbahn, – also eine laufende mechanische Verbesserung der natürlichen Erdstraße.
2. Einstreuen von Kies oder Schotter in die schon aufweichende Fahrbahn zum Aufbau eines Ersatz-Traggerüsts im Fahrweg-Unterbau. Man kann hier etwa an die Art und Weise denken, wie die Sceleton-Pfähle die Tragfähigkeit des Bodens zur Lastaufnahme verbessern.
3. Aufbringen einer (verdichteten) Schüttlage aus Sand von etwa 50 cm Mächtigkeit auf Fliesmatten zur Wasserableitung.
4. Bodenverfestigung mit chemischen Mitteln (vor allem zur Bindung des eindringenden bzw. vorhandenen Wassers).

5. Aufbringen eines provisorischen Schwarzdeckenbelages von 8 bis 10 cm Stärke (je nach Tragfähigkeit des Untergrundes).

Etwas ausführlicher sei auf Punkt 4 eingegangen, da er „problembehaftet" ist. Zunächst muß ganz allgemein festgestellt werden, daß es nicht damit getan ist, je nach Gefühl an gefährdeten Stellen Kalk oder Zement einzustreuen. Der Erfolg äußerst sich im allgemeinen in einer vollkommenen Verschmutzung der eingesetzten Geräte. So geht es nicht. Sondern: Wenn schon diese Art der Fahrbahnbehandlung, dann muß sie nach System erfolgen. Und das heißt auf jeden Fall Einsatz zusätzlicher Geräte! Doch zu den Einzelheiten:

Alles wesentliche ist im „Merkblatt für die Bodenverbesserung und Bodenverfestigung mit Kalken" zusammengefaßt. [87] Darin wird zunächst unterschieden zwischen

Bodenverbesserung, d. h. Maßnahmen zur sofortigen Verbesserung der Einbaufähigkeit des Bodens und zur Erleichterung der Ausführung von Erdarbeiten;
Bodenverfestigung, d.h. Maßnahmen zur langfristigen Erhöhung der Tragfähigkeit von Böden.

Hier kommt vor allem die Bodenverbesserung in Frage, die mit Kalk, Zement oder Bitumen erfolgt. In den beiden letzteren Fällen wird die Verfestigung durch „Verkleben" des Korngerüstes erreicht, im ersteren Fall durch Wasserentzug und damit Aktivierung der Korn-zu-Kornreibung zur besseren Tragfähigkeit.

In jedem dieser drei Fälle muß der Boden mit einem besonderen Gerät, einer mobilen Bodenfräse, mit dem Zugabemittel durchmischt werden. Man spricht dann vom sogenannten „mix in place"-Verfahren (im Gegensatz zum „mix in plant", wo das Durchmischen im Zwangsmischer stationär erfolgt.)

Je nach den Bodenverhältnissen beträgt die Zugabe 4 bis 10 % des Gesamtvolumens der zu verbessernden Bodenschicht, die eine Höhe von mindestens 15 cm haben sollte. Die Schicht ist mit der Bodenfräse gründlich zu durchmischen und zusätzlich zu verdichten. Es ist hier also – soll die Maßnahme wirklich erfolgreich sein – ein regelrechter „Deckenbau" zu betreiben, wenn auch mit reduziertem Aufwand und mit nicht so hochwertigen Baustoffen.

Bevorzugt werden bei uns Kalke (Feinkalk oder Kalkhydrat) angewandt, und der Einbau der durchfrästen und vermörtelten Schichten erfolgt in Lagen von 12–15 cm Stärke. Der Kalkgehalt schwankt zwischen 2 bis 8 %. Bei Zement sogar beträgt der Richtwert ca. 20 kg/m^2 Deckenfläche bei 15 cm Stärke. Der Zement wird auf der Oberfläche ausgestreut, mit der Bodenfräse eingearbeitet und anschließend verdichtet.

Sollen Baustraßen für eine längere Zeit verfestigt werden, so empfiehlt sich zunächst, eine Schicht von 15 bis 20 cm Stärke mit Zement zu vermörteln (Zementzugabe 4 bis 12 %) und darauf einen bituminösen Belag mit 4 bis 8 cm Stärke aufzubringen.

Hingewiesen sei auch auf den großen Einfluß der Kornzusammensetzung nichtbindiger Böden. Hier spielt die Ungleichförmigkeit U eine wesentliche Rolle, die nicht nur als Maß der Verdichtbarkeit, sondern auch für die Tragfähigkeit von großer Bedeutung ist. Schwierigkeiten können vor allem gleichgekörnte Sande machen, die sich schlecht verdichten lassen und immer wieder dazu führen, daß Reifenfahrzeuge regelrecht darin einbrechen. Hier kann unter Umständen eine Einmischung feinstkörnigen, schluffigen Materials oder Böden mit flacher Sieblinie zweckmäßig sein.

Als letztes bleibt der Einbau stabiler Schwarzdecken auf tragfähigem oder tragfähig gemachtem (verfestigtem) Untergrund. Bei länger befahrenen, nicht oder nur wenig veränderten Transportwegen empfiehlt sich diese Maßnahme auf jeden Fall. Sie bringt nicht nur weitgehende Wetterunabhängigkeit, sondern auch höhere Transportleistung infolge größerer Geschwindigkeit [88], [89], [93].

5.2.7 Betriebsicherheit

Da ist zunächst intern an die Unfallverhütung zu denken. Sie spielt auf der Baustelle eine wesentliche Rolle. Maßgebend ist die Unfallverhütungsvorschrift (UVV) „Erdbau", genaue Bezeichnung: UVV „Bagger, Lader, Planiergeräte, Schürfgeräte und Spezialmaschinen des Erdbaues" (VBG 40). Sie befaßt sich vor allem mit den Sicherheitseinrichtungen, die vom Hersteller bei der Konstruktion der Maschinen zu berücksichtigen sind, – nicht mit dem Betreiben der Geräte auf der Baustelle [40].

Interessant sind hier statistische Auswertungen über Unfälle an Baggern und Ladern, bedingt durch die Konstruktion (Bild 5.55) und durch den Betrieb (Bild 5.56). Wichtig ist vor allem, daß Maschinen, die umsturzempfindlich sind (Planierraupen, Radlader usw.), mit einem Überrollschutz ausgerüstet sein müßten (ROPS: Roll over protective structure).

Das gilt nicht für Bagger, die sich durch Abstützen mit der Arbeitseinrichtung gegen das Umstürzen zusätzlich sichern können. Geräte, die in Steinbrüchen und überall dort arbeiten, wo „Gefahr durch herabfallende Gegenstände" besteht, müssen ein besonderes Schutzdach erhalten (FOPS: Falling object protective structure. Bild 5.57). Hinweise bezüglich Betriebssicherheit sind vor allem dort angebracht, wo im Ausland mit Geräten gearbeitet wird, die nicht mit den bei uns vorgeschriebenen Schutzvorrichtungen ausgerüstet sind.

Für den laufenden Baustellenbetrieb gelten darüber hinaus Hinweise, die aus dem Straßenverkehr abzuleiten sind. Auf der Baustelle kann (z. B. beim Staudammbau) die Verkehrsdichte sehr groß werden, wenn auch nicht mit vergleichbaren Geschwindigkeiten

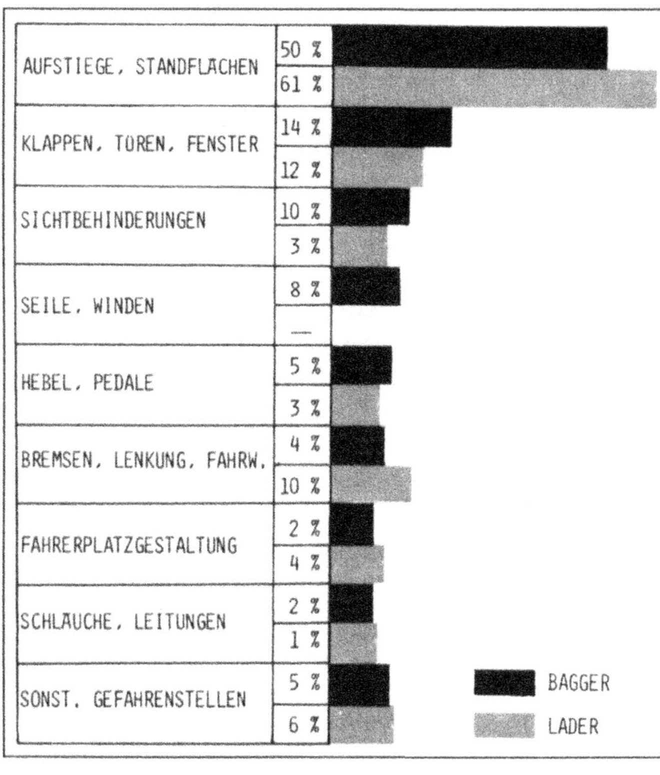

5.55
Konstruktionsbedingte Unfälle an Baggern und Ladern [110]

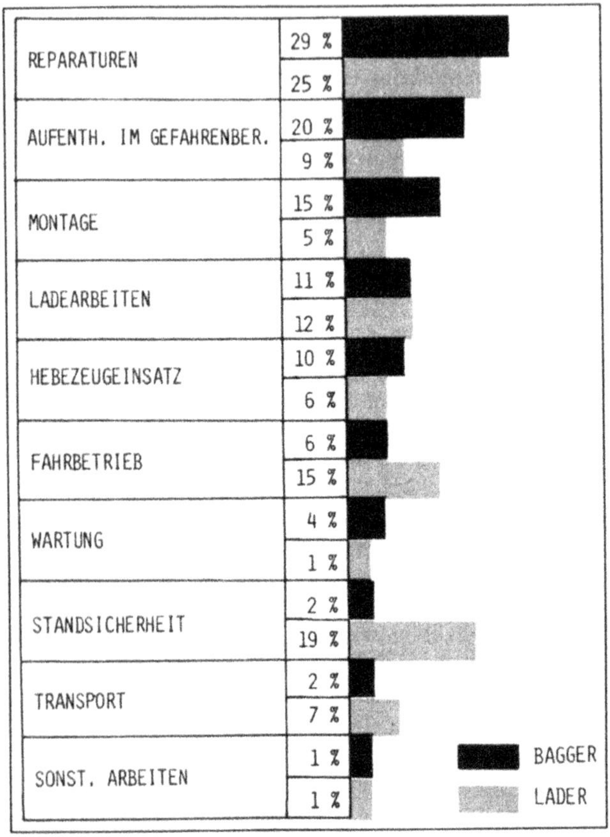

5.56
Unfälle beim Betrieb von Baggern und Ladern [110]

gefahren wird. Aber es ist durchaus zweckmäßig, auf solchen Baustellen Geschwindigkeitsbegrenzungen und sonstige Verkehrsregelungen (z. B. Einbahnstraßen, Ampeln an Kreuzungen usw.) einzurichten, um den Förderverkehr flüssiger und sicherer zu gestalten. Große Erdbaustellen mit einer eigenen Verkehrspolizei sind keine Seltenheit mehr, auch ist dafür Sorge zu tragen, daß die Vorschriften für den Baustraßenverkehr eingehalten werden.

5.2.8 Umweltschutz

In neuerer Zeit kommt der Umweltschutz (vor allem gegen Staub und Lärm) hinzu. Hier kann es notwendig werden, den Baustellenverkehr auf bestimmte Betriebszeiten mit vorgeschriebenen Höchstgrenzen für die Lärmentwicklung zu beschränken bzw. zu lärmarmen Transportsystemen (z. B. Bandstraße, Seilbahn, Einschienenhängebahn) überzugehen. Diese Umstellungen sind zwar immer kostenintensiv, stellen aber oft die einzige Möglichkeit dar, Auflagen der betreffenden Gemeinden zu erfüllen. So ist es z. B. denkbar, daß der LKW-Verkehr bei der Massenbewegung durch Gondelbahnen (Hängebahnen) ersetzt wird. Dieses Transportsystem ist heute für Nutzlasten bis 20 t (einzeln) ausgelegt und läßt sich vollautomatisch betreiben. Ähnliches gilt für die Kabelbahn, die 15 t Nutzlast befördert und mit Stützweiten zwischen den Pylonen von 600 bis 700 m auskommt. Das alles sind natürlich nur „Möglichkeiten", die wirtschaftlich ins Kalkül gezogen werden müssen.

5.57 Hydraulikbagger, ausgerüstet mit Sicherheitsfahrerhaus (FOPS)

5.2.9 Betriebstechnik

Schon bei der Auswahl der zweckmäßigen Geräte für die Baustelle sollte an den Betrieb gedacht werden, z. B. daran, daß diese Fahrzeuge gleiche Geschwindigkeiten, gleiches Steigvermögen, gleiche Getriebeabstufung usw. haben, damit sie in der „Kolonnenfahrt" – nichts anderes ist die Massenbewegung zwischen Einschnitt und Auftrag – nicht aus der Reihe fallen und andere Fahrzeuge behindern.

Unbedingt gehört heute Funksprechverkehr mit den einzelnen Fahrzeug- und Geräteführern zu einer modernen Bauleitung, und es gehört so etwas wie ein „Tower" dazu, von dem aus die Bewegung der Geräte auf dem Vorfeld und das Ansteuern der jeweiligen Betriebspunkte geregelt werden können. Es gehören deutlich sichtbare Nummern (oder unterschiedliche Farben) an die einzelnen Fahrzeuge, damit man jeden einzelnen Fahrer ansprechen und ihm konkrete Anweisungen geben kann.

Die Baumaschinen auf der Erdbaustelle dürfen nicht sich selbst und ihren Maschinisten überlassen werden, sondern jedes einzelne Fahrzeug muß an einer straffen Leine geführt werden, vor allem wenn die Termine drücken.

Die Leitung einer Erdbaustelle unterscheidet sich sehr wesentlich von der einer Hoch- oder einer Tiefbaustelle. Es ist der sinnvolle Umgang mit der Masse von Maschinen, der hier eine ganz andere Art des Führens erfordert, und es ist im besonderen Maße die Steuerung der „fremden Hände", mit denen da gebaut wird.

Die notwendigen Fertigkeiten kann man sich am besten dadurch erwerben, daß man beobachtet und immer wieder beobachtet, wie der Verkehr abläuft, daß man die „Rheologie der Erdbaustelle" sieht – das „Fließen" der m^3 von A nach B – und daß man dieses Fließen optimal „im Fluß hält". Die Erdbaustelle ist etwas durch und durch Lebendiges mit einer ganz spezifischen Kybernetik.

6 Maschinenwesen

6.1 Maschinenprobleme

6.1.0 Überblick

Jedes technische Problem im Erdbau führt immer wieder mit verblüffender Deutlichkeit vor Augen:

Was dem Erdbau seinen Schwung, seine Dynamik und seinen Erfolg verleiht, sind die Maschinen! Und damit wird selbstverständlich, daß der Erdbauer einen „6. Sinn" für die Maschinen haben muß, wenn er diese mit Erfolg für seine Aufgaben verwenden will.

Wichtig ist vor allem, daß man zu einer „umgreifenden Gesamtschau" der Erdbaumaschinen findet: daß man die Maschine nicht nur im Einsatz auf der Baustelle, sondern eben auch beim Aufenthalt in der Werkstatt sieht, – daß man die Maschine nicht nur als „Dukatenesel" betrachtet, aus der man den letzten Kubikmeter herauspressen kann, sondern immer daran denkt, daß auch Maschinen eine Leistungsgrenze haben, an der sie dann irgendwie „zusammenbrechen", und daß jeder Aufenthalt in der Werkstatt unproduktiv ist und das Gegenteil von dem erreicht, was eigentlich erreicht werden sollte.

Der Erdbau verlangt – mehr als jede andere Sparte des Bauingenieurwesens – sehr viel Verständnis für die Maschinen, und das heißt für viele Bauingenieure: daß sie sich mehr um die Maschinen kümmern müssen, und für viele Maschineningenieure: daß sie sich nicht nur als „Inventarverwalter" fühlen. An beide ergeht vom Erdbau her die Aufforderung, sich mehr für die Belange der anderen Seite zu interessieren, sich mit der „Anatomie" der Maschinen genauso wie mit ihrer Leistungsfähigkeit zu befassen, die Maschinen differenzierter und kritischer zu betrachten und an das Maschinenproblem im Erdbau mit einer höheren als der sonst üblichen Sensibilität heranzugehen, – denn nirgendwo anders wirkt sich eine falsch eingesetzte, falsch behandelte und falsch gewartete Maschine so katastrophal wie im Erdbau aus.

Ohne Maschinen ist kein Erdbau mehr denkbar, und man tut gut daran, sich immer wieder den (etwas abgewandelten) Slogan in Erinnerung zu bringen: Die Baumaschine – dein Freund, dein Helfer!

6.1.1 Die Anatomie der Maschinen

Zur „Sensibilisierung" gehört, daß man sich mit dem organischen Aufbau der Maschinen beschäftigt, – daß man nicht nur die Maschine als Ganzes, sondern eben auch in ihrem organischen Zusammenwirken sieht.

Da ist zunächst der äußere Habitus: das statische und das dynamische Verhalten. Man denke nur an den Bagger: Da gibt es „Spitzentänzer", die sich auf die Zehenspitzen stellen, wenn sie „härter ranmüssen"; und da gibt es solche, die auch dann noch stehen wie ein Briefbeschwerer! Und die Dynamik wirkt ganz wesentlich mit bei der Leistungsfähigkeit der Geräte. Das gilt vor allem (wieder nur als Beispiel) für das Drehwerk im Oberwagen des Baggers, – ob die Maschine „eckig" und ruckartig dreht oder eben „swinging like a girl" ist. Das schlägt sich in verlorenen oder gewonnen m^3/h nieder und ist es wirklich wert, eingehend betrachtet und untersucht zu werden. [5], [12].

Und dann gibt es den inneren Aufbau, gewissermaßen die „Eingeweide“: Man vergleiche nur etwa die Anatomie eines Seil- und eines Hydraulikbaggers (Bild **3**.41 und Bild **3**.42). Und man vergleiche die außerordentliche Varianz im Hydraulikkreislauf bei den verschiedenen Fabrikaten. Das alles kommt ja nicht von ungefähr, sondern hat seinen tieferen Sinn. Man sollte sich schon ein wenig näher damit befassen, was für Vor- und Nachteile die Summenleistungsregelung oder der Antrieb mit Konstantpumpen oder leistungsgeregelten Pumpen bringt. [90; 91]

Von entscheidender Bedeutung ist das Gewicht einer Maschine. Denn es ist direkt gekoppelt mit der Betriebssicherheit. Je schwerer ein Gerät ist, umso robuster ist es (im allgemeinen) auch. Je massiver Fahrwerksteile, Ausleger, Löffelstiele usw. ausgebildet sind, umso länger halten sie! Und man denke immer auch daran, daß Betriebssicherheit vor Spitzenleistung rangiert: Der schnellste Bagger nutzt nicht viel, wenn er dauernd ausfällt. Und umgekehrt: Ein schwerer, dafür eben langsamerer „Kippkegaul“ als Baumaschine schneidet in der Leistungsbilanz noch immer besser ab, weil er permanent durcharbeitet und dadurch mehr m^3/h schafft.

Als viertes Merkmal sei die Kinematik der Antriebsbewegungen genannt. Hier läßt sich oft Erstaunliches feststellen: nämlich daß ein kleiner flinker David u. U. genau so viel leistet wie ein schwerfälliger Goliath. Das muß nicht im Widerspruch zum vorigen Absatz stehen: Hier geht es um die Eleganz der Arbeitsbewegung, um das harmonisch aufeinander abgestimmte Spiel der Einleitung von Kräften und Drehmomenten in den Arbeitsprozeß, das sehr maßgeblich von der Konstruktion beeinflußt wird. Man beobachte einmal eine (etwa neu anzuschaffende) Maschine beim Arbeiten und erfreue sich nicht nur an den schönen bunten Bildern des Verkaufsprospektes. Dort ist alles nur „in Ruhe“. Aber damit läßt sich kein Geld verdienen.

6.1.2 Jonglieren mit Maschinenelementen

Eng verwandt mit der „Anatomie“ ist der Umgang mit den einzelnen Maschinenelementen bei jeder Art von Optimierung. Sehr oft müssen Spezialgeräte entwickelt werden, etwa für Sondervorschläge, und die können dann in der Kürze der verfügbaren Zeit nur in der eigenen Werkstatt realisiert werden. Dann kommt es darauf an, zu improvisieren, zu phantasieren, ja: regelrecht zu „komponieren“, – hier in des Wortes ureigenster Bedeutung. Da wird etwa die marktgängige Hinterachse eines LKW als Oberturas für einen Eimerkettenbagger verwendet, oder ein ausrangierter Baggerunterwagen als Fahrwerk für eine Bandbrücke, – oder es werden Hydraulikmotore für den Drehantrieb eines Schneckenbohrgerätes zusammengefügt oder durch „Aufschneiden“ und Zwischensetzen von Verbreiterungsflächen aus dem Schürfkübel Schrapperkübel gemacht.

Man muß lernen, mit den Maschinenelementen zu „jonglieren“ mit dem Ziel einer Neu- oder Weiterentwicklung vorhandener Geräte. Eine Reihe bekannter und bewährter Baumaschinen ist so entstanden. Man denke etwa an die vielen Varianten von Schlitzbaggern zum Herstellen von Dichtungsschürzen oder Schlitzwänden, an die Hubinseln unterschiedlichster Konstruktion, an schwimmende Tieflöffel für den Unterwassereinsatz, an leistungsfähige Bandlader in Kombination mit Wälzsieben (Wobblern), an die Entwicklung von Vortriebsschilden im Tunnelbau, an Tunnelbohrmaschinen und Tübbing-Versetzgeräte. In vielen Fällen war es die MTA (Maschinentechnische Abteilung) der Hauptverwaltung oder Niederlassung, oder auch einfach die Werkstatt auf der Baustelle, die Neuentwicklungen realisierte – als Produkt solchen Jonglierens mit den Maschinenelementen.

Das ist ja gerade der Vorteil der verfahrenstechnischen Denkweise (s. Abschn. 2.2), daß man sich loslösen kann von ausgeführten Bauweisen, – daß man die „Elemente" des Systems sieht und mit diesen Elementen wie mit den Einzelteilen eines großen Baukastens sinnvolle Kombinationen herstellen kann, um diese oder jene verfahrenstechnische Grundoperation „machbar" zu machen. Wie die Teile eines großen „Märklinbaukastens" sollte man die Pumpen, Kupplungen, Seile, Bremsen, Vorgelege, Windwerke, Drehwerke usw. vor sich sehen, um daraus etwas zu konstruieren, was auch hier wieder nur dem einen Ziel dienen soll: die Durchführung einer Bauarbeit billiger und besser zu gestalten. [41]

6.1.3 Maschinenphilosophie

Der Erdbaumaschine geht es wie dem Flugzeug: Es fliegt nicht von allein, sondern immer muß der Pilot hinzukommen, der es in die Hand nimmt. Und dieser „Pilot", hier: der Maschinist, muß das richtige Verhältnis zur Maschine finden, muß sich in sie hineindenken, muß mit ihr zusammenwachsen. Auch hier gibt es nur ein Ziel: mehr m^3/h! Aber die sind nur zu erreichen, wenn der Maschinist die Maschine nicht „quält", sondern mit ihr fühlt, in ihren Eigenarten denkt und die Arbeit, die er machen muß, mit ihren Augen sieht. Ähnliche Gedanken waren schon im Zusammenhang mit der Steuerung der Baumaschinen, ihrer Hand-Habung, ausgesprochen worden (s. Abschn. 3.1.4.4).

Hier muß man etwas weiter ausholen: Es geht um die „philosophische" Ausprägung des Verhältnisses zwischen Mensch und Maschine, um eine Mensch-Maschine-Philosophie.

Die fernöstliche Gedankenwelt kann uns hier eine große Hilfe sein: Im Zen-Buddhismus kreist alles um die Wechselwirkung zwischen „Eins in allem und alles in Einem". Der Mensch muß in seinem Gegenüber aufgehen, muß eins werden mit ihm. Er wurde „auf die realen Wirklichkeiten seiner Umgebung hin entworfen" und kann sich mit diesen Wirklichkeiten nur auseinandersetzen, wenn er die „Urverbundenheit" in sich aufgenommen hat. Nur dann ist er den Dingen „nahe und verwandt", und nur dann kann er sie auch richtig „behandeln". Nur aus dieser Urverbundenheit heraus kann der Reiter sein Pferd „handhaben" in des Wortes ursprünglichster Bedeutung. Und nur diese Urverbundenheit mit den Dingen ist es, die den Bogenschützen, den Pfeil und das Ziel zu einer Einheit werden läßt, die den Schützen auch im Dunkeln das Ziel treffen läßt, weil der Pfeil die Seele des Schützen in sich trägt und auf das Ziel programmiert ist. Sie bilden im Urgrund des Seins eine Einheit.

So muß es das Ziel aller derartigen Bemühungen sein, jene „Urkontakte aller Seinselemente" herzustellen und zu aktivieren, denn nur daraus erwächst dann die vollendete Harmonie, das „Eins in allem".

Alle Leute auf der Baustelle (und das sind nicht nur die Maschinisten, sondern auch die Maschineningenieure und letztlich alle verantwortlichen Bauingenieure) sollten zu einer universellen und tieferen Einsicht über das Wesen der Maschinen kommen, um daraus jene Harmonie im Mensch-Maschine-Verhältnis und damit die Fähigkeit und Fertigkeit zum richtigen „Handhaben" der Maschinen zu erlangen.

Es geht um die geistigen, gefühlsmäßigen und intuitiven Bindungen zwischen Mensch und Maschine und um die aus ihnen erwachsende Leistung.

6.1.4 Die Instrumentierung der Baustelle

Viele Baustellen – insbesondere Erdbaustellen – sind organisch krank: Nicht im „Protzen mit PS" liegt das Ziel, sondern im sinnvollen Zusammenspiel! Die Erdbaustelle ist wie ein Sinfonieorchester: Viele Maschinen kommen da zusammen, die alle etwas Bestimmtes

„können", – z. B. Graben, Schürfen, Bohren, Schieben usw. Und diese verschiedenen Virtuosen so zusammenzuspannen, daß eine Harmonie, eine Sinfonie, daraus wird, ist die Aufgabe des Dirigenten, hier des Bauleiters.

Es ist nach wie vor problematisch, hochkompliziertes Gerät auf eine Auslandsbaustelle zu bringen, wo die verfügbaren einheimischen Maschinisten mit ihm nur Schwierigkeiten haben.

Nicht die moderne Technik führt hier weiter, sondern eine konventionell aufgebaute, übersichtlich zu bedienende – und vor allem auch zu wartende – Maschine. Nicht umsonst verwendet man z. B. im Ausland vorzugsweise Schalungsrüttler mit Druckluftantrieb und nicht mit Elektroantrieb, und nicht umsonst ergeht auch immer wieder der Rat, bei der Verwendung von Hydraulikgeräten auf Auslandsbaustellen verstärkt an die Wartung der Maschinen zu denken, die auf jeden Fall mehr Kenntnisse erfordert.

Zur richtigen Instrumentierung gehört auch die Verwendung „passender" Geräte. So sollten alle Transportfahrzeuge, die die gleiche Baustraße benutzen, in ihren technischen Daten gleich sein; und es sollten die Mulden der SKW sinnvoll auf die Ladegeräte abgestimmt sein. Planierraupen sollten nicht unsinnig mit dem Schild zum Lösen von Fels eingesetzt werden, – dafür gibt es Aufreißvorrichtungen, die es viel besser machen. Und Scraper sollte man nicht unbedingt zum Abtragen von gesprengtem Fels verwenden, denn es widerspricht dem Arbeitsprinzip dieser Geräte (und auch dem konstruktiv bedingten Durchhaltevermögen).

6.1.5 Maschinenvergleich

Von erheblicher Brisanz und großer praktischer Bedeutung – jedoch kaum gerecht und objektiv zu lösen – ist der Vergleich von Baumaschinen gleicher Zweckbestimmung, jedoch unterschiedlicher konstruktiver Ausprägung. Ein Beispiel soll das verdeutlichen:

Sehr oft begegneten sich zwei Baggertypen – etwa der Menck M 152 und der Harnischfeger PH 655 – auf der gleichen Baustelle, und in der ARGE wurde dann sehr heftig darüber diskutiert, ob diese beiden Geräte „gleich" zu bewerten seien. Dahinter stand die Frage nach der „gerechten" Gerätemiete. Die wesentlichen technischen Daten der Geräte sind in Tafel **6**.1 gegenübergestellt. Das europäische Konzept basiert auf einem verhältnismäßig

Tafel **6**.1 Vergleich zweier etwa „gleicher" Hochlöffel-Seilbagger
A die deutsche Version, B die amerikanische Version

		Gerät: A	B
Motorleistung (Dauer)	kW	94	92
Schwenkgeschwindigkeit	U/min	4,6	3,3
Seilgeschwindigkeit	m/min	47,0	49,4
Seilkraft	kN	91	111
Löffelinhalt (gestr.)	m^3	1,5	1,15
Reißkraft	kN	173	209
Reichweite (max.)	m	10,7	10,2
Fahrwerksbreite	m	3,20	3,33
Hintere Ausladung	m	3,57	3,43
Gewicht	t	47,7	48,1

langsam arbeitenden Gerät, mit dafür entsprechend größerem Löffel, während das vergleichbare amerikanische Gerät einen kleineren Löffel hatte, dafür aber mit höheren Geschwindigkeiten arbeitete.

Beim Gerät A betrug der Löffelinhalt 1,5 **m**^{3}, beim Gerät B 1,5 **cu. yd** = 1,15 m^3 Inhalt. Im Gewicht, in der Antriebsleistung, ja selbst im Anschaffungspreis und in den äußeren Abmessungen und Reichweiten waren beide fast gleich. Bei der Festlegung der Gerätemiete wurde das Gerät A in die Kategorie der 1,5 m^3-Geräte, das Gerät B dagegen nur in diejenige der 1,2 m^3-Klasse eingestuft. Die Besitzer der B-Geräte verlangten jedoch meist die gleiche Miete wie für den A-Typ, weil im Endergebnis beim praktischen Einsatz auf der Baustelle beide Gerätetypen etwa die gleiche Ladeleistung erbrachten. Damit war der Konflikt perfekt, und es war immer außerordentlich schwierig, hier „salomonisch" zu entscheiden.

Es gibt verschiedene „Plattformen", von denen aus man der Wahrheit näher kommen kann. Objektiv und realistisch betrachtet kann man jedoch sagen: Wenn beide Gerätetypen etwa die gleiche Ladeleistung erbringen, gleich teuer in der Anschaffung sind und sich nur in Löffelgröße und Arbeitsgeschwindigkeit unterscheiden, sollte man sie als „gleich" bewerten, denn auch hier könnte man die Kosten-Nutzen-Analyse zum Maßstab nehmen und am Schluß aller Überlegungen nur danach fragen: Was kostet das Gerät in der Anschaffung und was leistet es dafür?

Aber so einfach liegen die Dinge eben nicht. Der kleinere Löffel ist auch schmäler, und damit wieder hat er in grobem Haufwerk einen größeren Grabwiderstand zu überwinden und in bindigen Böden mehr Schwierigkeiten mit dem Entleeren des Löffelinhalts. Und weil er schneller arbeitet, muß das – bei gleicher Antriebsleistung – geringere Grabkraft zur Folge haben. Höherer Grabwiderstand und geringere Grabkraft können sich unter schwierigen Einsatzverhältnissen durchaus zu einer fühlbaren Negativ-Komponente aufsummieren und auf der Nutzen-Seite in einem deutlichen Leistungsverlust niederschlagen. Hinzu kommt, daß ein schnell arbeitendes Gerät zwangsläufig einem höheren Verschleiß unterliegt, so daß auch hier noch Nachteile hinzukommen. So muß man in die Beurteilung auch die Einsatzverhältnisse mit einbeziehen. Im vorliegenden Beispiel heißt das etwa: Unter leichten Einsatzbedingungen (Kiesgrube, sandiges und schwachbindiges Material) kann das schnellere Gerät mit dem kleineren Löffel der anderen Version sogar überlegen sein und mehr m^3/h erzielen. In schwierigeren Verhältnissen (Steinbruch, festerer Boden bis leichter Fels) wird dagegen das langsamere Gerät Vorteile bringen, d. h. mehr m^3/h erzielen, weniger verschleißen und im Endergebnis billiger arbeiten.

Für die Praxis gilt: Vergleichen kann man Geräte immer nur unter gleichen, genau definierten Betriebsverhältnissen. Doch auch dann kann die Wahrheitsfindung schwierig werden. Das zeigt das folgende Beispiel:

Unter weitgehend gleichen Einsatzbedingungen waren drei verschiedenartige Ladegeräte eingesetzt:

der Radlader CAT 992,
der Hydraulikbagger RH 75,
der Elektroseilbagger 195 B.

Die technischen Daten wie auch die erzielten Leistungen zeigt Tafel **6**.2. Welches ist nun hier das bessere Gerät? Schon aus einem ganz oberflächlichen Vergleich wird ersichtlich, daß der Bagger 195 B (Elektroseilbagger) einer anderen Kategorie zugeordnet werden muß; aber zumindest vom Inhalt des Grabgefäßes her (beide: 7,6 m^3) lassen sich der RH 75 und CAT 992 schon vergleichen. Auch im Endergebnis (Ladeleistung in fm^3/h) liegen sie nicht

Tafel 6.2 Drei Ladegeräte unterschiedlichster Konzeption beim Einsatz in Itaipu (gesprengter Säulenbasalt)

		O & K RH 75	CAT 992	BCE 195 B
Grabgefäß	m^3	7,6	7,6	10,00
Reißkraft	kN	500	286	1050
Antriebsleistung	kW	618	405	883
Reichweite max.	m	12,0	6,5	16,80
Fahrgeschwindigkeit max.	km/h	2,0	40,7	1,5
Gewicht	kN	1340	680	3100
Preis, ca.	Mio. DM	1,6	0,9	3,2
Einsatz Itaipu:				
Ladeleistung min.	fm^3/h	159	198	279
Ladeleistung max.	fm^3/h	243	277	350
Ladeleistung ⌀	fm^3/h	200	240	300
Spielzeit	min.	0,57	0,65	0,50
Füllungsgrad min.	%	52,2	82,2	70,9
Füllungsgrad max.	%	90,9	91,2	95,8

allzu weit entfernt. Andererseits hat der RH 75 fast doppelt so viel Reißkraft wie der CAT 992, ist antriebsmäßig wesentlich stärker ausgelegt und doppelt so schwer, – kostet dafür dann aber auch 80 % mehr in der Anschaffung. [43]

Man muß hinzufügen, daß es sich um Einsatzbedingungen handelt, die ganz allgemein als schwer anzusprechen sind: gesprengter Säulenbasalt mit einer mittleren Stückgröße von ca. 60 cm Kantenlänge und einem ca. 40 %igen Anteil an großen Blöcken zwischen 60 und 100 cm Durchmesser. Nur: Für das große Gerät B 195 sind diese Bedingungen nicht so schwer wie für den leichten, schwach ausgelegten CAT 992. Dennoch ist dieser Vergleichseinsatz von drei unterschiedlichen Gerätetypen in gleichen Einsatzverhältnissen von großem Reiz.

Man kann das Ergebnis in wenigen Worten so kommentieren: Hier stehen sich „Kippkegaul" und „Reitpferd" gegenüber: ein schweres, starkes und robust gebautes Gerät mit großer Grabkraft, das „stur" seinen Weg durchs Haufwerk zieht und alles wegbaggert, was ihm „vor die Füße" kommt, – und auf der anderen Seite ein leichtes, wendiges und schnelles Gerät, das – flink wie eine Gazelle – bei jedem neuen Ladespiel wieder nach dem günstigsten Ansatzpunkt (nach dem Loch in der Deckung des Gegners) sucht und eben dort auch erstaunliche Wirkung erzielen kann. Es war faszinierend, diesem „David" bei seiner Arbeit zuzusehen. Aber es war auch nicht uninteressant, mitzuerleben, was die geballte Kraft des Goliath auszurichten imstande ist.

Und dazwischen lag der RH 75, ein nicht mehr so flinkes, aber stärkeres, robuster gebautes Gerät, das mit der Reißkraft des B 195 jedoch nicht mithalten konnte. Wenn man davon ausgeht, daß sich in den extremen Positionen auf der einen Seite Schnelligkeit und Wendigkeit, auf der anderen Seite Schwerfälligkeit und Stärke gegenüberstanden, so könnte man den RH 75 als nicht mehr so wendiges und schnelles, aber eben doch stärkeres Gerät bezeichnen.

Hinzu kommen müßte in dem Vergleich nun noch die wirtschaftliche Nutzungsdauer. Sie beträgt (in Anlehnung an die Baugeräteliste BGL) für den Radlader 4 Jahre, für den

Hydraulikbagger 10 Jahre und für den Elektroseilbagger 20 Jahre. Und damit kommt wieder noch ein ganz neuer Aspekt hinzu. Es ist ein Unterschied, ob man einen derartigen Vergleich vor dem Hintergrund einer Bauzeit von 4 Jahren anstellt, oder ob man für jedes Gerät die spezifische wirtschaftliche Nutzungsdauer zugrunde legt. Geht es nur um die 4 Jahre, so ist der Radlader CAT 922 eindeutig das Gerät. Geht es um Beweglichkeit und Wendigkeit und dennoch um ausreichende Stärke, so spricht alles für den RH 75. Geht es jedoch primär um große Ladeleistung mit hoher wirtschaftlicher Nutzungsdauer (und damit im Endergebnis um billige Betriebskosten), so ist der B 195 der Favorit. Im vorliegenden Einsatzfall sprach alles für den CAT 992. Er war billig in der Anschaffung, wendig und schnell in den Arbeitsbewegungen und trotzdem mit seinen 240 fm^3/h recht leistungsfähig, – bezogen auf die 4 Jahre Bauzeit, die hier zur Debatte standen. Bezogen auf das gesamte Geräteleben (4 gegen 20 Jahre) war er unter den 3 Gerätetypen jedoch mit Sicherheit der teuerste (gemessen in DM/m^3).

Es soll hiermit nur gezeigt werden, wie problematisch Gerätevergleiche sind. Auf jeden Fall sollte nicht pauschal geurteilt werden, sondern immer nur unter ganz konkreten Voraussetzungen. Und auch dann bleibt die Urteilsfindung schwierig, denn: Ladegeräte sind stark von der Fähigkeit des Maschinisten und von dem „Ankunftsverhalten" der Fahrzeuge abhängig.

Die bisher aufgeführten Gerätevergleiche wurden vorwiegend der Praxis entnommen. Aber was für Auswahlkriterien hat der Ingenieur beim Ersteinsatz eines Gerätes auf der Baustelle? – Soll er z. B. den Radlader mit Hinterachslenkung oder mit Knicklenkung nehmen? – Reichen ihm 35 cm Bodenfreiheit oder ist mehr gefragt? Da der junge Ingenieur sich meist nur an „Prospektmaterial" orientieren kann, muß der Vergleich theoretisch ausfallen. Es empfiehlt sich, aus den konkurrierenden Maschinentypen Mittelwerte zusammenzustellen und diese dann mit den Werten der favorisierten Geräte zu vergleichen.

6.1.6 Instandhaltung

Wesentliche Voraussetzung für die Betriebsbereitschaft der Baumaschinen ist die ständige Wartung der Geräte. Sie erfolgt in der Praxis durch periodische Kontrolle nach einem (meist von den Herstellerfirmen) vorgegebenen Rythmus. Allgemein üblich sind 50-100-250-500-1000 Stunden-Inspektionen, die bis 500 Stunden draußen auf der Baustelle, ab 1000 Std. in der Werkstatt durchgeführt werden. Auch bei den Baumaschinen gibt es so etwas wie „Hauptverbandsplätze" – dicht hinter der kämpfenden Truppe – und das weiter hinten liegende Lazarett, die eigentliche Reparaturwerkstatt.

Wichtig ist, daß der Rhythmus der Inspektionen streng eingehalten wird. Mehr und mehr setzt sich die vorbeugende Wartung (Preventive Maintenance) durch, und in Fachkreisen ist man sich längst im klaren darüber, daß diese Methode die Einsatzbereitschaft wie auch die wirtschaftliche Nutzungsdauer erheblich steigert. So sind Fälle bekannt, wo durch konsequentes Einhalten der vorbeugenden Wartung die wirtschaftliche Nutzungsdauer z. B. bei Planierraupen von 4 auf 7 Jahre erhöht werden konnte. Dieses Ergebnis ist von unschätzbarem Wert und von umso größerer Tragweite, je umfangreicher der Maschinenpark insgesamt ist. Nur: Dieses System erfordert auf seiten der Bauingenieure viel (sogar sehr viel) Verständnis und auf der Seite der Maschineningenieure einen „Zuchtmeister", der mit eiserner Strenge den vorgegebenen Fahrplan einhält und kein Pardon kennt. In der Praxis wird das dadurch erreicht, daß der Maschineningenieur dem für die betreffende Maschine zuständigen Bauingenieur 4 bis 5 Tage vorher eine Nachricht zukommen läßt, daß die Maschine zu einem bestimmten Termin und zu bestimmter Stunde für eine bestimmte Zeit aus dem Betrieb genommen und gewartet werden muß. Der Bauingenieur kann sich dann rechtzeitig darauf einstellen. Von der Werkstatt her erscheint pünktlich zur vorgegebenen Zeit ein Wartungstrupp mit den entsprechenden Hilfsmitteln (Service-Wagen, Abschmier-Wagen, Reparatur-Wagen usw.) an der Einsatzstelle, und die fällige Wartung wird durchgeführt. Ist die 1000 Stunden-Wartung fällig, so wird die Maschine pünktlich mit dem Tieflader abgeholt und ebenso termingerecht wieder ausgeliefert.

Zur Wartung gehören alle vorgesehenen Kontrollen: Filterwechsel, Nachstellen der Kupplungen, Abschmieren, Auswechseln von Verschleißteilen usw. Diese vorbeugende Wartung ist übrigens eine Erfindung der ehemaligen Deutschen Reichsbahn, die als erste Eisenbahnverwaltung der Welt so etwas einführte und bis heute gründlich praktiziert. Man lese nur einmal die vielen darauf hinweisenden Notizen am Chassis eines D-Zug-Wagens. Und das Ergebnis ist auch dort: Es kommt praktisch kaum vor, daß eine Lokomotive oder ein Wagen während des planmäßigen Umlaufs aus dem Verkehr gezogen werden muß.

6.1.7 Reparatur

Während das Auswechseln von Verschleißteilen meist an der Einsatzstelle erfolgt, erfordern unvorhergesehene Ausfälle (Rahmenbrüche, Motordefekte usw.) die Behandlung im „Lazarett", – also entweder in der Baustellenwerkstatt oder in der Werkstatt der zuständigen Niederlassung.

Moderne Baustellen verfügen heute über gut ausgerüstete Werkstattwagen, die, wenn irgend möglich, zu den Maschinen hinfahren und sie an Ort und Stelle reparieren (Bild **6.**3).

6.3
Geländegängiger Werkstattwagen für Feldreparaturen [102]

Daneben aber sind die stationären Werkstätten großer Baustellen mit allen Hilfsmitteln (bis zur eigenen Gießerei) ausgerüstet, um alle Reparaturen ohne fremde Hilfe durchzuführen. Gerade für die Auslandsbaustelle ist wichtig, daß man nicht von langwierigen Behinderungen in der Ersatzteillieferung (z. B. durch den Zoll!) abhängig ist. Der dadurch bedingte Ausfall der Maschinen kommt oft viel teuerer als die Eigenherstellung z. B. einer Welle usw.

Ein besonders heißes Eisen hierbei sind die Reifen. Oft verfügt das betreffende Land über eigene Reifenfabriken, die „ähnliche" Reifen herstellen und dann darauf drängen, daß die einheimische Produktion verwendet wird. Die Einfuhr von Original-Reifen wird durch strenge Zollbestimmungen häufig unmöglich gemacht. Hier sollte man (so schwer es auch ist) alles versuchen, um den ausländischen Partner davon zu überzeugen, daß die bessere Leistung noch immer dann erreicht wird, wenn man „in den eigenen Schuhen" laufen kann.

6.4 Abschreckendes Beispiel in einer Werkstatt: Das alles wurde schon aus den EM-Reifen gewarteter Fahrzeuge herausgezogen! (In der Mitte: Rundeisen 60 mm ⌀!)

Mehr und mehr wird statt der Reparatur in der Werkstatt der Austausch ganzer Baugruppen (z. B. Motor mit Getriebe, Hydraulikpumpe mit Steuerblock) an der Einsatzstelle praktiziert. Das hat den großen Vorteil, daß die Stillstandzeit einen Bruchteil des Werkstattaufenthaltes beträgt und die schadhafte Baugruppe in aller Ruhe unter optimalen Bedingungen in der Werkstatt repariert werden kann. Allerdings setzt das auch eine reparaturfreundliche, möglichst in „Modulgruppen" unterteilte Bauweise voraus.

Besonderes Augenmerk verdienen die Dieselmotoren und die Hydraulikaggregate; die einen wegen der oft lange verborgen bleibenden inneren Schäden, die anderen wegen der besonderen Sauberkeit und Sorgfalt, mit der sie behandelt werden müssen. Auch die Pflege der Batterien stellt ein besonderes Problem dar, ebenso das Aufvulkanisieren von Reifenprofilen. Gut ausgestattete Werkzeugmaschinen, große Sorgfalt in der Verwendung von Ölen und sonstigen Schmierstoffen, ausreichende Transportkapazität zum zügigen Abschleppen der liegengebliebenen Fahrzeuge in die Werkstatt, ein sorgfältiges Absuchen der Oberfläche der Baustraßen nach Eisenteilen usw. tragen wesentlich zur Steigerung der Schlagkraft der „kämpfenden Truppe" bei (Bild **6.4**).

6.1.8 Ersatzteilhaltung

Früher war es üblich, sich das von den Herstellerfirmen empfohlene Ersatzteillager hinzulegen. Das sah in der Praxis so aus, daß 15 bis 20 % des Neuwertes der Maschinen an Ersatzteilen hinzukamen, und führte dazu, daß auf einer Baustelle mit 100 Millionen DM Bausumme und einem Gerätepark von 35 Millionen DM Neuwert 7 bis 8 Millionen DM an Ersatzteilen lagerten, von denen dann 1 bis 1,5 Millionen DM echt verbraucht wurden.

Aber auch das Gegenteil wäre falsch, – vor allem in Ausland. Was im Inland längst üblich geworden ist, nämlich daß das Ersatzteillager beim Baumaschinenhändler untergebracht wird, kann im Ausland selten und auch dann nur mit größter Vorsicht praktiziert werden. Hier ist die eigene Werkstatt noch immer eine sehr gute Investition hinsichtlich der Betriebssicherheit der Geräte.

Große Firmen werden genügend Erfahrungen darüber haben, welche Ersatzteile noch hingelegt werden müssen, und wo man sich selbst helfen kann. Liegt diese Erfahrung nicht vor – vor allem wenn man neu in ein Land kommt –, so ist es immer noch am zweckmäßigsten, sich von der Herstellerseite beraten zu lassen und dann mit der gebotenen Vorsicht zu bestellen. Große Baumaschinenfirmen verfügen über weltweite Erfahrungen auch auf diesem Gebiet und sorgen schon im eigenen Interesse (und oft mit erheblichem Druck von oben) dafür, daß der lokale Händler oder Vertreter über ein gut und ausreichend sortiertes Ersatzteillager verfügt, das man auf jeden Fall besichtigen und durch gezielte Stichproben immer wieder kontrollieren sollte. Sind solche lokalen Hilfen nicht vorhanden, so ist das baustelleneigene oder gemietete Flugzeug noch immer eine zwar teure, aber sich auszahlende Lösung, wenn man an das „andere Ende" denkt: die auf der Baustelle stillstehenden Maschinen und den entsprechenden Leistungsausfall.

Die heute so oft angebotenen Methoden des OR (Operations Research) – z. B. die darauf zugeschnittene „Ersatztheorie" – haben bisher nicht überzeugen können. Viel besser (und auch billiger) ist eine gut durchorganisierte Ersatzteilkartei mit angeschlossener EDV-Auswertung. Man erfährt dann sehr schnell und rechtzeitig, wann das betreffende Ersatzteil nicht mehr am Lager ist und neu bestellt werden muß. Hier gibt es mittlerweile Lieferanten, die hervorragend aufgebaute Ersatzteil-„Daten-Banken" anbieten.

Der Ersatzteilkatalog – unbedingt eine Visitenkarte der herstellenden Firma – wird meist auf Mikrofilm geliefert, und seine Informationen können sehr schnell über einen Bildschirm abgelesen und abgerufen werden.

6.1.9 Zeitstudien

Dieses Thema mag nur scheinbar etwas mit dem Maschinenwesen zu tun haben, – und doch ist es von außerordentlicher Bedeutung: Die Maschinen, und hier ganz besonders die Erdbaumaschinen, sollten ständig unter Beobachtung und Kontrolle gehalten werden, um

a) ihre Leistungsfähigkeit unter den verschiedensten Einsatzbedingungen zu ermitteln,
b) die Ausnutzung der Maschinen zu kontrollieren,
c) den Leistungsgrad der Maschinen zu erfassen,
d) die „Dämpfung des Systems" festzustellen.

Zur weiteren Information sei auf die REFA-Methode (Reichsausschuß für Arbeitszeitermittlung) und die diesbezügliche Literatur [44], [45], [46] hingewiesen. Für den hier angesprochenen Zweck ist eine Verwissenschaftlichung und Theoretisierung überflüssig. Es läßt sich alles mit einer einfachen Stoppuhr (sogar nur mit einer Armbanduhr mit Sekundenzeiger) erreichen; Hauptsache ist nur, daß man es überhaupt tut!

Es beginnt mit der Ermittlung der Spielzeiten und Umlaufzeiten der einzelnen Geräte, geht weiter damit, daß man das jeweilige Gerät unter verschiedenen Einsatzbedingungen (Sand, Lehm, Ton, Kies, Steine) analysiert, daß man es jeweils mit verschiedenen Maschinisten besetzt und herauszufinden versucht, inwieweit die potentielle Leistung des Gerätes durch den Menschen beeinflußt wird. Was ist die „potentielle Leistung"? Man kann sie zunächst aus den Maschinendaten „errechnen" und mit den besten Maschinisten überprüfen. Dabei wird einem dann sehr schnell klar werden, was in einer Maschine „drinsteckt".

Die Schätzung des Leistungsgrades der Maschinisten ist von großer Bedeutung dort, wo Prämien gezahlt oder sonstige Entscheidungen mit personellem Hintergrund zu treffen sind.

Die qualifizierteren Maschinisten werden das geradezu herausfordern, – die weniger qualifizierten sprechen dann von „Ausnutzung“. Aber: Maschinist ist nicht gleich Maschinist, und jeder Maschinist hat Anspruch auf eine leistungsgerechte Entlohnung!

Die „Systemdämpfung“ ist überall dort wichtig, wo mehrere Geräte im Team arbeiten und eines von dem anderen abhängt (z. B. der Bagger von den LKW). Die Leistung eines einzelnen Baggers sagt wenig aus. Er kann ja „Leistung“ nur im Verband mit den LKW erbringen, und dazu muß man wissen, welche Leistung das Bagger-LKW-System insgesamt zustandebringt.

Wie gesagt: Eine einfache Stoppuhr genügt! Aber man sollte seiner eigenen Erdbaustelle ständig und an möglichst vielen Stellen „an den Puls fassen“ und feststellen, wie sich unter den verschiedensten Belastungen Pulsschlag und Blutdruck verhalten!

6.2 Maschinen-Ausnutzung

6.2.0 Überblick

Bei der starken maschinellen Ausprägung des Erdbaus kommt der Ausnutzung der Maschinen, der Nutzbarmachung der maschinellen Möglichkeiten, besondere Bedeutung zu. Hier ist vor allem auch einer der wesentlichen Ansatzpunkte für die Baumaschinenforschung zu suchen. Oft läßt sich das optimale Rezept einer Kombination von Maschinenelementen nur in mühseliger Kleinarbeit über ein Diagramm oder eine Wertmatrix zusammenstellen und entsprechend auswerten. Das weiter unten angeführte Beispiel über die Verstellmöglichkeiten am Ausleger eines Hydraulikbaggers veranschaulicht das in eindringlicher Weise. Der Weg bis zu einer klaren Aussage etwa in der Form, daß „50 cm Reichweiten-Reduzierung ca. 20 m^3/h Leistungsgewinn bringen“, ist lang!

Beginnen sollte jede Überlegung zur besseren Ausnutzung der Maschinen mit der Beobachtung ihrer Arbeitsweise. Der Ingenieur kann nicht oft genug an einem Bagger stehen und diesen bei der Arbeit beobachten; er kann nicht oft genug einem Scraper bei der Arbeit zuschauen und das optimale „Hochquellen“ des Bodens im Kübel (das „Boiling up“) beobachten; er kann nicht oft genug das Spiel der Fahrzeuge auf einer weitläufigen Baustelle beobachten, um die Engpässe, Flaschenhälse und Schwerpunkte im Förderfluß zu erkennen. Die Ausnutzung der Maschinen beginnt also beim Beobachten. Sie konzentriert sich vor allem auf

- die Form der Grabgefäße,
- die Kinematik der Löse- und Ladearbeit,
- die richtige Kombination der Verstellmöglichkeiten,
- das Aufstellen eines Gerätes vor der Wand,
- die Wahl des richtigen Fahrwerks,
- das „Fließen“ des Bodens im Arbeitsprozeß,
- die Abstimmung der Arbeitsgeschwindigkeiten aufeinander.

Das zu beobachten und die notwendigen Konsequenzen daraus zu ziehen ist Sache des Ingenieurs, – nicht mehr des Maschinisten, der von seiner Führerkabine aus kaum den richtigen Überblick gewinnen kann.

Hier ist auch eine sehr enge Verzahnung zwischen dem Baumaschinenkonstrukteur und dem die Maschine nutzenden Ingenieur gegeben. Oft sieht der Konstrukteur Verstellmöglichkeiten vor, die von der Praxis gar nicht angenommen oder in ihrem Nutzen nicht erkannt werden.

Oft aber ist der Konstrukteur auch für Hinweise dankbar, was er an einer Maschine besser machen sollte. Oft genug wird eine Konstruktion erst im Einsatz auf der Baustelle durch dieses lebhafte Wechselspiel zwischen Konstrukteur und Anwender endgültig bis zu ihrer vollen Reife ausentwickelt.

6.2.1 Ausleger-Verstellung

Hydraulikbagger in der Tieflöffelversion werden teils mit Monoblock-, teils mit Verstellausleger geliefert. Der Monoblockausleger ist konstruktiv einfacher gestaltet und billiger in der Herstellung, aber er gestattet keine Veränderung in der Reichweite und verhindert die optimale Anpassung des Auslegers an die jeweilige Bauaufgabe. [47]

Das aber ist der Vorteil des Verstellauslegers. Bei ihm können an dem gleichen Ausleger nicht nur verschiedene Löffelstiele unterschiedlicher Länge verwendet werden, sondern sie haben auch für sich noch wieder mehrere Umsteckmöglichkeiten, die eine weitgehende Veränderung von Reichweite und Reichtiefe gestatten. Gekoppelt damit ist – in jeweiliger Abhängigkeit von der Reichweite – die Verwendung unterschiedlicher Löffelgrößen und damit -inhalte. Das wieder wirkt sich entscheidend auf die Leistung aus.

Ein Beispiel soll das verdeutlichen: Der Bagger R 941 mit Verstellausleger (Bild **6.**5) kann nach Tafel **6.**6

mit 4 verschiedenen Löffelstielen (ESG 20, 28, 35, 40)
mit 3 verschiedenen Löffeln (LTS 10, 12, 14)

kombiniert werden, natürlich unter Berücksichtigung der statischen Gegebenheiten.

6.5
Hydraulikbagger R 941 mit Verstellausleger

Tafel **6.**6 Technische Daten der verschiedenen Kombinationsmöglichkeiten R 941

Verstellausleger: Max. Reichweite [m]				Stiel: ESG 20 9,40	ESG 28 10,20	ESG 35 10,90	ESG 40 11,40
Löffel Typ	Inhalt m^3	Breite m	Gewicht t				
LTS 10	0,84	1,00	0,69	n	n	n	1
LTS 12	1,04	1,20	0,78	n	n	1	
LTS 14	1,20	1,40	0,88	n	1	2	

Stielabsteckung: n = normal (weiteste Ausladung), 1 = 1 Loch zurückgesteckt, 2 = 2 Loch zurückgesteckt

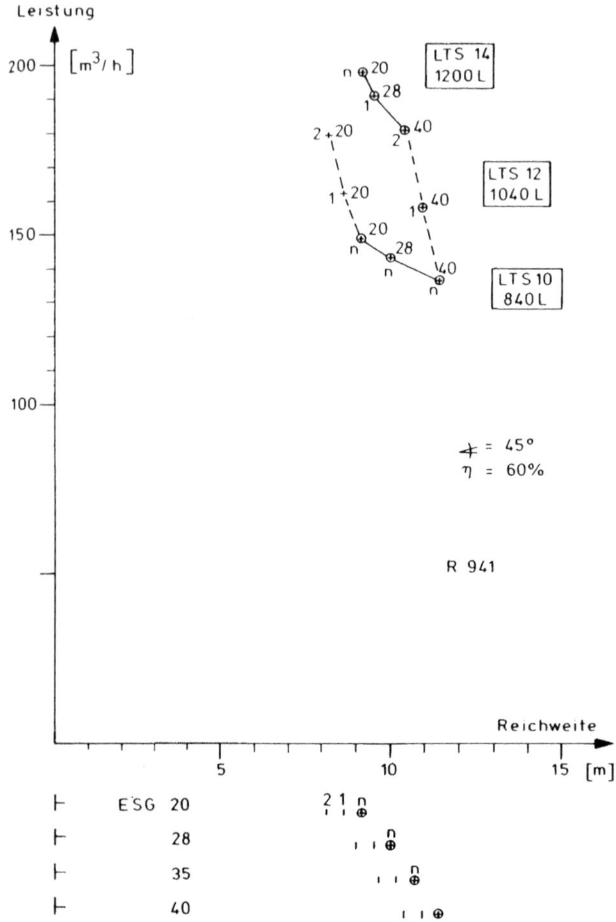

6.7
Der Einfluß der verschiedenen Kombinationsmöglichkeiten auf die Ladeleistung des R 941

Außerdem kann der Löffelstiel in verschiedene Positionen umgesteckt werden. Die optimale Ausnutzung des Baggers wird erreicht durch den größten Löffel und die dann noch zulässige Ausrüstungskombination, d. h. durch die jeweilige Anpassung von Löffelstiel (ESG 20, 28, 35, 40) und Stielabsteckung (n, 1,2).

In der Praxis läuft das darauf hinaus, daß der Bagger entweder auf größte Reichweite oder auf größte Leistung dimensioniert wird. Im Falle der größten Reichweite sind die längsten Stielkomponenten, Absteckungen usw. dominierend, und der zu verwendende Löffel richtet sich nach den für die jeweilige Reichweite zulässigen Angaben. Im anderen Fall wird nicht Reichweite, sondern Leistung gewünscht, d. h. der Löffel kann so groß wie möglich und die Dimensionierung der Auslegerteile so klein (kurz) wie möglich sein.

Was bringt das nun? Ein praktisch durchgeführter Leistungsvergleich führte zu den Ergebnissen in Bild **6.**7. Dort sind die Leistungen angegeben, die mit dem Bagger R 941 erzielt wurden bei

- unterschiedlichen Stielen (ESG 20, 28, 40),
- unterschiedlichen Löffelgrößen (LTS 14, 12, 10),
- unterschiedlichen Absteckungen (n, 1,2)

und der zugehörigen Reichweite (Abzsisse).

Zu Beginn ist der Bagger auf „größte Reichweite" eingestellt und erreicht dabei mit dem 840 l-Löffel, dem längsten Stiel (ESG 40), der weitesten Ausladung (Absteckung Stellung n) eine Reichweite von 11 m. Er erzielt damit eine Leistung von ca. 135 m^3/h.

Nun wird die Ausladung zurückgenommen:

in der unteren Kurve unter Beibehaltung des Löffels 840 l, zunächst durch Einsetzen kürzerer Löffelstiele (von ESG 40 auf 28 und dann 20) und dann durch weitere Zurücknahme der (nicht mehr benötigten) Reichweite über das Umstecken des Stieles von Position n (am weitesten ausladend) über Position 1 nach Position 2.

In dieser „kürzesten" Position wird der Bagger, da die Reichweitenreduzierung auch eine Reduzierung des Trägheitsmomentes zur Folge hat, schneller in der Drehbewegung und steigert seine Leistung bis auf 180 m^3/h. Hier steckte man nur die Reichweiten zurück, behielt aber den gleichen Löffel bei.

Was herauskommt, wenn man zur optimalen Ausnutzung mit Zurücknahme der Reichweite gleichzeitig den Löffelinhalt vergrößert (unter Beibehaltung des gleichen Lastmoments), zeigt die obere Kurve: Dort wird der Stiel ESG 40 zunächst beibehalten, aber von Position n auf Position 1 zurückgenommen und dafür der 840 l Löffel gegen einen solchen mit 1040 l Inhalt ausgetauscht. Die Zurücknahme des ESG-40-Stieles auf Position 2 ermöglicht die Verwendung des 1200 l-Löffels. Dann kann der Stiel ESG 40 gegen den kürzeren ESG 28 und schließlich gegen den ESG 20 ausgewechselt werden. In Absteckposition n mit kürzestem Stiel (ESG 20) und größtem Löffel (1200 l) erzielt der Bagger dann eine Leistung von 200 m^3/h und hat dabei noch immer 9 m Reichweite zur Verfügung.

Dieser (praktisch gefahrene) Leistungstest zeigt, daß man z. B. bei 10 m Reichweite

mit guter Anpassung 185 m^3/h (oben),
mit schlechter Anpassung nur 140 m^3/h (unten)

erzielen kann, die „gute" Anpassung also unter sonst gleichen Bedingungen 22% mehr Leistung (hier konkret: 45 m^3/h) erbringt und damit auch die Verwendung unterschiedlicher Löffelgrößen (und damit zusätzlicher Kosten) durchaus rechtfertigt.

Die Ergebnisse lassen sich wie folgt zusammenfassen:

1. Jeder Meter Reichweite im Grenzbereich des Baggers wird mit erheblichem Leistungsrückgang erkauft. Daher sollten lange Ausleger nur dort verwendet werden, wo es unbedingt notwendig ist.

2. Ein größerer Löffel bringt immer auch einen deutlichen Leistungsgewinn.

3. Ein Auswechseln des Stieles bringt wenig, ein Zurückstecken des (gleichen) Stiels von Position n auf Position 1 oder 2 bringt dagegen ein deutliches „Mehr" an Leistung, im Beispiel hier etwa 25 m^3/h (von 110 auf 135 m^3/h).

Es lohnt sich durchaus, in solchen Leistungstests unter variierten Bedingungen zu ergründen, was in einem Gerät an Leistungsfähigkeit drinsteckt und wie es auf die unterschiedlichen Absteckmöglichkeiten reagiert. Dann aber sollte man unbedingt darauf achten, daß der Maschinist immer sein Gerät auf die optimale Absteckkombination einstellt (und in dieser Hinsicht auch ständig überwacht wird). Hier kommt die Trägheit des Maschinisten mit ins

Spiel, und es ist betrüblich, wenn von dieser Seite die Möglichkeiten, die der Konstrukteur dem Gerät mitgibt, nicht genutzt werden. Im Erdbau lassen sich noch immer Leistungssteigerungen beträchtlichen Ausmaßes dadurch erzielen, daß man die Umsteckmöglichkeiten nutzt, um das Gerät dem jeweiligen Einsatz anzupassen.

Diese „Anpassung" ist nicht nur beim Bagger möglich, sondern auch bei anderen Geräten, besonders bei der Planierraupe und beim Grader. Sie stecken voller Verstellmöglichkeiten und warten darauf, daß man sie anwendet.

Bei der Planierraupe sind es

die Schildneigung (in Querachse),
der Schwenkwinkel (in Hochachse),
die Schildverdrehung (in Längsachse),

die die Leistungsfähigkeit grundlegend verändern können. So kann in vielen Fällen die Planierraupe als Angledozer eine Arbeit im Bruchteil der Zeit ausführen, die sie als Bulldozer benötigt. Und ein Angledozer, bei dem die vorstehende Schildecke nach unten abgelenkt ist, geht ganz anders „ran" als ein nur geschwenktes Schild.

Beim Grader kann das Planierschild ebenfalls in den unterschiedlichsten Richtungen und Neigungen verstellt und umgesteckt werden. Aber der Ingenieur sollte mit allem Nachdruck dafür sorgen, daß der Maschinist davon Gebrauch macht!

6.2.2 Form der Planierschilde

Die Planierraupe – als „Mädchen für alles" von keiner Erdbaustelle mehr wegzudenken – verwendet ein Arbeitswerkzeug, dessen Effizienz in besonderem Maße von der Formgebung abhängig ist. Auch hier kann die Förderleistung, die Planierleistung wie auch nur das einfache Einebnen und Profilieren eines Baukörpers und dessen Planumsqualität von einem guten oder schlechten Schild maßgeblich beeinflußt werden. Denn: Schild ist nicht gleich Schild!

Welche Profilformen ausgeführt werden und welche Formelemente darin verarbeitet sind, ist in Bild **6.**8 dargestellt. Das Planierschild muß

gut in den Boden eindringen,
eine möglichst große Füllung erzielen,
den Boden gut festhalten und entladen,
eine gute Planierqualität erreichen.

Aus den Formelementen, die bei einer bestimmten Einsatzaufgabe primäre Bedeutung haben, sollte das Schildprofil zusammengesetzt sein. Das führt dann in der Praxis zu drei verschiedenen Profiltypen, wie sie in Bild **6.**9 angedeutet sind, wobei

– die Profilform A die in der Herstellung billigste, im Betrieb jedoch schlechteste ist und eigentlich nur einen Sinn dort hat, wo das Schild auch schräg gestellt und als Angledozer verwendet werden soll;
– die Profilform B gut für härtere Böden ist, den Füllraum nach oben jedoch begrenzt;
– die Profilform C diejenige ist, die das Hochquellen des Bodens vor dem Schild, das „boiling up", am besten ermöglicht und damit die höchsten Schildfüllungen ergibt.

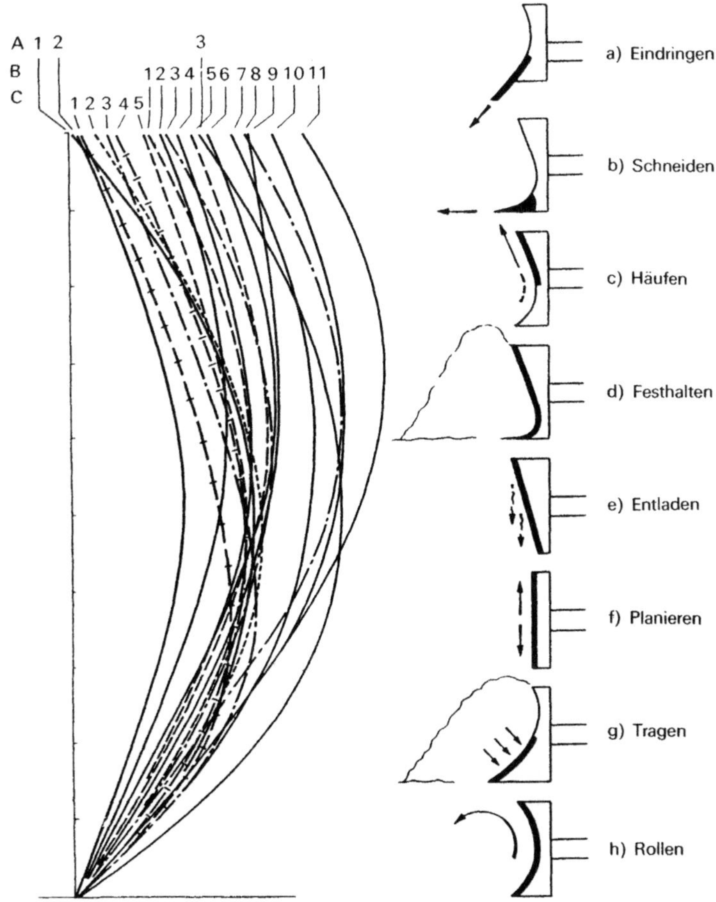

6.8
Die Profilierung des Planierschildes
links: Profilformen und Profile marktgängiger Schilde
rechts: Profilelemente zur Komposition der endgültigen Schildform

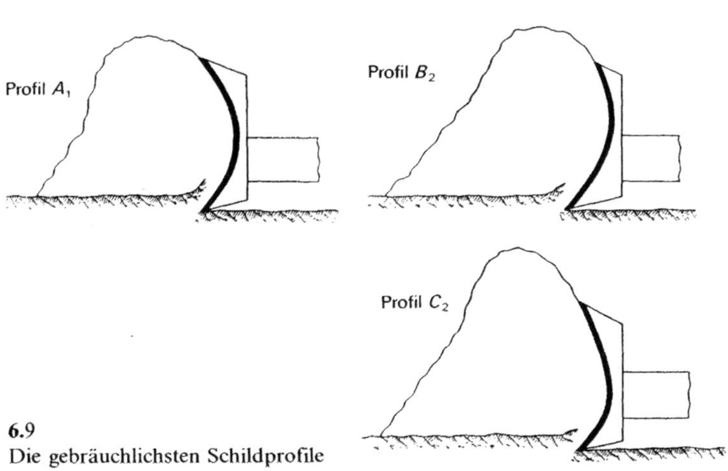

6.9
Die gebräuchlichsten Schildprofile

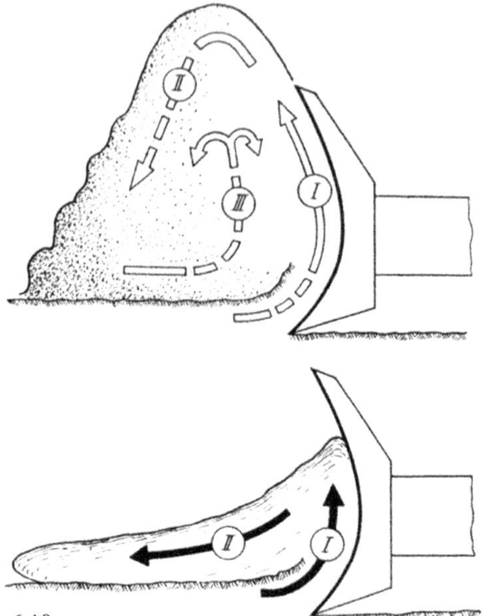

6.10
Der Füllprozeß am Planierschild
oben: Füllphasen in steifem Boden (gut quellfähig)
unten: Füllphasen in lockerem, rolligem Boden

6.11 Vollgeklebtes Planierschild

Wie unterschiedlich sich bindiger und rolliger Boden beim Füllprozeß verhalten, veranschaulicht Bild **6.**10, und wie unterschiedlich die Profilform die Anhäufung des Bodens vor dem Schild und damit die Füllung beeinflußt (im gleichen Boden!), geht schon aus Bild **6.**9 hervor, wobei die Unterschiede bis zu 20% (der Schildfüllung) betragen können. Es lohnt sich, dem Schildprofil und dem korrespondierenden Füllprozeß stärkste Beachtung zu schenken.

Das Planierschild soll aber auch so geformt und ausgebildet sein, daß es möglichst kleine Füllwiderstände ergibt. Dafür ist wesentlich, daß der hochquellende Boden möglichst nur Reibung auf Metall (und nicht Reibung auf Boden) erzeugt, denn der Reibungskoeffizient ist im ersteren Fall erheblich niedriger.

Das wieder erreicht man dadurch, daß man das Planierschild strömungstechnisch günstig ausbildet und Stauräume (tote Räume, in denen sich der Boden ablagert und aufwächst) vermeidet. Denn der sich dann bildende Bodenkörper verursacht die schlechten Grenzschichtbedingungen mit erhöhtem Reibungswiderstand. Abgesehen davon wird der Bodenkörper während des Betriebes immer weiter aufwachsen und langsam dazu führen, daß die gesamte Metallfläche des Schildes bedeckt wird und der Boden festklebt. Dadurch geht ein erheblicher Teil der nutzbaren Schildfüllung verloren, das Schild schleppt den sich nicht lösenden Boden unnötig hin und her (Bild **6.**11).

Die Hauptursachen für das Entstehen solcher schädlichen Stauräume sind

a) aufgeschweißte Schneiden (hier: die überstehenden Schweißraupen),
b) Schlitze in den Befestigungsschrauben der Schildschneiden,
c) Absätze im Übergang von Schildschneide zu Schildprofil,
d) Unregelmäßigkeiten in der Ausbildung der Profilform.

6.12 Bodenablagerungen (Beginn!) hinter aufgeschweißter Schneide, Schraubenköpfen und Schneidenansatz

Bild 6.12 läßt erkennen, wie sich der Boden hinter einer auf der Schildschneide aufgetragenen Schweißnaht ablagert und wie weiterhin die Schlitze in den Schraubenköpfen wie auch der Übergang zwischen Schneide und Schildprofil Ursachen für das Absetzen des Bodens sind. Und das ist nur der Beginn. Wenige Minuten später kann schon das ganze Schild „zugewachsen" sein und eine normale Funktion unmöglich machen.

Bild 6.13 zeigt zwei „schlechte" Schilde nebeneinander: Beim vorderen Schild sind die aus der Schneide herausragenden Köpfe die Ursache für das Aufwachsen des Bodens im Schildprofil, beim hinteren Schild ist die Schneide auf das Schildprofil aufgesetzt (nicht eingelassen), steht damit vor und schafft einen Hohlraum, in dem sich der Boden ablagert und aufwächst.

6.13 2 Schilde mit erheblichen Bodenablagerungen bedingt durch
vorn: herausragende Schraubenköpfe der Schneidenbefestigung.
hinten: aufgesetzte (nicht eingelassene) Schildschneide

6.14
Schildprofil mit stumpfem Übergang zwischen Schneide und Wölbung

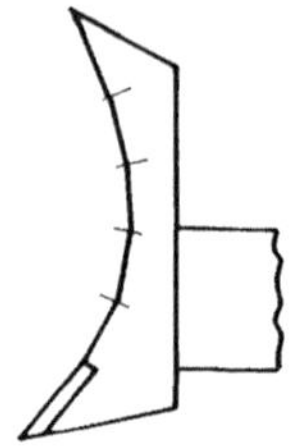

6.15
Planierschild mit „Waschbrett-Riffelung" (grob abgekantetes Biegen des Schildbleches)

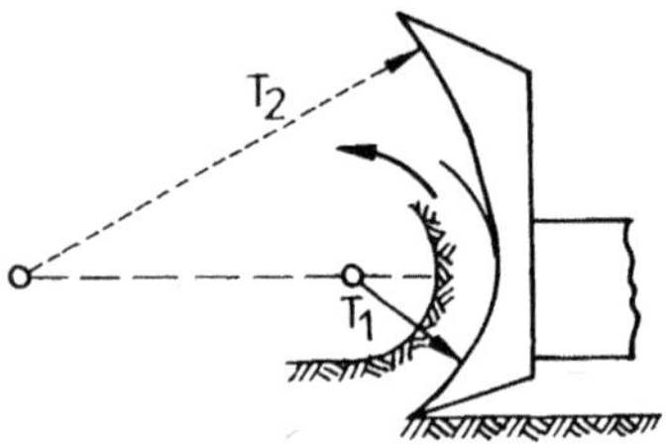

6.16
Schildwölbung aus zwei unterschiedlichen Kreisbögen zusammengesetzt (und nicht: Radius stetig zunehmend von r_1 auf r_2 das Schild nach oben „öffnend")

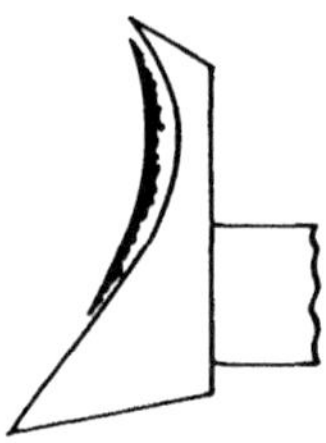

6.17
Zu kleiner Radius im oberen Schildteil, dadurch Materialstau und Ablagerung

6.18
Festkleben des Bodens am oberen Schildrand (kein „Strömungsdruck" mehr)

Weitere Ursachen sind:

- stumpfer Übergang zwischen Schneide und Wölbungen (Bild **6.**14),
- Waschbrettriffelung (Bild **6.**15),
- unterschiedliche Radien in der Profilwölbung (Bild **6.**16),
- zu starke Krümmungen (Bild **6.**17),
- flacher oberer Schildrand (Bild **6.**18).

Es lohnt sich immer, den Füllprozeß am Schild eingehend zu beobachten (also: dem Gaul auf die Zähne zu schauen). [19], [20]

6.2.3 Schürfkübel

Schürfkübel sind das Arbeitswerkzeug der Dragline-Bagger. Diese sind noch immer überall dort erforderlich, wo es auf große Reichweite oder Reichtiefe ankommt. Auch bei den Schürfkübeln gibt es eine Reihe von Optimierungskriterien, die genutzt werden wollen. Folgende Punkte stehen dabei im Vordergrund:

a) Formgebung des Kübels,
b) Form und Anstellwinkel der Zähne,
c) Positionierung des Kettengehänges,
d) Einsatztechnik.

6.19
Lage der Zugklauen für das Kettengehänge beim Ansetzen des Schürfkübels

Für die Form des Kübels ist zunächst wesentlich, daß er dem „Landevorgang" angepaßt wird, d. h. daß die herausragenden Klauen für die Zugketten diesem Landevorgang nicht entgegenwirken (Bild **6.**19). Auch können sie umgesteckt werden, um das Aufbäumen des Kübels beim Schürfen zu verhindern. Außerdem wird die Größe der effektiven Grabkraft durch die Lage der Zugklauen stark beeinflußt (Bild **6.**20). Der Kübel selbst soll möglichst „schnittig" geformt sein und in den eigentlichen Kübelwänden große Löcher aufweisen, die die Haftflächen für klebende Boden reduzieren.

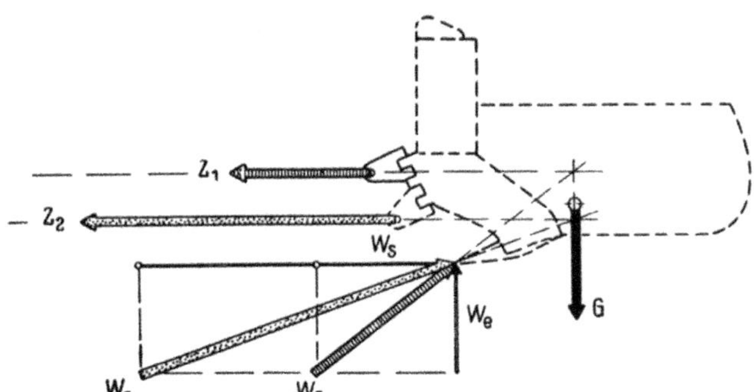

6.20
Einfluß der Zugklauen-Position auf die Grabkraft (bei gleichem Kübelgewicht G und gleichbleibender horizontaler (Schürflage)

Größte Bedeutung kommt der Ausbildung des „Gebisses" zu. Hier werden höchste Anforderungen an eine strömungstechnisch einwandfreie Formgebung gestellt. Alles muß abgerundet sein, damit sich nirgendwo Stauräume ergeben und Boden aufwachsen kann, der die Bodenströmung behindert (Bild **6.**21).

Die Zähne selbst können nach Länge, Querschnitt, Anstellwinkel und Symmetrie variiert werden. Bild **6.**22 zeigt die Empfehlungen eines Herstellers für die Auswahl der geigneten Zähne. Dabei kommt es wesentlich darauf an, daß die Zähne den Kübel fest in den Boden eindrücken, damit er tief schürft und „beißt".

6.21 Strömungstechnisch gut durchgebildetes „Gebiß" eines Schürfkübels

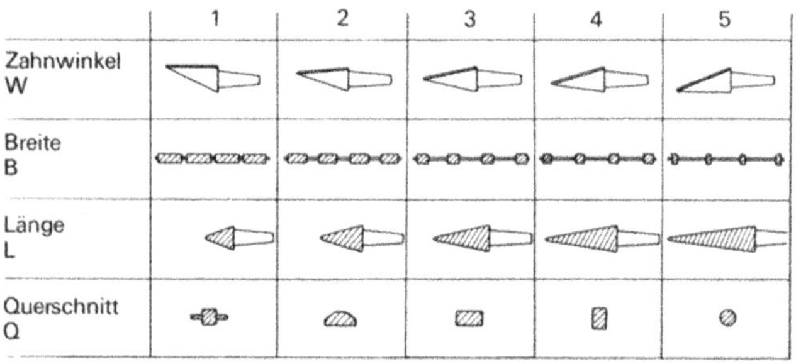

6.22 Variationsmöglichkeiten von Kübelzähnen [1]

Die Gehängelage muß so eingestellt sein, daß das Material nicht herausfließt (Bild **6.**23). Wird aus dem Wasser herausgebaggert, so muß das Kübelende stärker durchhängen. Ebenfalls für das Baggern im Wasser ist wichtig zu wissen, daß der Kübel 1–2 Stufen größer gewählt werden kann, da nur etwa 50 % der Füllung im Kübel gehalten werden und das normale Grabwerkzeug statisch nicht ausgenutzt wäre. Jedoch: statisch überprüfen!

Bedeutung hat auch die richtige Führung des Kübels während des Schleppvorganges, wobei der Kübelbügel unter Umständen mit Gewichten beschwert werden muß, um das Eindringen zu verbessern. Insgesamt gesehen sollte man immer daran denken, daß der Kübel während des Grabvorganges weitgehend sich selbst überlassen bleibt (und nur zum Bagger hingezogen wird) und daher vorher nach allen Regeln der Kunst richtig eingestellt werden sollte, um die Füllung zu erhöhen und den Schürfweg abzukürzen. Eine ausführliche Darstellung der gesamten Problematik enthält [1].

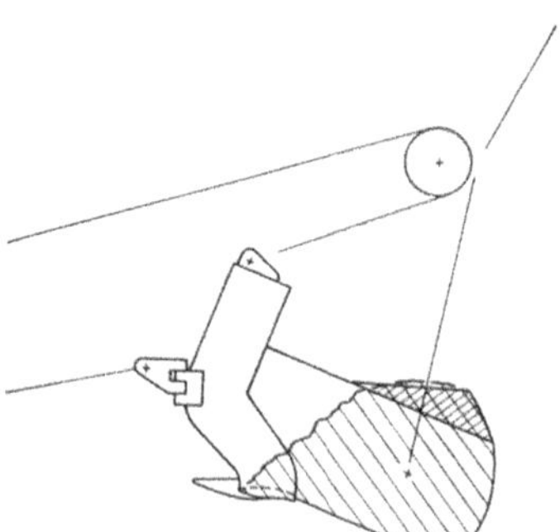

6.23 Schräg hängender Kübel (Hochziehen unter den Auslegerkopf) mit Seitenwand-Verlängerung

6.2.4 Grabkinematik Hochlöffel

Auch hier soll das Wesentliche nur an einem Beispiel verdeutlicht werden: Schon in Abschnitt 5.1 war auf die Diskrepanz zwischen der technischen Ausstattung und dem Leistungsvermögen eines 4-Kubikmeter-Baggers eingegangen worden. Nach eingehenden Analysen seiner Arbeitskinematik wurde es möglich, den Bagger in seiner Leistung (mit gleichen Maschinisten und unter gleichen Arbeitsbedingungen) von 110 m^3/h auf 180 m^3/h, also um 63 % (!), zu steigern. Worauf war das zurückzuführen?

Vier wesentliche Änderungen mußten an dem Gerät durchgeführt werden:

a) Der Löffel wurde in eine formschnittige, widerstandsarme Form gebracht, wobei vor allem die Seitenwangen des Löffels schwungvoll vorgezogen und die Breite des Löffels von 1,60 m auf 1,80 m gesteigert wurde. Aus dem Löffel wurde eine echte Power shovel – eben eine „Schaufel" – für die Aufnahme des Haufwerks gemacht (Bild **6**.24).

b) Damit der Löffel länger horizontal graben konnte (Zone des geringsten Widerstandes), wurde der Anstellwinkel (Winkel zwischen Stielrichtung und Neigung der Löffelvorderwand) verringert.

c) Die Auslegerneigung wurde von 52° auf 45° reduziert, der Ausleger also flacher gestellt und damit die Grabkurve stärker in das Haufwerk hinein verlegt (s. z. B. Bild **5**.2).

d) Um ein wirkungsvolleres Graben zu ermöglichen, wurde die Vorschubgeschwindigkeit gesteigert, sodaß der Bagger im Ansatz „agressiver" wurde.

e) Um die Ansatzstellung beim Beginn des Grabens zu verbessern, wurde der Freiraum am Fuß des Baggers vergrößert (Reduzierung der „Puffer" am Auslegerfuß und an der Löffelrückwand).

Solche Maßnahmen lassen sich nur aus dem genauen Studium der Grabkinematik ableiten und in ihrem notwendigen Ausmaß berechnen. Sie zeigen aber, welche Möglichkeiten der Anpassung gegeben sind und was man damit erreichen kann. 63 % mehr Leistung sind ein stolzes Ergebnis und beweisen, daß es sich lohnt, die Geräte in ihren Arbeitsbewegungen zu beobachten und darüber nachzudenken, wie sie besser auf die jeweiligen Arbeitsbedingungen eingestellt werden können.

6.24 Moderne Schaufelform des Hochlöffels

6.2.5 Ansatztechnik Hochlöffel

Auf die Bedeutung der richtigen Ansatztechnik einer Maschine war schon hingewiesen worden. Hier sei die Bedeutung des Problems an einem Beispiel vertieft:

Eingesetzt war ein Hydraulikbagger 7,5 m^3, der eine sehr geringe Leistung vorzuweisen hatte und einen recht „lahmen" Eindruck machte. Lag es am Bagger oder lag es an der fehlerhaften

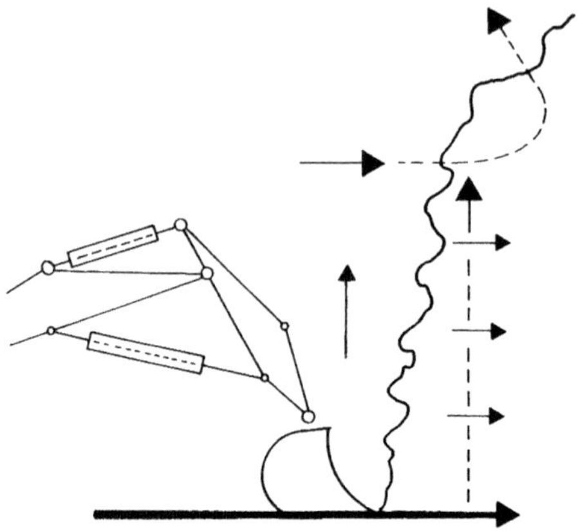

6.25 Einsatz einer Ladeschaufel vor senkrechter Haufwerksböschung
Oben: wie es sein sollte!

Ansatztechnik? Sehr schnell wird dann über eine Maschine der Stab gebrochen, obwohl sie gar nichts dafür kann!

Hier war es so, daß der Bagger vor einer fast senkrechten Haufwerkböschung stand, den Löffel unten horizontal in das Haufwerk hineindrückte und ihn dann senkrecht in der verkeilten und sperrigen Haufwerks-„Wand" hochzog (Bild **6.**25): mit großem Kraftaufwand und (infolge der selbsttätigen Kraft-Geschwindigkeitsregelung der Hydraulikpumpen) entsprechend geringer Geschwindigkeit. Die Folge davon waren Spielzeiten von durchschnittlich 40 Sekunden.

Der Bagger verfügte (wie alle Hydraulikbagger mit Hochlöffel) über jenen „dritten Freiheitsgrad", der ein „Knippen" des Löffels ermöglicht. Er hätte – was ein Seilbagger nicht kann – jederzeit an höherer Stelle (z.B. beim Übergang der steilen in die geneigte Haufwerksböschung) in die Wand hineinstechen und diese zum Nachstürzen bringen können, um wieder flaches Haufwerk vor den Löffel zu bekommen und dieses mit geringem Widerstand zu schaufeln. So aber zog der Bagger den Löffel in der Wand gegen den hohen Widerstand des darüberlastenden Materials hoch, ohne dadurch etwas für die Leistung Nützliches zu erreichen. Das Manöver kostete nur Kraft – auf Kosten der Geschwindigkeit. Ein Umsetzen des Geräts an eine flache Haufwerksböschung zeigte, daß Spielzeiten von 30 sec problemlos möglich waren. Eine Reduzierung der Spielzeit von 40 auf 30 sec bedeutet aber in der Praxis einen Leistungsgewinn von 25 %!

6.2.6 Schaufelradbagger

Hier handelt es sich um ein Gewinnungsgerät ganz anderer Art: Es arbeitet kontinuierlich und ist daher anderen Zwängen unterworfen (Bild **6.**26).

Da ist zunächst die Bankhöhe (oder: Wandhöhe), vor der es steht. Die einzelne Schaufel des rotierenden (und gleichzeitig schwenkenden) Rades muß einen ausreichenden Grabweg haben, um sich füllen zu können. Das erfordert eine entsprechende Bankhöhe und (im Hinblick auf das Schwenken) eine entsprechende Blockbreite. Praktisch heißt das, daß die Wandhöhe mindestens bis zur Nabe des Schaufelrades reichen muß, daß also Bankhöhe $> D/_2$ sein muß. Bei der Leistungsberechnung spielt das Verhältnis H/D eine wesentliche Rolle. Im praktischen Einsatz eines Schaufelradbaggers SH 400 konnte festgestellt werden, daß die Bankhöhe für dieses Gerät 3,5 bis 4 m betragen muß – bei einem Schaufelraddurchmesser von 6,3 m. Eine Zeitlang mußte das Gerät an einer Wand von nur 1,0 m Höhe eingesetzt werden. Das ergab einen Leistungsabfall von 60 %.

Wichtig ist eine klare Definition der verschiedenen Leistungsbegriffe. Sie seien am SH 400 quantitativ erläutert:

6.26
Schaufelradbagger SH 400 vor einer zu niedrigen Abbauwand

a) rechnerische Maximalleistung 1800 m^3/h
(Eimerinhalt × Anzahl Schaufeln × Schüttungen/h)

b) theoretische Grundleistung 1000 m^3/h
(rechnerische Maximalleistung × Füllfaktor der Schaufel)

c) technische Grundleistung 795 m^3/h
(Abwurfleistung ohne Verteilzeiten)

d) gemessene Grundleistung 360 m^3/h
(praktische Leistung während der gesamten Betriebszeit, mit Verteilzeiten).

Bei den Werten c) und d) lag die Abförderung des gelösten Materials mit SKW zugrunde. Konnte der Bagger das Material kontinuierlich auf die nachgeschaltete Bandstraße übergeben, so verbesserten sich die Werte auf

c) technische Grundleistung 1070 m^3/h

d) gemessene Grundleistung 909 m^3/h

Da im Endergebnis nur die praktisch verwendbare Leistung interessiert, also die 360 m^3/h im LKW-Betrieb mit den 909 m^3/h der Bandstraße verglichen werden müssen, heißt das,

– daß der Bagger im rein kontinuierlichen Betrieb 2,5 × mehr leistet als im diskontinuierlichen Betrieb

– und daß die praktische Leistung etwa 0,5 × der rechnerischen Maximalleistung beim kontinuierlichen Betrieb entspricht.

Auch hier wird ersichtlich, wie stark die Leistung eines Erdbaugerätes von den Randbedingungen abhängt, und daß es ganz wesentlich darauf ankommt, zu einem Gewinnungsgerät auch die (von Art und Größe her) dazu passenden Transportmittel zu verwenden, und daß eben „Leistung nicht gleich Leistung" ist. [48]

6.2.7 Die Rolle der kinetischen Bodenzähigkeit η_B

η_B ist ein Bodenkennwert und hängt daher scheinbar nicht mit der Geräteausnutzung zusammen. Aber als Schlüsselwert für alle Leistungsprognosen zumindest im Flachbaggerbereich (Scraper, Bulldozer) beeinflußt er die Leistungsfähigkeit der Geräte in großem Ausmaß.

Vergegenwärtigen wir uns zunächst, daß für jedes Erdbaugerät zwei Fragen im Vordergrund stehen:

a) Welche Kraft ist zum Lösen erforderlich?
b) Wie voll wird das Grabgefäß?

Die 1. Frage steht hier nicht zur Debatte, da es sich dabei um den Umgang mit dem Boden in seinem primären, gewachsenen Zustand handelt. η_B bezieht sich auf den sekundären Boden, das Verhalten des Bodens im gelösten, aufgelockerten Zustand. Dabei muß man noch unterscheiden, ob der Boden

– entweder in das Grabgefäß durch äußeren Zwang hineingepreßt wird (z. B. beim Baggerlöffel),
– oder nur vom Schürfdruck unten in das Grabgefäß hineingeschoben wird, sich dann aber in diesem volumenmäßig frei entfalten kann (das sogenannte „boiling up" ist damit gemeint).

Dieses „boiling up", das freie Hochquellen („Hochkochen") hängt vom Zustand des Bodens in seiner sekundären (d. h. gelösten) Form ab, und diese eben wird durch η_B gekennzeichnet.

Die Bodenzähigkeit η_B sollte bei allen anspruchsvolleren Leistungsprognosen (z. B. wenn es sich um Leistungsgarantien oder Angebotsvorschläge handelt) so sorgfältig wie möglich ermittelt werden. Bild **6.**27 zeigt den Zusammenhang. Danach hängt η_B ab:

in rolligem Boden: von Korngröße, Kornform und Feuchtigkeit;
in bindigem Boden: von Kohäsion, Beimischungen und Feuchtigkeit;
in Gewebeboden (Grasnarbe usw.): von Gewebebeiwert, Federkennwert und Feuchtigkeit.

Während die beiden ersten Einflußfaktoren jeweils materialabhängig sind und damit nicht beeinflußt werden können, tritt als 3. Faktor immer die Materialfeuchtigkeit n_W in Erscheinung (in bindigem Boden über den Konsistenzgrad K), und die kann beeinflußt werden.

Hier drängt sich eine Parallele zur Verdichtung des Bodens auf: Die maximale Verdichtung ist nur bei optimaler Feuchtigkeit zu erzielen, und diese muß durch Vorbehandlung des Bodens so eingestellt werden, daß sie im optimalen Bereich liegt.

Ähnliches läßt sich für den Füllprozeß jener Geräte sagen, die auf die „Füllfreudigkeit" – die „freie Mitarbeit" des Bodens beim Füllen des Grabgefäßes – angewiesen sind.

Durch Behandlung des Bodens (Anfeuchten oder Austrocknenlassen) kann seine Füllfreudigkeit in den optimalen Bereich verlegt werden; das bedeutet in der Praxis, daß man höhere Kübelfüllungen auch anders als mit roher Gewalt (eine oder mehrere Schubraupen) erzielen kann.

Der fülltechnisch anspruchsvollere Weg ist, den Boden v o r h e r in den Zustand zu versetzen, in dem er den Füllprozeß optimal mitmacht, – d. h. η_B auf die günstigste Größe „einzustellen".

Das kann in der Praxis dadurch geschehen, daß man den Boden vor dem Schürfen in großen Absatzbecken „wässert" (Bild **6.**28), wobei das nur ein kurzfristiges Bearbeiten der Bodenoberfläche mit dem Grader (Aufschieben von Seitenwällen) und anschließend das Unterwassersetzen erfordert, – oder umgekehrt: indem man die Abtragsflächen so verteilt, daß die frische Schürfstelle lange genug der Trockenwirkung durch Sonne bzw. Luft ausgesetzt wird. Das gilt natürlich vor allem für den Auslandseinsatz, da dort die Voraussetzungen für den Flachbaggereinsatz günstiger sind.

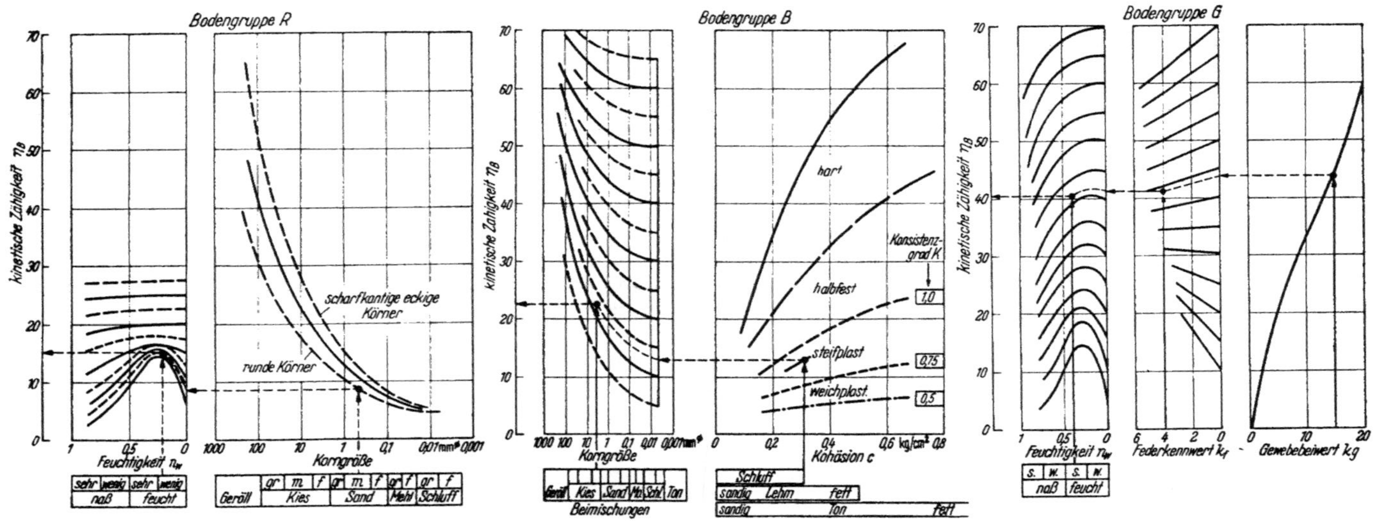

Boden: Mittelsand 0,5 mm ⌀, rund
Boden: wenig feucht ($n_w = 0{,}2$)

ergibt: $\eta_B = 15$

Boden: Mittelfetter Lehm, $c = 0{,}3$ steifplastisch, $K = 0{,}9$ Beimischung: Feinkies

ergibt: $\eta_B = 23$

Boden: Gewebebeiwert $k_g = 15$
Federkennwert $k_f = 4$
Feuchtigkeit:
sehr feucht $n_w = 0{,}4$

ergibt: $\eta_B = 40$.

6.27 Ermittlung der kinetischen Bodenzähigkeit η_B für
a) rollige Böden (Bodengruppe R)
b) bindige Böden (Bodengruppe B)
c) Gewebeböden (Bodengruppe G)
(Berechnungsgang in den Abbildungen durch Pfeile gekennzeichnet)

6.28
Anfeuchten des Bodens durch Wässern in Absetzbecken zum Erreichen einer besseren η_B

Doch auch in unseren Breiten sollte so etwas wie ein „feeling" für η_B entwickelt werden: Jeder Bauleiter sollte sich für den Zustand des Bodens im sekundären Bereich (also nach dem Lösen) interessieren und danach seine Strategie für den Einsatz der Erdbaugeräte festlegen. Das ist gerade auch im Hinblick auf die Energieeinsparung von maßgeblicher Bedeutung. Nicht nur mit Kraft, sondern auch mit „Intelligenz" kann man hohe Füllungsgrade im Scraperbetrieb erzielen.

6.2.8 Reifenauswahl

Aufgabe der Reifen bei Erdbaugeräten ist es,

a) das Gewicht der Maschine auf den Erdboden zu übertragen (vertikal),

b) das Antriebsmoment der Radnaben und Felgen in Vortriebskraft umzuwandeln (horizontal),

c) den Bremsvorgang zu ermöglichen,

d) den Lenkvorgang zu ermöglichen und die Fahrbewegung zu stabilisieren.

Das Reifenproblem ist gerade auch bei Erdbewegungsgeräten schon allein deswegen von so besonderem Reiz, weil hier ein flexibles Element (Reifen) mit einem anderen flexiblen Element (Boden) in Verbindung steht und es sehr schwierig ist, das Wechselspiel zwischen diesen beiden Einflußbereichen zu quantifizieren. Auch hier ist viel „Gefühl", viel Erfahrung und viel Verständnis für die Wechselwirkungen erforderlich, um die Reifenauswahl zu optimieren (s. a. Abschn. 5.2.5).

Die Reifenindustrie stellt für Erdbaugeräte im wesentlichen folgende Ausführungsformen zur Verfügung:

Diagonal-Reifen,
Radial-Reifen,
Sonderkonstruktionen (hier vor allem: Beadless-Reifen).

Beispiele für den technischen Aufbau der Reifen zeigt Bild **6.**29. Bei den Diagonal-Reifen sind die „Fäden" der die Gummikarkasse aussteifenden Gewebeeinlagen diagonal zur Laufrichtung angeordnet (Bild **6.**30), bei Radial-Reifen umspannen diese Fäden die Karkasse radial, d. h. sie umhüllen den Reifenkörper von Reifenwulst zu Reifenwulst bogenförmig in radialer Richtung (Bild **6.**31).

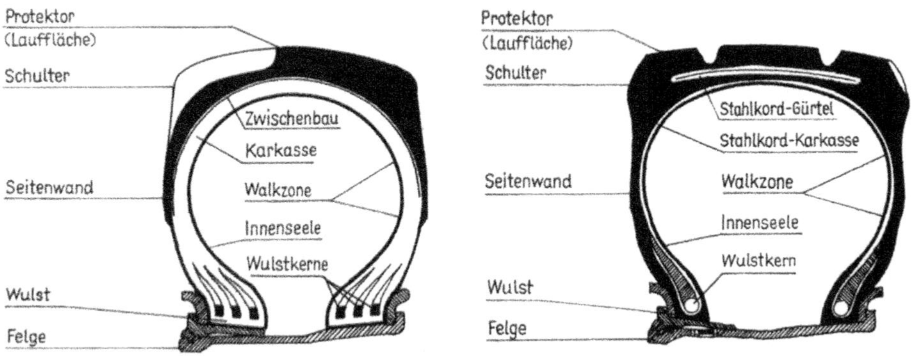

EM-Diagonalreifen EM-Radialreifen

6.29 Die technischen Unterschiede von EM-Diagonal- und Radialreifen

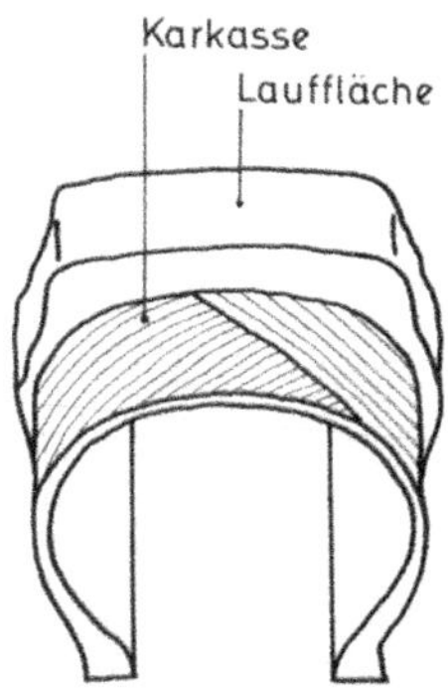

6.30
Innerer Aufbau
eines Diagonalreifens

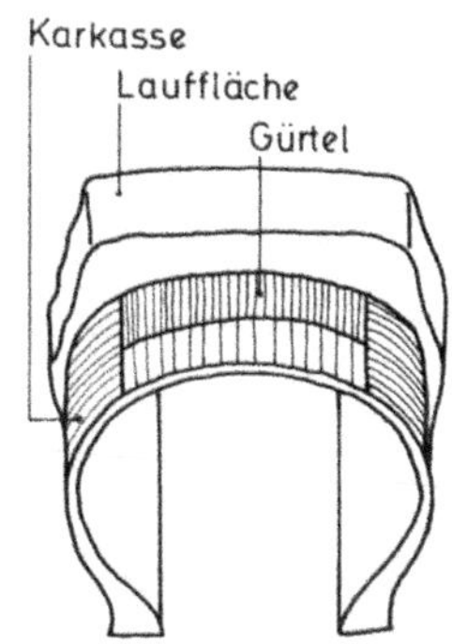

6.31
Aufbau eines
Radialreifens

Die Konstruktionsteile eines Reifens setzen sich zusammen aus

dem Gummikörper,
den Gewebeeinlagen,
der Profilfläche,
den beiden Reifenwülsten.

Die Gewebeeinlagen bestehen teils aus Kunststoffäden, teils aus Stahlseilen, teils aus einer Mischung von beiden (Stahlcord) und stellen, verglichen etwa mit dem Stahlbeton, die „Bewehrung" des Gummikörpers dar. Die Stärke dieser Bewehrung ist maßgebend für die Tragkraft eines Reifens und seinen zulässigen maximalen Luftdruck und beeinflußt sehr maßgeblich das Fahrverhalten.

Bild **6.**32 zeigt ein Gerät mit sogenannten Beadless-Reifen. Diese Sonderbauart stellt den Versuch dar, die Vorteile des Raupenfahrwerks mit denen des Reifenfahrwerks zu kombinieren, und besteht aus einem Gummireifen mit aufgesetzten, über Gelenke ineinandergreifenden Raupenbandgliedern (Bild **6.**33). Vorzugsweise verwendet wird er für Radlader, wo der Reifenverschleiß besonders hoch und außerdem eine gute Kraftübertragung (Vorschubkraft) wünschenswert ist. Beadless-Reifen spielen jedoch noch immer eine untergeordnete Rolle. Marktbeherrschend sind die Diagonal- sowie die Radial-Reifen, wobei der Trend in Richtung Radial-Reifen geht.

6.32 Radlader mit Beadless-Reifen [100]

6.33 Der technische Aufbau eines Beadless-Reifens [100]
1 Felge
2 Gummireifen
3 Plattenhalterung
4 Kettenplatten

Wie die Praxis gezeigt hat, besitzen Radial-Reifen für die Fortbewegung im Gelände gewisse Vorteile: Sie sind in ihrem ganzen Aufbau (bei sonst gleicher Widerstandsfähigkeit, Festigkeit usw.) weicher und können sich den Bodenunebenheiten besser anpassen. Die „Einfederung" ist besser. Wenn auch Diagonal-Reifen mit einem „Gürtel" ausgerüstet werden können, so gehört dieser Gürtel bei den Radial-Reifen zum „Stand der Technik" (daher heißen diese Reifen auch „Gürtel-Reifen"). Der Gürtel besteht im allgemeinen aus einem Stahlcord-Band, das in den Gummikörper eingelassen ist, die „Bewehrung" in der Lauffläche verstärkt und, zwischen Karkasse und Lauffläche liegend, den gesamten Reifen zusammenhält. Radial-Reifen mit Stahlcord-Gürtel (als Normalausführung) zeichnen sich dadurch aus, daß sie eine verhältnismäßig harte Lauffläche und verhältnismäßig weiche Seitenwände haben, dadurch besonders gute Laufeigenschaften auf fester wie auf weicher Fahrbahn.

Die Bezeichnung der Reifen erfolgt nach

- der Bauart D (Diagonal), R (Radial),
- der Laufflächenbreite (in Zoll),
- dem Felgendurchmesser (in Zoll),
- dem Verhältnis Höhe zu Breite,
- der Tragfähigkeit (sog. Ply Rating bzw. PR oder Symbole wie *, ** usw.).

Die Bezeichnung 65 R 18–25 PR 20 bedeutet z. B., daß es sich um einen Radialreifen mit einer Laufflächenbreite von 18″, einem Felgendurchmesser von 25″, einem Verhältnis Höhe zu Breite = 0,65 und einem Ply Rating 20 handelt. Dieses PR 20 bedeutet im Klartext, daß die Reifen z. B. bei 3,0 bar Luftdruck mit bis zu 6475 kg belastet werden können (wobei im konkreten Einzelfall weiterhin als maßgebende Größe die Fahrgeschwindigkeit hinzukommen muß). Einzelheiten sind den Reifentabellen der verschiedenen Herstellerfirmen zu entnehmen.

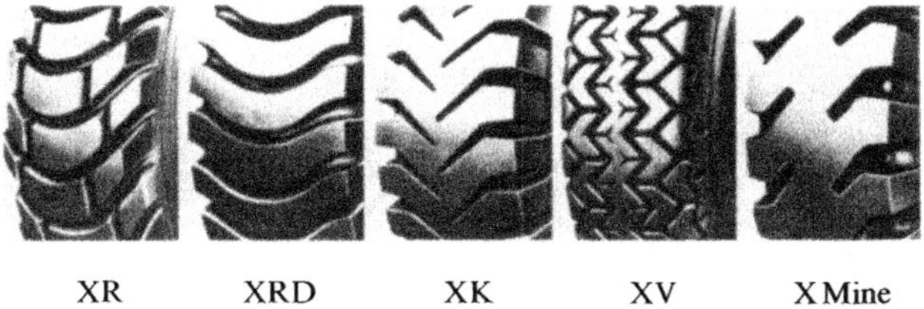

6.34
Unterschiedliche Profilformen von EM-Reifen [104]

Eine wesentliche Rolle für die Reifen von Erdbaugeräten (EM-Reifen) spielt die Profilierung. Sie reicht von der glatten Mantelfläche (z. B. für Reifenwalzen) über großflächige Stollen bis zur relativ offenen Oberfläche mit versetzt angeordneten Profilblöcken, wobei der Profilanteil (Profiloberfläche) ca. 50% der gesamten Lauffläche beträgt. Die Profilhöhe variiert zwischen 2 und 5 cm.

Bild **6.**34 zeigt als Beispiel die verschiedenen Profile eines Reifenherstellers, wobei das Profil

XR	gute Griffigkeit und hohe Verschleißfestigkeit,
XRD	besonders gute Zugkraftübertragung,
XK	hohe Laufleistung (lange Strecken),
XV	hohe Wärmebeständigkeit (hohe Geschwindigkeit),
XMine	besondere Widerstandsfähigkeit im Steinbrucheinsatz

bietet. Bei diesem Hersteller werden die Profile außerdem in drei verschiedenen Profiltiefen angegeben, wie es Bild **6.**35 darstellt.

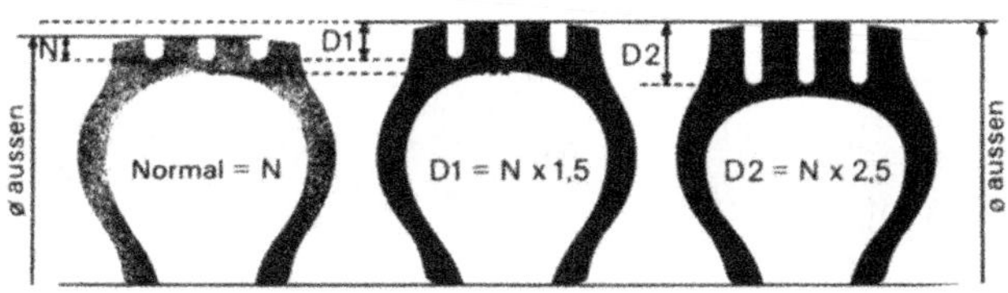

6.35
Verschiedene Profiltiefen der EM-Reifen [104]

Weiter spielt die Zusammensetzung der Gummimischung und der Gewebeeinlagen eine Rolle, die dann wieder zu (bei diesem Hersteller) drei verschiedenen Einsatztypen führt:

Typ A: für alle langsam fahrenden Arbeitsgeräte mit geringer Fahr-, aber hoher Vortriebsleistung.

Typ B: für alle Transportaufgaben (größere Fahrstrecken auf festerem Untergrund).

Typ C: für hohe Transportleistungen, d. h. lange Strecken mit hohen Geschwindigkeiten.

Ein anderes Profilsortiment zeigt Bild **6.**36.

Für die R e i f e n a u s w a h l ist vor allem wichtig, daß man die besonderen Einsatzbedingungen herausfindet, dennen das Gerät unterliegt bzw. die von ihm verlangt werden. Im Vordergrund stehen

hoher Kraftschluß,
geringer Rollwiderstand,
gute Wärmebeständigkeit,
gute Anpassung an die Geländeoberfläche,
geringe Bodenpressung,
geringe Abnutzung.

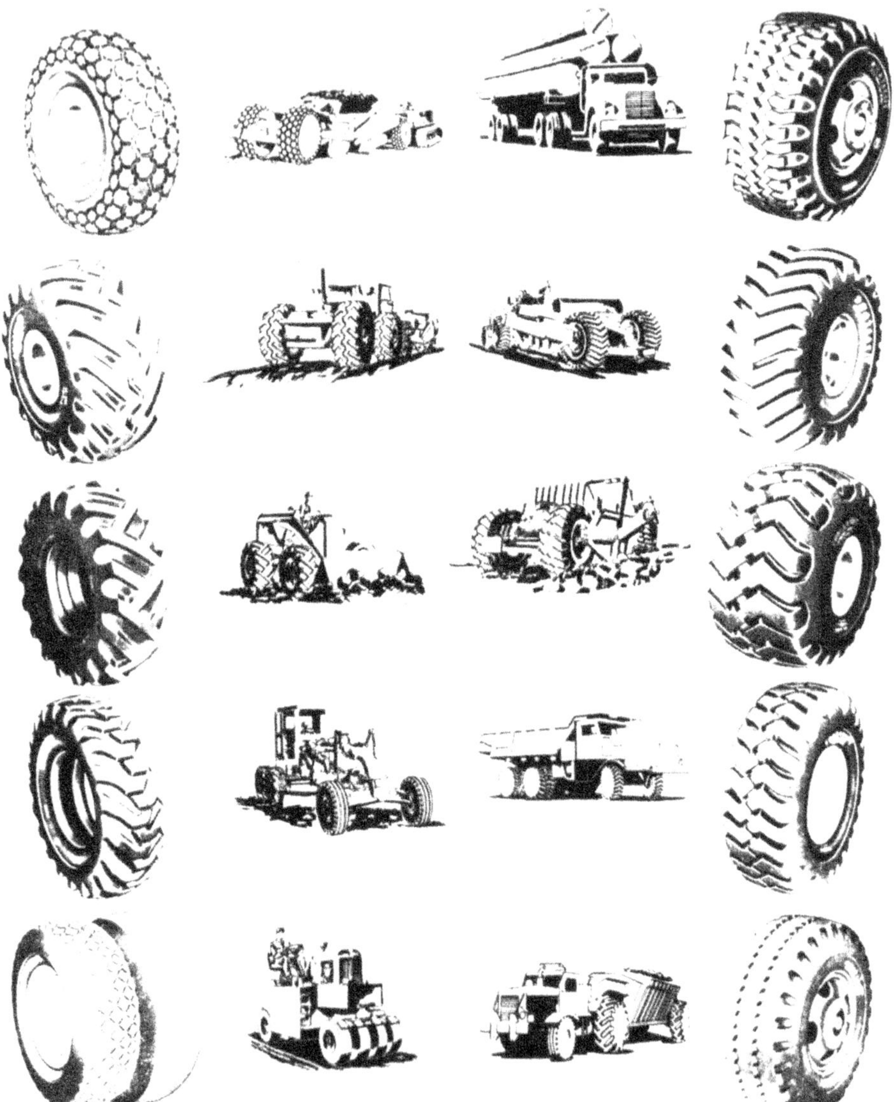

6.36 Reifenprofile für verschiedenste Verwendungszwecke [107]

Hoher Kraftschluß ist vor allem eine Sache des Profils, wobei auch an die Selbstreinigung des Profils zu denken ist, denn Griffigkeit nutzt nichts, wenn sich die Rillen mit Boden vollsetzen und dann ein Glattprofil ergeben. Auch ist besonders auf die Montageanweisungen zu achten (ob Profilkeil mit oder gegen Laufrichtung aufgelegt sein muß; im allgemeinen: Pfeil in Laufrichtung, nur bei antriebslosen Reifen gegebenenfalls gegen die Laufrichtung!).

Geringer Rollwiderstand wird

a) durch die aussteifende Wirkung des Gürtels (Gürtelreifen),
b) durch hohen Luftdruck

erreicht. Gute Wärmebeständigkeit hängt vom Reifenmaterial ab. Die Wärme wird hauptsächlich durch die Walkarbeit in den Reifenseitenwänden erzeugt, und die ist umso geringer, je weniger die Einfederung und je geringer die Geschwindigkeit ist, und das heißt wieder (auf den Reifen bezogen): je härter die Karkasse (Ply Rating, aber auch Diagonal- oder Radial-Einlagen) und je höher der Luftdruck im Reifen ist.

Die gute Anpassung an die Geländeoberfläche (wichtig bei allen EM-Reifen) – das, was allgemein mit „floating" bezeichnet wird: das „Darüberfließen" des Reifens über die Geländeoberfläche – wird durch die Anordnung der Gewebeeinlagen (D oder R), durch die Weichheit der Reifenseitenwände (Ply Rating) und durch den Luftdruck im Reifen erreicht, der hier möglichst niedrig (bis kurz vor dem Durchrutschen der Reifen auf den Felgen) sein sollte.

Ähnlich sind die Kriterien für den geringen Bodendruck. Hier muß der Reifeninnendruck so gering wie möglich und die Reifenkarkasse möglichst weich sein. Aber: Das ist wieder nur bei geringen Fahrgeschwindigkeiten wirtschaftlich vertretbar [76].

Geringe Abnutzung kann erreicht werden

a) durch besondere Reifenqualität,
b) durch Schutz des Reifens,
c) durch Verwendung von Beadless-Reifen.

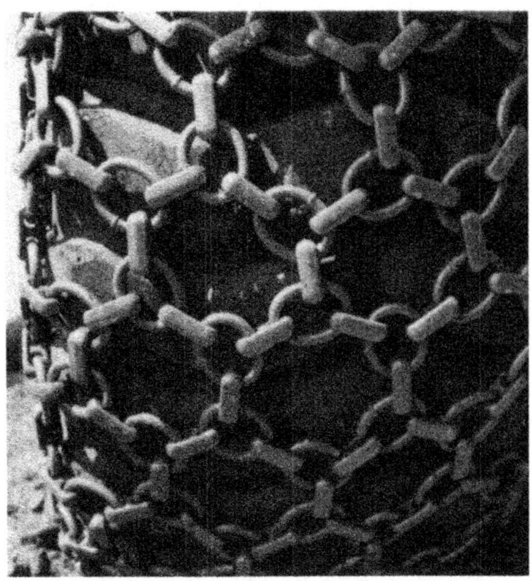
6.37 Stahlketten als Reifenschutz [111]

Zum Schutz der EM-Reifen werden Stahlketten nach Bild **6.**37 angeboten. Die Meinungen über den wirtschaftlichen Nutzen sind geteilt. In der Praxis hat sich allgemein bestätigt, daß

- die Kette etwa gleichviel wie der Reifen kostet,
- der Reifen mit Kette etwa doppelt so lange hält wie der Reifen ohne Kette.

Unter Umständen wird also nur eine Reifenmontage eingespart. Nicht bestritten werden kann, daß die Kette den Reifen ganz erheblich schützt, daß sie dem Reifen eine bessere Griffigkeit verleiht und daß sie den Reifen sicherer gegen die Fahrbahneinflüsse macht (Bild **6.**38).

Wichtig ist auch, daß Reifen mit Kette ein möglichst geringes Profil (am besten gar keines) haben sollten, damit die Kette überall satt auf der Reifenfläche aufliegt. Ist das nicht der Fall, so führt die Kette unter Umständen zu einer beschleunigten Zerstörung des Reifenprofils und stellt ihre eigene Schutzwirkung in Frage.

Die Lebensdauer der Reifen liegt zwischen ca. 800 und 5000 Stunden. Wesentlich ist dabei neben der Beanspruchung im Einsatz (z. B. schwere Grabarbeit der Radlader) die

6.38
Radlader mit Schutzketten über den Reifen in schwerem Steinbrucheinsatz

Transportleistung pro Betriebsstunde, d.h. die in der Stunde gefahrenen Kilometer. Die Werte liegen hier zwischen 50 km und 15 km und sollten bei der Auswahl der Reifen (vor allem beim Ply Rating) berücksichtigt werden.

6.3 Maschinenkosten

6.3.0 Überblick

Von großer Problematik – und von ebenso aktueller Bedeutung – ist die präzise Erfassung der Maschinenkosten. „Was kostet die Betriebsstunde einer Planierraupe?" Niemand kann es genau sagen. Und dennoch muß ein exakter Wert in die Kalkulation eingesetzt werden.

In der Baugeräteliste (BGL) ist das Berechnungsschema genau beschrieben. Es basiert auf den Festkosten – bedingt durch die Abschreibung und Verzinsung – und auf den Betriebskosten, hervorgerufen durch den „Betrieb", – den Einsatz der Maschine. Die beiden extrem variablen Größen sind hier

- die wirtschaftliche Nutzungsdauer für die Festkosten und
- der Reparaturkostenaufwand für die Betriebskosten.

Grundsätzlich muß unterschieden werden zwischen dem Berechnungsschema der BGL, das auf einen universellen Gültigkeitsbereich ausgelegt ist, und einem verfeinerten Berechnungsschema, das für einen speziellen Einsatzfall unter konkret fixierten Bedingungen gilt. Dieser ist immer dann gegeben, wenn man sich im Rahmen von Prognosen exakt festlegen muß, z.B. wenn es um Garantien oder um einen Angebotspreis geht. Hier müssen alle an der Kostenbildung beteiligten Parameter soweit wie möglich mit ins Kalkül gezogen werden.

„Soweit wie möglich" – der Erdbau sieht sich hier in der glücklichen Lage, auf eine Studie [37] zurückgreifen zu können, die den Einsatz von Lade- und Transportgeräten auf 5 Großbaustellen mit einer gesamten Erdbewegung von rd. 40 Millionen m^3 ausgewertet hat. Hier lagen Werte und Erfahrungen vor, die über längere Zeiträume die Betriebsergebnisse der Geräte erfaßten und damit als einigermaßen repräsentativ für den Erdbau im weiteren

Sinne angesehen werden können. Die Auswertung setzte sich zum Ziel, die Reparaturkosten in Beziehung zu setzen

zur erforderlichen Gerätekapazität PSh

zur Durchführung bestimmter Grundoperationen (Laden, Transportieren, Verdichten) und dabei dennoch Anschluß zu behalten an das sehr pauschale Vorgehen der BGL und die dort vorliegenden einigermaßen gesicherten Erkenntnisse. Der wesentliche Schritt nach vorn wurde dadurch getan, daß die erforderliche Arbeitskapazität (in PS und Betriebsstunde) in Beziehung gebracht wurde zu den maßgebenden Bodenparametern

Stoffgewicht (feucht)	γ_f,
Winkel der inneren Reibung	φ,
Kohäsionsbeiwert	c.

Und das Verblüffende ist, daß sich hier deutliche Abhängigkeiten ergaben, die der Praxis sehr viel weiter helfen können.

6.3.1 Wirtschaftliche Nutzungsdauer

Das nun dargestellte Rechenverfahren, das auf der Nachkalkulation von Großbaustellen basiert, setzt die Reparaturkosten der Maschinen in Beziehung zu den Festkosten, wie sie sich nach dem Rechenschema der BGL ergeben. Der somit verwendete AV-Wert (für **A**bschreibung und **V**erzinsung) je Betriebsstunde ist in der BGL eindeutig festgelegt. So gilt z. B. für die Planierraupe

- eine wirtschaftliche Nutzungsdauer von 4 Jahren,
- eine jährliche Betriebsstundenzahl von 1600 Stunden (als Normalfall),

sodaß der Neuwert der Planierraupe über $4 \times 1600 = 6400$ Betriebsstunden abgeschrieben werden muß.

Das ist das pauschale System der BGL, das für den Gerätepark insgesamt durchaus seine Berechtigung hat. Nicht ausreichend ist es jedoch, wenn feinere Unterschiede in Höhe und Struktur der Gerätekosten herausgearbeitet werden müssen. Denn dann muß auch die wirtschaftliche Nutzungsdauer differenzierter betrachtet werden. Grundsätzlich ist die wirtschaftliche Nutzungsdauer N

$$N = \frac{h}{\eta_J \cdot 2400} \quad \text{[Jahre]}$$

h = Anzahl der zumutbaren Nutzungsstunden insgesamt
η_J = jährliche Geräteausnutzung,
(2400 steht für: 200 h/Monat),

wobei es sich immer um eine noch wirtschaftliche Nutzung handeln muß, also mit Gewinn gearbeitet werden soll.

Tafel **6.**39 zeigt die Auswertungsergebnisse an einem großen Erdbaugerätepark. Dabei ist als Zielgröße die wirtschaftliche Nutzungsdauer in Betriebsstunden angegeben, die ihrerseits in Abhängigkeit gebracht wurde zur Geräteart und zu einer sogenannten Abnutzungsziffer v, die nach Tafel **6.**40 über ein Punktsystem genauer ermittelt werden kann, wobei

die Bodenart,
der Maschinist,
die Wartung der Geräte

auch in die Betrachtung einbezogen wurden.

Tafel **6.**39 Wirtschaftliche Nutzungsdauer von Erdbaugeräten bei unterschiedlicher Ausnutzung im Einsatz

Betriebsverhältnisse Abnutzungsziffer *v*	Sehr gut 0—5	Gut 5—15	Mäßig 15—25	Schlecht über 25
Raupenschlepper	12000	10000	8000	6000
Reifenschlepper	15000	10000	8000	7000
Planierschilde	14000	12000	10000	9000
Schürfwagenanhänger	20000	14000	12000	10000
Motorschürfwagen	12000	10000	8000	6000
Straßenhobel/Motor	16000	13000	10000	8000
Schaufellader/Raupen	12000	10000	8000	6000
Schaufellader/Reifen	15000	10000	8000	7000
Pflugbagger	14000	12000	10000	8000
Transportfahrzeuge	20000	15000	11000	8000

Tafel **6.**40 Ermittlung der Abnutzungsziffer *v* für **6.**39

v wird durch Addition folgender Punktanteile ermittelt:

a) Bodenart:

	Punkte
Bodenklasse 1 (nach Kögler)	2
2	3
3	4
4	9
5	15
6	25

b) Maschinist:

	Gut	Mittel	Schlecht
1. Eignung	0	3	10
2. Ausbildung	0	1	3
3. Erfahrung	0	1	2
4. Technisches Verständnis	0	2	4
Gesamt:	0	7	19

Tafel **6.**41 Jährliche Betriebsstunden der Geräte bei unterschiedlichem Einsatz

	A. Bewegliche Betriebe (Bauindustrie)	B. Ortsfeste Betriebe (Bergbau, Steinbrüche, Fabriken)
Raupenschlepper	1000	4500
Planierraupen	2000	3500
Schürfkübelanhänger	2500	3000
Reifenplaniergeräte	1500	3500
Motorschürfwagen	2500	4000
Pflugbagger	1500	—
Straßenhobel	1500	—
Bodenschütter	2000	4000
Hinterkipper	2000	4000

Will man also die wirtschaftliche Nutzungsdauer präzise ermitteln, so muß man von der Gesamtzahl der Betriebsstunden ausgehen, die dem jeweiligen Gerät zuzumuten ist, muß dann den Grad der Abnutzung berücksichtigen und schließlich überlegen, über welchen Zeitraum (Jahre) die Abschreibung angelegt werden soll, wobei als Grenzbedingungen

- entweder die jährlich übliche Einsatzzeit (Tafel **6.**41)
- oder der technische Fortschritt

anzusehen sind.

6.3.2 Bodeneinfluß

Das in [37] beschriebene Verfahren definiert für die Gewinnungsgeräte (Bagger, Lader) den Bodeneinfluß über den sogenannten Bodenwiderstand W_b nach der Formel

$$W_b = \gamma_f \cdot \mathrm{tg}^2\left(\frac{\pi}{4} + \frac{\varphi}{2}\right) + f \cdot c \cdot \alpha \cdot \cot\varphi \quad [\mathrm{t/m^3}]$$

γ_f = Feuchtraumgewicht [t/m³],
φ = Winkel der inneren Reibung [°],
f = Einflußfaktor für die Kohäsion,
c = Kohäsionsbeiwert,

$$\alpha = \frac{\pi}{\cot\varphi - \frac{\pi}{2} + \varphi}.$$

Das 2. Glied auf der rechten Seite der Gleichung berücksichtigt den Kohäsionseinfluß, der für Gewinnungsgeräte allgemein mit 20% veranschlagt wird.

Es wird hier darauf hingewiesen, daß der Text dem Original entnommen wurde und in alten Einheiten vorliegt.

Für die der Auswertung verschiedener Baustellen zugrunde liegenden Böden ergaben sich damit folgende Werte:

	Bodenwiderstand W_b [t/m³]	
	ohne Kohäsion	mit Kohäsion
a) sortierter Kies	4,0	
b) sandreicher Naturkies	5.5	
c) grober Naturschotter	8.0	
d) dichtgelagerter Hangschutt	11.7	20.4
e) grober Sprengfels	12.8	
f) verkittete Moräne	15.1	37.5

Man kann darüber streiten, ob die zugrundegelegte Formel für den Bodeneinfluß vertretbar ist. Es sollte jedoch bedacht werden, daß es auch hier so etwas wie ein „mathematisches Probieren“ gibt: da liegen eine Fülle von Daten aus der Nachkalkulation vor, die nun über eine sinnvolle Auswertung verallgemeinert und mathematisiert werden sollen. Und das ist nicht anders möglich, als daß man nach einer Formel sucht, die „in etwa paßt“, – d. h. die, auf den konkreten Fall angewandt, zufriedenstellende Ergebnisse bringt. Sicher sind noch andere Bodenkennwerte als γ, φ und c beteiligt, aber fürs erste ist damit schon einmal viel gewonnen, daß überhaupt Abhängigkeiten zwischen einzelnen Bodenkennwerten und dem Bodenwiderstand auf einfacher Basis erarbeitet wurden.

6.3.3 Arbeitskapazität

Um die Summe der Betriebseinflüsse besser zu erfassen, wird der Begriff der „Arbeitskapazität AK" eingeführt, worunter die erforderliche Antriebsleistung einer Maschine für eine bestimmte Arbeitsleistung in m^3/h oder t/h usw. unter bestimmten Betriebsverhältnissen (Boden, Transportweite usw.) verstanden wird. Die Dimension ist PSh/m^3 für Laden und Verdichten und PSh/t für das Transportieren.

Für Ladegeräte ist die erforderliche Arbeitskapazität AK dann

$$AK = k \cdot W_b \qquad [\mathrm{PSh/m^3}].$$

k = ein Maschinenfaktor [m],
W_b = der Bodenwiderstand $[\mathrm{Mp/m^3}]$.

ist. Der Maschinenfaktor k stellt eine „fiktive Hubhöhe" mit der Dimension [m] dar und ergab sich nach der Auswertung der Betriebsergebnisse

für Seilbagger $k = 0{,}25$,
für Hydraulikbagger, Radlader $k = 0{,}2$.

Bei den der Auswertung zugrundeliegenden Böden erhielt man z. B. für Seilbagger folgende AK-Werte, wobei hier der Kohäsionsanteil nicht mit eingerechnet wurde.

	erforderliche AK $[\mathrm{PSh/m^3}]$
a) sortierter Kies	1,08
b) sandreicher Naturkies	1,46
c) grober Naturschotter	1,62
d) dichtgelagerter Hangschutt	1,80
e) grober Sprengfels	3,52

Insgesamt war die erforderliche AK nach [37]:

1. für das Lösen und Laden

$$AK = k \cdot W_b \quad [\mathrm{PSh/m^3}].$$

2. für Transportieren

$$AK = c_1 \cdot \sum l_i + c_2 \cdot \sum l_i \cdot p_i \quad [\mathrm{PSh/m}].$$

c_1 = Faktor für Horizontaltransport [PSh/Mp km] = 1,5,
c_2 = Faktor für Neigung [PSh/Mp km] = 0,75,
l_i = Transportweite der Teilstrecken [km],
p_i = Neigung der Teilstrecken [%].

3. für Einbau und Verdichten

$$AK = 1{,}3 \ldots 1{,}5 \ [\mathrm{PSh/m^3}] \text{ (Kernmaterial mit Reifenwalzen).}$$

Wie man mit dieser Methode arbeitet, sei an folgendem Beispiel erläutert:

Abzubaggern ist gesprengtes Haufwerk (Klasse e). Der Richtwert für die Arbeitskapazität in dieser Ladeklasse ist:

$$AK = 3{,}52 \ \mathrm{PSh/fm^3} \text{ (s. oben).}$$

Der Bagger soll eine Ladeleistung von 100 fm^3/h erbringen. Welche Antriebsleistung (und Gerätegröße) ist erforderlich?

$$N_{erf} = AK \cdot Q = 3{,}52 \ \mathrm{PSh/fm^3} \cdot 100 \ \mathrm{fm^3/h} = 352 \ \mathrm{PS}.$$

Das ist die Antriebsleistung, die konstant abgegeben werden muß. Wird statt des Einmotoren-Antriebs z. B. ein 3-Motoren-Elektrobagger verwendet, dessen Motoren (Hub-, Dreh-Vorschubmotor) nicht ständig eingeschaltet sind, so muß die (aufaddiert) installierte Leistung ca. 30 % höher sein, hier also rund 460 PS betragen.

6.3.4 Reparaturkosten

Bisher war es üblich, die Reparaturkosten allein auf die Festkosten AV (Abschreibung und Verzinsung) zu beziehen (z. B. 66 %). In Anlehnung an das obige Verfahren kann nun auch die „Schwere der Arbeit" über den Bodenwiderstand W_b und über einen Maschinenfaktor m mit einbezogen werden.

Da der Bodenwiderstand auf den gebaggerten m^3 [fm^3], der AV-Wert auf die Betriebsstunden bezogen ist, sind mehrere Rechenschritte erforderlich, wobei zunächst der AV-Wert in DM/h zu AV in DM/m^3 umgerechnet wird. Dies geschieht nach:

$$AV\,[\mathrm{DM/m^3}] = \frac{AV\,[\mathrm{DM/h}]}{Q\,[\mathrm{m^3/h}]}.$$

Dann wird ein spezifischer Reparatur-Kostenwert r [DM/m^3] ermittelt aus

$$r = m \cdot AV \cdot W_b \ [\mathrm{DM/m^3}].$$

Hierin ist m der „Maschinenfaktor", der die Schwere der jeweiligen Arbeit, soweit sie gerätebedingt ist (z. B. durch die Gerätegröße), maschinenspezifisch charakterisiert.

Nach der Betriebsauswertung ist m für

Seilbagger	= 0,04 bis 0,2	⌀ 0,12
Hydrobagger u. Radlader	= 0,06 bis 0,1	⌀ 0,08
Planierraupen	= 0,04 bis 0,07	⌀ 0,055

m sollte für jedes Gerät typenspezifisch ermittelt werden. Ansonsten muß man m schätzen. Es gilt

der untere Grenzwert für leichte Arbeit, d. h. große Überlegenheit der Maschine über das Material,

der obere Grenzwert für schwere Arbeit, d. h. schwache Dimensionierung der Maschine für den gegebenen Einsatz.

Um es noch einmal klar herauszustellen:

W_b steht für den Widerstand des Materials an sich,
m stellt die Maschinengröße dazu in Relation.

Ist dann schließlich der spezifische Reparatur-Kostenwert r in DM/m³ ermittelt, so wird auf die Gesamtreparaturkosten in Abhängigkeit von der Förderleistung Q in m³/h umgerechnet.

$$R = r \cdot Q \quad [\mathrm{DM/h}].$$

Beispiel. Für den vorhin über die AK dimensionierten Seilbagger sollen die Reparaturkosten ermittelt werden:

Es war der Bodenwiderstand W_b (für Gruppe e) $= 12{,}83\,\mathrm{Mp/m^3}$

Der Maschinenfaktor für Seilbagger wird angegeben mit

$$m = 0{,}04 \text{ bis } 0{,}2.$$

Er soll für das hier zu verwendende Gerät

$$m = 0{,}1$$

betragen. Der AV-Wert beträgt nach der BGL

$$AV = 55{,}50\,\mathrm{DM/h}.$$

Rechenschritt 1: Die Umrechnung der AV-Kosten von DM/h in DM/m³. Die Ladeleistung ist $Q = 100\,\mathrm{fm^3/h}$. Daraus:

$$AV = \frac{AV}{Q} = \frac{55{,}50\,\mathrm{DM/h}}{100\,\mathrm{m^3/h}} = 0{,}55\,\mathrm{DM/m^3}.$$

Rechenschritt 2: Ermittlung der spezifischen Reparatur-Kosten r in DM/m³

$$r = m \cdot AV \cdot W_b \quad [\mathrm{DM/m^3}]$$
$$= 0{,}1 \cdot 0{,}55 \cdot 12{,}83 = 0{,}705\,\mathrm{DM/m^3}.$$

Rechenschritt 3: Umrechnung der spezifischen Kosten auf die Betriebsstunde mit hier $Q = 100\,\mathrm{fm^3/h}$.

$$R = r \cdot Q = 0{,}705 \cdot 100 = 70{,}50\,\mathrm{DM/h}.$$

6.4 Maschinendimensionierung

6.4.0 Überblick

Bei jeder neuen Bauaufgabe stellt sich die Frage: wie groß und wie stark müssen die Maschinen sein? Das gilt ganz besonders für diejenigen Geräte, die den Boden gewinnen, d. h. lösen und laden müssen. Natürlich gibt es hier den Begriff der Gewinnungsfestigkeit, und die Einteilung von Kögler-Scheidig, die sich an der Handarbeit und den dazu erforderlichen Werkzeugen orientiert, ist eine nützliche Hilfe. Aber es ist doch nur so etwas wie „erste" Hilfe. Um in der sehr entscheidenden Frage Klarheit zu gewinnen, ob man die Arbeit mit dieser oder jener Maschine noch wirtschaftlich durchführen kann, muß man tiefer in die Materie einsteigen.

Bei allen schürfenden und grabenden Geräten kommt ein weiteres Problem hinzu: Wie tief tauchen die Lösewerkzeuge in den gewachsenen Boden ein? – Wie tief sollen sie, können sie eintauchen? Denn der Grabwiderstand als Kennwert bezieht sich ja immer entweder auf die Schneidenlänge (kg/cm) oder auf die Schürffläche (kg/cm^2) (und beide Dimensionen haben ihre Vor- und Nachteile).

Während bei allen kontinuierlich lösenden Geräten (Schaufelrad-, Eimerketten-, Schneidkopfsaugbagger) die Dimension kg/cm vorgezogen wird, wählt man bei den diskontinuierlich arbeitenden Geräten meist kg/cm^2 und muß in dem konkreten Fall die Schürffläche über die Eintauchtiefe (Schürftiefe, Schnittiefe usw.) vorgeben. Beim Löffelbagger wählt man im allgemeinen eine Eintauchtiefe von 20% der Höhe der Löffelöffnung. Über die zugehörige Breite der Öffnung und dem spezifischen Grabwiderstand kann man in etwa die erforderliche Grabkraft festlegen. Doch wer garantiert, daß der Löffel wirklich um 20% der Höhe in den gewachsenen Boden eintaucht? Und wenn er nur 10% schafft, kann der Einsatz noch immer wirtschaftlich vertretbar sein! Hinzu kommt, daß sich die Eintauchtiefe während eines Baggerschnittes laufend ändert und beim Hydraulikbagger sogar immer wieder während des einzelnen Grabvorganges angepaßt werden kann.

Wiederholt hat man sich über die erforderliche „Baggerkraft" Gedanken gemacht, – so in [50] für den Löffelbagger und in [51] für den Eimerkettenbagger. Auch die modellmäßige Abklärung dieser Frage ist Schritt für Schritt auf eine sichere Basis gestellt worden [52], [53]. Aber es gehört noch immer sehr viel praktische Erfahrung dazu, um die Formeln anwenden zu können und Werte zu erhalten, die dann den späteren Betriebsergebnissen entsprechen.

6.4.1 Arbeitsaufwand

Eine andere Möglichkeit der Maschinendimensionierung bietet sich mit der schon in Abschn. 6.3.3 dargestellten Methode nach [37] an. Dort wird eine „Arbeitskapazität" in PSh/m^3 definiert, die für eine bestimmte Arbeit mit entsprechendem Bodenwiderstand erforderlich ist.

Die Maschinen-Größe, dargestellt durch die erforderliche Antriebsleistung, ergibt sich damit (hier zunächst für Ladegeräte) zu:

$$N_{\text{erf}} = AK \cdot Q \quad [\text{PS}].$$

AK = Arbeitskapazität $= k \cdot W_b$ [PSh/m^3],
Q = geforderte Ladeleistung [m^3/h].

Wird z. B. ein Bagger gesucht, der 200 m^3/h im groben Sprengfels leisten soll, so ergibt sich mit einem AK-Wert = 3,52 PSh/m^3 eine erforderliche Antriebsleistung von rd. 700 PS. Dabei sei hinzugefügt, daß diese Rechnung streng genommen nur für Einmotoren-Bagger gilt. Bei Mehrmotoren-Elektrobaggern, bei denen die einzelnen Motoren immer nur kurzzeitig ein- und abgeschaltet werden, ist eine Umrechnung erforderlich. Die Methode hat den großen Vorteil, daß sie nicht theoretisch analysierend, sondern durch Rückrechnung aus praktischen Betriebsergebnissen gewonnen wurde.

7 Projektierungsfragen

7.0 Überblick

Hier sollen einige der wesentlichen Aspekte für die Planung und Durchführung von Erdbauaufgaben zusammengestellt werden:

Da ist zunächst das Problem der Einsatzgrenzen, die beachtet werden müssen. Auch der Erdbau stößt (sehr schnell sogar) an Grenzen, die seinen Einsatz unmöglich machen. Sie werden gezogen durch den Boden und das Wetter. Der Boden kann so hart werden, daß er auch mit der stärksten Reißraupe nicht mehr gelöst werden kann. Und anhaltende Regenfälle machen harten bindigen Boden so weich, daß er auch mit Raupengeräten nicht mehr zu befahren ist. Solche Situationen können den Erdbau sehr schnell in Krisen bringen, die sich nur durch Ausnutzung aller technisch und organisatorisch gegebenen Möglichkeiten überwinden lassen.

Ein weiterer wichtiger Punkt ist der Vergleich der verschiedenen maschinellen Möglichkeiten im Hinblick auf ihre wirtschaftliche Ausnutzung. Beispielhaft wird dieses Thema anhand der Fördersysteme (mit schwacher „Vergrößerung") und der Ladegeräte (als spezieller Bereich mit „starker Vergrößerung") dargestellt.

Maschinentechnische Probleme wie die Wahl des geeigneten Antriebs oder des zweckmäßigen Fahrwerks können ebenfalls zu detaillierten Überlegungen mit weitreichenden Konsequenzen Anlaß geben. Welche Maschine mit welcher technischen Auslegung ist im speziellen Fall die beste?

Die Zusammensetzung einzelner Maschinen zu zweckmäßigen Gerätekombinationen wird beispielhaft an drei Standardgeräten im Erdbau (Bagger, Planierraupe, Schürfraupe) erörtert. Wie soll ein solches Geräteteam formiert sein und wie gestaltet man ein harmonisches Zusammenspiel?

Zahlreiche Möglichkeiten bieten sich an für das Hochfördern von Massen, also den Erdbau in seiner vertikalen Dimension. Auch hier ringen einzelne Systeme miteinander, und es ist nicht immer einfach herauszufinden, wo die optimale Lösung liegt.

7.1 Einsatzgrenzen

Die absoluten Grenzen sind gegeben durch bestimmte Höchstwerte an Lösefestigkeit, Tragfähigkeit, Steigwiderstand und andere Einflußfaktoren. Sie resultieren aus den Arbeits- und Fahrwiderständen auf der einen und der möglichen Zugkraft der Geräte auf der anderen Seite.

Viel wesentlicher und ungleich schwieriger erkennbar sind die relativen Einsatzgrenzen. Von Interesse sind hier jene Änderungen irgendwo im Fördersystem, die die Leistung immer weiter drosseln, bis irgendwann der Zeitpunkt kommt, wo es „keinen Zweck" mehr hat. Dann aber ist das Unglück in den meisten Fällen schon geschehen! Hat sich der schienenlose Erdbau einmal festgefahren, so ist das Baustellengelände meist hoffnungslos zerfurcht und aufgewühlt. Es dauert dann sehr lange, bis die Förderung unter einigermaßen normalen

Bedingungen wieder aufgenommen werden kann. So kommt es darauf an, das Abgleiten der Leistungsförderung beizeiten aufzufangen – so zeitig, daß ein schnelles Wiederanlaufen noch möglich ist.
Wann soll der Einsatz abgebrochen werden? Es gibt hier mehr als einen Grund, z.B.:

- weil die Geräte zu stark einsinken und der Fahrwiderstand zu hoch ist,
- weil der zu schürfende Boden sehr hart ist und die Zeit zum Füllen unnötig lang wird,
- weil das geschürfte Material nicht steif genug ist und zu geringe Kübelfüllungen ergibt,
- weil der Kraftschluß zu gering ist und Steigstrecken nicht mehr schnell genug erklettert werden können,
- weil die Fahrbahn stark aufgewühlt ist und ein Weiterfahren zu einer nachhaltigen Zerstörung der Fahrbahndecke führt.

Fast immer sind es fahr- und fülldynamische Probleme, die zum Abbruch zwingen. In vielen Fällen kann die Grenze durch Einsatz von Hilfsgeräten (Schubraupen, Aufreißer usw.) hinausgeschoben werden. Aber das ist immer nur ein bescheidener Zeitgewinn, nicht mehr.

Wie lassen sich die Grenzen zahlenmäßig definieren? Die Leistungsfähigkeit und Wirtschaftlichkeit der Flachbagger ist so vielschichtig gegliedert, daß man die Frage letztlich nur in der Weise beantworten kann, daß Grenzwerte nicht für einzelne spezifische Kenngrößen (z.B. die Gewinnungsfestigkeit), sondern immer nur summarisch für das Endprodukt, die Förderleistung, angegeben werden können. Die ständige Kontrolle der tatsächlich erzielten Förderleistung und der Vergleich mit der Leistung unter normalen Betriebsbedingungen lassen am besten erkennen, wie nahe man der Grenze ist. Als Grundsatz kann hier gelten, daß der Förderbetrieb dann einzustellen ist, wenn die Leistung auf 50 oder 40% des Ausgangswertes abgesunken ist. Aber auch das ist nur ein Richtwert!

Wann der Einsatz konkret abzubrechen ist, kann z.B. am Zustand der Geländefahrbahn abgelesen werden. Jede Zerstörung der Fahrbahndecke ist zu vermeiden, und es ist immer zu bedenken, daß eine aufgewühlte und zerstörte Geländefahrbahn etwa 3–5 mal höhere Stillstandzeiten erfordert als eine Fahrbahn, die rechtzeitig für den Fahrverkehr gesperrt wird.

Wie immer auch die Dinge liegen, – man darf hier auf keinen Fall schematisch handeln. Die Eigenart des Einsatzes macht es erforderlich, die Änderung der einzelnen Betriebsfaktoren laufend zu verfolgen und dabei aufzudecken, wo die Ursachen für den Leistungsabfall liegen, um abhelfen zu können. Man muß den „Pulsschlag" laufend kontrollieren, um den gesamten Fahrbetrieb auch unter schwierigen Verhältnissen gut in der Hand zu haben. Im Hinblick auf die Grenzprobleme sollte man sich immer vor Augen halten, daß die gleislose Förderung

a) von einer Vielzahl ineinandergreifender Faktoren beeinflußt wird,
b) oft auf geringe Änderung nur eines einzigen Faktors mit erheblichen Leistungsschwankungen reagiert,
c) sich einer Einsatzgrenze niemals sprunghaft, sondern stets allmählich nähert und somit rechtzeitig erhöhte Aufmerksamkeit signalisiert.

7.2 Bodenprobleme

Hier zeigen sich Schwierigkeiten besonders dann, wenn der Boden zu weich oder zu fest ist, wobei „weich" nicht nur durch Feuchtigkeit, sondern (z.B. in Sandböden) auch durch extreme Trockenheit bedingt sein kann. Lockerer Sandboden kann sich durchaus ähnlich verhalten wie aufgeweichter bindiger Boden.

7.1
Das Ende der gleislosen Erdbewegung: im Schlamm steckengebliebene und mit dem Bauch (Kübelboden) aufsitzende Schürfraupe

Betrachten wir zunächst die „weiche" Grenze: Die stationären Geräte wiegen sich beim Arbeiten in den Boden ein und versinken. Die mobilen Geräte wühlen sich ein und fahren sich fest (Bild 7.1). Weitere Schwierigkeiten drohen von abrutschenden Böschungsflächen, die ihre Standfestigkeit verloren haben. Ebenso lassen sich meist auch die Kippen nicht mehr befahren, und die hohe Eigenfeuchtigkeit des Bodens kann jede Verdichtung unmöglich machen. Auch die maßgebende Steife des Materials beim Lösen und Transportieren und schließlich das Festkleben am Werkzeug können zu großen Schwierigkeiten führen (Bild 7.2).

7.2 Arbeit in klebendem Boden: Vollgeklebter Löffel, verschmiertes Fahrzeug (hier: ein Vorderkipper – Dumper –, bei uns nur noch selten und auf kleinen Baustellen eingesetzt)

Um diese Schwierigkeiten aufzufangen, kann folgendes getan werden:

a) Zweckmäßige Gestaltung der Arbeitsfläche kann ein Eindringen des Oberflächenwassers weitgehend verhindern.

b) Der weiche Boden kann mit wasseraufsaugenden Zusatzmitteln (Kalk, Zement) stabilisiert werden.

c) Das Fahrwerk kann so angepaßt werden, daß der Bodendruck die Tragfähigkeit des Bodens nicht unnötig strapaziert.

c) Durch zweckmäßigen Einbau kann eine ausreichende Entwässerung der Kippe gewährleistet werden.

e) Die Grabgefäße können, um das Anhaften zu reduzieren,

1. mit Ketten versehen werden (Bild 7.3),
2. stark perforiert werden (Bild 7.4),
3. weitgehend aus einem flexiblen „Kettenhemd" aufgebaut werden (Bild 7.5).

7.3
Ketten an der Rückwand einer Ladeschaufel, um das Festkleben zu verhindern

7.4
Stark perforierter Schürfkübel für den Einsatz in klebendem Boden

7.5
Grabgefäße eines Grabenbaggers, deren Rückwände nur aus Ketten bestehen

7.6
Gleichmäßiges Einstreuen von Kalk mit einem Streuwagen

7.7
Durchmischen des Bodens mit einer Bodenfräse

Bei der Oberflächengestaltung ist zu fordern:

1. Alle Aushubflächen mit Gefälle anlegen, damit das Oberflächenwasser abfließen kann.
2. Rund um die Arbeitsfläche Entwässerungsgräben anlegen (Grader!), Vorentwässerungsgräben mit Pumpensumpf herstellen.
3. Alle Arbeitsflächen glatt und eben halten.
4. Durch laufende Verdichtung guten Oberflächenschluß gewährleisten.
5. Fahrspuren von Reifen- und Raupengeräten immer wieder mit Gradern beseitigen und mit Reifen- und Glattwalzen ausgleichen.

Bei der Bodenstabilisierung sollte man an Aufwand nicht sparen. Das einfache Kalkeinstreuen und Unterpflügen mit einer Scheibenegge ist umstritten. Besser ist:

1. Den Boden mit einem Aufreißer (Bulldozer, Grader) tief aufreißen.
2. Einstreuen des Kalkpulvers mit einem Streuwagen (gleichmäßig) (Bild 7.6).
3. Durchmischen des Bodens mit einer Bodenfräse (sog. Mix in place) (Bild 7.7).
4. Verdichten mit einer Schaffußwalze (Bild 7.8).
5. Einebnen mit einer Glattmantelwalze (Bild 7.9).

7.8
Verdichten mit der Schaffußwalze

7.9
Einebnen mit der Glattmantelwalze (hier: schwingungserregt)

Soweit die Fahrwerksanpassung Reifengeräte betrifft, sei auf Abschnitt 5.2.6.2 verwiesen. So viel sei hier hinzugefügt: Die Stufenskala der Reifen von „hart" nach „weich" heißt LKW-Reifen, EM-Reifen, Breit-Reifen, Lysoid-Reifen, doppelte und dreifache Bereifung. Damit kann die Bodenpressung auf Werte bis um 0,1 N/mm^2 herum abgesenkt werden, wobei allerdings noch immer ein erheblicher Rollwiderstand zu überwinden bleibt.

In wenig tragfähigem Gelände steht das Raupenfahrwerk im Vordergrund. Auch hier gibt es eine „Eskalations-Skala" in Richtung auf geringen Bodendruck: Baggerfahrwerk mit 0,1 N/mm^2 Bodendruck, normales Raupenfahrwerk 0,05 N/mm^2, Breitraupen 0,03 N/mm^2 Moorketten 0,025 N/mm^2, Schreitfahrwerk, Matratzen. Schreitfahrwerk ist von großen Draglinebaggern und Absetzern her bekannt (Bild 7.10); Matratzen sind Holzplatten, aus Bohlen aufgebaut, in den Abmessungen 4 × 1 m. Normalerweise bilden 4 oder 5 solcher Matratzen aneinandergereiht eine Standfläche, von der aus sich der Bagger in weiches Gelände hineinbewegt (Bild 7.11). Verlegt werden die Matratzen vom Bagger selbst.

Für den Kippenaufbau sind folgende Hinweise wichtig:

1. Anlage von Vertikaldrainagen zusammen mit dem Aufbringen einer (meist vorübergehenden) Auflast.

7.10
Walking Dragline mit Schreitfahrwerk: in der Mitte die Grundplatte, auf der sich der Oberwagen über den Rollenkranz dreht, an den Seiten die beiden Schreitfüße mit dem (kurbelartigen) Bewegungsmechanismus

2. Aufbau einer Schüttung in Sandwich-Bauweise mit Einlagerung von horizontalen Sickerschichten.

Nicht zu vergessen ist ein gutes Baustraßennetz, möglichst mit Schwarzdeckenbefestigung, so daß man immer nur über kurze Strecken im Einschnitt oder auf der Kippe mit dem natürlichen Boden in Berührung kommt.

In hartem Boden bestehen die eigentlichen Probleme darin, daß man

a) die lösetechnische Grenze rechtzeitig erkennt,

b) alle Möglichkeiten ausschöpft, um aus den vorhandenen Geräten ein Maximum an Reißkraft herauszuholen.

7.11 Raupenbagger auf Matratzen, die hier mit Zwischenabständen verlegt sind. Im Extremfall liegen die Matratzen unmittelbar nebeneinander

Das Vordringen in einen harten Boden gleicht sehr oft einem „Unternehmen gegen Unbekannt", und man tut gut daran, sich auf alle Eventualitäten einzustellen. Sehr zu empfehlen ist, den Boden an der künftigen Einschnittstelle im voraus zu „punktieren", d.h. mit einem Netz von Bohr- und Schürflöchern zu durchziehen und sich vor Ort durch Betasten, Hacken, Kratzen oder Schürfen ein Bild von der wirklichen Gewinnungsfestigkeit – und diese ist etwas ganz anderes als die oft herangezogene Druckfestigkeit – zu verschaffen.

Bei den Erdbaugeräten gibt es heute so viele Variationsmöglichkeiten im Bereich der Schneid- und Schürfwerkzeuge, daß man sehr viel tun kann, um das Lösewerkzeug optimal anzupassen. Der Grundgedanke dabei bleibt, die vorhandene Vortriebskraft (Reißkraft usw.) auf einen immer schmäleren Bereich (schlußendlich auf eine einzige Zahnspitze) zu konzentrieren, um das Maximum an Effektivität herauszuholen. Nur: über diese Reißkraft kann man eben nicht hinausgehen, und so sollte von vornherein das Gerät so stark wie möglich ausgewählt werden.

„Reißen ist billiger als Sprengen" – das kann man sich nicht oft genug vor Augen führen. So sollte man alle Möglichkeiten des Reißens ausnutzen, bevor man zum Meißeln und danach zum Äußersten, zum Sprengen, übergeht. An starken Reißraupen stehen heute zur Verfügung:

Caterpillar	D 8	mit	500 kN Reißkraft
	D 9	mit	680 kN Reißkraft
	D 10	mit	1250 kN Reißkraft
Komatsu	355	mit	500 kN Reißkraft
	455	mit	750 kN Reißkraft
	555	mit	1350 kN Reißkraft

Abgesehen davon verbieten die Erfordernisse des Umweltschutzes oft genug ein Meißeln oder Sprengen, so daß gerissen werden muß. Aber nicht allein die Reißkraft ist entscheidend. Genauso wichtig sind: die Stabilität des Grundgerätes, die Form des Lösewerkzeuges und der Ansatz und Einsatz des Gerätes an sich (s.a. Abschn. 7.9).

Aggressiver als das Reißen ist das Meißeln, wobei

im freien Fall,

mit langsam schlagendem Rammbär (Diesel oder Hydraulik),

mit schnell schlagendem Bär (Druckluft oder Hydraulik) (Bild **7.12**)

7.12 Felsmeißel am Hydraulikbagger [102]

gearbeitet wird. Die letztere Gerätegruppe ist vor allem für den Unterwassereinsatz von Bedeutung, da der Kolben dort in einem gekapselten Gehäuse schlägt (Bild **7.13**). Am wirksamsten ist der langsam schlagende Bär mit einer entsprechenden Meißelspitze im Dauereinsatz oder der Freifall-Meißel mit einem Fallgewicht bis 50 t für extrem harte Böden (Bild **7.14**).

7.13 Schnellschlagbär als Felsmeißel beim Einsatz unter Wasser (Bär wird gerade abgesenkt)

7.14 Meißelschiff mit freifallendem 8t-Meißel (sog. Lobnitz-Meißel)

Die Frage: Reißen, meißeln oder sprengen? ist – sieht man einmal von der Lärmsituation ab – nicht einfach zu beantworten.

Allgemeine „Kochrezepte" führen hier bestimmt nicht zum Erfolg. Jeder Fall ist immer wieder anders gelagert, und man tut gut daran, immer ganz von vorn zu beginnen, wenn man die Kosten zum Schluß einigermaßen objektiv erfassen will. Das beginnt bei der Wahl der Angriffsrichtung im Hinblick auf das Kluftgefüge des zu lösenden Materials (der Richtung also, in der der Fels am ehesten verwundbar und zu lösen ist), geht über die dazu erforderliche Reiß- und Grabkraft, die zweckmäßige Gestaltung der Lösewerkzeuge, die dynamische Begleitkomponente (besonders beim Meißeln) bis hin zu den Kosten des Verfahrens und seinen einzelnen Elementen (z.B. den Kosten für elektrischen Strom, Druckluft, Dieselöl, Sprengstoff, Bohren usw.). Auch kommt man nicht darum herum, verschiedene Varianten durchzurechnen und Verfahrensvergleiche anzustellen.

7.3 Transportsysteme

Die Vorauswahl des geeigneten Transportsystems konzentriert sich in der Mehrzahl der Fälle auf drei Fragen:

a) Soll man kontinuierlich oder diskontinuierlich fördern?
b) Kann man gleisgebunden oder muß man gleislos fördern?
c) Ist Bagger-LKW-Förderung oder Flachbagger-Betrieb zu verwenden?

Im einzelnen sieht die Problematik so aus:

Kontinuierliche oder diskontinuierliche Förderung?

Bei dieser Frage wird vor allem an das kontinuierliche Fördern mit Hilfe von Eimerketten-, Schaufelradbaggern und Bandstraßen bzw. an die diskontinuierliche Förderung, das Auflösen des Materialflusses in einzelne Chargen, wie es beim Bagger-LKW-Betrieb üblich ist, gedacht.

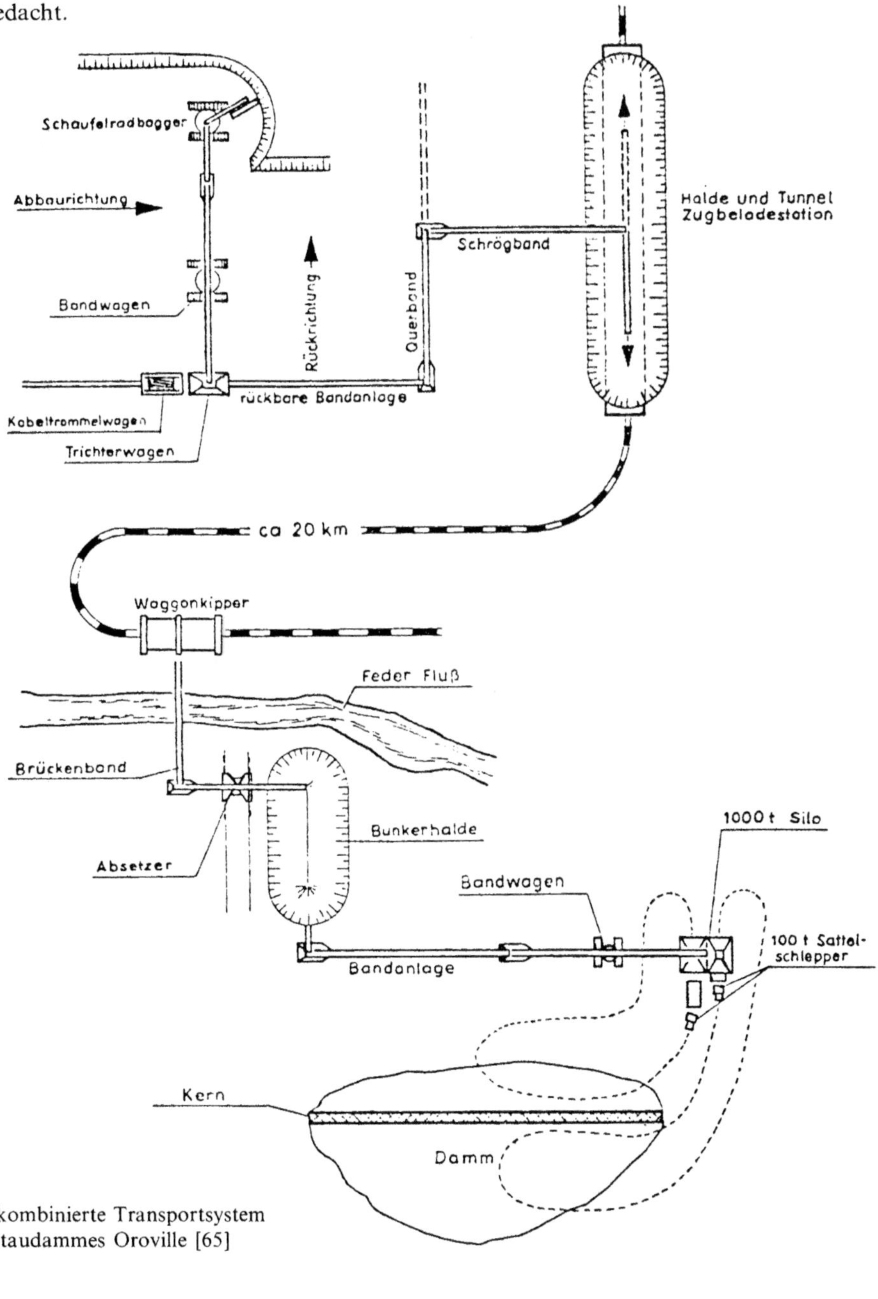

7.15
Das kombinierte Transportsystem des Staudammes Oroville [65]

7.16 Die 800-mm-Bandstraße zur Hochförderung des Kernmaterials 0–80 mm beim Bau des Staudammes Mattmark (nur das grobstückige Material wird mit Hinterkippern transportiert)

Es gibt in der jüngeren Vergangenheit mehrere bedeutende Baustellen, auf denen die kontinuierliche Förderung erfolgreich eingesetzt war. Bekanntestes Beispiel ist bei uns das Aufschlitzen des Großkönigsdorfer Tunnels (Bild **2**.54). Aus Amerika sind Staudammbauten (z.B. Oroville) bekannt, bei denen mit Schaufelradbaggern und Bandstraßen hohe Leistungen erzielt wurden (Bild **7**.15). Auch die Bandförderung des Kernmaterials für den Staudamm Mattmark gehört hierher (Bild **7**.16), und schließlich ist als eindrucksvollstes Beispiel der Staudamm Tarbela zu nennen, wo sich Tagestransportleistungen von 265000 m^3 diskontinuierlich nie hätten erzielen lassen (Bild **7**.17).

Die Vorteile der kontinuierlichen Förderung sind vor allem in der wesentlich höheren Förderleistung zu sehen, die bei gleichen Anschaffungskosten für die Geräte zu erzielen ist, in dem relativ geringen Bedienungspersonal und in der weitgehenden Automation des gesamten Förderprozesses. Im Hinblick auf die Bandstraße lassen sich Geländeschwierigkeiten – sowohl weite Gebiete wie unebenes Hügelgelände und Höhenunterschiede – ohne große Schwierigkeiten überwinden [54] [55].

Der kontinuierliche Betrieb greift immer auf Bandstraßen oder Rohre (hydraulischer Transport) zurück. Sie sind verhältnismäßig starr in ihrer Anlage, und ihre Anwendung ist immer dort zweckmäßig, wo die Förderwege in starre, höchstens gegeneinander verschiebbare Förderstrecken aufgegliedert werden können. Bei einer Linienbaustelle wie dem Tunnelaufschlitzen ist die Bandstraße naheliegend. Hinzu kommt, daß dort beträchtliche Höhenunterschiede in der Massenförderung zu überwinden sind, die mit Eimerketten und Band leicht, mit LKW- oder Gleisbetrieb jedoch nur schwer bewältigt werden können.

7.17
Bandstraßen 1600 mm in Tarbela (im Hintergrund die Zwischendeponie mit 2 Schaufelradbaggern als Aufnahmegeräten)

7.18
In Abbaurichtung verfahrbares Querförderband, das von einem Dragline-Bagger (rechts nicht sichtbar) über einen Gitterrost (Absieben des Überkorns) und einem Zwischensilo gleichmäßig und feinkörnig beladen wird

Weiter bietet sich die Bandstraße dort an, wo eine relativ ortsfeste Gewinnungsstelle mit einer ebenso festen Einbaustelle verbunden werden soll und, um es noch einmal zu erwähnen, hohe Leistungen zu fahren sind. Der Staudammbau gibt Beispiele dafür. Schließlich kann man auch wandernde Bandstraßen installieren, – dort, wo etwa die Gewinnungszone in gleichem Abstand zu der Einbauzone bleibt und Gewinnung und Einbau gemeinsam miteinander fortschreiten (Bild 7.18).

Von der Fördertechnik her werden immer die besseren Argumente für die kontinuierliche Förderung sprechen. Entscheidende negative Einflüsse können jedoch von der Gewinnung wie von der wirtschaftlichen Seite her auftreten. Die Bandstraße verlangt kleinstückiges Material, und die kontinuierlichen Geräte – Eimerketten- wie Schaufelradbagger – liefern es auch, sofern die Verhältnisse an der Abbauwand dafür geschaffen sind.

Hier beginnen die Schwierigkeiten. Beide Lösegeräte eignen sich nur entweder für homogenes oder kleinstückiges Material, nicht aber für grobkörniges Gut (z.B. Flußgeschiebe) oder Vorkommen mit größeren Gesteins- oder Felseinschlüssen. Davor müssen die kontinuierlichen Geräte kapitulieren, vor allem die kleineren mit Schaufelinhalten von 50 bis 500 l, wie sie vorwiegend im Baubetrieb zur Anwendung kommen.

Eine andere Rolle spielt die Wiederverwendbarkeit. Bagger und LKW sind zwei individuell einsetzbare Gerätetypen und durch nichts aneinandergekoppelt. Sowohl für die Bagger wie für die LKW wird man Einsatzmöglichkeiten bei Anschlußaufträgen finden. Beim Schaufelradbagger und bei den Bandstraßen ist das fraglich.

Zusammenfassend kann gesagt werden: So bestechend die kontinuierliche Förderung von der Leistungs- und Lohnkostenseite her ist, sie findet Grenzen in der Struktur des zu lösenden Materials und der Wiederverwendbarkeit der Geräte.

7.19 Auch mit solchen Brocken wird die Bagger-LKW-Förderung fertig

Der Bagger-LKW-Betrieb (als wichtigster Vertreter der diskontinuierlichen Fördermethode) hat seine Stärke in der Anpassungsfähigkeit an wechselnde Bauzustände, im Fertigwerden mit fast jedem Material bis hin zum Fels (Bild 7.19).

Auf der anderen Seite jedoch besteht eine Abhängigkeit vom Gelände (weicher Boden, Steigungen, die Umfahrungen, Baustraßen oder Rampen erfordern). Ebenso zu beachten ist die Vielgliedrigkeit, bedingt durch die große Anzahl von Geräten und Maschinisten, sowie die geringere Leistung des Bagger-LKW-Systems bei gleichen Ausgangskosten.

Gleisgebundene oder gleislose Förderung?

Die gegenwärtige Entwicklung führt überall weg vom Gleis und hin zum gleislosen Betrieb. Als Vorteile des Gleisbetriebes sind aber zu nennen:

1. Geringere Wetterempfindlichkeit
2. Geringere Reparaturkosten
3. Höhere Lebensdauer der Geräte
4. Hohe Zuverlässigkeit im Betriebsablauf
5. Relative Bodenunabhängigkeit durch geringe Bodenpressung (Schwellenanordnung).

Demgegenüber stehen folgende Nachteile:

1. Geringere Steigfähigkeit
2. Große Auf- und Abbau- sowie Transportkosten
3. Teure Gleisanlagen
4. Gleisverlegungsarbeiten
5. Geringe Anpassungsmöglichkeiten an die Schwankungen im betrieblichen Ablauf des Bauvorganges (starrer Zugfolgeplan).

Die Gleisförderung ist im Betrieb weitgehend unabhängig von störenden Einflüssen und läuft, wenn sie einmal in Gang gekommen ist, fast „automatisch" weiter. Diese Tatsache bedingt jedoch auch ihre Starrheit, und die Möglichkeit, schnell umzudisponieren und die Geräte an besonderen Schwerpunkten einzusetzen bzw. sie in Notfällen von gegenwärtigen Einsatzgebieten schnell abzuziehen, entfällt.

Demgegenüber ermöglicht die gleislose Förderung eine weitgehende Anpassung an die schwankenden Baustellenverhältnisse und ein blitzschnelles Umdirigieren der Geräte bei allen Änderungen der Einsatzsituation, erfordert dafür auch eine äußerst wendige Einsatzleitung, die auf die Besonderheiten der Organisation gleisloser Baustellen eingespielt ist.

Die Vorteile der gleislosen Förderung treten vor allem dann zu Tage, wenn

1. Baustellen mit großer Flächenausdehnung vorliegen,
2. besonderer Wert auf Verdichtung im Einbau gelegt wird,
3. die Geräte auf einer Vielzahl kleinerer Betriebspunkte eingesetzt werden müssen,
4. nur geringe Massen im An- und Auftrag zu bewältigen sind,
5. stärkere Steigungen überwunden werden müssen.

Demgegenüber ist die Gleisförderung vorzuziehen, wenn

1. Bauvorhaben in der schlechten Jahreszeit oder in weichem oder aufgeweichtem Gelände durchgeführt werden müssen,
2. ständig die gleichen Förderwege benutzt werden, ohne daß wetterbeständige Straßen angelegt werden können.

Auch aus dem Förderkostenverlauf lassen sich Gesichtspunkte für die Beurteilung der Frage ableiten. Während die gleislosen Geräte verhältnismäßig steil ansteigende Kostenkurven haben und damit in ihrem wirtschaftlichen Einsatz an begrenzte Entfernungen gebunden sind, läuft die Gleisförderkostenlinie sehr flach. D.h., der Gleisbetrieb fördert über einen großen Entfernungsbereich mit geringen Kostenunterschieden. Treten also im Rahmen der Bauaufgaben große Schwankungen in den Förderweiten auf, so bietet der Gleisbetrieb gewisse Vorzüge, da der gleiche Gerätepark für kurze wie für lange Förderweiten wirtschaftlich verwendet werden kann. Demgegenüber ist beim gleislosen Transport die Dreiteilung: Kurz-, Mittel- und Langstreckengeräte kaum zu umgehen. Andererseits liegen die Kosten der gleislosen Geräte vielfach – vor allem im Bereich der kürzesten Förderweiten – erheblich unter denen der Gleisförderung und stellen den wirtschaftlichen Vorteil der Flachbagger in diesem Bereich außer Zweifel.

Die Frage „gleisgebunden oder gleislos“ findet ihre endgültige Antwort häufig nicht in den boden-, witterungs- und betriebstechnischen Verhältnissen, sondern in der Höhe der Löhne und des verfügbaren Kapitals zur Anschaffung des Geräteparks.

Bagger oder Flachbagger?

Richtiger muß die Frage heißen: Bagger-LKW-Förderung oder Gewinnung mit selbstladenden Transportgeräten, – anders ausgedrückt: Aufteilung des Förderprozesses auf verschiedenartige Geräte (Bagger, LKW, Planierraupen, Verdichtungsgeräte) oder Verwendung eines einzigen Gerätetyps für die Durchführung des gesamten Erdbauprogrammes (z.B. Schürfkübelraupe oder Motorschürfwagen)?

Die Flachbaggerförderung ist lösetechnisch auf Stich- und Hackboden beschränkt, fahrtechnisch allerdings auch auf weichen Geländestrecken möglich. Sie ist eine verhältnismäßig empfindliche Gewinnungs- und Fördermethode und – von Ausnahmen abgesehen – nicht besonders anpassungsfähig an stark divergierende Betriebsverhältnisse. Gewiß können mit Hilfsgeräten wie Schubraupen, Aufreißern und Erdhobeln die schwachen Stellen des Flachbaggereinsatzes weitgehend überwunden werden. Aber es bleiben eine Reihe von empfindlichen, leicht verwundbaren Seiten bestehen.

Der Bagger-LKW-Betrieb ist ungleich anpassungsfähiger, sowohl in der Gewinnung wie im Transport (Bild 7.20). Beim Einsatz im Einschnitt oder vor der Wand kann man sich mit der Stärke der Löse- und Ladegeräte nach der Gewinnungsfestigkeit richten, ohne daß der

7.20
Kaum Grenzen bei der Stückgröße für SKW

7.21
Der Bagger als Vielzweckgerät, hier beim Entfernen von Hochofenschlacke

Transportbetrieb wesentlich umgestaltet werden muß. Die Transportfahrzeuge wieder können entweder auf harte Straßenfahrbahnen (handelsübliche LKW) oder auf die Fahrt im weichen Gelände (Motorschürfwagen, Bodenschütter usw.) ausgerichtet werden, ohne daß der Abbaubetrieb der Bagger nennenswert beeinflußt wird. Ebenso kann die Bagger-LKW-Methode schnell „auseinandergenommen" und Bagger und LKW können völlig für sich verwendet werden. Für Bagger gibt es immer Arbeit. Sie lösen jedes Material und werden mit Dünensand genauso wie mit heißer Ofenschlacke oder Sprengfels fertig (Bild **7**.21 und **7**.22).

7.22 Der Bagger beim Einsatz im Steinbruch

7.23 Beladen einer Bandstraße mit Schürfkübelbaggern

Die Bagger-LKW-Methode hat schließlich noch den Vorteil, daß der Bagger (als das mit Abstand teuerste Erdbaugerät) auch dann noch ausgenutzt werden kann, wenn die LKW-Förderung nicht mehr möglich ist. Bandstraßen, Gleisbetrieb oder die hydraulische Förderung treten an ihre Stelle, und mit ihnen kann der Bagger ebenso zusammenarbeiten wie mit den LKW (Bild **7.**23).

In trockenen Gegenden allerdings spricht nicht mehr viel für den Bagger-LKW-Betrieb. Die großen Kanalbau,- Hafen- und Staudammprojekte sowie die umfangreichen Straßenbauaufträge in Afrika und im Orient geben den Flachbaggergeräten genug Möglichkeiten, ihre Überlegenheit in leistungs- und kostenmäßiger Hinsicht zu demonstrieren. Die Wiege der Flachbagger stand in trockeneren, wärmeren und sonnigeren Gefilden. Sind derartige Voraussetzungen auf großen Baustellen gegeben, so spricht alles für den Flachbaggerbetrieb!

Der Flachbaggerbetrieb kann – wie schon erwähnt – mit größeren Leistungen bei gleichen Anschaffungskosten aufwarten. Während der „normale" Bagger mehr in der vertikalen Ebene abbaut, trägt der Flachbagger die Erdmassen in der horizontalen Ebene ab. Er ist beweglich, schnell umzuleiten und in den Fahrrouten an keine bestimmten, vorbereiteten Fahrstraßen gebunden. Aber er hat zwei große Nachteile:

Bodenbedingt hat er erstens enge Einsatzgrenzen, was für den Betreiber den Ausnutzungsgrad reduziert, und zweitens eine geringe Wiederverwendbarkeit bei Anschlußbaustellen, weil zumindest in Europa anzahlmäßig die geeigneten Baustellen fehlen. Die Verhältnisse in Europa zeigen, daß die Motorschürfwagen trotz aller bestehenden Vorzüge nur zu 40–45 % pro Jahr eingesetzt werden können.

7.4 Ladegeräte

Drei Fragen von besonderer Aktualität seien hier herausgegriffen:

a) Diskontinuierliche oder kontinuierliche Ladegeräte?
b) Bagger oder Lader?
c) Seil- oder Hydraulikbagger?

Es wäre falsch, bei den Ladegeräten immer nur an den Bagger oder den Radlader zu denken. Sie gehören beide zur Gruppe der diskontinuierlich arbeitenden Geräte. Auch im reinen Ladebereich stellen die kontinuierlich arbeitenden Geräte ihre Vorteile zur Diskussion. Zu nennen sind hier

Bandlader, stationär;
Bandlader, mobil (Pflugbagger usw.);
Schaufelradbagger, Absetzer.

Sie alle bieten hohe Ladeleistungen bei geringen Anschaffungskosten, und sie alle leiden unter dem Nachteil, daß sie auf bestimmte Bodenverhältnisse fixiert sind.

Über den Schaufelradbagger mit Absetzer und seine Vor- und Nachteile ist schon ausführlich gesprochen worden. Auch der Bandlader (stationär oder mobil) schluckt nicht alles und findet seine Einsatzgrenzen in der Stückgröße des Materials und dessen Konsistenz. Aber wenn er zügig durcharbeiten kann – wobei ununterbrochene Fahrzeugfolge vorauszusetzen ist –, erzielt er enorme Förderleistungen.

Beim Schaufelradbagger sollte man nicht nur an die Abförderung des Materials mit einer Bandstraße denken. Er kann durchaus auch mit LKW zusammenarbeiten, – nur müssen diese dann unmittelbar aufeinanderfolgen. Bleiben die LKW auch nur kurze Zeit aus – und schon bei geringsten Verzögerungen auf der Fahrtstrecke tritt der Fall ein –, dann muß der Schaufelradbagger abschalten – und danach wieder anfahren. Das kostet Zeit und dämpft die Leistung ganz erheblich.

Bagger oder Lader?

Zunächst: Entscheidender Gesichtspunkt ist die Mobilität auf der Lader- und die Wirtschaftlichkeit auf der Baggerseite. Wo häufige Stellungswechsel und ständige Veränderungen des Einsatzortes notwendig sind, gehört das Feld dem Lader, – wo ein kontinuierlich arbeitendes, nur langsam mit dem Abbaufortschritt wanderndes, aber sonst stationäres Gerät benötigt wird, ist der Bagger an der Reihe.

Ursache für diese klare Entscheidung ist die Tatsache, daß der Lader nicht nur schnell fahren kann, sondern auch aus dem Fahren heraus arbeiten muß – und das kostet Geld!

Die Lebensdauer der Lader beträgt 4 bis 5 Jahre, und die Reparaturkosten speziell des Fahrwerkes sind hoch. Demgegenüber der Bagger: Er arbeitet aus dem Stand, bewegt nur seinen Löffel und dreht den Oberwagen. Das Fahrwerk wird nicht strapaziert. Die Lebensdauer des Baggers liegt zwischen 8 und 20 Jahren, und die Reparaturkosten sind gering.

Die Leistungsfähigkeit des Laders ist nicht am Schaufelinhalt zu messen. Die Schaufel ist groß, aber die Spielzeit auch entsprechend länger. Von der Leistungsseite her ist kein nennenswertes Plus für den Lader herauszuholen – es sei denn in grobstückigem Haufwerk (schlecht gesprengter, grobblockiger, plattiger Fels), wo er in extremen Fällen dem Bagger sogar überlegen sein kann. Sieht man vom Bagger mit Kippschaufel ab, so muß bei der Klappschaufel und beim Löffel das gesamte Material durch das Grabgefäß fließen, und die Gefäßöffnung ist immer eine „Bremse". Beim Lader ist dieser „Fluß" nicht nötig. Er hat ein breites „Maul" und gibt das Material nach vorn ab. Unter normalen Einsatzverhältnissen, d.h. in stationärem Einsatz vor der Abbauwand, ist der Bagger das Gerät mit den niedrigeren Ladekosten.

Auf welcher Basis soll man die Geräte vergleichen? Ein Beispiel ist in Tafel **7.**24 dargestellt. Ausgangswert ist hier der gleiche Inhalt des Ladegefäßes, – der (schwereren) Klappschaufel beim Bagger und der (leichteren) Kippschaufel des Laders, beide mit 10 cu.yd (7,6 m^3) Inhalt. Es sind das die Geräte, die schon in Tafel **6.**2 gegenübergestellt wurden, beide im schweren Felseinsatz. Beim kalkulatorischen Gerätevergleich, basierend auf Werten der Baustelle (Brennstoffverbrauch, Reparaturkosten, Ladeleistung) und Werten aus der BGL (Nutzungsdauer), ergab sich, daß der Hydraulikbagger (hier!) den m^3 Haufwerk rund 12% billiger baggert als der Radlader.

Man könnte – je nachdem, was gerade wichtiger ist – den Vergleich ebensogut auch bei

- gleichem Neuwert,
- gleicher Antriebsleistung,
- gleichem Gewicht oder
- gleicher Ladeleistung

beginnen. Dann würden sich am Ende andere Ladekosten (DM/m^3) als Bewertungsmaßstab ergeben – bei natürlich auch anderen Vergleichsgeräten!

So sehr man auch hier gegen eine Schematisierung sein muß und immer nur Vergleiche aufgrund eines konkreten Falles anstellen kann, die Situation ist doch ganz eindeutig: Die Mobilität rechtfertigt den Lader.

Tafel 7.24 Wirtschaftlichkeitsvergleich Hydraulikbagger/Radlader
Basis: Gleicher Grabgefäß-Inhalt. Gleiche Anzahl Betriebsstunden/Jahr. Gleiche Einsatzbedingungen (gesprengtes Basalt-Haufwerk) s. a. Tafel 6.2.

		O + K RH 75	CAT 992
Grabgefäß	m^3	7,6	7,6
Reißkraft	kN	500	286
Antriebsleistung	kW	620	410
Masse	t	134	68
Neuwert	ca. Mio DM	1,6	1,0
Festkosten:			
Nutzungsdauer	Jahre	10	4
Faktor R	%	12,6	27,9
AV/Jahr	DM	202 000,—	279 000,—
Betr.-Std./Jahr	h	4 000	4 000
AV/h	DM/h	50,40	69,70
Betriebskosten:			
Brennstoff	DM/h	60,—	55,—
Schmierstoffe	DM/h	15,—	12,—
Rep.-Kosten	DM/h	50,—	96,—
Betriebskosten	DM/h	125,—	163,—
Lohn:			
Kosten/Gerätestd.	DM/h	15,—	15,—
Ladeleistung	m^3/h	200	240
Ladekosten	DM/m^3	0,95	1,07

Der Lader kann auch als Transportgerät verwendet werden, der Bagger braucht immer LKW zum Abtransport. Die Kalkulation zeigt, daß z. B. ein Lader von 1,5 m^3 Größe sehr gut bis zu 150 m Förderweite als Transportgerät wirtschaftlich eingesetzt werden kann. Ein 3 m^3-Lader ist auch bei 300 m Entfernung noch wirtschaftlicher als der Bagger-LKW-Betrieb. Diese Werte gelten allerdings nur für Betriebe mit bis zu etwa 500 m^3 Tagesleistung. Bei einem 5 m^3-Lader verschiebt sich diese Grenze bis zu einer Leistung von 800 m^3/Tag. Gegen den Lader im Steinbruchbetrieb spricht vor allem die Gefährdung vor der Wand. Der Lader hat „kurze Arme", er muß dicht an die Wand heranfahren, und bei kleinen Geräten sitzt der Fahrer sehr dicht hinter der Schaufel. Nachstürzende Kieswände und in Bewegung kommende Haufwerksböschungen können den kleinen Ladern sehr gefährlich werden, – nicht so sehr jedoch dem kleinen Bagger. Seine Reichweite ist größer, und der Fahrer sitzt geschützter. Andererseits ist der Lader flinker. Sieht der Lader-Fahrer einen Niederbruch rechtzeitig, so kann er sich schnell von der Wand lösen, indem er einfach zurückfährt.

Auch die effektive Reißkraft ist zu bedenken. Wegen der unterschiedlichen Grabtechnik sind die Bezugswerte allerdings schlecht zu vergleichen.

Dennoch läßt sich sagen, daß der Bagger rund doppelt so „stark" ist wie der Lader. Relativ gesehen ist er wegen seines kleineren und schmaleren Löffels sogar noch stärker.

Es gibt noch ein drittes Gebiet, in dem beide Geräte miteinander ringen: der im großen und ganzen zwar stationäre, aber innerhalb des stationären Fördersystems doch an den Abbaustellen sehr flexible Einsatz der Gewinnungsgeräte. Typisch ist etwa der Einsatz in den Steinbrüchen der Zementindustrie, wo die stets wachsenden Anforderungen an die Qualität des Endproduktes immer mehr zu einem selektiven Abbau des im Naturzustand oft unterschiedlichen Rohmaterials zwingen. Dort bestimmt das Labor von Stunde zu Stunde, an welcher Stelle der Abbauwand Material benötigt wird. Hat man genügend Geräte zur Verfügung, so kann man sie gut verteilen und an den Brennpunkten des Betriebes aufstellen. Muß man aber mit nur einem Mann (und einem Gerät) das ganze Feld beherrschen und muß man elastisch und beweglich operieren und ständig im gesamten Betriebsbereich gegenwärtig sein, so muß ein hochmobiles Gerät die Funktionen von 3 bis 6 stationären Geräten übernehmen.

Kleinere Betriebe können sich auch aus Selektivitätsgründen keine Vielzahl von stationären Abbaugeräten leisten. Sie müssen mit einem mobilen Gerät auskommen.

Die immer größer werdenden Lader (heute sind Geräte mit bis zu 1000 PS Antriebsleistung und einem Schaufelinhalt von 10 m^3 und mehr auf dem Markt) beseitigen die einsatztechnischen Nachteile (Gefahr vor der Wand) des Laders und bedrängen den stationären Bagger sehr.

Besondere Bedeutung kommt der Frage „Seil- oder Hydraulikbagger" zu. Hier muß man zunächst unterscheiden hinsichtlich

a) der Arbeitsausrüstung,
b) der Gerätegröße.

Überall dort, wo große Reichweiten oder Reichtiefen erforderlich sind, wird man auf den Seilbagger nicht verzichten können. Mit Gitterausleger ausgerüstet, kann er innerhalb eines großen Längenbereiches durch Einfügen von Zwischenstücken verlängert oder verkürzt werden, und dazu werden nur längere Seile und größere Seiltrommeln benötigt (was natürlich auch gewisse konstruktive Schwierigkeiten bereiten kann). Hydraulikbagger dagegen sind vorzugsweise mit Ladeschaufel oder Tieflöffel ausgerüstet, gelegentlich auch mit Stielgreifer, und haben – sieht man einmal von den mehr und mehr auf den Markt kommenden dieselhydraulisch angetriebenen Seilbaggern neuester Konzeption ab – überall dort, wo große Reichweiten gewünscht werden, keine brauchbare technische Lösung anzubieten. Im (kurzarmigen) Ladebereich dagegen sind ihre Vorteile nicht zu übersehen (Bild 7.25). Hier präsentieren sie als Hochlöffel den sogenannten 3. Freiheitsgrad und sind damit gegenüber dem sichelförmigen Graben des Seilbaggers viel anpassungsfähiger, und ähnliches gilt auch für den Einsatz als Tieflöffel. Insgesamt sind Hydraulikbagger leichter, schneller und auch billiger (in der Anschaffung wie im Arbeiten) – aber Seilbagger sind „rustikaler" gebaut, sind robuster und damit betriebssicherer und stehen ihren Mann vor

7.25
Hier würde sich der Seilbagger schwertun: Herauslösen eines großen Steines aus der Haufwerksböschung

7.26
10 m^3-Elektro-Seilbagger
im Felseinsatz

allem dort, wo „Späne fallen und Funken fliegen", d.h. also wenn schwere Arbeit geleistet (z.B. Fels gerissen) werden muß (Bild 7.26). Und dann sind sie natürlich auch als Trägergeräte z.B. für Schlitzwandgreifer, Drehbohranlagen, Kranausrüstungen usw. unersetzlich.

Von der Gerätegröße her gesehen kann gesagt werden, daß Hydraulikbagger – von den oben erwähnten Sonderfällen abgesehen – auf jeden Fall den kleinen und mittleren Bereich (bis etwa 7,5 m^3 Löffelinhalt) beherrschen. Nur im Bereich der großen Steinbruchbagger (ab etwa 10 m^3 Löffelinhalt) dominieren noch die Seilbagger (mit Hochlöffel und Mehrmotoren-Elektro-Antrieb). Auf lange Sicht aber werden die modernen Hydraulikbagger wie H 241 oder RH 300 (Bild 7.27) auch in dieser Größenordnung die konventionellen Seilbagger ablösen, denn sie sind leichter, billiger, schneller und damit eben wirtschaftlicher. Hinzu kommt die größere Beweglichkeit im Fahren wie auch beim Arbeiten. Gegenüberstellungen der technischen Abmessungen (Bild 7.28), des inneren Aufbaus (Bild 7.29) und des Antriebschemas (Bild 7.30) machen die Vorzüge des Hydraulikbaggers auch im „großen" Gerätebereich der Steinbruchbagger deutlich [56].

7.27
22 m^3-Hydraulikbagger
in einem Steinbruch

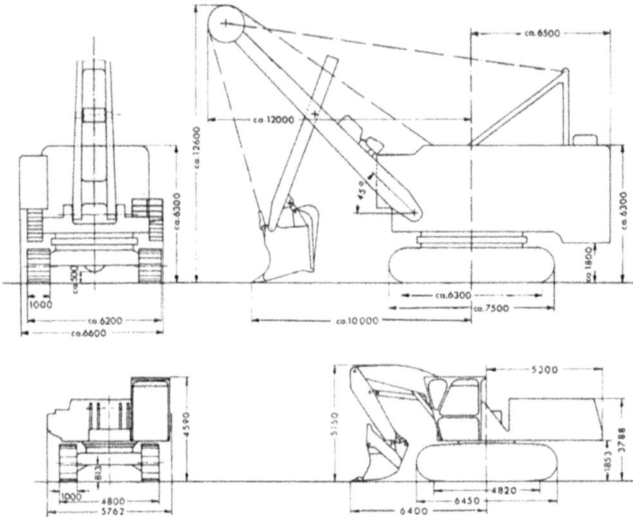

7.28
Größenvergleich von Seil- und Hydraulikbagger auf der Basis gleicher Löffelgröße (7,6 m³) [56]

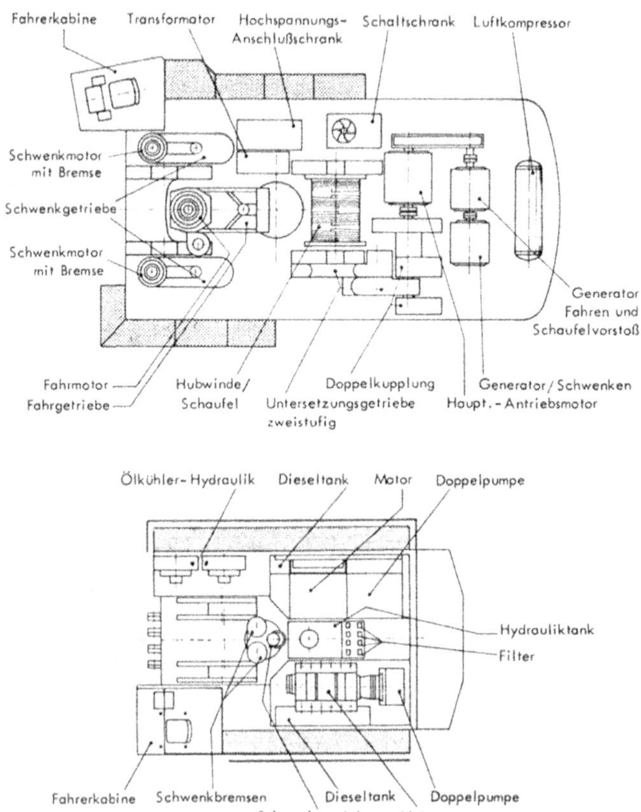

7.29
Aufbau des Oberwagens
oben: Elektro-Seilbagger
unten: Hydraulikbagger
[56]

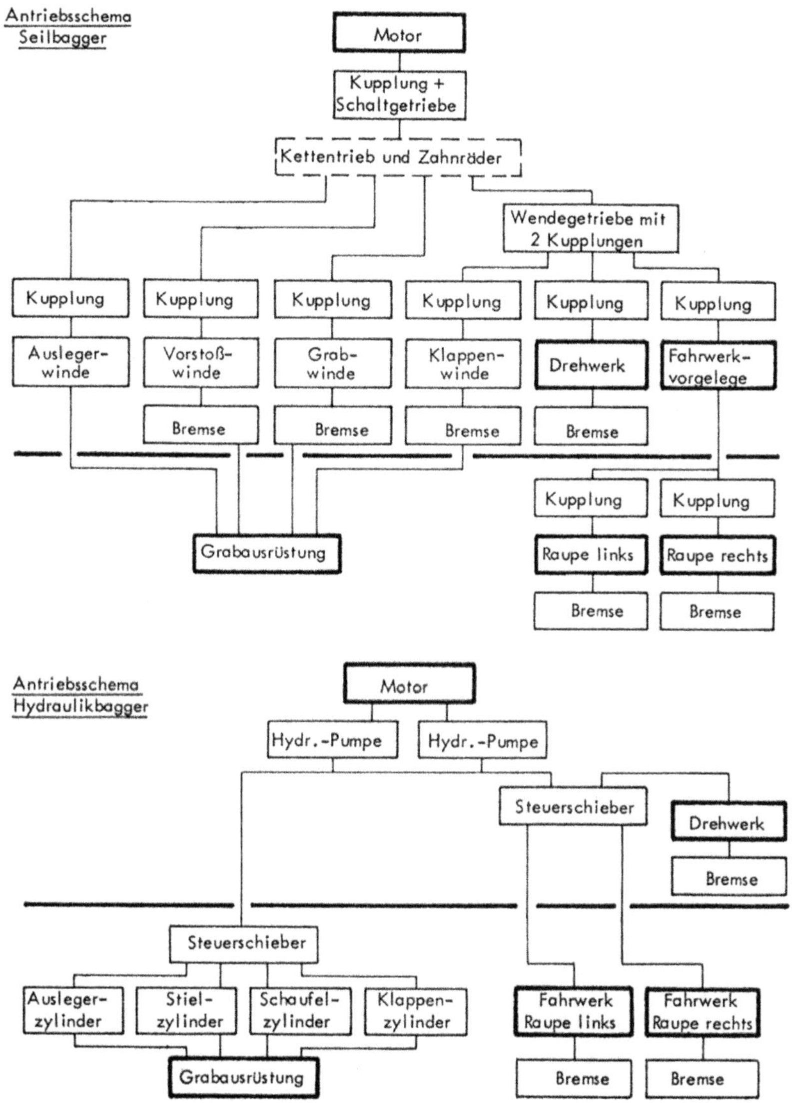

7.30 Vergleich der Antriebsschemata Seil-/Hydraulikbagger [56]

7.5 Antrieb

Drei Entscheidungsfragen stehen im Vordergrund:

Hydrostatischer oder hydrodynamischer Antrieb?
Diesel- oder Elektro-Antrieb?
Dieselelektrischer Antrieb?

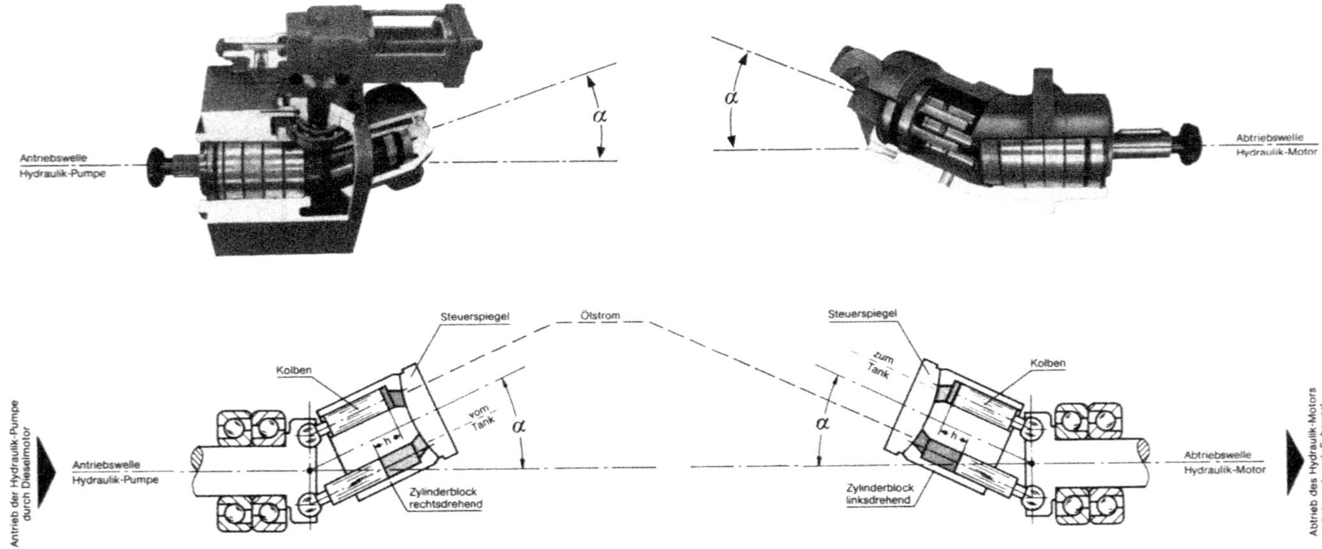

h = Kolbenhub, durch Bauart der Hydraulik-Pumpe veränderlich.
α = Verstellwinkel, durch Bauart der Hydraulik-Pumpe veränderlich.

h = Kolbenhub, durch Bauart des Hydraulik-Motors konstant.
α = Anstellwinkel, durch Bauart des Hydraulik-Motors konstant.

7.31 Hydrostatischer Antrieb:
links: die (in α) verstellbare und damit leistungsregelbare Hydraulikpumpe; rechts: der Hydraulikmotor [102]

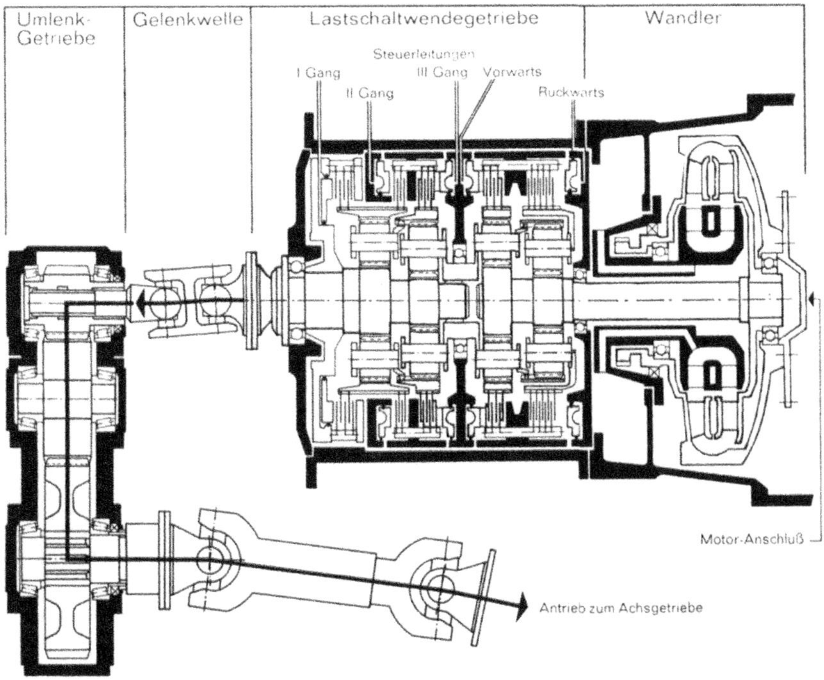

7.32 Hydrodynamisches Getriebe im Antrieb eines Graders [102]

„Hydrostatisch" bedeutet: einzelne Hydraulikkreisläufe mit Pumpen und Motoren bzw. Druckzylindern, die unterschiedlich zusammengeschaltet werden können; Verbindung dieser Elemente durch biegsame Druckleitungen, wobei die Motoren heute fast durchweg leistungsgeregelt sind, sich also in der Drehzahl automatisch dem ihnen abverlangten Drehmoment anpassen (Bild 7.31). „Hydrodynamisch" bedeutet: Einschalten eines hydraulischen Elements (Drehmomentwandler) mit leistungsregelnder Charakteristik in den mechanischen Kraftfluß zwischen Dieselmotor und Trieb- bzw. Fahrwerk (Bild 7.32). Im einen Fall wird die Antriebsenergie also flexibel in biegsamen Schläuchen als Hydraulikdruck übertragen und erst im Hydraulik-Motor in ein Drehmoment umgewandelt, im anderen Fall nutzt man die kinetische Energie des strömenden Mediums aus. Es bleibt bei einem starren Antrieb mit Wellen, Vorgelegen, Wendegetrieben usw. zur Übertragung des Drehmomentes, wobei dieses Drehmoment durch den Drehmomentwandler lediglich „gewandelt", d.h. die Kraftkomponente in Abhängigkeit von der Drehzahl der Antriebsseite verändert wird.

Wenn auch im Endergebnis bei beiden Antriebsformen eine automatische Kraft-Geschwindigkeitsregelung vorliegt, so arbeiten doch beide so grundverschieden, daß man sie eigentlich nicht vergleichen kann. Vergleichen könnte man allenfalls den hydrostatischen Antrieb mit einem Elektroantrieb nach dem Ward-Leonard-Prinzip, wo jeder Antriebsmotor ebenfalls durch ein besonderes Leitungssystem (hier Stromkabel) mit einem eigenen Generator verbunden ist (Bild 7.33). Beim hydrodynamischen Antrieb kann man eigentlich nicht von einem „Antrieb" sprechen, sondern nur von einer zwischengeschalteten wandelbaren „Kupplung", die über die Drehzahl das Kraft-Geschwindigkeitsverhalten beeinflußt.

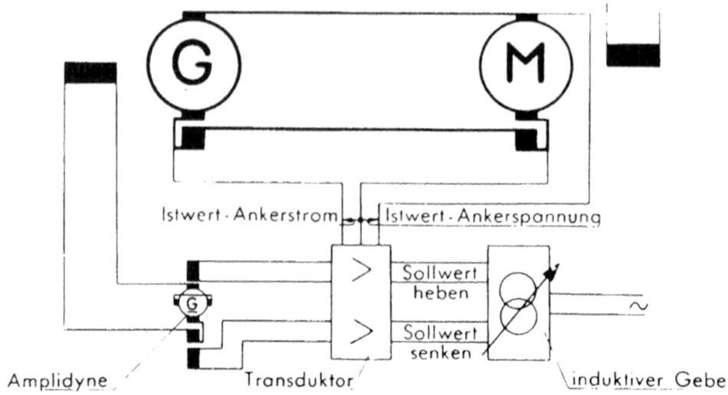

7.33
Schaltbild eines Ward-Leonard-Antriebes [108]
G = Gleichstrom-Generator (von einem Drehstrom-Synchron-Motor angetrieben)
M = Gleichstrom-Motor

Während der hydrostatische Antrieb sich durch einfachen Aufbau auszeichnet und den großen Vorteil hat, daß die Antriebsleistung auf direktem Weg (biegsame Schläuche) von der Pumpe zum zugehörigen Motor gebracht wird (jeder Motor hängt an „seiner Pumpe"), ist bei Verwendung eines Drehmomentwandlers immer ein mechanischer Antrieb mit vielen Zwischengliedern und in starrer Anbindung (feste Lagerstellen) vorhanden, der das Grundgerät in seinem mechanischen Aufbau keineswegs einfacher gestaltet. Der Wandler ist ein Kraftübertragungsglied, das direkt am Dieselmotor sitzt und nur Durchgangsstelle für die mechanische Drehmomentübertragung ist.

Es gibt hier also gar keine „Entweder-oder"-Situation. Hydrodynamischen „Antrieb" findet man bei Geräten, die ihre mechanische Antriebsform grundsätzlich beibehalten haben: Typische Beispiele hierfür sind die Seilbagger und die Planierraupen konventioneller Bauweise. Hydrostatischen Antrieb findet man vorzugsweise bei den Hydraulikbaggern und bei den Planierraupen neuerer Bauweise (Bild **7**.34).

Der Unterschied zwischen Seil- und Hydraulikbaggern hinsichtlich ihres inneren Aufbaus ist schon aus den Bildern **3**.41 und **3**.42 deutlich geworden. Die Hydrobagger sind in ihrem antriebsmäßigen Aufbau von verblüffender Einfachheit. Und auch hinsichtlich der Kraftübertragung an die Dreh- und Fahrwerksmotoren wie an die Druckzylinder der Arbeitswerkzeuge gibt es keine Probleme, weil die Schläuche alle Bewegungen bequem mitmachen können. Das sieht beim Seilbagger ganz anders aus. Da hier nur Drehmomente an die Triebwerke übertragen werden, ist man an starre, in Lagern fixierte Übertragungselemente wie Wellen, Kegelräder, Kupplungen, Übersetzungsgetriebe usw. gebunden. Der mechanische Aufwand in einem Seilbagger ist also erheblich größer als in einem Hydraulikbagger (Bild **7**.35).

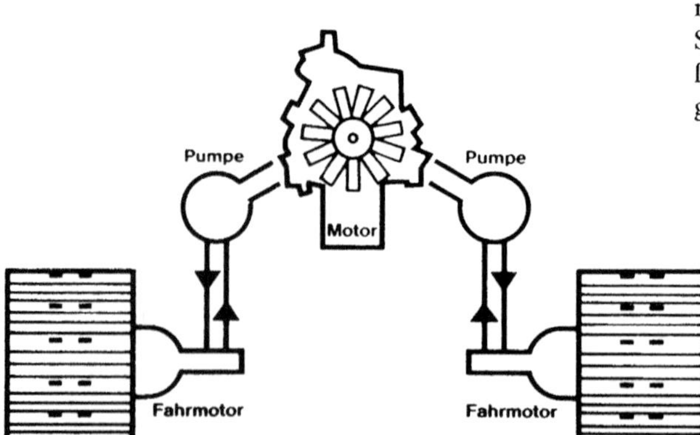

7.34
Hydrostatischer Fahrwerksantrieb bei einer Planierraupe [101]

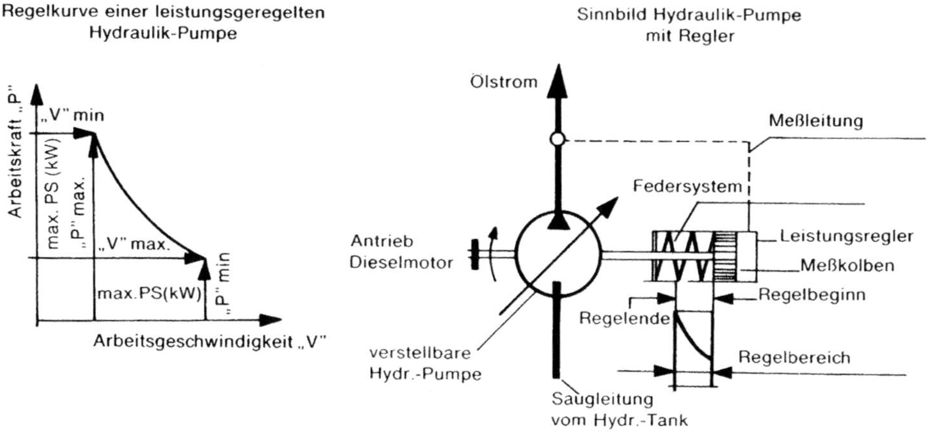

7.35 Die Elemente des hydrostatischen Antriebs:
links: Wirkungsweise einer leistungsgeregelten Pumpe
rechts: Hydraulikpumpe mit Regelmechanismus

Noch einfacher ist der Aufbau der hydrostatischen Planierraupen. Hier müssen es nicht einmal Schläuche sein, der Öldruck kann über starre Leitungen weitergeleitet werden, da Pumpe und Fahrwerksmotoren starr zueinander angeordnet sind (Bild 7.36). Der hydrostatische Antrieb gibt einer Planierraupe folgende Vorteile:

1. Einfacher Aufbau.
2. Große Beweglichkeit (im extremen Fall Wenden auf der Stelle möglich).
3. Gleicher Antrieb auch für die Hydraulikzylinder (Schildbewegungen).
4. Einfache Wartung.

Notwendig dabei ist jedoch das Vorhandensein einer guten Hydraulikwerkstatt und qualifizierten Personals. Der Umgang mit Hydraulikelementen – insbesondere mit Steuerschiebern – ist oft beste „Feinmechanik" und erfordert nicht nur feinmechanische Hände, sondern will auch gründlich gelernt sein.

Bei der Frage „Diesel- oder Elektroantrieb" ist die Grundvoraussetzung nicht zu übersehen: Strom muß in geeigneten Dimensionen (Ampère und Volt) vorhanden sein. Immer ist auch von vornherein daran zu denken, daß der Strom über Kabel (erdverlegt oder Freileitungen) an das Gerät herangeführt werden muß und daß diese Kabel empfindlich gegenüber äußeren Einflüssen (Sprengstücke, LKW, Raupenfahrwerk) sind.

Spielen diese Faktoren keine Rolle, so liegen die Vorteile eindeutig auf der Seite des Elektroantriebs. Beim Elektroantrieb ist wieder zu unterscheiden (z. B. beim Bagger):

- Einmotoren-Antrieb,
- Mehrmotoren-Antrieb mit Drehstrom,
- Mehrmotoren-Antrieb mit Gleichstrom.

Beim ersteren wird lediglich der Dieselmotor durch einen Elektromotor ersetzt. Als Vorteile sind zu vermerken:

- höhere kurzzeitige Belastbarkeit (Kippmoment ≈ zweimal Nennmoment),
- billigere Antriebsenergie.

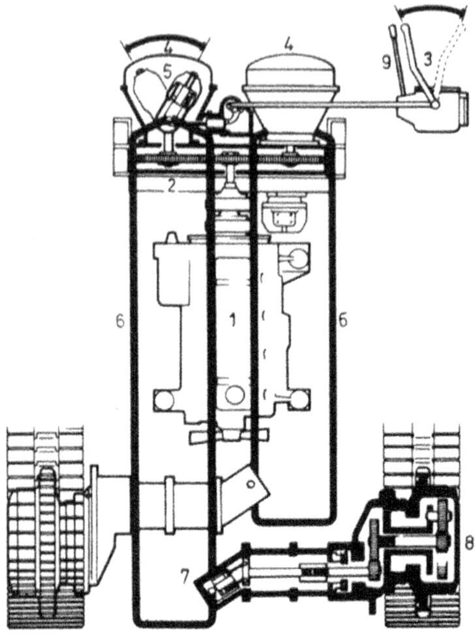

7.36
Antriebsschema eines hydrostatischen Fahrwerkantriebs (Planierraupe)
Es bedeuten:
1 Dieselmotor
2 Verteilergetriebe
3 Hebel für die Pumpenregelung (Fahrtrichtung, Geschwindigkeit)
4 Regelwinkel
5 Regelpumpe
6 Öldruckleitung
7 Fahrmotor
8 Endgetriebe

Beim Mehrmotorenantrieb mit Drehstrom wird jedes Triebwerk mit einem separaten Drehstrom-Asynchron-Motor ausgerüstet, und die Zuleitung der Antriebsenergie in Form von Strom erfolgt über Kabel direkt bis zu den Motoren, die unmittelbar an den Triebwerken (Hub-, Dreh-, Vorschub- und Fahrwerk) sitzen. Also auch hier: minimaler konstruktiver Aufwand. Nachteilig ist die Geschwindigkeitsregelung der Motoren. Sie erfolgt über Schlupfwiderstände, die – ähnlich wie die Gänge im Auto – in mehreren Schaltstufen zu- bzw. abgeschaltet werden. Der Motor fährt dann eine bestimmte Grabkurve entsprechend seiner Schaltstufe, und solche Geräte wirken im Antrieb „starr", insbesondere auch hinsichtlich des optimalen Hineinlegens der Grabkurve in die Abbauwand.
Mehrmotoren-Antrieb mit Gleichstrom heißt in der Praxis: Leonard-Steuerung bzw. Thyristor-Steuerung.

Der Aufbau entspricht bei der Leonard-Steuerung prinzipiell dem der Geräte mit hydrostatischem Antrieb, nur daß hier Gleichstromgeneratoren in jedem Stromkreis für sich die zugehörigen Gleichstrommotoren mit Strom versorgen (Bild 7.37). Hinzu kommt ein Drehstrom-Synchron-Motor, der die Generatoren antreibt. Auch hier besteht ein wesentlicher Vorteil im einfachen elektrischen Aufbau. Die Generatoren sitzen mit dem Drehstrom-Antriebsmotor in einer Baueinheit zusammen und dienen (beim Bagger) zugleich als Gegengewicht im Oberwagen. Die Gleichstrommotoren sind unmittelbar neben den Triebwerken angeordnet und stehen über Untersetzungsgetriebe mit diesen direkt in Verbindung.

Im Gegensatz zu der starren Steuerung des Drehstrom-Asynchron-Antriebes wird hier eine sehr flexibel und weicharbeitende Leonard-Steuerung verwendet: gesteuert werden die einzelnen Antriebe dadurch, daß separate Steuergeneratoren (z. B. Amplidynen) den Strom für die Felderregung der Gleichstromgeneratoren liefern. Dieser Steuerstrom wird wieder

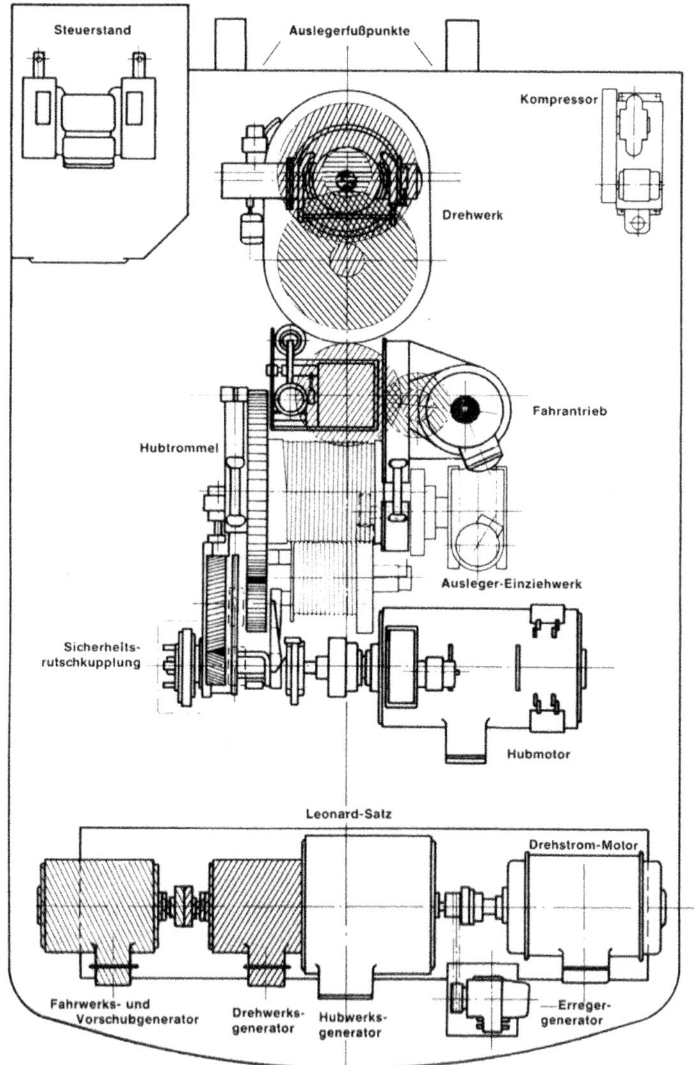

7.37 Oberwagen eines Mehrmotoren-Elektrobaggers mit Ward-Leonard-Antrieb [108]
(Das Vorschubwerk befindet sich am Ausleger)

über sogenannte Transduktoren beeinflußt, die mit den Kontrollhebeln des Maschinisten verbunden sind. Der Führerstand eines solchen Gerätes ist denkbar einfach. Das gleiche gilt für den mechanisch-elektrischen Teil des Oberwagens.

Noch einfacher wird alles bei der (heute meist üblichen) Verwendung von Thyristoren. Der Thyristor wird als sogenannter steuerbarer Gleichrichter verwendet. Die grundsätzliche Schaltung zeigt Bild 7.38. Die 3 Phasen eines Drehstroms durchlaufen je einen in Reihe

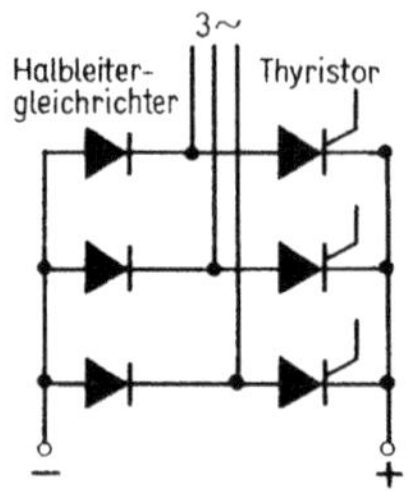

7.38
Drehstrombrückenschaltung von Thyristoren zum Gleichstrombetrieb (Eingang: Drehstrom; Ausgang: Gleichstrom; Thyristor: steuerbar)

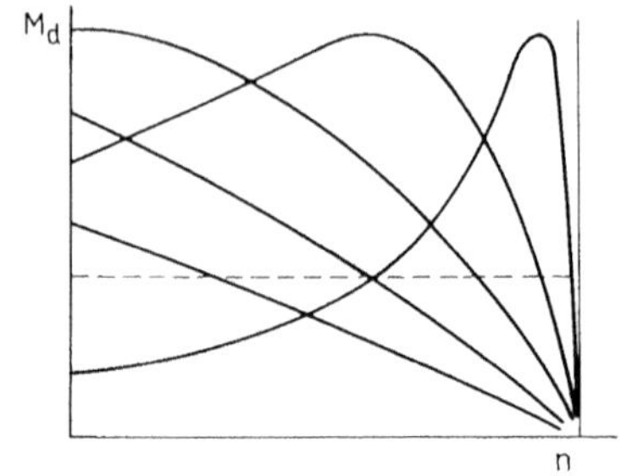

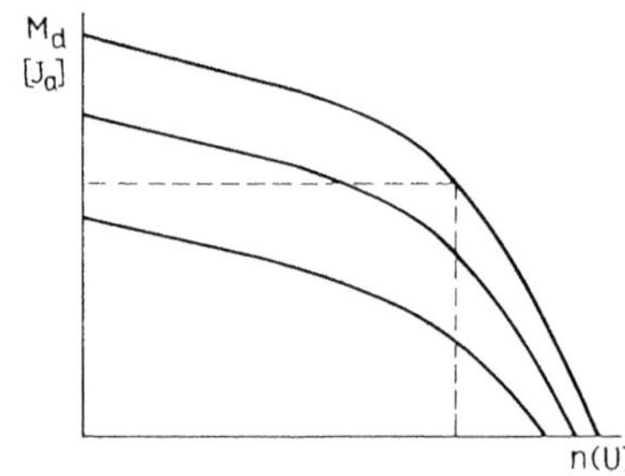

7.39
Unterschiede in der Antriebscharakteristik (Drehzahl-/Drehmomentverhalten)
oben: Drehstrom-Asynchronmotor mit Schaltstufen für Schlupfwiderstände
unten: Regelfeld eines Leonard-Antriebes

geschalteten Gleichrichter und Thyristor und treten an den Ausgangsklemmen als Gleichstrom in Erscheinung. Dadurch, daß der Thyristor (über einen besonderen Steuer-Wechselstrom) gesteuert werden kann, ersetzt das ganze System die Transduktoren, Amplidynen (und je nach Größe der Anlage) sogar die Generatoren, sodaß die Gleichstrommotoren der Triebwerke über diese Schaltung direkt mit 3-Phasen-Wechselstrom betrieben werden können, womit auch der Drehstrom-Antriebsmotor als Hauptantriebsquelle wegfällt.

Der große Vorteil des Gleichstrom-Antriebs liegt darin, daß die Steuerung der Motoren nicht über genau festgelegte Steuerkurven, sondern über ein breites Regelfeld erfolgt (Bild **7**.39). Dadurch können z.B. Hub- und Vorschubmotor beim Elektroseilbagger beliebig und unabhängig voneinander gesteuert werden, so daß jede nur denkbare Grabkurve gefahren und diese jedem Grabprofil optimal angepaßt werden kann.

Diese Leonard- bzw. Thyristor-Regelung von Gleichstrom-Antrieben arbeitet stufenlos. Außerdem ist sie auch umgekehrt zur Stromrückgewinnung (z. B. beim Abbremsen des Oberwagens, Fallenlassen des Löffels) nutzbar, wodurch sich im praktischen Betrieb 10 bis 15 % Stromeinsparung ergeben.

Diese Schaltung wird auch bei Turmdrehkranen angewendet, die besonders feinfühlig arbeiten müssen (z.B. beim Verlegen von Fertigteilen).

Von zunehmender Bedeutung ist der dieselelektrische Antrieb über Gleichstrommotoren, die direkt in den Radnaben untergebracht sind. Bild **7**.40 zeigt den Aufbau des Nabenantriebs. Diese Antriebsform wird derzeit vor allem bei größeren SKW wie auch beim Electric Digger, dem „geländegängigen Güterzug", verwendet. Im Prinzip ähnlich ist die modernste Form des Fahrwerksantriebs, die Hydraulikmotoren (entweder direkt an den Antriebsturassen der Raupenketten oder in den Radnaben der Triebreifen angeordnet) verwendet.

a)

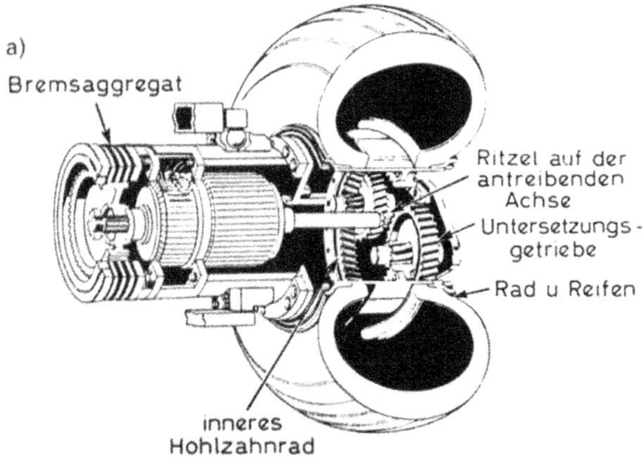

b)

7.40
Gleichstrom-Nabenantrieb eines Electric Digger von LeTourneau
a) Antriebsschema der Radnabe
b) Gesamte Triebachse:
rechts: Dieselmotor und Gleichstromgenerator;
vorn: Rad mit Nabenmotor [112]

7.6 Fahrwerk

Hier heißt die entscheidende Frage zunächst: „Raupen oder Reifen"? Die Vorteile der Reifen sind zu suchen in:

- höheren Fahrgeschwindigkeiten,
- geringeren Reparaturkosten,
- kleineren Fahrwiderständen und besserer Eignung in unebenem Gelände.

Die Raupenfahrzeuge sind vorzuziehen wegen ihres

- größeren Steigvermögens,
- geringerer Bodenpressung,
- geringerer Rutschneigung und
- robusterer Bauart der Fahrwerkslaufflächen.

Bei der Erörterung der Vor- und Nachteile beider Fahrwerksarten steht die Fördergeschwindigkeit an erster Stelle. Das Kriterium der modernen Erdbewegung lautet nicht „Menge", sondern „Geschwindigkeit", seitdem sich herausgestellt hat, daß man sehr gut mit kleinen, schnellen Geräten hohe Förderleistungen erzielen und diejenigen großer, schwerer Geräte übertreffen kann. Der umgekehrte Weg, höhere Leistungen durch Verwendung größerer Transportgefäße zu erzielen, ist umständlich und führt zu konstruktiven Schwierigkeiten.

Raupengeräte werden in allen jenen Fällen unentbehrlich bleiben, in denen es auf geringe Bodenpressung und hohe Vortriebskräfte ankommt. Gerade das gute Steigvermögen der gleislosen, insbesondere der Raupengeräte, hat die geländegängige Erdbewegung maßgebend vorangebracht, und die Reifengeräte würden mit viel geringeren Leistungen arbeiten, wenn keine Schubraupen als Ladehilfen zur Verfügung ständen.

Die Fahrwerkskosten der Reifengeräte sind nicht gerade niedrig, liegen aber unter denen der Raupengeräte. Von maßgeblicher Bedeutung ist die Zuverlässigkeit des Fahrwerks, die hier für die Reifenversion spricht. Bei der Vielzahl der Raupenverschleißteile ist der Unsicherheitsfaktor dort größer. Während die Abnutzung der Reifen deutlich sichtbar zu Tage tritt und durch vorbeugenden Reifenwechsel aufgefangen werden kann, sind Ausfälle des Raupenfahrwerks oft vorher kaum vorauszusehen und treten unvermittelt und plötzlich auf.

Ähnlich steht es mit den Erschütterungen: Während sich bei der geringen Federung des Raupenfahrwerks die Stöße der Fahrbahnunebenheiten auf das ganze Gerät fortpflanzen, tragen die Reifen die Maschine weich federnd über die Bodenunebenheiten und setzen ihre Reparaturanfälligkeit (Rahmenbrüche usw.) herab (Bild **7.41**).

Die Mindestfahrwiderstände des Raupenfahrwerks sind infolge des hohen inneren Widerstandes des Kettengetriebes auch durch noch so sorgfältige Pflege und Bearbeitung unter den Wert von 0,05 kaum herabzudrücken, während der entsprechende Mindestwert für Reifenfahrwerk bei 0,02 liegt.

7.41 Niederdruck-Geländereifen (EM) eines 100t-Bodenschütters

Die neuere Entwicklung begünstigt die Reifengeräte. Die modernen Erdbaugeräte mit elektrischem oder hydraulischem Einzelrad-Antrieb (Nabenmotor) benötigen keine Einsatzhilfen mehr wie Schubraupen und dergleichen. Sie verwenden zudem sehr breite und große Reifen, die eine große Aufstandsfläche und damit entsprechend geringen Bodendruck ergeben. Durch doppelte Bereifung oder Breitbandreifen kann man eine erhebliche Reduzierung der Flächenpressung unter dem Fahrwerk erzielen. Schon treten Super-Breitband-Reifen immer stärker in Erscheinung, und die sogenannten Lysoidreifen reichen mit ihren niedrigen Bodendrücken schon in das Gebiet der Raupenketten hinein.

Was weiterhin für die Raupenketten spricht, ist der größere Kraftschluß in aufgeweichtem, schmierigem Boden, – und dann vor allem auch beim Reißeinsatz und überall dort, wo die Raupe als Bulldozer, als Kraftpaket, verlangt wird.

7.7 Gerätekombinationen

Erdbaugeräte aus dem Gewinnungs- und Fördersektor lassen sich sehr gut auf verschiedenste Weise miteinander kombinieren; auch können gleichartige Geräte, hintereinandergeschaltet, im Zusammenspiel komplizierte Einsatzaufgaben gut übernehmen. Besonders geeignet für derartige Kombinationen sind:

Bagger, Bulldozer, Schürfraupen.

Sie können zusammenarbeiten mit

Bandstraßen, Rohrleitungen, Motorschürfwagen,
Hinterkippern, Eimerkettenbaggern,

wobei praktisch alle Zusammensetzungen denkbar sind.

Im einzelnen sieht das so aus:

Bagger mit ... Es erscheint zunächst undenkbar, daß Bagger mit etwas anderem als mit LKW zusammenarbeiten können, auf keinen Fall aber mit Geräten und Einrichtungen, die

a) eigene Fördersysteme für sich darstellen,
b) Teil eines andersartigen Fördersystems sind.

7.42
Teamarbeit Schürfkübelbagger-Schürfraupe beim Begradigen eines Flußlaufes

Bild 7.42 zeigt einen Einsatz, bei dem Schürfkübelbagger mit Schürfraupen zusammenarbeiten: Ein Flußlauf wird begradigt und eine Flußschlinge durchstochen. Zum Aushub des Materials aus dem Nassen dienen Schürfkübelbagger. Da der Boden aber anfangs rund 300 m weit transportiert und in die alte Flußschlinge abgekippt werden muß, werden Schürfraupen zum Transport verwendet. Der Schürfkübelbagger deponiert das nasse Aushubmaterial auf der Geländeoberfläche. Dort wird es vorentwässert. Die Schürfkübelraupen nehmen es dann auf, transportieren es und kippen es über eine Arbeitsböschung in den alten Flußlauf ab.

Durchaus nicht ungewöhnlich ist auch das Zusammenspannen von zwei so unterschiedlichen Geräten wie Bagger und Motorschürfwagen, – etwa dann, wenn (wie im Straßenbau für den Frostschutzkoffer) Material aus einer räumlich beengten Entnahmestelle (Kiesgrube) gewonnen und nach dem Transport in dünnen Schichten teppichartig eingebaut werden soll.

7.43 Zusammenarbeit eines Schürfkübelbaggers mit einer fahrbaren Bandbrücke (und Planierraupe)

Verwendet man hier Motorschürfwagen statt der sonst üblichen Hinterkipper oder Lastwagen, so werden die Planierraupen an der Einbaustelle gespart. Der Motorscraper besorgt den schichtweisen Aufbau der Kippe ohne fremde Hilfe.

Einen anderen Einsatz zeigt Bild **7.43**. Hier arbeitet ein Schürfkübelbagger – als Schrapper eingesetzt – mit einer fahrbaren Bandbrücke zusammen, um einen Abbaugraben zu überbrücken. Das Zusammenspiel zwischen dem stoßweise arbeitenden Bagger und dem kontinuierlich fördernden Transportband funktioniert ausgezeichnet. Pufferglied zwischen beiden ist ein kurzes Aufgabeband und ein ausreichendes Materialdepot, ein Erdhaufen über diesem Band, das der Bagger mit den gelösten Massen ständig wieder auffüllt. Prinzipiell ähnlich ist der Einsatz in Bild **7.44**.

Eindrucksvoll ist – dort wo es möglich ist – die Zusammenarbeit von Baggern mit dem hydraulischen Rohrtransport. Greifer- oder Schürfkübelbagger gewinnen das Material an der Entnahmestelle und laden es in den Aufgabetrichter einer Pumpstation. Dort wird es durch Wasserzugabe in breiartig-flüssige Konsistenz aufgelöst und mit einer kräftigen Spülpumpe in die Rohrleitung gedrückt (Bild **7.45**).

Bulldozer mit ... Interessant ist die Zusammenarbeit mehrerer Bulldozer mit dem Bandlader, – wieder also auf der einen Seite stoßweise arbeitende Geräte, auf der anderen Seite ein kontinuierlicher Materialtransport über das Band. Der Bandlader kommt ohne die Maschinen, die ihm das Material zuschieben, nicht aus. Die Bulldozer sind hier eine Art überdimensionale und bodengebundene Schrapper. Sie „schrappen“ das Material von der Abbauwand schräg nach unten in Richtung auf den Ladetrichter des Bandladers. Da für

7.44
Materialtransport über einen Flußlauf mittels einer mobilen Bandbrücke, die links auf Pontons und rechts auf ein Raupenfahrwerk gesetzt ist. Ladegeräte sind 2 Schürfkübelbagger

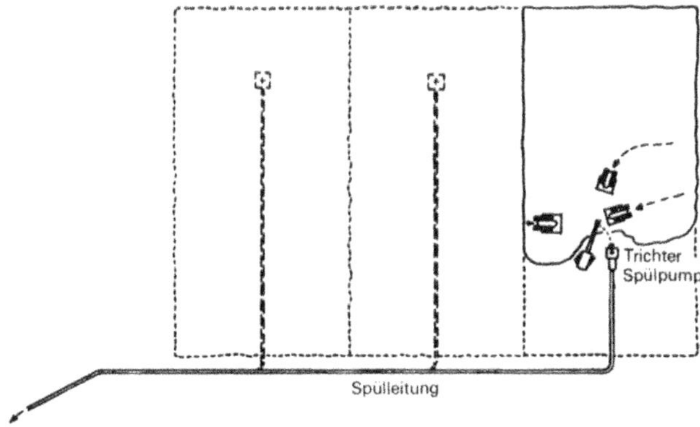

7.45
Materialgewinnung mit Planierraupen (zum Heranschieben) und Greifbagger (zum Beladen des Aufgabesilos) mit hydraulischem Abtransport

jeden Lader je nach der Festigkeit des Materials und der gewünschten Förderleistung 3 bis 5 Bulldozer für das Gewinnen und Heranschrappen des Materials an den Lader notwendig sind, ist eine Verkehrsregelung der sich am Ladetrichter zusammendrängenden Geräte ratsam (Bild **7**.46).

7.46
Bulldozer bei der Materialbeschickung eines stationären Bandladers (rechts)

Einen Schritt weiter geht der Einsatz von Bulldozern zur Herstellung von Einschnitten mit Abtransport des gelösten Materials über eine Bandstraße. Diese mit Erfolg z.B. beim Autobahnbau mit hohen Massenbewegungen erprobte Methode hat in leichten und mittleren Böden eine deutliche Überlegenheit gegenüber der herkömmlichen Bagger-LKW-Methode bewiesen. Die Bulldozer stoßen das Material auf den Aufgabetrichter einer Bandstraße zu und arbeiten damit ähnlich wie im Zusammenhang mit dem Bandlader (Bild **7**.47).

Bulldozer können auch zum „Füttern" von Hochlöffeln verwendet werden, etwa wenn es darum geht, große Steine mit dem Baggerlöffel zu laden, die sonst vom Bagger nur unter großen Schwierigkeiten aufgenommen werden könnten. Dieses Zusammenspiel erfordert große Geschicklichkeit der Maschinisten, erweitert jedoch das Anwendungsgebiet der Hochlöffel beträchtlich (Bild **7**.48).

Üblich geworden ist die Verwendung von Bulldozern in Kiesgruben und Steinbrüchen, um dem Bagger das Material zuzuschieben und ihm so die zeitraubenden Fahrbewegungen zu

7.47
Herstellen eines Autobahn-Einschnittes mit Bulldozern und Bandstraße

7.48
Ping-Pong-Spiel der Baumaschinen: Planierraupe schiebt einen Stein über die Böschungskante der oberen Abbausohle, Baggerlöffel fängt ihn auf

sparen. Besonders im gesprengten Haufwerk mit weit über der Bruchsohle verstreut liegenden Felstrümmern ist der Bulldozer unentbehrlich für die erforderliche Räumarbeit, die der stationäre Hochlöffelbagger gar nicht bewältigen kann.

Schürfkübelraupen mit ... Hervorgehoben sei die Zusammenarbeit der Schürfkübelraupe mit

Eimerkettenbagger,
Hinterkipper/LKW,
Bodenschütter,
Schürfkübelbagger,
Bandstraße.

Bei der Kooperation mit Eimerkettenbaggern geht es meist nur darum, die Reichweite (ihr Einzugsgebiet) auszudehnen und spezielle Abbauforderungen (z.B. das Ausräumen von Ecken, in die der Eimerkettenbagger nicht hineinreichen kann, oder das Abtragen und Ausputzen von Mulden an der Oberfläche bestimmter Bodenschichten) zu erfüllen.

Bei Hinterkippern und Bodenschüttern kehrt sich die Situation um: Sie sind es, die nun zum „langen Arm" der Schürfraupe werden, wenn diese, z.B. aus Gründen der Tragfähigkeit, der Reißkraft, des Schichtabbaus, zum Lösen der Massen eingesetzt werden muß, der Transport aber über längere Distanzen (und eben von schnell fahrenden Transportgeräten) durchgeführt wird. Die Übergabe des Materials von der Schürfraupe an die Fahrzeuge erfolgt über selbstgebaute Bodenrampen oder Ladegestelle aus Holz, Aluminium oder Stahl. Zum „weichen" Beladen kleiner LKW kann eine Rutsche zwischengeschaltet werden (Bild 7.49).

7.49
Schürfraupe beläd LKW über ein Ladegestell

Typisch für die Fähigkeiten eines „maschinellen Arbeitswerkzeuges" ist das Verladen von Baumstubben auf die Ladepritsche eines LKW. In Bild 7.50 übergibt die Schürfraupe an einer schnell ausgehobenen Erdrampe den Stubben aus dem Kübel auf den LKW und schiebt ihn dann mit dem Schild in die richtige Transportlage (Bild 7.51).

7.50
Schürfraupe übergibt Baumstubben aus dem Kübel auf die Ladepritsche

7.51
..... und schiebt ihn mit dem Schild in die richtige Transportlage

7.52
Schürfraupe belädt Bandstraße (im Hintergrund Schürfkübelbagger bei der Bandbeladung)

Arbeitet die Schürfraupe im Wasser, so belädt sie die Fahrzeuge meist nicht selbst, sondern deponiert das Material in Ufernähe, wo es ein Schürfkübelbagger weiter verlädt. Besonders interessant ist die Verwendung der Schürfraupe zum Füttern einer Bandstraße. Über Aufgabesilos und Abzugsbänder wird der chargenweise Antransport in kontinuierlichen Materialfluß umgewandelt. Dabei kann der Aufgabesilo durchaus nur imaginäre Umrisse haben und als einfacher Schüttkegel existieren (auf diese Weise sind große Landanlagerungen an den Meeresküsten, z.B. in Italien, Frankreich und Japan, vorgenommen worden) (Bild **7.**52).

Gleiche Geräte. Ein Geräteteam kann auch aus gleichen oder gleichartigen Maschinen gebildet werden. Zu unterscheiden sind hier:

a) der Paralleleinsatz,
b) der gestaffelte Einsatz,
c) der Reiheneinsatz.

Ein typischer Paralleleinsatz ist z.B. das „Seite an Seite"-Arbeiten mehrerer Planierraupen, – entweder um hohe Fließverluste um die Schildenden herum zu vermeiden, oder einfach, um durch Nebeneinandersetzen mehrerer Planierraupen eine möglichst große Schildbreite und damit eine große Breitenwirkung beim Planieren zu erzielen und den Boden beim Schieben gut zusammenzuhalten.

Den gestaffelten Einsatz findet man bei Gradern im Straßenbau. Um die Erdbewegung auf nicht zu viele Fahrten eines einzelnen Gerätes zu verteilen, werden mehrere Geräte gestaffelt hintereinander eingesetzt, z.B. bei der Straßeninstandhaltung oder beim Straßenbau, um den Boden schneller von den Straßenändern oder -gräben in die Profilmitte zu befördern.

Von großer praktischer Bedeutung ist der Reiheneinsatz, das „Hintereinanderschalten" mehrerer Geräte zur Aufgliederung des Förderprozesses in eine Maschinen-Kette. Diese Einsatzmethode kommt vor allem für stationäre Geräte in Frage und wird dort praktiziert, wo der Einsatz mobiler Maschinen wegen des ungeeigneten Gelände- oder Aushubprofils nicht möglich ist.

Einen typischen Einsatzfall zeigt Bild **7.**53. Dort wird der Abraum auf die eine Seite, die Braunkohle auf die andere Seite eines Abbaugrabens gefördert. Für die Abraumbewegung sind 3 Schürfkübelbagger eingesetzt. Die Kohle wird mit einem weiteren Schürfkübelbagger gewonnen, der das Material auf eine etwas erhöhte Sohle deponiert. Dort wird es mit Hilfe eines Greifbaggers auf die Geländeoberfläche gehoben. Da dieses Team aus 5 Geräten

7.53 Braunkohlentagebau mit 5 kleinen Baggern: Die beiden hinteren Bagger lösen den Abraum und werfen ihn dem linken Bagger zu, der das Material in die Abraumhalde hochhebt und einbaut. Der Bagger vorn unten gewinnt die Braunkohle und hebt sie auf die Zwischensohle, von wo sie der 5. Bagger über ein Zwischensilo in die LKW verlädt

den gleichen Abbaufortschritt haben muß und ständig im Abbaugraben hin- und herwandert, kommt es ganz besonders auf zügiges Arbeiten und gutes Zusammenspiel der einzelnen Maschinen und Maschinisten an.

Derartige Einsätze können dort, wo die Einsatzbedingungen dafür sprechen – vor allem bei stark eingeschnittenen oder steil ansteigenden Aushubprofilen –, eine durchaus wirtschaftliche Lösung der Abbau- und Transportprobleme anbieten, erfordern jedoch von den Maschinisten ein elastisches und anpassungsfähiges Operieren und ein Einfühlungsvermögen in das menschliche wie maschinelle Team derartiger Einsätze. Meist arbeiten die Scraper auf Erdbaustellen in größerer Anzahl – in einer „Flotte" – zusammen. Daß aber auch typische „Einzelgänger" wie die Schürfraupe ihr individuelles Dasein in einem ganzen Team aufgehen lassen, zeigt Bild 7.54. Auf Baustellen in sehr hügeligem, „kurzwelligem" Gelände sind manchmal bis zu 30 Schürfraupen eingesetzt. Motorscraper mit ihren längeren Transportdistanzen (300–1000 m) sind für solche Aufgaben ungeeignet.

7.54
Masseneinsatz von Schürfraupen (hier: an der „Tränke", zum Nachtanken) beim Flugplatzbau in Narita/Japan

Wie dem auch sei – es bleibt die Tatsache bestehen: Spezialgeräte bringen hohe Leistungen, sind billig in der Förderung, kosten jedoch bei der Neuanschaffung sehr viel Geld. Universalgeräte arbeiten nicht so wirtschaftlich, lassen sich aber besser ausnutzen (werden dadurch auf die Dauer gesehen eben doch wieder „wirtschaftlich") und sind flexibler und anpassungsfähiger. Wer die Wahl hat, hat die Qual.

7.8 Vertikalförderung

Immer wieder kommt es vor, daß größere Mengen Boden aus der Tiefe einer Baugrube oder eines Einschnittes hochgefördert werden müssen und daß die normale Reichweite eines Löse- oder Ladegerätes nicht mehr ausreicht. Die größte Höhendifferenz überwinden die Eimerkettenbagger, die Schürfkübelbagger und die Greifbagger. Jedoch sind insbesondere die letzteren wegen ihrer geringen Leistungsfähigkeit wenig interessant.

Tritt das Problem der Massenhochförderung in größerem Umfang auf, so sind folgende Möglichkeiten zu untersuchen:

1. LKW-Förderung über eine Rampe,
2. Schrägaufzug für LKW,
3. Einsatz großer Bagger zum Heben der Lasten,
4. Einsatz einer „Baggerkette",
5. Steilförderband,
6. Seilbahn.

Am einfachsten für den Baubetrieb ist natürlich die LKW-Förderung. Sie erfordert jedoch entsprechend lange Rampen zur Überwindung der Höhenunterschiede, und die erforderlichen Streckenlängen sind in vielen Fällen nicht vorhanden. Die praktisch nutzbare Steigfähigkeit liegt bei etwa 10% Rampenneigung.

Der Schrägaufzug (bekanntes Beispiel: beim Bau der Talsperre Kaprun) kann Steigungen von bis zu 100% überwinden. Die LKW fahren auf eine Förderbühne und werden über eine Art Standseilbahn hinaufgezogen. Das erfordert jedoch eine feste Installation, die nur bei großem Bauvolumen gerechtfertigt ist.

Sind die geförderten Leistungen nicht allzu hoch, so können einzelne große Bagger den Vertikaltransport durchführen. Sie gewinnen das Material tief unten in der Baugrubensohle und entladen es in die auf Geländeniveau wartenden Fahrzeuge. Die Verhältnisse liegen etwa so, daß (besonders im Hinblick auf die Standfestigkeit der Böschung) ein Gerät mit 40 m langem Ausleger etwa 20 m tief hinunterreichen kann, also grob gesehen eine „Steigung" von 50% überwindet (Bild **7.**55).

Kommt ein einzelner großer Bagger nicht in Frage, so kann das Hochtransportieren an der Böschung in einer Baggerkette, das in der Höhe gestaffelte Aufstellen mehrerer Bagger hintereinander, zweckmäßig sein – wieder: wenn der Umfang der Massenbewegung nicht allzu groß ist.

Im großen Massentransport wird die Hochförderung heute fast immer mit dem Band durchgeführt, das in der Normalausführung Neigungen von bis zu 30% überwinden und als Steilförderband sogar auf 60 bis 80% Steigung (je nach Ausbildung des Bandes und der Beschaffenheit des Fördergutes) kommen kann. Wesentliches Kriterium ist hier, daß der Boden auf dem Band liegen bleibt (und nicht herunterrollt). Sandböden z. B. sind für das Steilförderband wenig geeignet. Rolliges Material läßt sich auf diese Weise schlecht „heben".

7.55
Massen-Hochförderung in einem Zementwerk: Der Schürfkübelbagger fördert Tonmergel aus 20 m Tiefe in die Kipploren und erspart damit lange Rampen für den Gleisbetrieb

Becherwerke, Eimerketten usw. haben für den Erdbau nur geringe praktische Bedeutung. Erwähnt werden muß jedoch die Seilbahn, die hinsichtlich der Steigungen sehr anspruchslos ist. Da das Material in Gefäßen transportiert wird, spielt auch die Beschaffenheit des Bodens eine untergeordnete Rolle.

7.9 Reißen von Fels

Das mechanische Lösen von Fels bekommt – im Hinblick auf die Umweltbelästigung vor allem durch Erschütterungen beim Sprengen – immer mehr Bedeutung. Das geht nicht zuletzt aus der zunehmenden Größe der Planierraupen hervor, die vor allem als Reißraupen konzipiert werden.

Grundsätzlich stehen gerätetechnisch gesehen drei Reißrichtungen zur Debatte:

das Reißen in der Ebene,
das Reißen im Hochschnitt,
das Reißen im Tiefschnitt.

Beim Reißen in der Ebene steht die Planierraupe mit Reißeinrichtung im Mittelpunkt (Bild 7.56). Entscheidend sind hier Motorleistung und Konstruktionsgewicht, – erstere für

7.56
Planierraupe D 455 mit Heckaufreißer

7.57 Planierraupe D 555 A [103]

die „Antriebszugkraft", letzteres für die „Kraftschlußzugkraft". Die größte Reißraupe ist derzeit die D 555 A von Komatsu (Bild 7.57) mit 1000 PS-Antriebsleistung und einem Arbeitsgewicht von 140 t. Damit dürfte sich eine Reißkraft von max. 125 t realisieren lassen.

Im Arbeitsprinzip des Hochlöffelbaggers läßt sich der Löffel durch Einbau von Reißzähnen (Bild 7.58) „aggressiver" gestalten. In all den Fällen, in denen nicht ständig gerissen werden muß, kann ein auf die Zähne aufsteckbarer Reißschuh von Vorteil sein (Bild 7.59). Hierbei wird das Material noch immer gelöst und geladen. In ganz extremen Fällen können z. B. alte Bagger zu reinen Reißbaggern umgerüstet werden, wobei dann anstelle des Löffels ein Reißzahn verwendet (etwa nach Bild 7.60) oder eine Vorrichtung (nach Bild 7.61) zum „Rückwärtskratzen" eingehängt wird.

7.58 Ersatz der beiden mittleren Zähne eines Baggerlöffels durch spezielle Reißzähne

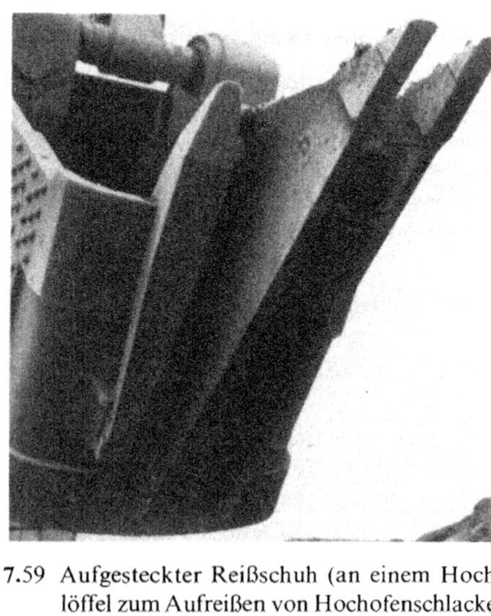

7.59 Aufgesteckter Reißschuh (an einem Hochlöffel zum Aufreißen von Hochofenschlacke)

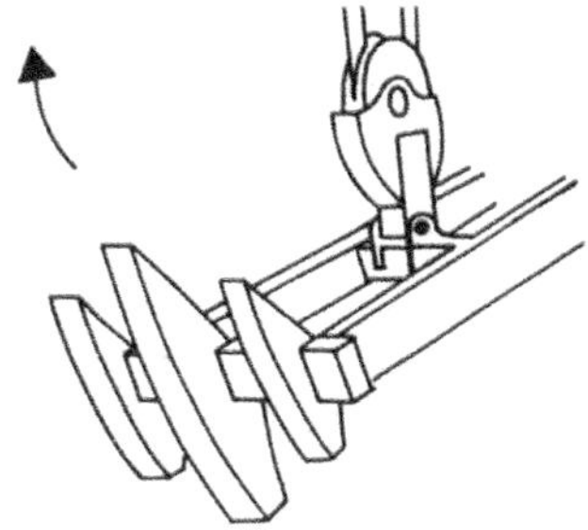

7.60 Reißzahnkombination anstelle eines Hochlöffels

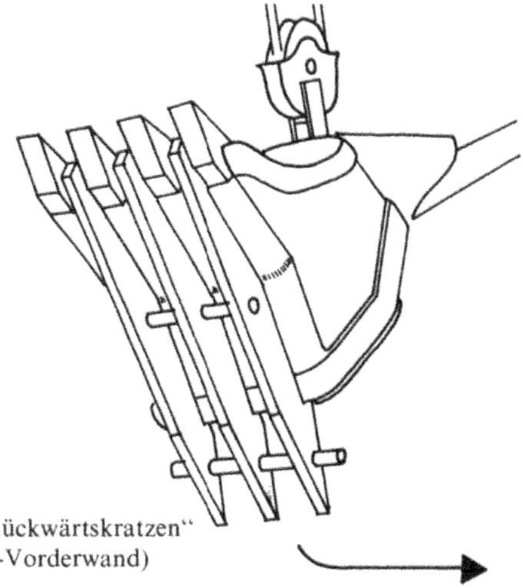

7.61 Reißvorrichtung zum „Rückwärtskratzen“ (eingehängt in die Löffel-Vorderwand)

Auch der Tieflöffel kann zum Reißen aktiviert werden. Zunächst einmal läßt sich der mittlere Zahn des Tieflöffels durch einen Reißzahn ersetzen und behält somit noch immer die Löse- und Ladefähigkeit bei (Bild 7.62). In extremen Fällen läßt sich der Tieflöffel gegen einen einzigen Reißzahn austauschen, um die gesamte Reiß- und Losbrechkraft eines Baggers auf eine Zahnspitze zu konzentrieren (Bild 7.63).

Beim mechanischen Reißen ist noch „alles offen“. Wesentlich ist, daß die maschinellen Möglichkeiten voll ausgenutzt werden. Das gilt vor allem im Hinblick auf die Umwandlung der Motorleistung in Reißkraft. Der „Wirkungsgrad“ ist immer dann am größten, wenn eine einzige Angriffsspitze (1 Zahn) zur Attacke gegen den Fels verwendet wird. „Nicht kleckern (viele Zähne), sondern klotzen“ ist auch hier die Devise.

Große Schwierigkeiten bereitet noch immer die genaue Ansprache des Felsmaterials, das da gelöst bzw. gerissen werden soll. Auf die mehr technisch ausgeprägten Möglichkeiten wurde schon in Abschn. 4.1.1 hingewiesen, die die Druckfestigkeit und die Verbandsfestigkeit (Kluftkörpergefüge) zum Ausgang nahmen.

7.62
Tieflöffel mit Reißzahn

7.63
Reißzahn anstelle des Tieflöffels [102]

Tafel 7.64 Einsatzbereich der verschiedenen Lösewerkzeuge (von der Arbeitstechnik her).

		Eimerketten-Bagger Fels	Eimerketten-Bagger normal	Eimerseil-Bagger Walking	Eimerseil-Bagger Universal	Schrapper	Löffelhoch-Bagger	Löffeltief-Bagger	Planierraupe	Schürfkübelraupe	Aufreißer	Felsmeißel	Fallmeißel
5. Hackboden, schwer		~	⊥	~	~	~	~	~	⊥	~	~	~	~
6.0 Kratzfels		~		~	~	~	~	~		~	~	~	~
1 Hackfels,	leicht	~		~	⊥	⊥	~	~		~	~	~	~
2	mittel	~		~			~	~		~	~	~	~
3	schwer	⊥		⊥			~	~		~	~	~	~
4 Bruchfels,	leicht						~	~		⊥	~	~	~
5	mittel						⊥	~			⊥	~	~
6	schwer							⊥				~	~
7 Meißelfels,	leicht											⊥	~
8	mittel												~
9	schwer												⊥
7. Sprengfels,	leicht												

Die Ermittlung der seismischen Wellengeschwindigkeit kann weiterhelfen, kann aber auch versagen. Betrachtet man die dazu veröffentlichten Herstellerangaben, so ist zu erkennen, daß sehr viel Erfahrung hinzukommen muß, um aussagekräftige Prognosen zu erstellen.

Eine andere Möglichkeit, den Fels hinsichtlich seiner Reißbarkeit zu kennzeichnen und im Vorfeld genauere Analysen wenigstens verbal einzugrenzen (und damit oft fast genauso viel zu erreichen wie mit verfeinerten Meßmethoden) besteht darin, analog der Methode von Kögler (die die Gewinnungsfestigkeit nach den dazu erforderlichen Lösewerkzeugen im Handschacht definiert), die Gewinnungsklasse 6, um die es hier geht – also den Reißfels –, weiter zu unterteilen in Kratz-, Hack-, Bruch- und Meißelfels und in den einzelnen Gruppen wieder nach leicht – mittel – schwer zu unterscheiden. Tafel 7.64 zeigt eine solche Einteilung und gibt zugleich eine Übersicht über die Eignung der verschiedenen maschinellen Werkzeuge für diesen Löseprozeß.

8 Zukunftsstrends

8.0 Überblick

Jedes Nachdenken über die möglichen Entwicklungen in der Zukunft muß beginnen mit der Frage: Welche Bauwerke werden auf uns zukommen, und welche Zeit wird zu deren Realisierung zur Verfügung stehen? Daraus ergeben sich dann die Vorstellungen über die zweckmäßigen Baumethoden und schließlich über die erforderlichen Maschinen und deren Beschaffenheit.

Die Bauaufgaben der Zukunft – hier begrenzt auf das, was für den Erdbau relevant ist – werden sich konzentrieren auf die Schaffung neuer Anbauflächen für die Landwirtschaft, auf den Bau von Verkehrswegen und Bewässerungskanälen und auf die Gewinnung von Bauland zur Unterbringung der Menschen. Dabei wird die dritte Welt im Vordergrund stehen, was nicht ausschließt, daß Teilprobleme auch im klassischen Abendland noch auf eine Lösung harren (Bild **8**.1).

Hier zeichnen sich große Tätigkeitsfelder für die Bauindustrie ab: das Aufspülen und Eindeichen küstennaher Meereszonen, die Bewässerung und Urbarmachung der großen Wüsten und die Nutzung der tropischen Regenwälder (Bild **8**.2).

8.1
Urbarmachung der Wüste: Oase Yotvata im Negev. Hier mußten 40 000 Löcher 2 × 2 m durch eine ca. 1 m dicke Kalksteinschicht dicht unter der Oberfläche gemeißelt werden, um den Palmenwurzeln den Anschluß an die Grundwasserzone zu ermöglichen

8.2
Urwaldrodung für die Transamazonica

8.3
Straßenbau im Urwald von Gabun – zur Erschließung des Hinterlandes

Ein Besuch in Holland oder Japan veranschaulicht die Aktivitäten, die hier entwickelt werden. Bewässerungsprojekte in Saudi-Arabien, Libyen und Ägypten machen deutlich, welche Reserven in scheinbar sterilem Land mobilisiert werden können. Daß ein so kleines Land wie Israel trotz aller politischen Schwierigkeiten enorme Erfolge in der Landgewinnung aufweisen kann, verdankt es seiner in der übrigen Welt bisher unerreichten Fähigkeit des „Conquest of desert" – der Besiegung der Wüste. Große Siedlungsgebiete, Versuchsfarmen und Forschungskulturen in Peru, Liberia, Brasilien usw. lassen bedeutende Industrieunternehmen seit Jahren nach neuen Methoden suchen und Geräte ausprobieren, um – ohne störende Eingriffe in die Ökologie des Urwaldes – Teile davon in landwirtschaftliche Nutzflächen umzuwandeln (Bild **8.**3).

Aufgaben für den Erdbau gibt es genug, dazu in riesigen Dimensionen, und niemand ist bereit, mehr als 3 bis 5 Jahre Bauzeit zu akzeptieren. Jahrzehnte wird geplant, verworfen, neu entwickelt und konzipiert, – und dann soll alles morgen schon fertig sein! Die Konsequenz heißt hier: Die Zukunft fordert immer leistungsfähigere Methoden und Maschinen, immer kürzere Bauzeiten und immer mehr Menschen, die die Maschinen im Sinne echter Optimierung nutzen können [57].

8.1 Bauaufgaben

Bei der Landgewinnung aus dem Meer sind das Aufspülen von flachem Küstenvorland und das Eindeichen des Wattenmeeres vorrangig zu nennen. Hier liegt eine große Zukunft für die modernen Naßbaggergeräte. Kostensparender „Rund-um-die-Uhr-Betrieb" mit hohen Leistungen ist damit möglich, und die erforderlichen Massen lassen sich im hydraulischen Transport auch aus größeren Entfernungen heranschaffen.

Bei der Urbarmachung der großen Wüsten kommt es vor allem auf eine ausreichende Bewässerung mit Schutz der Landflächen gegen Erosionen an. Zur Weiterleitung des Wassers sind offene Kanäle oder (zur Durchquerung von Bergrücken) leistungsfähige Stollen erforderlich. Die Bewässerung selbst erfordert eine terrassenförmige Umgestaltung der Erdoberfläche (Bild **8.**4).

8.4
Bewässerungsterrassen am Rande der Sahara (El Aaiun)

Rodungsarbeiten im Urwald werden in immer größerem Stil durchgeführt. Die Experimente im Amazonasbecken haben gezeigt, daß auch hier noch nach sinnvollen Systemen gesucht wird; aber prinzipiell ist der Weg gangbar, und die Musterfarmen der großen Industriefirmen aus aller Welt zeigen, daß überlegtes Vorgehen von Erfolg gekrönt ist.

Auch in Gabun, Kamerun, Elfenbeinküste und Liberia gibt es Versuchsbetriebe, die den Erfolg des Konzepts beweisen. Allerdings gehört dazu: die ununterbrochene Pflege des urbar gemachten Gebietes!

Be- und Entwässerungssysteme werden in großem Umfang angelegt und erfordern vielfältige Kanal- und Grabensysteme, wie sie etwa in Hofuf beispielhaft durchgeführt wurden [58]. Auf lange Sicht ist die Beseitigung des Wassermangels mit der Entsalzung von Meer- und Brackwasser verbunden. Der Einsatz von Meerwasserentsalzungsanlagen zur Bewässerung der Trockenzonen wird zwangsläufig den Bau von Kernkraftwerken nach sich ziehen, denn der Strombedarf ist erheblich. Im humiden Klima spielt die Dränung eine wichtige Rolle, – sowohl zur Sicherung der Ingenieurbauten wie auch zur Flächennutzung in der Landwirtschaft (Bild **8.**5).

8.5
Anlage von Bewässerungsrinnen zum Durchspülen versalzender Oasen (Hofuf)

8.6
Eisenbahnbau durch den Urwald: die Trans-Gabun-Railway [114]

Immer stärker in den Vordergrund rücken wird der Bau von Verkehrsanlagen aller Art, vor allem der Bau von Straßen, Eisenbahnen, Flugplätzen und Häfen. Der Bau der Transamazonica im brasilianischen Urwald mit 5000 km Streckenlänge in nur einer Richtung ließ ahnen, welche gewaltigen Probleme sich hier auftun. Nicht viel anders sieht es beim Bau neuer Eisenbahnlinien aus (Tanzam-, BAM (Baikal-Amur-Magistrale) oder Transgabun-Eisenbahn) (Bild **8.**6). Eine Vorstellung von den neuen Aspekten im Flugplatzbau gibt der New International Airport in Jeddah, (Bild **8.**7), und für große Hafenbauten richtungweisend ist die Anlage von Europoort in Rotterdam, wo allein die Erdbewegungen einen Umfang von rund 24 Millionen m^3 (fast ausschließlich hydraulisch bewegt) annahm [59], [60].

8.7
Blühende Gärten in der Wüste: der New International Airport in Jeddah (hier: Empfangshalle für die Könige aus dem Morgenland)

8.2 Höhere Förderleistungen

Die mit den neuen Projekten verbundene Massenbewegung des „Baustoffes Erde“ wird immer mehr das Baugeschehen der Zukunft beherrschen, – nicht in Europa, aber ganz sicher in den ausländischen Entwicklungsgebieten. Staudämme, Bewässerungskanäle, Schiffahrtswege, Landgewinnungsprojekte, Autostraßen, Schnellbahnen, Häfen – so etwa lautet der Aufgabenkatalog für die Massenbewegung. Im Vordergrund steht dabei der Zwang zu immer höheren Förderleistungen, – in schwierigen Böden, unter immer ungünstigeren Umweltbedingungen, bei immer kürzer werdenden Zeiträumen und mit immer weniger qualifiziertem Arbeitspersonal. Nur über die Steigerung des maschinellen Arbeitspotentials und über die Erleichterung in der Handhabung der Maschinen werden sich die Leistungsforderungen erfüllen lassen.

Höhere Förderleistungen lassen sich im diskontinuierlichen System

mit immer mehr Geräten,
mit immer größeren Geräten,
mit immer schnelleren Geräten,

erreichen. Aber: Dem Masseneinsatz etwa von Schürfraupen auf japanischen Baustellen (bis zu 30 Stück auf einer einzigen Baustelle) sind Grenzen gesetzt. Die maschinelle Erdbaustelle kann nicht zum Ameisenhaufen werden! „Immer größer“ heißt heute: Hinterkipper mit 350 t Nutzlast, Dragline-Bagger mit 180 m Ausladung, Löffelbagger mit 150 m^3 Löffelinhalt usw. Aber auch hier ist man an Grenzen angelangt, – ebenso wie mit den „immer schnelleren“ Geräten. Den 4 m^3-Bagger mit 12 Sek. Spielzeit gibt es schon lange, aber er ist so schnell, daß 3 Maschinisten sich alle 20 Minuten ablösen müssen, weil sich sonst das Gerät in seiner Leistungsfähigkeit gar nicht ausfahren läßt!

Mit anderen Worten: Der diskontinuierliche Betrieb ist in allen wesentlichen Bereichen an eine Schallmauer gestoßen, die kaum noch überschritten werden kann. Einen Ausweg bringt zunächst eine „kleine“ Lösung durch Koppelung mehrerer Geräte zu einer einzigen Geräteeinheit, wie sie etwa der Electric Digger mit der Ausbaumöglichkeit zum „Güterzug auf Reifen“ anbietet, – oder aber dann die „große“ Lösung mit dem Übergang vom diskontinuierlichen auf den kontinuierlichen Betrieb. Hier läßt sich viel vom Tagebau lernen: Schaufelradbagger und Absetzer mit 240000 m^3 Tagesleistung, Bandstraßen mit 3,50 m Breite für den Nah- und Breitspur-Gleisbetrieb für den Fernbereich. Die Baustelle Staudamm Tarbela hat ahnen lassen, wie stark die Tagebautechnik in den Baubetrieb eindringen kann und wie einfach das Gebot der höheren Förderleistungen zu einer ernsthaften Auseinandersetzung mit den dort üblichen Methoden, Systemen und Geräten zwingt (Bild **8.**8).

8.3 Automatisierung

Die abnehmende Qualität menschlicher Arbeit zwingt zur Automatisierung des einzelnen Erdbaugerätes. Am Ende steht der Ersatz des Maschinisten durch den programmgesteuerten Automaten. „Roboter als Maschinisten“ heißt hier die Devise.

8.8
Endstation der Bandförderung in Tarbela: Übergabe des Materials über 2 Zwischensilos in 100-t-Bodenschütter zur Verteilung in die Einbaustellen.
„Durch dieses Bild" fließen 265000 m^3 pro Tag!

Das Prinzip des ABS (automatisches Bremssystem) kann richtungweisend auch für Baumaschinen werden, etwa um den Schürf- und Füllvorgang bei Scrapern zu automatisieren. Hier bietet sich der Regelkreis zwischen Schürftiefe und Füllungsgrad mit dem Einfluß auf Schürfstrecke, Schürfzeit und gesamte Umlaufzeit geradezu an, dem Maschinisten diese Arbeit abzunehmen und die maßgebenden Parameter über einen Bordcomputer laufend zu optimieren.

Kommen wird – ebenfalls als Stufe einer schrittweisen Automatisierung – die Differentialsteuerung einzelner Erdbaugeräte, vor allem der Ladegeräte. Das bedeutet hier, daß z.B. der Steinbruchbagger einen bestimmten Arbeitszyklus automatisch vorgegeben bekommt und der Maschinist nur noch die Abweichungen bei jedem Arbeitsspiel, die Änderung gegenüber dem Normaltakt, einstellen bzw. korrigieren wird. (Erforderlich ist dann allerdings eine gute Ausnivellierung der Steinbruchsohle und eine exakte Positionierung des Baggers vor der Wand.)

Der Maschinist in seiner Kabine (Bild **8.9**) greift also nur noch bei Abweichungen oder Störungen in den Arbeitsablauf ein. In diesen Zusammenhang gehört der abgesetzte Führerstand, von dem aus der Maschinist die Arbeit seines Gerätes besser übersehen kann

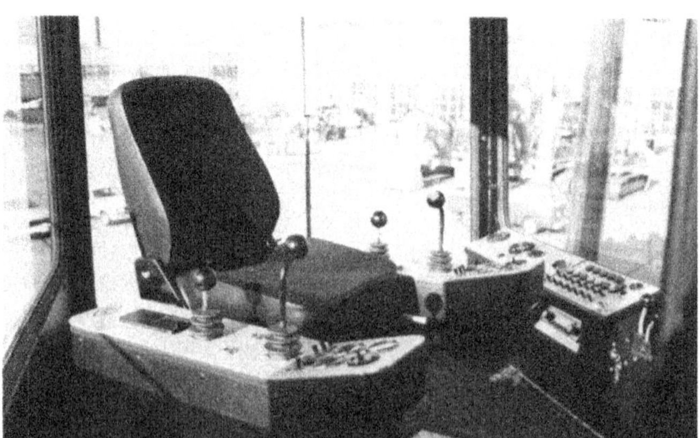

8.9
Vorstufe der Automatisierung: der Führerstand des RH 300 [102]

und wo er gleichzeitig auch mehr Sicherheit und bessere Umweltbedingungen geboten bekommt. Denkbar ist die vollklimatisierte, nach den letzten ergonomischen Erkenntnissen ausgestattete Steuerkabine (etwa Container) oben am Steinbruchrand mit guter Sicht zum unten arbeitenden Bagger und Funkübertragung der Kommandowerte.

In diesen Steuerstand (entweder den von der Maschine abgesetzten oder den in die Maschine integrierten) wird ein ganz neues Steuersystem Einzug halten: die Steuerung des Gerätes nicht mehr durch viele Hebel, sondern mit einer Handbewegung. Sensoren an Armen, Hand und Fingern werden dafür sorgen, daß die Handbewegungen in die entsprechende Maschinenarbeit umgesetzt werden. Der Maschinist „fühlt" dann nur noch mit seiner Maschine, indem er die korrespondierenden Handbewegungen macht. Alles andere übernimmt „Kollege Roboter".

8.4 Die automatische Baustelle

Was für das einzelne Gerät gesagt wurde, läßt sich fortdenken für die ganze Baustelle, – hier: die Erdbaustelle. Das ist keine Utopie mehr!

Die elektronisch gesteuerte Baustelle wird etwa so aussehen: Die einzelnen Maschinen erhalten jeden Morgen zum Arbeitsbeginn ihr für den Tag gültiges Arbeitsprogramm und begeben sich dann „automatisch" an ihre Betriebspunkte, wo sie das Programm abfahren. Sensoren an den neuralgischen Punkten jeder Maschine nehmen die Bewegungen und Kräfte ab und leiten sie zum Automaten, der – soweit es notwendig ist – sie ausregelt. Die Werte gehen aber auch in das zentrale Baubüro und werden dort in der Ablaufüberwachung registriert und eventuell als Anpassungs- und Änderungsimpulse an die Maschinen zurückgegeben. Monitore für die einzelnen Geräte (oder Gerätegruppen) sorgen für die Einsatzüberwachung. Mit Hilfe eines elektronischen Ortungssystems werden, von Sendemasten am Rand der Baustelle aus, die Fahrbewegungen überwacht, in ebenerdige Koordinaten umgerechnet und ebenfalls auf Bildschirmen registriert. So wird jedes Gerät in seinen Fahr- und Arbeitsbewegungen exakt unter Kontrolle gehalten (ähnlich der Luftraum-Überwachung im Tower eines Flugplatzes). In einer weiteren Auswertestation werden die Arbeitsleistungen (in m^3/h oder $t \cdot km$) unmittelbar aufsummiert und in Leistungsanzeigern sichtbar gemacht.

Der Bauleiter der Zukunft sitzt in einem komfortablen Büro – etwa vergleichbar dem eines modernen Kraftwerkes: vor sich die Anzeigegeräte der einzelnen Maschinen, und in der Mitte ein großes „Barometer" mit 2 Anzeigeleuchten: rot und grün für „Leistung fällt" bzw. „... steigt" zur Anzeige des Soll-Ist-Vergleichs im Regelkreis des Systems Baustelle.

Das ist natürlich derzeit noch Science fiction, aber was in der Raumfahrt schon vorexerziert wurde, wird schrittweise auch in anderen Bereichen eingeführt. Warum nicht auch auf der Erdbaustelle?

Was allerdings dazu erforderlich ist, wird noch viel Mühe kosten: Daten und immer wieder Daten! Daher kann nicht frühzeitig genug damit begonnen werden, den Geräten bei der Arbeit den „Puls zu fühlen", den „Blutdruck zu messen" und die Arbeitsspiele zu zählen – unter allen nur denkbaren Betriebszuständen. Auch das beste Programm und die beste Meß- und kontrolltechnische Anlage ist wertlos, wenn die Daten zur begleitenden elektronischen Simulation des Prozesses fehlen.

8.5 Die Baustelle auf dem Meeresboden

Die Überlegungen hinsichtlich der Automatisierung haben noch einen anderen, tieferen Hintergrund: Früher oder später wird es notwendig werden, Bauwerke „off shore", also auf dem Festlandsockel (bis ca. 200 m Tiefe) in das Meer hinein zu errichten. Sie werden dann nicht mehr in Baugruben mit konventionellen Methoden, sondern direkt auf dem Meeresboden ohne Verbindung mit der Atmosphäre erstellt. Denkbar ist die Errichtung von Fabrikanlagen und insbesondere Kernkraftwerken. Angesichts der immer umfangreicheren Auflagen seitens des Umweltschutzes wird gar nichts anderes übrig bleiben, als diese Anlagen in das Meer „abzuschieben" und unter der Wasseroberfläche zu „verstecken". Die Bauwerke könnten in Trockendocks an Land vorgefertigt, dann eingeschwommen und abgesenkt werden, aber die Gründungsflächen bzw. -bauwerke müssen vor Ort vorbereitet und erstellt werden.

8.10 Unterwasser-Bulldozer für (vorerst) bis zu 70 m Wassertiefe [103]

So wird der Unterwassereinsatz von Bulldozern, Scrapern usw. kommen. Vorreiter dafür ist der Unterwasserbulldozer (Bild **8.**10) von Komatsu, der bis 70 m Tiefe operieren kann. Noch wird dieses Gerät an einer langen „Nabelschnur" von einem Begleitboot aus über Draht gesteuert. Aber die Automation steht auch hier vor der Tür, und es wird sicher nicht mehr lange dauern, bis diese Geräte von Robotern bedient werden (Bild **8.**11).

Eine noch viel aktuellere Bedeutung bekommt dieses Thema im Hinblick auf den Meeresbergbau. Hier sind es vor allem Gold-, Diamant- und Erzseifen, – also erzhaltiges Flußgeschiebe, das sich in weiten Mündungsdeltas bis ins Küstenvorland abgelagert hat, – die gewonnen werden müssen, und dazu bieten sich Flachbaggergeräte geradezu an, die dann auf dem Meeresboden operieren. Denkbar ist etwa eine Schürfraupe, die über eine biegsame Rohrleitung das geschürfte Material unter Druckluftbeigabe, d.h. mit einer Mammutpumpe, an die Wasseroberfläche in eine dort schwimmende Aufbereitungsanlage fördert [61].

Gewiß wird das erst der letzte Schritt sein. Davor wird man versuchen müssen, mit schwimmenden Geräten (Eimerkette, Saugbagger, Schaufelradbagger unter Wasser) so weit wie möglich herunterzureichen. Schon sind Eimerkettenbagger eingesetzt, die bis – 50 m

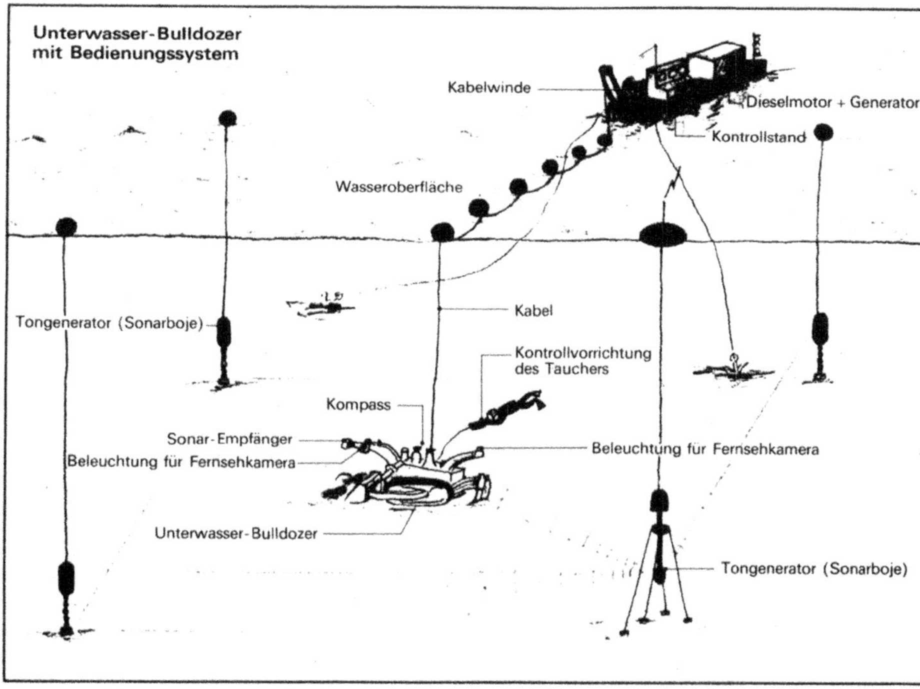

8.11 Einsatz des Unterwasser-Bulldozers [103]

Tiefe arbeiten. Auch existiert das Projekt eines Schaufelradbaggers, der auf bis zu – 100 m Wassertiefe herabreichen kann. Irgendwo aber kommt eine Grenze für die über Wasser operierenden Geräte, und dann bleibt nur noch eines: hinab auf den Meeresboden, und dazu stellt sich dann neben einer ganzen Fülle anderer Probleme auch die Forderung nach einer weitgehenden Automatisierung des einzelnen Gerätes wie der ganzen „Baustelle“ (Bild **8.**12).

8.12
Ferngesteuertes Bodenuntersuchungsgerät (UBUG) für den Einsatz auf dem Meeresboden

8.6 Terramechanik

Jede Baustelle, erst recht aber die auf dem Meeresboden, hat es mit der Gewinnbarkeit und Transportierbarkeit des gelösten Materials und mit der Befahrbarkeit des Baustellengeländes zu tun. Um die damit verbundene Problematik besser in den Griff zu bekommen, werden vor allem Bodenuntersuchungen erforderlich sein, – Bodenuntersuchungen, die viel mehr als bisher den Einsatz der Geräte begleiten und laufend eine direkte Verbindung zwischen den registrierten Bodenkennwerten und den gemessenen Arbeits- und Fahrwiderständen gestatten [53].

Damit ist zunächst die Frage nach einer geeigneten Meßmethode angesprochen. So wie die Dinge jetzt liegen, werden sich Drucksondierungen am besten eignen. Sie lassen sich verhältnismäßig billig durchführen, reichen in Tiefen bis zu 70 m (von der Geländeoberfläche, d.h. hier vom Meeresboden aus) und liefern Meßwerte, die recht gut geeignet sind, um eine aussagekräftige Korrelation mit den fahr- und arbeitsdynamischen Grundwerten herzustellen. Begleitend dazu müssen die klassischen Bodenkennwerte ermittelt werden, wobei das Feuchtraumgewicht γ_f, die Scherfestigkeit τ_s, die Drehscherfestigkeit τ'_F, der innere Reibungswinkel φ und die Kohäsion c im Vordergrund stehen. Hinzu kommen müssen Ermittlungen über die Druckfestigkeit (Zylinderdruckfestigkeit) an ungestörten Bodenproben.

Die Ermittlung der Grab- bzw. Lösewiderstände muß, das haben die bisherigen Untersuchungen erkennen lassen, differenziert gesehen werden im Hinblick auf das jeweilige Lösewerkzeug. So wird es für Scraperschneiden, Baggerlöffel, Schaufelräder, Schneidköpfe, Schleppköpfe, Planierschilde usw. jeweils unterschiedliche Schneidkraftbeiwerte geben, die von der Lösetechnik her variiert werden.

Nicht viel anders ist die Situation im Bereich der Fahrwiderstände. Hier stehen vor allem die Reifen im Mittelpunkt des Interesses, denn sie werden auch für den Unterwassereinsatz größere Bedeutung erlangen und sind zudem über praxisbezogene Kennwerte kaum ausreichend fixiert. Erinnert sei nur an die Frage der Luftdruckabsenkung zur Erzielung größerer Aufstandsflächen und damit geringerer Bodenpressung, die einst von den Reifenherstellern nicht gern gesehen wurde, heute jedoch als durchaus attraktives Attribut im Bereich zumindest der EM-Reifen gewertet wird [62], [76].

Die moderne Meßtechnik liefert hervorragende Einrichtungen zur Erfassung der arbeits- und fahrdynamischen Werte; aber man sollte auch auf den Baustellen davon Gebrauch machen und einen Datenpool schaffen, der echte Entscheidungshilfen liefern kann.

8.7 Computer im Erdbau

Wenn auch auf Seiten der Praktiker noch sehr viel Skepsis gegenüber den Anwendungsmöglichkeiten des Computers auf der Baustelle herrscht, so wird man sich auch dort der weiteren Entwicklung auf die Elektronik hin nicht verschließen können. Folgende Möglichkeiten stehen im Vordergrund:

1. Datenbank. Sie steht am Anfang jeder EDV-Arbeit und beinhaltet nichts anderes, als daß die technischen und wirtschaftlichen Daten der Geräte und die Einsatzdaten auf der Baustelle abrufbereit in einer Datenbank gespeichert werden, – zur vielfältigen Anwendung im Rahmen eines der folgenden Anwendungsschritte:

2. Optimale Geräteauswahl für eine gegebene Bauaufgabe. Voraussetzung hierfür ist die freie Wählbarkeit der Geräte nach den jeweils gültigen optimalen Kriterien. Jedoch ist es durchaus möglich, einzelne Geräte (die schon vorhanden sind und aus wirtschaftlichen Gründen verwendet werden müssen) als Fixwerte in die Rechnung einzuführen und nur die frei wählbaren Geräte dem Spiel der Optimierung zu unterwerfen. Ziel ist hier, unter den verschiedensten Kombinationsmöglichkeiten die optimale Gerätekombination herauszufinden.

3. Die technisch optimale Leistung eines Gerätes oder einer ganzen Gerätegruppe unter dem Aspekt des Zusammenspiels von Maschine, Mensch, Boden und Witterung ist von allergrößtem Interesse. Mit modernen Rechenprogrammen (z.B. EMSI des IMB) [63] ist es möglich, schnell festzustellen, welche Leistung unter den speziellen Einsatz- und Randbedingungen aus einem Gerät oder einer Gerätekombination herausgeholt werden kann. Ebenso von Interesse ist die Leistungsermittlung, die unter idealen Betriebszuständen erzielt werden könnte.

4. Die Kalkulation der Gerätekosten ist nach den Stufen 1 bis 3 schnell und einfach durchzuführen, wobei der Computer alle aufgegebenen Einsatz-, Betriebs- und Randbedingungen berücksichtigt und die ideale wie reale Ausnutzung der Geräte zugrunde legt. Hier erwächst also dem Kalkulator eine außerordentliche Hilfe. Herstellerfirmen sind dazu übergegangen, diese Form von Einsatzberatung als Service anzubieten (z.B. OMS von Komatsu) [64], wobei allerdings die zugrundeliegenden Programme oft noch recht „grob gestrickt" sind und einer zunehmenden Verfeinerung bedürfen.

5. Im Zusammhang damit steht die Einsatzplanung, also die Ausarbeitung der verschiedensten Einsatzvarianten unter realen Kostenaspekten mit der Möglichkeit, bei Auftreten von Hindernissen, Wetterschwierigkeiten usw. schnell auf die nächst kostenoptimale Einsatzvariante auszuweichen.

6. Sehr häufig wird ein Gerätevergleich gewünscht, der möglichst alle maßgeblichen technischen und einsatzmäßigen Parameter berücksichtigt, z.B. wenn es um die gerechte Miete zwischen Seil- oder Hydraulikbagger, Rad- oder Kettenlader usw. geht. Häufig stehen sich in Entscheidungssituationen Geräte unterschiedlicher Leistung oder unterschiedlicher Größe gegenüber, deren „Können" auf eine „Normalbaustelle" mit klar fixierten Einsatzbedingungen transferiert werden muß, um unter objektiven Bedingungen verglichen werden zu können [65], [21], [75].

7. Einsatzsteuerung der einzelnen Geräte ist heute durch einsatzbegleitende Datenerfassung über Mikroprozessoren an den einzelnen Geräten und unmittelbare Weiterleitung an die Befehlszentrale kein Problem mehr. Auf diese Weise läßt sich jedes einzelne Gerät von der Bauleitung aus in seinen wesentlichen „Lebensäußerungen" überwachen und über Funk usw. direkt beeinflussen (z.B. durch Anweisung über eine andere Schürftiefe, andere Fahrgeschwindigkeiten, andere Fahrzeugfolgen usw.). Wesentlich ist die Datenerfassung am einzelnen Gerät, die Auswertung in der Zentrale und die Rückkoppelung von der Zentrale wieder zum Gerät im Einsatz!

8. Im Zusammenhang damit steht die Einsatzkontrolle, also der laufende Soll-Ist-Vergleich der arbeitenden Geräte. Auch hier übernehmen Mikrocomputer das Abfragen der Einsatzwerte, und im Rechenzentrum (auf der Baustelle!) werden die gefahrenen Leistungen mit den Soll-Werten verglichen und damit das „rot" oder „grün" am optischen Leistungsbarometer ausgelöst.

9. Das kybernetische Modell einer Baustelle ist kein Wunschtraum mehr. Hier geht es nicht um Finite Elemente oder Netzwerke, sondern um Regelkreise, Warteschlangen, Stell-

glieder und Stellgrößen, die in einem mathematischen Modell über Rechenprogramme miteinander verknüpft sind und mehreren Zwecken dienen:

10. Simulation von Arbeits- und Transportvorgängen ist immer dann von Nutzen, wenn neue Verfahren zunächst theoretisch ausprobiert oder Geräteketten optimal (hinsichtlich maximaler Durchlaufleistung) abgestimmt werden sollen. Dynamisch gesehen steht die Frage im Vordergrund, wie der im Simulationsmodell dargestellte Arbeitsprozeß (z.B. die Baustelle) auf Störungen von außen reagieren wird; statisch gesehen ist interessant zu wissen, wie z.B. bei einer Prozeßkette die einzelnen hintereinandergeschalteten Geräte dimensioniert werden müssen und welcher Input an Geräten an der Entnahmestelle hineingesteckt werden muß, damit ein gewünschter Output an der Einbaustelle erreicht wird. Und schließlich ist das Simulationsmodell eine wertvolle Hilfe überall dort, wo Leistungen und Gerätekombinationen unter praktischen Bedingungen oder unter stochastischen (Zufalls-) Zwängen ermittelt werden sollen [50].

11. Die Automatisierung einzelner Geräte oder maschineller Teilvorgänge rückt immer mehr in den Mittelpunkt. Hingewiesen sei auf den Füllvorgang der Scraperkübel, den Ansatz der Löffel an der Haufwerksböschung, die Abstimmung von Rotations- und Schwenkvorgang beim Schaufelradbagger usw. Hier geht es nicht zuletzt darum, angesichts des immer seltener werdenden wirklichen Fachpersonals die programmierte Intelligenz des Computers „auf die Maschine zu legen" und damit die Leistungsfähigkeit der Geräte zu erhalten, ja: sie dem Menschen aus der Hand zu nehmen!

12. Endziel ist der „Prozeßleitstand" für die Erdbaustelle, der „elektronische Feldherrnhügel" mit seinen weitreichenden Konsequenzen hinsichtlich Geräteüberwachung und Einsatzsteuerung. Bis dahin wird zwar noch viel Arbeit notwendig sein, aber einzelne Schritte auf dem Weg zu diesem Ziel sind schon getan worden. So gibt es bereits „digitale Geländemodelle", – also so etwas wie einen „elektronischen Sandkasten", in dem die Höhen- und Längenunterschiede wie auch die Beschaffenheit des Baustellengeländes in elektronischen Informationseinheiten abgespeichert sind. In diesem Prozeßleitstand wird es etwa zugehen wie im Leitstand einer Nachtjagddivision: Lichtpunkte zeigen die Fahrbewegungen der einzelnen Geräte an, Sensoren analysieren ihre Fahrgeschwindigkeiten und Leistungen, Monitore machen den Unterschied zwischen dem praktisch gefahrenen Weg und der optimalen Lösung deutlich, und über allem schwebt das Leistungsbarometer (in m^3/h bzw. DM/m^3) und signalisiert die jeweilige Leistungsbilanz auf der Baustelle.

Hier hat die Zukunft schon längst begonnen. An Teilproblemen wird intensiv gearbeitet, und der Weg von der maschinengerechten Bodenuntersuchung und Bodenklassifizierung bis hin zum „elektronischen Feldherrnhügel" wird von Tag zu Tag kürzer! Videant consules!

8.8 Technische Verbesserungen

Auch hier sollen wieder nur zwei Beispiele angeführt werden, die die Trends verdeutlichen:

die Optimierung der Arbeitskinematik der Ladegeräte,
die Einführung einer Luftdruckregulierung für Reifen vom Führerstand aus.

Das erste Beispiel gehört zum CAD-Bereich (Computer aided design) und ist schon heute „Stand der Technik" – nur sollte es häufiger angewandt werden. Wiederholt wurde darauf hingewiesen, daß die Gestaltung der Arbeitsabläufe von Baumaschinen den Einsatzbedingungen angepaßt werden muß, daß die Bewegungen selbst „flüssig" und „elegant" sein müssen und daß sich das „swinging like a girl“ einer Baumaschine ganz sicher auch in guten Leistungen niederschlägt. – Genau das aber läßt sich sehr gut über ein Rechenprogramm simulieren: die Lage der verschiedenen Gelenkpunkte beim Hochlöffel oder Radlader, die Abstimmung der Arbeitsgeschwindigkeiten von Hub und Vorschub, die Gestaltung der Grabkurve beim Hochlöffel, die Anpassung der verschiedenen Hebelarme an die Gegebenheiten des Einsatzes usw. Hier könnte manche Maschine schon in der ersten Konzeption erfolgreicher gestaltet werden, und manches jahrelange „Herumprobieren“ ließe sich vermeiden. Die Möglichkeiten sind da – man sollte sie nur nutzen!

Eine andere – ebenfalls schon im Prinzip realisierte – Möglichkeit stellt die laufende Luftdruckregulierung am im Einsatz befindlichen Reifengerät (vor allem Scraper, Dumper usw. mit EM-Reifen) vom Führerstand aus dar. Auf die große Bedeutung der Luftdruckregulierung, insbesondere der Luftdruckabsenkung zur Erzielung größerer Aufstandsflächen und damit geringerer Bodendrücke in wenig tragfähigem Gelände wurde schon im Zusammenhang mit der Reifenanpassung (Abschn. 5.2.6.2) hingewiesen. Seit einiger Zeit bietet die Industrie eine zentrale Reifeninnendruck-Reguliereinrichtung an, die vor allem für Fahrzeuge mit Luftdruckbremse geeignet ist, da dort die notwendigen Installationen (Kompressor, Luftbehälter usw.) weitgehend vorhanden sind. Technisch diffizil sind vorerst noch die Gleitringe zur Laufübertragung von den stationären Vorrichtungen im Chassis auf die sich drehenden Räder. Wenn diese Anlage ausgereift ist, hat der Maschinist die Möglichkeit, vom Führerstand aus über ein Regulierventil den gewünschten Luftdruck laufend einzustellen.

Auch eine Automatisierung dieses Vorganges wäre denkbar. Damit würden sich der Anwendung des Reifenfahrwerks neue wertvolle Möglichkeiten erschließen, – zumal sich in den laufenden Untersuchungen immer mehr herauskristallisiert, daß der richtige Luftdruck (zumindest in einem EM-Reifen) die entscheidende Größe zur Optimierung aller fahrdynamischen Komponenten eines Reifenfahrwerks ist [76].

8.9 Stand der Technik

Die BAUMA (Baumaschinenausstellung) 1983 in München hat bei den Erdbaugeräten enorme Fortschritte erkennen lassen. Zusammengefaßt waren es die Themen

1. Hydrostatischer Antrieb,
2. Dieselhydraulischer Seilbagger,
3. Maßnahmen zur Energieeinsparung,
4. Steuerung der Arbeitsbewegungen durch Mikroprozessoren,
5. Programmsteuerung der Arbeitsbewegungen,
6. elektronische Geräteüberwachung,

die dabei im Vordergrund standen. Im einzelnen ist dazu zu sagen:

Hydrostatischer Antrieb

Die offensichtlichen Vorteile des hydrostatischen Antriebes (und seine Bewährung in der Praxis) haben nicht nur zu immer größeren Planierraupen (PR 751 mit 330 PS Antriebsleistung), sondern zur Verwendung dieses Arbeitsprinzips auch bei Kettenladern geführt. Hatte der hydrodynamische Antrieb (d.h. mit Drehmomentwandler) den Planierraupen bisher

8.13
Die (bisher) größte Planierraupe mit hydrostatischem Antrieb: PR 751 (330 PS, 40 t Gewicht) [101]

gegenüber der konventionellen rein mechanischen Ausführung schon erhebliche Vorteile gebracht, so brachte der hydrostatische Antrieb eine Reihe weiterer markanter Vorteile für den Betreiber. Die wichtigsten sind:

1. Stufenlose Geschwindigkeitsregelung (von 0 bis 10 km/h) mit max. Ausnutzung der installierten Antriebsleistung.

2. Betätigung des Gerätes mit nur 2 Hebeln:
a) Ein Kreuzschalthebel für sämtliche Fahrbewegungen,
b) ein Schalthebel für die Schildbedienung (bei der Planierraupe).

3. Rein hydraulische Lenkung der Fahrbewegungen ohne mechanische Kupplungen und Bremsen.

4. Rein hydraulisches Bremsen, d. h. verschleißfreie Verzögerung der Fahrbewegung bei Talfahrt.

5. Große Wendigkeit.

6. Automatische Anpassung von Zugkraft und Geschwindigkeit an die jeweiligen Fahrwiderstände.

Diese Vorteile prädestinieren den hydrostatischen Antrieb zu dem Fahrwerksantrieb der Zukunft (Bild **8.13**).

Dieselhydraulische Seilbagger

Auf Seilbagger wird man wegen der damit erzielbaren großen Arbeitsweiten (Schürfkübel- und Kranbetrieb) nicht verzichten können. Vor allem die Forderung nach kraftschlüssigem Senken beim Kranbetrieb hat dazu geführt, die Windwerke (und dazu dann auch Dreh- und Fahrwerk) mit hydraulischem Antrieb auszurüsten. Die im Betrieb erzielten Vorteile (weiches, verschleißarmes Arbeiten mit stufenloser Regelung über elektrohydraulische Steuerelemente) sind erheblich und werden – zumindest in gewissen Bereichen – zu einer Renaissance der Seilbagger führen (Bild **8.14**). Für den Bohrbetrieb ist im Hubwerk eine Freifall-Stellung eingebaut.

8.14
Elektrisch-elektronisch gesteuerter vollhydraulischer Seilbagger HS 840 [101]

8.15
Sensorhebel für automatische Leerlaufregelung beim Hydraulikbagger [101]

Energieeinsparung

Die bisher gebräuchliche Praxis, den Dieselmotor in der Baumaschine auf Vollast laufen zu lassen, ist durch eine energiesparende Anpassungsautomatik abgelöst worden: Wird keine Abtriebsleistung benötigt (z. B. wenn der Bagger auf Fahrzeuge warten muß), so wird die Motordrehzahl heruntergeregelt. Diese Automatik ist mit einem Zeitrelais gekuppelt, das erst nach einer gewissen Verzögerung anspricht. Ein Sensorhebel für automatische Leerlaufregelung des Motors bringt bis zu 30 % Kraftstoffeinsparung; im Zusammenhang damit auch: weniger Lärm und weniger Luftverschmutzung (Bild **8.**15).

Eine andere, sehr wirkungsvolle Maßnahme zur Energieeinsparung ist die Anordnung von Stickstoffspeichern im Kreislauf der Hydraulik-Hubzylinder: Senkt z. B. der Bagger seine Ladeschaufel, so wird die kinetische Energie der Absenkbewegung durch Kompression des Gasgemisches im Stickstoffspeicher aufgefangen, um beim nächsten Hubvorgang wieder aktiviert zu werden und damit Antriebsenergie zu sparen, – vergleichbar etwa der „Energierückgewinnung" beim Gleichstom-Elektroantrieb.

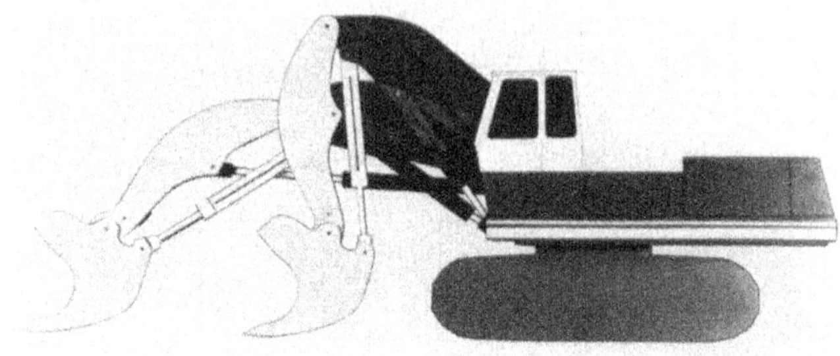

a)

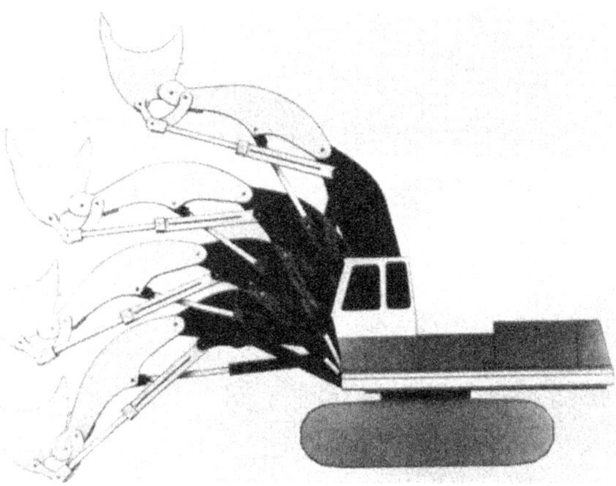

b)

8.16
Das Tripower-System
a) beim Ansetzen und Vorschieben der Ladeschaufel
b) beim Hochheben der gefüllten Schaufel [102]

Optimierung der Grabbewegungen beim Bagger

Mit einem zusätzlichen Parallelogrammgestänge („Tripower") wurde erreicht, daß die Ladeschaufel

a) ihre horizontale Lage beim Vorschieben ins Haufwerk,

b) ihre Hublage nach dem „Knippen" in günstigster Position beibehält, –

unabhängig von der jeweiligen Stiel-Ausleger-Geometrie. Das gewährleistet besseres Eindringen in die Haufwerksböschung (Bild **8.**16a) und ein besseres „Festhalten" des gelösten Materials in der Ladeschaufel (Bild **8.**16b). Ähnliche Maßnahmen wurden auch für den Tieflöffel entwickelt („Trimatic"). Dort geht es vor allem darum, dem Löffel bei größerer Reichtiefe und Reichweite (mit längerem Ausleger) eine größere Ausschütthöhe für die Fahrzeugbeladung zu geben.

Mikroprozessoren im Bagger

Diese „elektronischen Kobolde", „Gehirnzellen aus Silizium", – auf jeden Fall Wesensbestandteile der „Dritten industriellen Revolution" – haben auch in die Erdbaugeräte Eingang gefunden. Nur: nicht alle sind echte „Mikroprozessoren", die als solche bezeichnet werden. Ein Schalter ist noch kein Mikroprozessor, dazu muß er rechnen und vergleichen, arithmetische und logische Funktionen durchführen können. Alle vorhandenen Mikroprozessoren in einem Baustein integriert ergeben den „Mikrocomputer", wie ihn Bild **8.**17 in einem Großbagger zeigt. Aufgabe dieses Mikrocomputers ist (vorerst) vor allem, die Lage

8.17 Der „Baggerführer der Zukunft“: Mikroprozessor auf dem Hydraulikbagger PC 1500 (rechts unten, so ähnlich wie „big brother is watching you“) [103]

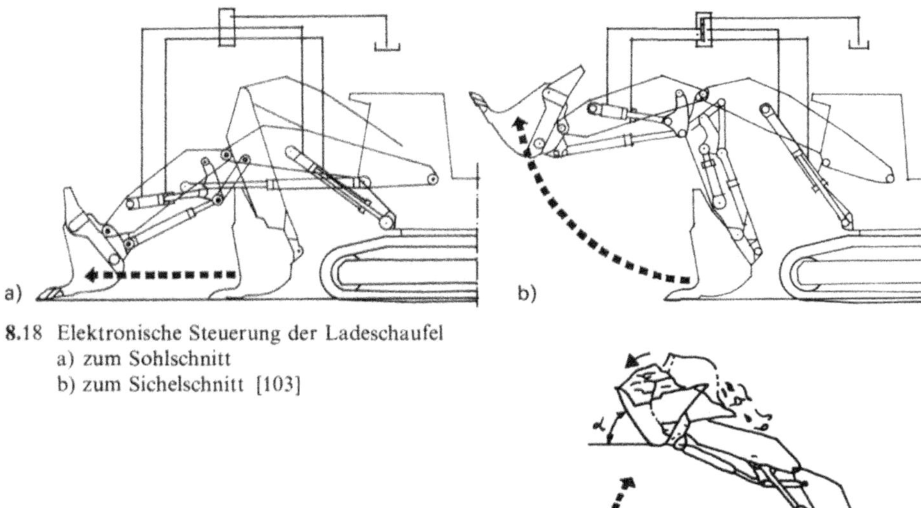

8.18 Elektronische Steuerung der Ladeschaufel
a) zum Sohlschnitt
b) zum Sichelschnitt [103]

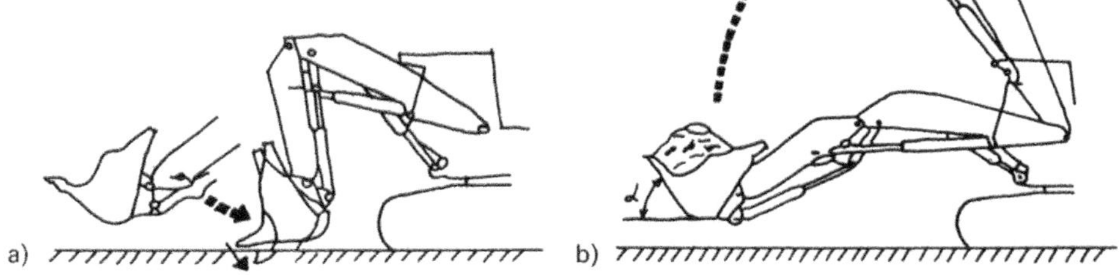

8.19 Elektronische Ladeschaufelkorrektur
a) beim Ansetzen
b) beim Hochheben [103]

des Grabgefäßes unabhängig von der Stiel-Auslegerstellung entweder konstant zu halten oder einer vorgegebenen Grabkurve anzupassen. So kann der Baggerführer z. B. wählen zwischen „Level digging" (Bild **8.**18a) und „Circular arc digging" (Bild **8.**18b), also zwischen Sohlschnitt und Sichelschnitt.

Außerdem kann damit elektronisch erreicht werden, daß die Ladeschaufel beim Zurückziehen und Ansetzen waagrecht steht und beim Hochheben ihre günstigste „Halteposition" beibehält (Bild **8.**19), – etwa wie in Bild **8.**16, nur daß es dort mechanisch geschieht. Das wird erreicht über Sensoren, die die Ist-Winkel in der Hebel-Geometrie mit den Soll-Winkeln für die gewünschte Schaufelposition vergleichen und die entsprechenden Korrekturimpulse an die Hydraulikzylinder geben, – also schon eine regelrechte Programmsteuerung, wenn auch erst für bestimmte Teilbereiche im gesamten Grabsystem der Baggermaschine.

Programmsteuerung

Einen Schritt weiter führt – wieder mit Hilfe der Mikroprozessoren – die Programmsteuerung eines Baggers für eine bestimmte Arbeitsaufgabe, z. B. das profilgerechte Ausbaggern einer Kanalsohle unter Wasser oder der Aushub eines Grabens mit vorgegebenem Querschnittsprofil. In diesen Fällen erhält der Bagger über einen Laserstrahl eine Bezugsachse, an der er seine übrigen Bewegungen ausrichten kann. Ähnliches ist schon von Planierraupen her bekannt, wobei Vorstufe hierzu wieder der Leitdraht für die Nivellierarbeit des Graders oder Deckenfertigers war. Hier ist die Entwicklung noch im Gange, wobei am Ende der vollautomatisch arbeitende Bagger steht, nun nicht mehr geführt an einem Laserstrahl, sondern abgestützt auf ein „digitales Geländemodell", also den „elektronischen Sandkasten", von dem schon die Rede war.

Synchro-Pilot

Neu ist auch die Einführung einer bewegungssynchronen Steuersäule etwa nach Art des Steuerknüppels im Flugzeug: Drücken nach vorn heißt „Nase runter" usw. An die Stelle der bisherigen Mehrhebelsteuerung tritt die integrierte Steuersäule. Der Baggerführer „baggert" also mit der Steuersäule, und die Maschine setzt diese Bewegungen mit „Power" in die Wirklichkeit um (Bild **8.**20).

8.20
Steueranlage „Syncro-Pilot" im Hydraulikbagger: alle Handbewegungen des Maschinisten werden elektrohydraulisch auf das Werkzeug bewegungssynchron übertragen [102]

8.21 Elektronische Geräteüberwachung: Hier das Betriebsdaten-Display integriert in die Steuersäule von Bild **8.**20 [102]

Kontroll-System

Es ist in seiner modernen Form als „Betriebsdaten-Display" in die Steuersäule integriert (Bild **8.**21) und kann 14 verschiedene Betriebsdaten registrieren und auf Knopfdruck auf einer Anzeigetafel sichtbar machen. Insgesamt lassen sich 150 Grenzwerte (z. B. Ölstände, Keilriemenspannung, Filterverschmutzung, Temperatur usw.) speichern und ausdrucken, – eine wesentliche Hilfe bei der Überwachung des arbeitenden Gerätes hinsichtlich Wartung und Schadensfeststellung. Gerade hierin ist eine gute Überwachungsmöglichkeit der Maschinisten durch die zuständige Aufsicht gegeben: Alle wesentlichen Betriebsdaten der Maschine können abgespeichert und z. B. abends abgefragt und ausgedruckt werden. Das gilt besonders für die „lebensgefährlichen" Werte, wie Temperaturen, Ölstände, Metallspäne im Hydrauliköl usw.

9 Führungstechnik

9.1 „Lebenslinien"

Die Leistung eines Erdbaugerätes ist in weit stärkerem Maße von den Bodenverhältnissen und von der Kunst und Fähigkeit der Maschinisten abhängig als die jedes anderen Baugerätes. Und um die Leistung geht es auch immer, wenn vom Führen der Geräte im Einsatz auf der Baustelle die Rede ist.

Das Führungspersonal muß die Gesetze kennen, nach denen diese Leistungen erbracht werden, muß wissen, in welchem Umfang sich die Schwankungen bei den verschiedenen Betriebsverhältnissen einstellen, wie das System „atmet", – kurz: nach welchen Linien und Kurven das Leben der Maschinen abläuft, um den Einsatz richtig steuern und leiten zu können.

Wir hatten den Erdbau als eine Art dreidimensionale Fortbewegung mit den Bewegungen des Flugzeuges verglichen. Die Flugbedingungen im Luftraum sind zunächst nicht sichtbar. Die Wettermeldungen der Meßstationen werden ausgewertet und durch Isobaren, Isothermen, Windpfeile und Wetterfronten zusammenfassend dargestellt. So entsteht die Wetterkarte, um die unsichtbaren thermodynamischen Verhältnisse im Luftraum visuell zu beschreiben. Für den Piloten ist die Wetterkarte zur Festlegung des Flugzeugkurses unentbehrlich.

Auch in der schienenlosen Erdbewegung gibt es einen solchen „unsichtbaren Raum", vollgefüllt mit einer Menge von Betriebsbedingungen. Auch hier muß der Zusammenhang erst durch „Wetterkarten" sichtbar gemacht werden. Das sind dann Einsatzkarten, Arbeitsdiagramme und Betriebscharakteristika, die dem „Piloten" zur Steuerung im Einsatz dienen. Das sind die Lebenslinien, die die betriebliche Situation mit ihren unsichtbaren Zuständen und jeweiligen gesetzmäßigen Veränderungen darstellen und die Voraussetzung für die Anpassung der Geräte an die Betriebsbedingungen im Einsatz liefern.

Das Studium der Betriebsfaktoren und ihrer Änderungen ist die Hauptaufgabe jeder Bauleitung. Das Ineinandergreifen der Faktoren, ihre Rückkoppelung untereinander und die gegenseitige Abhängigkeit und Beeinflussung durch die breite Skala der Betriebsbedingungen stets „sichtbar" vor sich zu haben, ist unabdingbare Voraussetzung für den Erfolg. Mit den Betriebsfaktoren zu jonglieren, ihren Einfluß richtig abzuschätzen und ihre Wirkung richtig zu dosieren, um das wirtschaftliche Optimum zu treffen, – das ist das eigentliche „Führen" der gesamten mobilen Erdbaumaschinerie.

Voraussetzung ist immer, daß die Zusammenhänge klar erkannt werden. Der gleislose Erdbau ist etwa wie das freie Schießen bei der Flakartillerie. Der Schießende muß die ballistischen Werte für Vorhalt, Aufsatz, Windeinfluß, Höhenkorrektur, Luftfeuchtigkeit usw. gefühlsmäßig beherrschen, muß ihre Zusammenhänge in präziser Form vor Augen haben, wenn er die Schießbefehle gibt. Er muß ein „lebendiges Kommandogerät" sein, in dem die Schußwerte in Diagrammen, Kugelkalotten, Kurvenkörpern usw. vorhanden sind, – wobei es weniger um die absoluten Werte als um die Änderungen der Einsatzlage geht. Und diese Werte ändern sich nicht sprunghaft, sondern immer stetig. Man steht nicht plötzlich an den Grenzen, man wird unmerklich an sie herangeführt. Unaufhörlich kreisen die Geräte auf der Baustelle, vollführen einen Umlauf nach dem anderen. Umlaufzeiten und Leistungen mögen sich nur wenig ändern, und doch erkennt der erfahrene Bauleiter am Rhythmus des

Geräteumlaufs, am „Pulsschlag" seiner Massenförderung jede feinste Reaktion auf die Schwankungen der Betriebsverhältnisse und weiß, wann der Organismus überfordert wird und wann er sich der Grenze nähert.

So wie also der Pilot für jeden noch so kurzen Flug seinen Kurs im Hinblick auf die Zustände im Luftraum neu berechnen und absetzen muß, so muß sich auch das Führungspersonal im Erdbau jene Lebenslinien als Steuerhilfen für jede Baustelle und jeden Einsatzfall neu zusammenstellen, um richtig und sinnvoll zu führen und zu reagieren. Ausführliche Unterlagen und Hinweise für diese „Kursberechnung" wurden in Abschn. 3 und 4 zusammengestellt.

9.2 Führungshilfen

Erdbau in trockenem Boden und unter normalen Betriebszuständen ist nicht schwierig. Wenn man über ein eingespieltes Maschinisten-Team und geschultes Führungspersonal verfügt, läuft ein solcher Einsatz „wie am Schnürchen". Trockener Boden und normale Betriebszustände sind jedoch selten, und so müssen wir uns in besonderem Maße für den „Allwetterflug" interessieren und nach Rezepten suchen, die die Schwierigkeiten überbrücken helfen. Diese Schwierigkeiten heißen hier: sich in einem Gelände fortzubewegen, das unter scheinbar glatter Oberfläche unergründliche Tiefen zeigt, von den Erdbaugeräten aber bezwungen werden muß, und noch dazu auf möglichst rationelle Weise.

Denken wir zurück an das Segelflugzeug und seinen Piloten: Er kurvt im Luftraum, sucht nach den tragenden Aufwinden und hängt am Höhenmesser, der ihm zeigt, wann er einen solchen Aufwindschlauch berührt. Im aufgeweichten Baugelände können wir nicht „kurven" und suchen, bis wir einen Weg gefunden haben, wo wir einigermaßen rationell von A nach B kommen können. Das Suchen und Abtasten muß hier vorher geschehen, ehe wir uns mit dem ganzen Gerätepark auf die Baustelle begeben. Das Prinzip aber ist das gleiche: Hier wie da müssen wir ein zunächst unsichtbares Feld auf „vertikale Strömungen" und „Balken" abtasten. Und dazu brauchen wir Höhenmesser und Echolot oder hier: die Proctornadel und die Rammsonde und (für Felseinsätze) die Pickelhacke und das seismische Gerät. Sie geben uns, richtig angewandt und flächenartig über das ganze Gelände angesetzt, ein quantifiziertes Sicherheitsgefühl für die Festigkeit des Baugeländes, für die Tragfähigkeit der Fahrbahn und für Schürf- und Füllwiderstände des Bodens. Sie zeigen uns, welche Kräfte wir fahr- und arbeitstechnisch brauchen, und sie geben uns manchen wichtigen Hinweis, wie und auf welchem Wege wir am besten „fliegen" können.

9.3 Führungsstab

Mit der zunehmenden Mechanisierung der Erdbaustellen und ihrer immer größeren räumlichen Ausdehnung ist es bei allen mittleren und großen Baustellen unumgänglich, die Führung aufzuteilen.

Der Bauleiter an der Spitze einer Baustelle ist heute durch Verhandlungen mit dem Bauherrn, den Ingenieurbüros, den Argepartnern, Arbeitsämtern, Gemeinden, Behörden und durch sonstige Verwaltungsaufgaben so mit Arbeit eingedeckt, daß er – so paradox das zunächst erscheinen mag – die Baustelle (seine Baustelle) nur mehr noch durch

„Weisungen" führen kann, – durch Anweisungen an seine nächsten Mitarbeiter, wie er diese oder jene Arbeit aus- und durchgeführt haben möchte. Sein „Führen" steckt zwar den großen Rahmen ab und die markanten Abschnitte und Punkte, aber um das praktische Führen draußen im Einsatz auf der Baustelle kann er sich kaum noch kümmern.

Das Führen auf dem „Gefechtsfeld" liegt meist in den Händen seines Stellvertreters, der der Mann des „Außendienstes" ist und somit nach wie vor den wichtigsten Gehilfen des Bauleiters darstellt. Er ist der eigentliche „Macher", der die Zügel der praktischen Bauausführung in der Hand hält, der alle Geräte und alle Maschinisten „an der Strippe" haben muß. Immer wichtiger wird auf hochmechanisierten Baustellen auch die Funktion des Leitenden Maschineningenieurs, der für die Einsatzleistung der 100 oder 200 Maschinen zuständig ist. Die bautechnischen Direktiven erhält er vom Bauleiter, aber ihr Umdenken in praktische Maschinenarbeit und die Steuerung der vielen „Ameisen" auf der Baustelle – das macht er. Er ist der eigentliche Pilot – oder hier vielleicht noch treffender: der Erste Offizier auf dem Schiff – der das Steuer in der Hand hat. Der Kapitän ist zwar auch an Bord, und sein Wort gibt letzten Endes den Ausschlag bei allen schwierigen Problemen, aber seine Aufgaben haben mit der eigentlichen technischen Schiffsführung nur noch wenig gemein.

Dem eigentlichen Manager der Baustelle zugeordnet sind die Abschnittsbauleiter, die – jeder in seinem Abschnitt – noch direkter „vor Ort" sind und noch unmittelbarer das Baugeschehen erfühlen und damit auch beeinflussen können. Sie wieder stützen sich auf die Poliere, Schachtmeister, Baggermeister usw., die die einzelnen Maschinengruppen leiten.

Zum engeren Stab des Bauleiters sollten zwei Leute gehören, die mit zunehmender Mechanisierung immer wichtiger werden:

a) Der Rationalisierungsingenieur, der sämtliche Bauleistungen zahlenmäßig registriert und das Baugeschehen und den Baufortschritt in Kurven, Diagrammen und Zahlen festhält. Er muß den Überblick über den zeitlichen und termingerechten Ablauf der Bauarbeiten haben.

Er muß und soll aber auch ausgesprochen kritisch sehen und alles und jedes in Frage stellen und untersuchen, ob es nicht noch besser und noch schneller zu machen ist. Er kennt die Fieberkurven der einzelnen Bauschwerpunkte wie keiner sonst, und er kann am besten beurteilen, welche Maßnahmen eine bestimmte Kurve nach oben oder unten zum Ausschlag bringen können. Er ist derjenige, der im Kommandozentrum sitzt und an seinen Leistungskurven die Entwicklung der Baustelle vorausschauen und dementsprechend beeinflussen und steuern kann. Er muß aufgrund seiner Unterlagen intuitiv erfassen, welchen Ablauf das Baugeschehen leistungs- und kostenmäßig in den nächsten Tagen und Wochen nehmen wird – und daraus dann die Konsequenzen ziehen.

b) Der Einsatzingenieur für den Maschinenpark ist das Gegenstück zu seinem bau- und baubetriebstechnischen Kollegen. Er ist der Mann, der sich mit dem Leben der Maschinen als Individuen befaßt. Er registriert den Pulsschlag der Maschinen, und er erfaßt auch deren Krankheiten und ihre individuellen Eigenarten.

Er muß ein ausgesprochenes Einfühlungsvermögen und Verständnis für das „Wesen" der Maschinen haben, und von ihm hängt es letzten Endes ab, daß die Maschinen nicht nur bautechnisch, sondern auch maschinentechnisch richtig eingesetzt werden. Er muß beurteilen können, welche Fahrzeuge z. B. starke und robuste Schaltgetriebe haben müssen, damit sie auch auf Steigstrecken rationell arbeiten. Er muß wissen, welche Planierraupen altersschwach und müde sind und nur für Sand und Kies verwendet werden dürfen. Er muß auch die „Büffel" kennen, die für den härtesten Einsatz zur Verfügung stehen.

In weiterem Sinne gehören zu diesem Führungsstab – wenngleich in der „Etappe“ tätig – der Werkstattleiter als „Chefarzt“ des Baumaschinenlazarettes und der Leiter des Ersatzteillagers, sozusagen der „Feldapotheker“, der die Heilmittel für die Maschinen unter Kontrolle und unter Verwahrung hat.

9.4 Führungspraxis

Großbaustellen im Erdbau haben heute einen Gerätepark, der 1/3 bis 1/2 der gesamten Auftragssumme ausmacht. Bei Staudammbauten in europäischen Dimensionen (d.h. mit 10 bis 15 Millionen m^3 Dammkubatur) beläuft sich der Wert der eingesetzten Maschinen auf 30 bis 50 Millionen DM. Je „mobiler“ die Baustellen sind – und die Staudammbaustellen mit ihrer flächenmäßig weiten Ausdehnung tragen eine besonders große Mobilität in sich –, je mehr „Bewegung“ im eigentlichen Baugeschehen steckt, umso mehr muß neben die Planung auch die Führung, die unmittelbare Führung treten. Die hochmechanisierten Erdbaustellen der Gegenwart laufen nicht von selbst; sie müssen in jeder Phase, an jeder Stelle und in jedem Augenblick straff geführt und unter Kontrolle gehalten werden.

Die modernen Baustellen sind durch einen Masseneinsatz von Geräten gekennzeichnet, und dieser Masseneinsatz der Maschinen ist der eigentliche Hauptinhalt des Bauvorganges.

Dieser Masseneinsatz verlangt auch, daß man sich nicht mehr nur mit dem Einsatz der einzelnen Geräte, sondern mit dem gesamten Maschineneinsatz im Zusammenspiel befaßt. Jedes Bauen ist eine Art Angriffsbewegung. Es beginnt mit dem Sammeln und Bereitstellen des Baumaterials und der Baumaschinen. Angriffsrichtung und Angriffsziele sind vorgeschrieben, die „Strategie“ des Vorgehens mit seinen operativen Leitlinien steht fest, aber das taktische Verhalten auf dem Gefechtsfeld, hier auf der Baustelle, kann im Detail nur von Augenblick zu Augenblick bestimmt werden. Dazu brauchen die Maschinen die starke Hand, die sie im Einsatz führt und leitet.

Die unmittelbare Führung des Maschinenparks im Einsatz wird heute immer mehr durch Funksprechverkehr abgewickelt. Von einem abgesetzten Beobachtungspunkt aus (Aussichtskanzel oder Hubschrauber) läßt sich das Geschehen auf der Baustelle besser beobachten und leiten. Durch unmittelbare Beobachtung aus der 3. Dimension und direkte Anweisung über Funk an die einzelnen Führungsgehilfen in den Bauschwerpunkten und Betriebsstellen läßt sich auch der „konzertierte“ Einsatz der Erdbaugeräte klar und übersichtlich handhaben.

Wie operiert man mit dem Maschinenpark nach baustrategischem Konzept? In der Bereitstellung werden Zahl, Art und Stärke der Geräte sorgfältig abgewogen. Die Angriffsvorbereitung konzentriert sich auf das Vorbereiten des Baufeldes: das Freimachen der Baustelle, die Anlage von Baustraßen und Hilfswegen und die systematische Sondierung des gesamten Baugeländes im Hinblick auf die Tragfähigkeit des Bodens. Die Durchführung des Angriffs wird gekennzeichnet und „gerichtet“ durch die Abbaurichtung, den Baufortschritt oder die Wachstumsrichtung des Bauwerkes. Für die Angriffsunterstützung müssen Hilfsgeräte (Erdhobel, Bulldozer, Sprengwagen usw.) bereitgestellt werden, und der Ausfall von Geräten wird durch strategische Reserven (Ersatzgeräte) unmittelbar ausgeglichen. Am „Angriffsziel“ wird der Einbau oder Auftrag durch Verdichtungsgeräte konsolidiert und gesichert.

Taktische Probleme ergeben sich im Hinblick auf den Schlechtwettereinsatz und die Bereitstellung der notwendigen Hilfsgeräte wie Grader und Bulldozer, Reifenschlepper und Schaffußwalzen für die erforderlichen Abwehrmaßnahmen. Einsatzanalysen, Wirtschaftlichkeitskontrollen, Leistungsstatistiken und individuelle Leistungs- und Betriebsuntersuchungen schaffen der Bauleitung die besten Voraussetzungen für den optimalen Einsatz des Geräteparks.

9.5 Führungsprobleme

Was brauchen wir, um den Erdbau im Einsatz richtig führen und in der Planung richtig ansetzen zu können? Hier sind zu nennen:

a) Die genaue Kenntnis über die Eigenarten und Besonderheiten der Bauaufgaben.
b) Die richtige „Feinjustierung" auf die spezifischen Baustellenbedingungen.
c) Die „Instrumente" für die Steuerung der Geräte im Einsatz.
d) Eine Rechenhilfe, die uns die exakte Kursfestlegung möglich macht.

Wir haben den gleislosen Erdbau mit der Fliegerei verglichen. In beiden Fällen regelt und kontrolliert eine Vielzahl von oft unsichtbaren Einflüssen und Betriebsfaktoren den Ablauf jeder Flug- und Förderbewegung. Und es kommt nun ganz entscheidend darauf an, daß wir von der „Führerkanzel" aus das wechselvolle Spiel der Betriebsfaktoren und Kurseinflüsse, das „Spiel der Möglichkeiten und Gewalten" übersehen und unter unsere Kontrolle bringen.

Schon ist es in der Fliegerei üblich geworden, dem „Autopiloten" das Steuer zu überlassen, den Kurs der großen Düsenflugzeuge laufend mit Elektronengehirnen zu berechnen und elektronisch zu überprüfen. Auch für den gleislosen Erdbau hat dieses Verfahren einen aktuellen Wert. Auch hier ist ein Rechenschema, ein Zahlen- und Funktionsmechanismus gut geeignet, um „Kursberechnungen" durchzuführen.

Nachdem dieses Rechenschema existiert (z.B. im „gleislosen Erdbau" [21] oder als EMSI-Rechenprogramm [63]), die Betriebsfaktoren in ihren größenmäßigen Schwankungen, in ihrer Koppelung untereinander und in ihrer Verbindung zu den Einflüssen der Baustelle festgelegt sind, bietet sich die Möglichkeit, mit diesem Mechanismus planmäßig zu „spielen", Planspiele abzuhalten, Einsatzlagen durchzuspielen, Experimente zu simulieren und dieses moderne Orakel über die wirtschaftlichen Aussichten und Chancen dieser oder jener Fördermöglichkeit zu interviewen. Das schließlich soll als Ziel am Ende der Vergleiche, Analysen und Überlegungen stehen.

Was brauchen wir dazu?

a) Zunächst das „Elektronengehirn" oder – bescheidener ausgedrückt – das Rechenprogramm, eine Konstruktion von Rechenoperationen, die es uns ermöglicht, die Betriebsfaktoren in der gewünschten Weise rechnerisch miteinander zu verbinden und die Auswirkung ihres Einflusses auf die Betriebspraxis festzustellen. Und dazu natürlich den Rechner. Der „Rechner auf der Baustelle" ist keine Utopie mehr!

b) Die richtigen Eingangswerte, um das Elektronengehirn zu füttern, d.h. mit den Daten zu versehen, die es zum Rechnen braucht.

c) Möglichkeiten und Methoden, um dieses „Futter", diese Eingangswerte, größenmäßig festzulegen, sie zu messen und ihre Änderungen zu ergründen.

9.6 Der Dirigent

Jeder mobile Gerätepark auf einer Erdbaustelle ist ein großes Orchester mit vielen Instrumenten und Musikern als Individualisten, Virtuosen, Konzertmeistern und Solisten. Über allem steht der Dirigent, der alles das zu einem einheitlichen Klangkörper zusammenfügen muß, mit dem er dann erst im eigentlichen Sinne arbeitet. Er bedient sich dazu der vielen fremden Hände, Instrumente und Geräte, die nach den Bewegungen seines Taktstockes einsetzen und aufhören und ihre jeweilige Melodie nach den Vorstellungen des Komponisten aus den gedruckten Noten in klingende Töne übersetzen. Sinn des Orchesters bleibt das Zusammenspiel – das ist seine „Leistung" und im engeren Sinne auch die Leistung des Dirigenten. Bei ihm wird das „Durchführen" einer Bauaufgabe zum „Führen" der Maschinen im Einsatz.

Viel diskutiert wird auf unseren Baustellen die Frage, ob der, der mit den Maschinen praktisch baut, Bauingenieur oder Maschineningenieur sein soll. Es gibt für beide Richtungen überzeugende Beispiele. Aber die Wahrheit liegt sicher in der Mitte. Sie liegt bei der Synthese aus Bau- und Maschineningenieur. Der Dirigent muß beides sein und können. Er muß zwischen Ausnutzung und Schonung den richtigen praktischen und sinnvollen Weg finden. Dazu hat er seine Gehilfen im Führungsstab – die einen, die nach den Lebensakten der Maschinen für ihren sinnvollen Einsatz sorgen (die etwa verhindern, daß Geräte mit schwachem und häufig geflicktem Chassis auf unebenen und steinigen Baustraßen eingesetzt werden), und die anderen, die Vorposten im Einsatz, die die ökonomisch sinnvolle Anwendung der Maschinen überwachen.

Wie an Bord eines Schiffes soll es auch auf der Erdbaustelle sein. Kein Schiff darf den Hafen verlassen und auf See hinausfahren, wenn nicht neben dem 1. Offizier auch der leitende Ingenieur – neben dem Nautiker der Maschinenfachmann – sein „Ja" in das Bordbuch eingetragen hat. Die Übereinstimmung zwischen den bautechnischen Forderungen und der sinnvollen Anwendung der Maschinen muß sich fortpflanzen über die Harmonie des Dirigenten mit seinem Orchester bis hin zur Einheit zwischen Mensch und Maschine und bis zum Aufgehen des Maschinisten in seinem Gerät – bis dieser auch in einer noch so starken Maschine sein Hand-Werkzeug sieht und mit ihm eins wird.

In besonderem Maße gilt diese Forderung im Erdbau mit seinen empfindlichen und heftig reagierenden Akteuren – den Maschinen wie den Menschen. Dieses Arbeiten nicht mit fest installierten Maschinen, sondern mit den fremden Händen lebendiger Maschinisten an mobilen und dynamischen Geräten in einem sich ständig ändernden Boden und unter stets wechselnden Betriebsbedingungen macht den besonderen Reiz des Dirigierens aus.

10 Schluß

Damit schließt sich der Kreis: Das „Wesen des Erdbaus" stand im Anfang, die „Führungstechnik" am Ende. Und diese beiden Begriffe sind symptomatisch für den Erdbau schlechthin. Zwischen ihnen spielt sich alles ab: Nur der kann im Erdbau richtig führen, der das Wesen dieser Baumethode mit dem geheimnisvollen Zusammenwirken von Maschine, Mensch, Boden und Wetter in sich aufgenommen hat. Und bei jedem Führen einer maschinellen Erdbaustelle, – einer „Erdbaumaschinerie" – wird er immer tiefer in deren Geheimnisse eindringen.

Dabei wird dann der Erdbau immer mehr seine Reize und seine Faszination entfalten und zur Wirkung bringen, wie sie keine andere Sparte des Bauingenieurwesens auch nur in entfernter Ähnlichkeit zu bieten hat. Anders als das Bauen mit Beton, mit Stahl oder mit bituminösem Mischgut ist das „Bauen mit Erde" immer wieder aufregend, weil sich von Augenblick zu Augenblick alles ändert, stets alles im „Fließen" ist und sich nirgendwo richtig greifen läßt.

Da sind die Maschinen mit ihren nie klar zu definierenden Leistungen, die von den Maschinisten, vom Boden und vom Wetter abhängen.

Da sind die Menschen, die mit diesen Maschinen arbeiten und „mal so, mal so" viel oder wenig m^3/h aus den Maschinen herausholen. Da ist der Boden: trotz aller Diagnosemethoden voller Geheimnisse und Imponderabilien und nie exakt zu definieren wie etwa Beton oder Stahl. Und da ist das Wetter, das nicht nur den Boden, sondern auch die Menschen und die Maschinen beeinflußt und den Erdbau niemals „nach Plan" ablaufen läßt.

Hier ist nichts klar definiert, nichts exakt vorgegeben und nichts konkret zu fassen. Der Erdbau hat seine eigene Philosophie, die ihm nicht nur Unsicherheiten, Unschärfen, Imponderabilien und Diskrepanzen, sondern auch Risiken und Gefahren und dazu dann auch Reiz und Faszination beschert. Nirgendwo ist man der Natur näher als hier, und nirgendwo wird man auch mehr mit dem Geheimnisvollen konfrontiert, das ihr Wesen ausmacht.

Gerade das aber wohl ist die Wurzel dieser Faszination: daß man hier als Ingenieur mit einer Materie fertig werden muß, die in Zahlen und Formeln, in Algorithmen und Rechenmodellen allein nicht zu fassen ist und die immer auch ein ganz persönliches „Feeling" verlangt.

Von den „Röntgenaugen", die die tieferen Zusammenhänge aufspüren und durchdringen, war oft genug die Rede. Das „Betrachten" eines Bewegungsablaufes (wie ihn der Erdbau immer darstellt), um das Wesen des Vorganges zu ergründen, gehört ebenso hierher. Aber hinzukommen müssen eben auch der „elektronische Sandkasten", das elektronische Kommandogerät und der „elektronische Feldherrenhügel". Das erfordert Engagement auf vielen Seiten, in vielen Bereichen. Und es erfordert einen nie versiegenden „Vorwärtsschauenden Glauben" (nach Max Planck), um die Probleme zu lösen, – erfordert aber auch Aufgeschlossenheit für die modernen Möglichkeiten, die sich überall auftun, und Abkehr von den viel zitierten „Kreidestrichen an der Baubaracke".

Kein anderer bautechnischer Prozeß wird so von Menschen geprägt und beherrscht. Von dem Maschinisten war oft die Rede, ebenso von dem bautechnischen Führungspersonal, allen voran: vom Bauleiter. Einer anderen Gruppe muß noch gedacht werden, ohne die das alles gar nicht denkbar wäre: der Unternehmer. Wenn man mit ihnen zu tun hat, wird man schnell feststellen, daß das keine „modernen Manager", keine „Apparatschicks" und keine „gehobenen Funktionäre", sondern Menschen sind, die die Faszination des Erdbaus „gepackt" hat, die ihm auf eine geheimnisvolle Art verfallen sind und das dann auch an ihre

Mitarbeiter weitergeben. Der Erdbau ist wie ein Fieber, das alle ansteckt: Einer bringt den Bazillus mit, und sehr schnell verbreitet sich dann dieses „Feuer im Blut", das die 50 oder 100 Maschinen in Bewegung hält und den Baustellenbetrieb rotieren läßt.

Eines Mannes sei in diesem Zusammenhang gedacht, der beispielhaft für viele andere steht (Bild **10**.1). Er hatte eine Bauunternehmung aufgebaut und diese nach einem harten, entbehrungsreichen (und daher immer auch erfolgreichen) Leben in die Hände seiner Söhne gelegt. Nun war er wieder „frei", hatte nicht mehr die Fesseln der Betriebsführung an sich und konnte aus freien Stücken die Tätigkeit wählen, die ihm am Herzen lag. Und was tat er?

10.1 I. Hoffmann, Seniorchef der Bauunternehmung Hoffmann & Sønner, Kopenhagen

Mit 80 (!) Jahren zog er wieder hinaus auf die Baustelle: „Die jeweils schwierigste Baustelle mache ich nun wieder selbst!" Und am Rande dieser Baustelle stand sein Wohnwagen, seine Befehlszentrale, von der aus er den „Betrieb" dirigierte! Er war – wie viele andere – dem Bazillus hoffnungslos erlegen und steckte mit seinen 80 Jahren alle an!

Erde bewegen – das ist nicht nur „Technik", sondern immer auch *τέχνη*: Kunst! Und es ist dazu eine Wissenschaft, – eine echte und keine „Polierwissenschaft"! Aber es ist eine Wissenschaft im Sinne echter kreativer Ingenieurtätigkeit und nicht im Sinne rezeptiv nachzuvollziehender Wahrheiten, die sich in Formeln anderer niedergeschlagen haben. Es ist kreative Wissenschaft im Sinne von Ingenium (Geist, Denken) und nicht im Sinne einer Anhäufung von Differentialen, Integralen oder Finiten Elementen. Mit ihnen wird man das Wesen des Erdbaus nie ergründen.

Und dann ist da schließlich noch die Faszination der Bewegung, der Dynamik, ja der Turbulenz, die jede Erdbaustelle, jeder Einsatz von mobilen Hand-Werkzeugen mit sich bringt. Wie in der Manege unter der Zirkuskuppel müssen die Bewegungen ablaufen, müssen die Schubraupen und Scraper, die Bulldozer und Grader, die Rüttelwalzen und die Hinterkipper ihre Rolle spielen, und es muß alles ablaufen im Sinne von *παντα ῥει*, ohne Stockungen und Pausen und in der größten nur denkbaren Harmonie.

Einer der Väter des Tennessi-Projektes in USA, A.J. Ackerman, hat einmal gesagt, – und es gibt keinen treffenderen Schluß für dieses Buch –:

„Das Bauen wird immer eine Kunst bleiben, denn zur reinen Wissenschaft müssen hinzutreten Erfahrungen, Fähigkeiten, Einfallsreichtum, Vorstellungskraft, Initiative und Mut der Leute auf der Baustelle.

Jeder Mann, vom Baggerschmierer bis zum Präsidenten einer Baugesellschaft, trägt die Chance in sich, mit solchen Qualitäten zum Gelingen einer Bauaufgabe beizusteuern. Sie aber kommt nicht allein vom Bücherlesen!"

Das gilt in ganz besonderem Maße für den Erdbau. Dieses Buch möchte eine kleine Hilfe sein für alle die, die von der Faszination des Erdbaus gepackt wurden und die darin den tieferen Inhalt ihres beruflichen Lebens sehen!

Anhang

A Rechenbeispiel

1. Die Bauaufgabe

Hergestellt werden soll ein Kanalbett mit dem maßgebenden Querprofil von Bild **A** 1. Das Gelände ist verhältnismäßig eben (Bild **A** 2).

Der Umfang der Erdbewegung beträgt ca. 20 Millionen m^3.

Davon bestehen u.a.

12,7 Millionen m^3 aus clayey silt,
1,2 Millionen m^3 aus silty rock,

also aus tonigem Schluff und Sandstein.

Mehr ist über die Bodenvorkommen nicht gesagt. Es handelt sich um eine Baustelle im Nahen Osten.

Hier ergibt sich nun schon die Frage: Was verstehen die ausschreibenden Stellen unter clayey silt und silty rock?

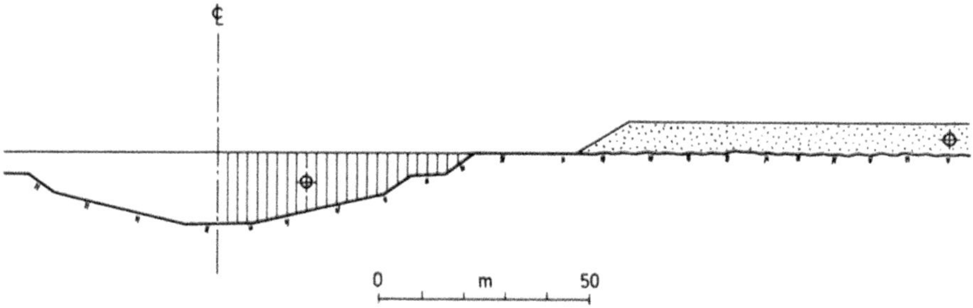

A 1 Regelquerschnitt des Kanalprofils (bereits eingezeichnet: die Massenschwerpunkte von Ab- und Auftrag)

A 2
Das Gelände der Bauaufgabe

2. Problematik

Der die Ausschreibung bearbeitende Projektingenieur der Bauunternehmung soll Bauleiter werden, falls der Auftrag zur Ausführung erteilt wird. Wegen des großen Massenumfangs und der unzureichenden Bodenangaben entschließt er sich umgehend zu einer Baustellenbesichtigung und führt die Leistungs- und Kostenberechnung mit besonderer Sorgfalt und in allen Details durch.

3. Bodenerkundung

Auf der Baustelle wird ein antiker Kanalaushub (vermutlich aus Darius' Zeiten) angetroffen, der jedoch trocken liegt. An mehreren Stellen befinden sich auf der Kanalsohle ca. 7 m tiefe Sondierschächte (Bild **A** 3), die besichtigt werden können. In diesen Schächten (⌀ ca. 2 m) werden die Eindringwiderstände der Proctornadel gemessen und ungestört Bodenproben mit dem Einstechzylinder entnommen, diese mit Parafin versiegelt (Feuchtigkeit) und zur Untersuchung ins Zentrallabor mitgenommen. Der Grundwasserspiegel liegt ca. 4 m unter der Sohle der Sondierschächte, also ca. 11 m unter der künftigen Kanalsohle.

Die 12,7 Millionen m³ werden als

schwerer Stichboden
(Gewinnungsklasse 3)

eingestuft.

Der Eindringwiderstand der Proctornadel liegt bei

$$P = 1{,}0\,\mathrm{N/mm^2}.$$

Der Sandstein wird mit dem Spitzhammer und der Spitzhacke untersucht und als

Hackfels
(Gewinnungsklasse 6)

eingeordnet. Er muß gerissen werden, jedoch sind besonders hohe Reißkräfte nicht erforderlich. Es handelt sich vor allem um sehr feinkörnigen Sand, der durch die Hitze zusammengebacken und durch Überlagerungsdruck verfestigt ist. Fels im eigentlichen Sinne ist es nicht.

A 3 Bodenuntersuchung in einem Sondierschacht

4. Baugeschichte

In den Jahren davor wurden ähnliche Arbeiten in anderen Ländern durchgeführt. So ist eine Arbeit bekannt, bei der Schürfwagenanhänger mit 20,6 m³ Inhalt (gestrichen) eingesetzt waren. Sie ergaben eine Nutzladung C von

in der Spitze 14 m³, im Mittel 11 m³, im Minimum 10 m³.

Der Füllfaktor betrug

$$\varphi = 0{,}47 \ldots 0{,}68,$$

lag also extrem niedrig. Das hatte auch zur Folge, daß der Gerätebedarf ca. dreimal so hoch wie vom Hersteller angegeben war.

Es waren insgesamt 33 schwere Planierraupen (Motorleistung 385 PS/283 kW) zum Ziehen der Schürfwagen wie zum Reißen des Fels eingesetzt. Im Fels kamen außerdem Hochlöffelbagger mit 180 PS/132 kW Antriebsleistung und LKW-Abfuhr zum Einsatz.

5. Analyse der Bauaufgabe

Zwei Aufgabenkomplexe stehen im Mittelpunkt:

a) Der Aushub des Kanalquerschnitts mit Abtransport des ausgehobenen Materials in die vorgesehenen Deponien an den Kanalrändern.

b) Die profilgerechte Herstellung der Kanalböschungen.

Folgende Baumethoden kommen dafür in Betracht:

1. Einsatz eines großen Schaufelradbaggers mit Nacharbeitung der Böschungen durch kleinere Geräte (Bild **A** 4).

A 4 Schaufelradbagger beim Kanalaushub (Chasma-Jelum-Link-Kanal) [102]

2. Einsatz großer Schürfkübelbagger mit Nacharbeitung der Profileinschnitte durch kleinere Geräte (Bild **A** 5).

3. Einsatz von Motorschürfwagen (mit Schubraupe) und/oder Anhänge-Scrapern (besseres Steigvermögen als Motorschürfwagen) mit Förderrichtung quer oder schräg zur Kanalachse (Bild **A** 6).

4. Einsatz von Schürfraupen mit Förderrichtung längs und quer zur Kanalachse (kürzeste Transportentfernung) (Bild **A** 7).

5. Einsatz der Bagger-LKW-Methode mit Vorkopf-Abbau in Kanallängsrichtung.

Zu bedenken ist dabei, daß die Bauaufgabe ein Heben des Aushubmaterials um (je nach Geländeoberfläche) 5 bis 10 m verlangt, daß also an die Steigfähigkeit der Transportgeräte besondere Anforderungen gestellt werden bzw. daß dieser Hubprozeß mit anderen Mitteln (Band, Seil) verfahrenstechnisch günstiger bewältigt werden kann.

A 5
Schürfkübelbagger mit Raupenfahrwerk und 50 m Reichweite

A 6
Kanalaushub mit Motorschürfwagen und Schürfwagenanhänger (links oben)

A 7
Schürfraupe im Kanalbett

Zum Herausarbeiten des endgültigen Kanalprofils (Feinplanum), insbesondere der Kanalböschungen, bieten sich an

1. Planierraupen
a) angeseilt von oben arbeitend (Abb. **A** 8),
b) frei beweglich aufwärtsfördernd (Abb. **A** 9).

2. Schürfraupen
mit Kletterfähigkeit bis 1:3 (Abb. **A** 10).

3. Grader
für Feinplanie am Ende des Aushubs.

4. Schürfwagenanhänger
für größere Massenbewegungen an der Böschung.

5. Eimerseilbagger
mit großer Reichweite.

Nach sorgfältiger Systemanalyse (morphologischer Kasten, Nutzwertanalyse) werden

Schürfraupen SR 85

als Hauptarbeitsgeräte gewählt.

Die Gründe liegen vor allem in

relativ günstigen Bodenverhältnissen,
dem guten Steigvermögen des Gerätes (ca. 1:3),
den kurzen Förderweiten der Bauaufgabe (ca. 140 m),

sodaß im Quertransport gearbeitet und die Massenförderung auf direktem Wege durchgeführt werden kann. (Scraper und LKW würden auf jeden Fall größere Rampenlängen benötigen und damit höhere Umlaufzeiten haben!)

6. Ausgangswerte (für Proctor $P = 1{,}0\,\text{N/mm}^2$)

Schürfwiderstandsbeiwert	$w_{s10} = 60\,\text{kN/m}^2$
Auflockerung	$\alpha = 0{,}77$ (30 %)
Zul. Bodenpressung	$p_{zul} = 0{,}06\,\text{N/mm}^2$
Rollwiderstandsbeiwert	$w_R = 0{,}13$
Kraftschluß, trocken	$\mu_K = 0{,}8$
naß (Regen)	$= 0{,}5$
Füllfaktor	$\varphi = 1{,}0$
Füllwiderstandsbeiwert	$w_f = 0{,}6$
Steigwiderstandsbeiwert	$w_i = 0{,}01$ für jedes % Neigung
Raumgewicht des Bodens ($\varrho \cdot g$)	
gewachsen	$= 17{,}5\,\text{kN/m}^3$
locker	$= 13{,}5\,\text{kN/m}^3$

A 8
Planierraupe, angeseilt

A 9
Böschungsherstellung in Bergförderung

A 10
Schürfraupe beim Nacharbeiten einer Kanalböschung

7. Technische Daten der Schürfraupe

Antriebsleistung	= 200 PS/147 kW
Gewicht leer	= 185 kN
Nutzladung 8,5 m³ · 13,5 kN/m³	= 115 kN
Gewicht voll	= 300 kN

Fahrkraftdiagramm:

$V1 = 3{,}3$ km/h ⇒ 144 kN Zugkraft
$V2 = 5{,}5$ km/h ⇒ 88 kN Zugkraft
$V3 = 8{,}9$ km/h ⇒ 54,5 kN Zugkraft
$V4 = 11{,}5$ km/h ⇒ 42 kN Zugkraft

Kontrolle der Prospektangaben (!):

$$Z_N = \frac{N_{mo} \cdot \eta}{V}$$

$$= \frac{147\,\text{kW} \cdot 3{,}6 \cdot 0{,}9}{3{,}3\,\text{km/h}} = 144\,\text{kN (für 1. Gang)}$$

8. Arbeitstechnische Werte

Kübelinhalt	$F_{100} = 8{,}5\,\text{m}^3$
Füllfaktor	$\varphi = 1{,}0$
Auflockerung	$\alpha = 0{,}77$
Nutzladung (8,5 · 1 · 0,77)	⇒ $C = 6{,}5\,\text{m}^3$

9. Laden

Schürfwiderstandsbeiwert	$w_{s10} = 60\,\text{kN/m}^2$
Füllwiderstandsbeiwert	$w_f = 0{,}6$

a) Schürfwiderstand:

Schneidenbreite	= 1,90 m
Schürftiefe	= 0,20 m
korrigiert über f_s nach Tafel **4**.48 b	= 0,25 m
Schürffläche: 1,9 · 0,25	= 0,475 m²
Schürfwiderstand: $W_S = 0{,}475\,\text{m}^2 \cdot 60\,\text{kN/m}^2$	= 28,5 kN

b) Füllwiderstand:

Nutzladung	= 115 kN
Füllwiderstandsbeiwert	= 0,6
Füllwiderstand $W_F = 115\,\text{kN} \cdot 0{,}6$	= 69,0 kN

c) Rollwiderstand (beladen) $W_R = 300\,\text{kN} \cdot 0{,}13 = 39{,}0\,\text{kN}$

d) Gesamt-Ladewiderstand

$W_S = 28{,}5$ kN
$W_F = 69{,}0$ kN
$W_R = 39{,}0$ kN

136,5 kN = erf. Zugkraft Z_L

10. Zugkraftvergleich

$Z_A = 144\,kN$ (1. Gang) („harter" Grenzwert)
$Z_K = 150\,kN$ („weicher" Grenzwert)

(gerechnet mit $\mu_K = 0{,}5$ für schmierige Fahrbahn/Regen)

Hier errechnet:

Nutzbare Zugkraft	$Z_N = 144{,}0\,kN$
Gesamt-Ladewiderstand (erf. Zugkraft zum Laden)	$Z_L = 136{,}5\,kN$
damit nutzbarer Zugkraft-Überschuss	$\Delta Z_N = 7{,}5\,kN$

Das gilt für die Ebene!

Wenn 10% Steigung auftreten, dann ist

$$W_i = 0{,}1 \cdot 300\,kN = 30\,kN$$

d.h. es wird

$$Z_{L\,erf} = 166{,}5\,kN$$

Die Maschine schafft das also nicht mehr, denn Z_N ist im 1. Gang nur 144 kN.

11. Zugkraft-Varianten

Um der Maschine auch die Möglichkeit zu geben, bei 10% Steigung bergauf zu schürfen (zur Sicherheit gegen alle Eventualitäten!), kann man

a) die Schürftiefe reduzieren von 20 auf z.B. 10 cm,
b) den Füllprozeß vorzeitig abbrechen, also φ reduzieren.

Ergebnisse zu a):

W_s reduziert sich auf 11,4 kN; damit reduziert sich $Z_{L\,(erf)}$ von 166,5 kN auf 149,4 kN. Dieser Wert liegt immer noch (wenn auch geringfügig) über der nutzbaren Z_N von 144 kN. Man müßte also die Schürftiefe noch weiter reduzieren!

Ergebnisse zu b):

Der Füllvorgang wird bei $\varphi = 0{,}76$ abgebrochen (statt bei $\varphi = 1$). Dann reduziert sich der Füllwiderstandsbeiwert

$$w_f \text{ von } 0{,}6 \text{ auf } 0{,}51.$$

Die Nutzlast war	$8{,}5\,m^3 \cdot 13{,}5\,kN/m^3$	$= 115\,kN$
und wird nun	$6{,}5\,m^3 \cdot 13{,}5\,kN/m^3$	$= 87\,kN$

und damit ergibt sich der Füllwiderstand zu

$$W_F = 87\,kN \cdot 0{,}51 \qquad = 44{,}4\,kN$$

Der Kräftevergleich sieht dann so aus:

$$Z_K = (185 + 87) \cdot 0{,}5 \qquad = 136\,kN$$

$$W_L = W_R + W_i + W_s + W_F$$
$$= 272 \cdot (0{,}13 + 0{,}1) + 28{,}5 + 44{,}4 \qquad = 135{,}5\,kN$$

Gegenüber den ursprünglichen 69 kN für W_F reduziert sich nun W_F auf 44,4 kN (bei abgebrochenem Füllvorgang).

Fazit:
Es sind an Zugkraft erforderlich (für Schürfen mit 10% Steigung):

im Fall a: 149,4 kN > 144 = Z_N (aus Z_A)

im Fall b: 135,5 kN ≈ 136 = Z_N (aus Z_K)

Fall a müßte noch weiter korrigiert werden,
Fall b ist durchführbar, wird aber durch die verringerte Nutzladung wirtschaftlich infrage gestellt.

12. Schürfzeit

Die Schürffläche beträgt bei 20 cm Schürftiefe

$$F = 1{,}90\,\text{m} \cdot 0{,}2\,\text{m} = 0{,}38\,\text{m}^2.$$

Daraus ergibt sich der erforderliche Schürfweg zum Füllen des Kübels mit 6,5 m³ Boden gewachsen (und $f_c = 1{,}05$ für Streuverlust)

$$l_s = \frac{6{,}5\,\text{fm}^3 \cdot 1{,}05}{0{,}38\,\text{m}^2} = 18\,\text{m}.$$

Die Schürfzeit ist dann

$$t_s = \frac{l_s}{V_s \cdot 16{,}6}\,\text{min}$$

$$= \frac{18\,\text{m}}{3{,}3\,\text{km/h} \cdot 16{,}6} = 0{,}33\,\text{min}.$$

Hinzugerechnet wird ein Δt von ca. 60% für Manövrieren, so daß mit einer Schürfzeit von

$$t_s = 0{,}33 \cdot 1{,}6 = 0{,}53\,\text{min} \approx 32\,\text{sec}.$$

gerechnet werden kann.

13. Sonstige Fixwerte

Übliche Richtwerte für die Schürfzeiten bei durchschnittlichen Bodenverhältnissen sind:

Schürfen	40 sec
Entladen	20 sec
Schalten je	4 sec.

Werden diese Werte überschritten, so ist der Einsatz meist falsch durchgeführt!

14. Fahrbewegung

Für die Spielzeitkalkulation wird das Fahrwegschema nach Bild **A** 11 zugrundegelegt. Es verbindet die beiden Massenschwerpunkte (Abtrag und Auftrag) in einer sinnvollen Fahrweise.

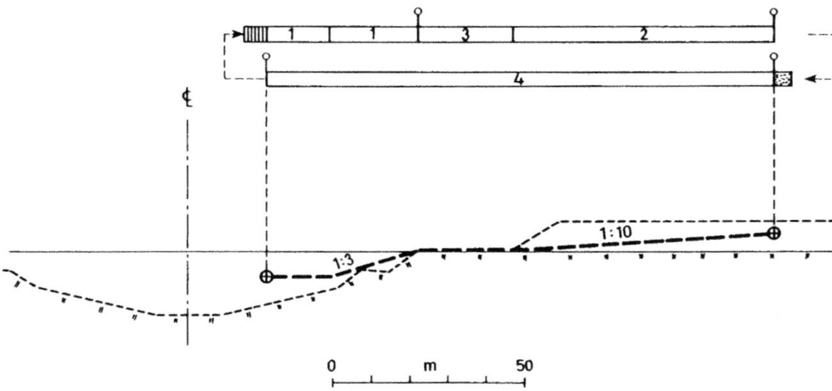

A 11 Fahrwegschema (oben: der Getriebegang, in dem jeweils gefahren wird)

Folgende Berechnungen sind für die einzelnen Fahrbahnabschnitte anzustellen:

a) Gewicht der Raupe, beladen 300 kN

b) Rollwiderstand

300 kN · 0,13 $W_R = 39{,}0$ kN

c) Steigwiderstand

1:3 33%

0,33 · 300 kN $W_i \approx 100{,}0$ kN

1:10 10%

0,10 · 300 kN $\approx 30{,}0$ kN

Daraus: Gesamtfahrwiderstand für

a) Ebene Fahrt, voll $W_R = 39{,}0$ kN

b) Steigfahrt voll, 1:3

$W_R = 39{,}0$ kN

$+ W_i = 100{,}0$ kN $W_{G(3)} = 139{,}0$ kN

c) Steigfahrt voll, 1:10

$W_R = 39{,}0$ kN $W_{G(10)} = 69{,}0$ kN

$+ W_i = 30{,}0$ kN

Daraus Fahrgeschwindigkeiten:

a) Ebene Fahrt 39,0 kN → 4. Gang 11,5 km/h

b) Steigfahrt 1:3; 139,0 kN → 1. Gang 3,3 km/h

c) Steigfahrt 1:10; 69,0 kN → 2. Gang 5,5 km/h

15. Fahrweise

Nach Bild A 11 sieht die Fahrweise der Schürfraupe im Hinblick auf die Kalkulation so aus

1. Schürfen:
Diese Tätigkeit wird über einen Fixwert oder über den angegebenen Rechengang abgedeckt
2. Geradeausfahrt: 18 m im 1. Gang.
Es lohnt sich nicht, vom Schürfen im 1. Gang für die anschließende Kurzstrecke hochzuschalten.
3. Steigstrecke 1:3 über 24 m im 1. Gang.
4. Ebene Fahrt 24 m im 3. Gang.
5. Steigfahrt 1:10 über 75 m im 2. Gang.
6. Entladen: Fixwert.
7. Rückfahrt: 141 m im 4. Gang.
8. Schaltzeiten: 4 ×.

16. Leistungskalkulation

Sie ist in Bild A 12 dargestellt. Zur Umlaufzeitberechnung ist anzumerken, daß die listenmäßigen Fahrgeschwindigkeiten jeweils reduziert werden, um Beschleunigung, Verzögerung usw. zu berücksichtigen.

Insgesamt ergibt sich eine Umlaufzeit von $T = 4{,}13$ min.
und daraus eine praktische Dauerleistung $Q = 75{,}3\ \text{fm}^3/\text{h}$.

Tafel A 12 Leistungsermittlung für das Fahrwegschema nach Bild A 11

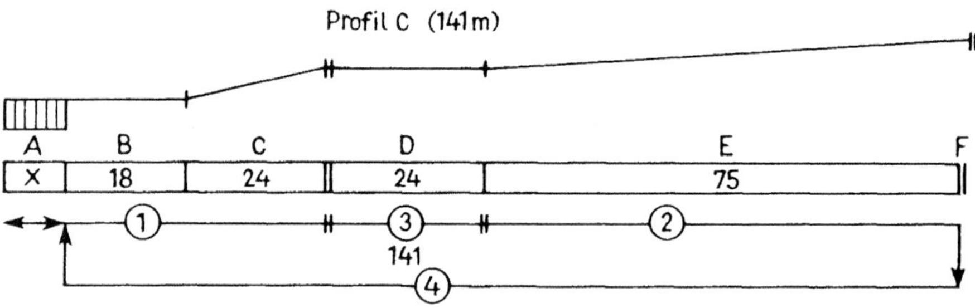

	L m	Gang	V km/h	· f_B	= km/h	Hilfswerte	T min
A Schürfen	–	–	–	–	–	40 sec	0,67
B Fahren	18	1	3,3	0,9	2,97	49,5 m/min	0,36
C Fahren	24	1	3,3	0,8	2,64	44,0 m/min	0,56
D Fahren	24	3	8,9	0,9	8,0	134,0 m/min	0,18
E Fahren	75	2	5,5	0,85	4,67	77,8 m/min	0,96
F Entladen	–	–	–	–	–	20 sec	0,33
G Rückfahrt	141	4	11,5	0,9	10,70	178,0 m/min	0,79
Schalten	4 ×	–	–			16 sec	0,28
							4,13

Umlaufzeit $T = 4{,}13$ min; Fahrten/60 min $N = 14{,}5$; Nutzladung $C = 6{,}5\ \text{fm}^3$; Nennleistung $Q = 94{,}2\ \text{fm}^3/\text{h}$; Geräteausnutzung $\eta = 0{,}8$; Praktische Leistung $Q_D = 75{,}3\ \text{fm}^3/\text{h}$

17. Kostenkalkulation

Sie ist in Tafel A13 dargestellt. Die Kosten für die Gerätestunde betragen danach DM 198,35 DM/h.

Bei einer Förderleistung von

$$Q = 75{,}3\ \mathrm{fm^3/h}$$

ergibt sich damit ein Einheitspreis von 2,62 DM/m³ für das in Bild A11 dargestellte Kanalprofil mit einer Förderweite von 141 m (Abstand zwischen Massenschwerpunkt Aushub und Massenschwerpunkt Auftrag).

Tafel A13. Kostenermittlung gemäß A12

Nennwert	450 000 DM
Wirtschaftliche Nutzungsdauer	4 Jahre
Faktor R	27,9 %
Jährliche Abschreibung und Verzinsung	125 550 DM
Betriebsstunden/Jahr	3000
Festkosten/Betriebs-Std.	41,85 DM
Motor	150 kW

		DM/h	DM/h
1. Festkosten			41,85
2. Betriebskosten			
Rep.-Ansatz	100 %		
Rep.-Kosten		41,85	
Kraftstoff-Ansatz	0,2 l/kWh		
Kraftstoff-Verbrauch	30 l/h		
Kraftstoff-Kosten	1,35 DM/l	40,50	
Schmierstoffe	25 %	10,15	
		92,50	92,50
3. Lohnkosten			
Brutto		40,—	
Lohn-Nebenkosten	60 %	24,—	
		64,—	64,—
			198,35 DM/h

18. Schlußbemerkung

Die hier gezeigte Vorgehensweise ist natürlich nur dort gerechtfertigt, wo es sich

a) um den Einsatz in unbekanntem Gelände,
b) um unübersichtliche Betriebsverhältnisse,
c) um großen Massenumfang,
d) um strenge Wettbewerbsbedingungen

handelt. Aber es ist die reelle und objektive Methode, den Einheitspreis zu ermitteln, und sie enthält zudem noch „Pufferzuschläge" für vorkommende Eventualitäten. Der bei uns so wichtige Witterungseinfluß brauchte bei diesem Einsatz (ausgesprochene Trockenzone) nicht berücksichtigt zu werden. Es erfolgte lediglich eine Kraftschlußreduzierung von $\mu_K = 0{,}8$ auf 0,5 bei der Grenzkalkulation für „Schürfen bei Steigung 1:10", da – wenn es einmal regnete – mit schmieriger Fahrbahn (Schluff!) gerechnet werden mußte.

B Die wichtigsten Vorschriften und Bestimmungen

1. Technische Vorschriften und Richtlinien
2. DIN-Normen
3. Merkblätter

1 Technische Vorschriften und Richtlinien

1.1 Zusätzliche Technische Vorschriften und Richtlinien für Erdarbeiten im Straßenbau (ZTVE-StB 76) – Ausgabe 1976 – FG –
(ARS Nr. 16/76 vom 15. 10. 1976 StB 9/38.56.05-01/9057 Vms 76)

1.2 Technische Vorschriften und Richtlinien für die Ausführung von Bodenverfestigungen und Bodenverbesserungen im Straßenbau (TVV 74) – Ausgabe 1974 – FG –
(ARS Nr. 16/74 18. 12. 1974 StB 9/18/38.56.05-05.02/9032 Vms 74)

1.3 Bodenerkundung im Straßenbau
Teil 1: Richtlinien für die Beschreibung und Beurteilung der Bodenverhältnisse
– Ausgabe 1968 – FG –
(RS 10. 12. 1969 StB 9 – Isge – 5 161 S 68)

1.4 Bodenerkundung im Straßenbau
Teil 2: Richtlinien für die Vergabe von Aufträgen zur Begutachtung der Bodenverhältnisse
– Ausgabe 1977 – FG –
(RS 28. 3. 77 – StB 12/70: 15/12 003 F 77 –)

2 DIN-Normen

DIN	Ausgabe	
1054	11.76	Baugrund; Zulässige Belastung des Baugrundes
1055	2.76	T. 2 Lastannahmen für Bauten; Bodenkenngrößen, Wichte, Reibungswinkel, Kohäsion, Wandreibungswinkel
4015	10.71	Bodenmechanik und Grundbau; Fachausdrücke, Formelzeichen
4017	8.79	T. 1 Baugrund; Grundbruchberechnungen von lotrecht mittig belasteten Flachgründungen
4021	7.71	T. 1 Baugrund; Erkundung durch Schürfe und Bohrungen sowie Entnahme von Proben, Aufschlüsse im Boden
	2.76	T. 2 Baugrund: Aufschlüsse im Fels
	8.76	T. 3 Baugrund; Aufschluß der Wasserverhältnisse
4022	12.69	T. 1 Baugrund und Grundwasser; Benennen und Beschreiben von Bodenarten und Fels; Schichtenverzeichnis für Untersuchungen und Bohrungen ohne durchgehende Gewinnung von gekernten Proben
	(4.79)	T. 2 (Entwurf) Baugrund und Grundwasser; Benennen und Beschreiben von Bodenarten und Fels; Schichtenverzeichnis für Untersuchungen und Bohrungen im Fels

4022	12.69	T. 3 Baugrund und Grundwasser; Benennen und Beschreiben von Bodenarten und Fels; Schichtenverzeichnis für Bohrungen mit durchgehender Gewinnung von gekernten Bodenproben in Lockergesteinen
4084	2.74	T. 1 Vornorm Baugrund; Standsicherheitsberechnung bei Stützbauwerken zur Verhinderung von Geländebruch
	2.74	T. 2 Vornorm Baugrund; Standsicherheitsberechnung bei Böschungen zur Verhinderung von Böschungsbruch
	10.74	Bbl.; Erläuterungen und Berechnungsbeispiele
4096	5.80	Baugrund; Flügelsondierung, Maße des Gerätes, Arbeitsweise, Auswertung
4124	8.81	Baugruben und Gräben; Böschungen, Arbeitsraumbreiten, Verbau
4150	9.75	T. 1 Vornorm Erschütterungen im Bauwesen; Grundsätze und Ermittlung der Schwingungsgrößen
	9.75	T. 2 Vornorm Erschütterungen im Bauwesen; Einwirkungen auf Menschen in Gebäuden
18 196	6.70	Erdbau; Bodenklassifikation für bautechnische Zwecke und Methoden zum Erkennen von Bodengruppen
18 300	10.79	VOB Verdingungsordnung für Bauleistungen; Teil C: ATV; Erdarbeiten
18 303	10.79	–, ATV; Baugrubenverkleidungsarbeiten
18 305	10.79	–, ATV; Wasserhaltungsarbeiten
18 306	10.79	–, ATV; Abwasserkanalarbeiten
18 308	10.79	–, ATV; Dränarbeiten für landwirtschaftlich genutzte Flächen
18 915	11.73	T. 1 Landschaftsbau; Bodenarbeiten für vegetationstechnische Zwecke, Bewerten von Böden und Einordnung der Böden in Bodengruppen

3 Merkblätter

3.1 Merkblatt für die Untersuchung von Bodenverdichtern (Standard-Gerätetest) – Ausgabe 1974 – FG

3.2 Merkblatt für die Bodenverdichtung im Straßenbau – Ausgabe 1972 – FG (RS 21. 3. 1972 StB 9/38.56.05-01/9004 F 72)

3.3 Vorläufiges Merkblatt für Bodenverfestigung mit bituminösen Bindemitteln. Teil 1: Sandböden – Ausgabe 1958 – FG

3.4 Vorläufiges Merkblatt für die Bodenstabilisierung mit Kalk – Ausgabe 1958 – FG

3.5 Merkblatt über den Einfluß der Hinterfüllung auf Bauwerke (in Vorbereitung)

3.6 Merkblatt für Felsbeschreibung im Straßenbau. Teil I: Beschreibung für Bauvertrag (in Vorbereitung)

3.7 Merkblatt über den Schutz von Erdplanien (in Vorbereitung)

C Literatur

Verzeichnis der Abkürzungen

BMT	Zeitschrift Baumaschine und Bautechnik
IMB	Institut für Maschinenwesen im Baubetrieb der Universität Karlsruhe (TH)
V.IMB	Veröffentlichungen des IMB
dhf	Zeitschrift Deutsche Hebe- und Fördertechnik
BW	Zeitschrift Die Bauwirtschaft
f + h	Zeitschrift Fördern und Heben

[1] Kühn, G.: Die Einsatzprobleme des Schürfkübelbaggers. Wiesbaden 1958
[2] Massinger, E.: Optimale Formgebung von Grabgefäßen. BMT (1974) S. 153
[3] Rieder, D.: Leistungen von Hydraulikbaggern und Radladern. BMT (1974) S. 247
[4] Kühn, G.: Man kann ruhig darüber sprechen ... Hamburg-Altona 1962
[5] REFA: Methodenlehre des Arbeitsstudiums. München 1973
[6] Ropohl, G.: Systemtechnik – Grundlagen und Anwendung. München – Wien 1975
[7] Churchman, C.W.: Einführung in die Systemanalyse. München 1970
[8] Chestnut, H.: Prinzipien der Systemplanung. München 1970
[9] Guth, G.: Optimierung von Bauverfahren – dargestellt an Beispielen aus dem Seehafenbau. V.IMB, F 20. Karlsruhe 1978
[10] Beran, W., Leschka, E.: Rationalisierung von Entscheidungsprozessen. BMT (1970) S. 335
[11] Kühn, G.: Transportmechanik. Wiesbaden 1974
[12] Kühn, G.: Mechanik, Statik, Dynamik der Baumaschinen. Wiesbaden 1977
[13] Kühn, G.: Grabwiderstände in geschossenem Haufwerk. dhf (1968) S. 75
[14] Massinger, E.: Optimale Formgebung von Grabgefäßen. Forschungsreihe der Bauindustrie Band 16. Wiesbaden 1973
[15] Heumann, C.: Untersuchungen über die Ladeschaufelausbildung von Radladern. BMT (1971) S. 317
[16] CECE: Europäische Richtlinien für die Radlader und ihre Anbaugeräte. Europäisches Baumaschinen-Komitee 1972
[17] Erdbaumaschinen III. Der Tiefbau (1970) S. 1180
[18] Kühn, G.: Hydraulikbagger im Felseinsatz. BMT (1967) S. 377
[19] Kühn, G.: Zweckmäßige Form der Schilde von Planierraupen zur Erzielung möglichst großer Füllungen. Z.VDI (1974) S. 373
[20] Kühn, G.: Form der Schilde von Planierraupen zum Erzielen möglichst kleiner Füllwiderstände. Z.VDI (1954) S. 982
[21] Kühn, G.: Der gleislose Erdbau. Berlin, Göttingen, Heidelberg 1956
[22] Kühn, G.: Das Kräftespiel am Erdhobel und seine praktische Bedeutung für den Geräteeinsatz. Straße und Autobahn (1953) S. 105
[23] Kühn, G.: Die Rolle des Bodens in der Arbeitsdynamik der Flachbaggergeräte. BMT (1961) S. 365
[24] Zweck, H.: Baugrunduntersuchungen durch Sonden. Berlin/München 1969
[25] Krämer, H.-J.: Ramm- und Drucksondierungen – Forschung und Anwendung. BMT (1979) S. 530
[26] Schuler, V.: Drehendes Bohren in Lockergestein – Gesetzmäßigkeiten und Nutzanwendung. V.IMB, Heft F 23. Karlsruhe 1979

[27] Rieder, D.: Vergleichende Leistungsuntersuchungen von Radladern und Hydraulikbaggern. Forschungsreihe der Bauindustrie Band 24. Wiesbaden 1974
[28] Hornung, J.: Geometrisch bedingte Einflüsse auf den Vorgang des maschinellen Reißens von Fels. V.IMB, Heft F 17. Karlsruhe 1978
[29] Kiehl, P.: Radlader-Daten für die Berechnung von Betriebsmittel-Leistungen. BW (1978) S. 1125
[30] Morgan, B.V.: Transporte abseits der Straße. f + h (1971) S. 398
[31] Welte, A.: Kalkulation einer Naßbagger-Baustelle. IMB Vorlesungsskript. Karlsruhe 1977
[32] Fo. Ges. f. d. Straßenwesen: Merkblatt für die Bodenverdichtung im Straßenbau. Köln 1972
[33] Rasper, L.: Der Schaufelradbagger als Gewinnungsgerät. Clausthal-Zellerfeld 1973
[34] Zimmermann, W.: Voraussetzungen für eine Bodenbewegung im Spülbetrieb. BMT (1981) S. 303
[35] Zimmermann, W.: Erfahrungen mit Schneidkopfsaugbaggern bei schwierigen Bodenverhältnissen. BMT (1981) S. 45
[36] BGL Baugeräteliste 1981. Wiesbaden 1981
[37] Reismann, W.: Kostenerfassung im maschinellen Erdbau. V.IMB, Heft F 4. Karlsruhe 1973
[38] REFA: Methodenlehre des Arbeitsstudiums. Teil 4: Anforderungsermittlung (Arbeitsbewertung). München 1973
[39] TVV 74: Technische Vorschriften für die Bodenverfestigung. Bonn 1972
[40] Speck, J.: Bemerkungen zur Unfallverhütungsvorschrift Erdbaumaschinen. Tiefbau-BG 1976 S. 122
[41] Wüst, B.: Maschinentechnik I. V.IMB, Heft V 8. Karlsruhe 1982
[42] Kühn, G.: Bauen mit Maschinen. Dietikon/Wiesbaden 1969
[43] Kühn, G.: Baumaschineneinsatz in Itaipu. BMT (1978) S. 623
[44] Bretschneider, B.: Refamethodik im Bauwesen. Tiefbau-BG (1975) S. 596
[45] Pohl, R.: Arbeitsstudien im Baubetrieb. BW (1976) Teil 1: S. 233. Teil 2: S. 450
[46] Künstner, G.: Rationalisierung am Bau mit den Methoden des REFA? BW (1975) S. 759
[47] Kühn, G.: Monoblock- oder Verstellausleger? V.IMB, Heft U 1. Karlsruhe 1973
[48] Trümper, Th., Weid, J.: Einsatzstudie SH 400, V.IMB, Heft U 3. Karlsruhe 1975
[49] Michelin: Reifen für Erdbewegungsmaschinen. Firmendrucksache Michelin Reifenwerke KG, Karlsruhe 1981
[50] Gehbauer, F.: Stochastische Einflußgrößen für Transportsimulationen im Erdbau. V.IMB Heft F 10. Karlsruhe 1974
[51] Ulbricht, F.: Baggerkraft bei Eimerkettenschwimmbaggern. V.IMB Heft F 15. Karlsruhe 1977
[52] Ketterer, B.: Modelluntersuchungen zur Prognose von Schneid- und Planierkräften im Erdbau. V.IMB Heft F 27. Karlsruhe 1981
[53] Kühn, G.: Neue Prognose-Methoden für Erd- und Tiefbaugeräte. BMT (1981) S. 169
[54] Mordstein, W.: Stahlseil-Fördergurte für lange und kurze Gurtbandförderer. dhf (1972) S. 43
[55] Mordstein, W.: Stetiges Fördern von Schüttgut für den TARBELA-Staudamm. dhf (1972) S. 282
[56] Heusler, H.; Westermann, R.: Lösen Hydraulikbagger auch große Seilbagger ab? BMT (1976) S. 243

[57] Kühn, G.; Göhring, A.; Beitzel, H.: Neue Technologien für die Baustellen der Zukunft. Schriftenreihe des Bundesministers für Bauwesen, Raumordnung und Städtebau. Bonn 1976
[58] Mittelmann, G.: Wasser für Al Hassa. Die Realisierung eines Bauvorhabens in der dritten Welt. Umschau (1977) S. 101
[59] Wunder aus 2001 Nacht. Fa. Hochtief, Essen 1981
[60] Meijer, H.P.: Rotterdam Europoort Inf. Dept. Ministry of Transport. Den Haag 1968
[61] Kühn, G.: Möglichkeiten der Erdbewegung im Off-shore-Bereich. BMT (1981) S. 574
[62] Schayegan, K.: Einfluß von Bodenkonsistenz und Reifeninnendruck auf die fahrdynamischen Grundwerte von EM-Reifen. V.IMB, Heft F 12. Karlsruhe 1975
[63] Kühn, G.; Herr, R.: Ermittlung der maßgebenden Kriterien und Kennzahlen für die Auswahl der Erdbaugeräte im Straßenbau. IMB-Forschungsberichte, unveröffentlicht. 1975
[64] Komatsu: Optimal Fleet Recommendation OFR. Werksunterlagen. 1978
[65] Gärtner, K.: Neuartige Lösung des Gewinnungs- und Transportproblems beim Großdammbau in USA. dhf (1964)
[66] Heusler, H.; Westermann, R.: Baggermaschinen – Schaufelrad oder Ladeschaufel. Baupraxis (1977) S. 23
[67] Kühn, G.: Staudämme im Hochgebirge. Wiesbaden 1961
[68] Brunner, U.: Submarines Bauen – Entwicklung eines Bausystems für den Einsatz auf dem Meeresboden. V.IMB Heft F 22. Karlsruhe 1979
[69] Zangemeister, R.: Nutzwertanalyse in der Systemtechnik. München 1970
[70] Zwicky, U.: Entdecken, Erfinden, Erforschen im morphologischen Weltbild. München 1966
[71] Kühn, G.: Verfahrenstechnik im Baubetrieb BMT (1968) S. 365
[72] VOB Verdingungsordnung für Bauleistungen im Hoch- und Tiefbau. Wiesbaden 1979
[73] St.LB 002 Standard-Leistungsbuch für das Bauwesen, Heft 002 Erdbau. Wiesbaden 1981
[74] Caterpillar: Performance Handbook Vol. 11 Peoria / Illinois 1980
[75] Herr, R.: Einsatzplanung von Hydraulikbaggern mit Hilfe der EDV. Diss. Karlsruhe 1982
[76] Baumgärtner, W.: Traktionsoptimierung von EM-Reifen mit unterschiedlicher Profilierung. V.IMB Heft F 30. Karlsruhe 1982
[77] Führböter, A.: Über die Förderung von Sand-Wasser-Gemischen in Rohrleitungen. Mitteilungen Franzius-Institut T.H. Hannover 1961
[78] Kühn, G.: Itaipu 1980. BMT (1980) S. 673
[79] Cordes, H.: Handbuch zur Schürfraupe. Hamburg 1969
[80] Pfarr, K.H.: Die wirtschaftlichen Grundlagen des Planens und Bauens in systemtheoretischer Sicht BW (1972) S. 130
[81] Maleton, G.: Erdbau. (Vorlesungsskript). IMB Karlsruhe 1980
[82] VDMA 24086 (Verein Deutscher Maschinenbau-Anstalten e.V.): VDMA-Einheitsblätter. Hier: Hydraulik-Standbagger, Grabkräfte, Begriffe. Berlin 1974
[83] Krämer, H.-J.: Geräteseitige Einflußparameter bei Ramm- und Drucksondierungen und ihre Auswirkung auf den Eindringwiderstand. V. IMB Heft F 26. Karlsruhe 1981
[84] Maleton, G.: Wechselwirkungen von Maschine und Fels beim Reißvorgang. V. IMB Heft F 5. Karlsruhe 1973
[85] Blaum, v. Marnitz, F.: Die Schwimmbagger. Teil I. Berlin, Göttingen, Heidelberg 1963

[86] Kühn, G.: Interessante Baggereinsätze. Wiesbaden/Berlin 1955
[87] Merkblatt für die Bodenverbesserung und Bodenverfestigung mit Kalken. 70. Ges. f. d. Str.-Wesen, Köln 1979
[88] Vorläufiges Merkblatt für Bodenverfestigung mit Zement. 70. Ges. f. d. Str.-Wesen, Köln 1956
[89] Vorläufiges Merkblatt für die Bodenverfestigung mit bit. Bindemitteln. 70. Ges. f. d. Str.-Wesen, Köln 1958
[90] Rummel, H.: Hydraulische Antriebe im Baggerbau. BMT (1969) S. 15
[91] Trümper, T.: Leistungsausnutzung bei Hydraulikbaggern. BMT (1976) S. 593
[92] Henrich, H.: Leistungshandbuch der Verdichtung. BOMAG-MENCK GmbH, Wiesbaden 1981
[93] Schibli, P.: Bodenstabilisierung. Koehring GmbH, BOMAG Division, Wiesbaden 1981
[94] Kühn, G.: Was ist die Systemtechnik und was nutzt sie dem Bauingenieur? BMT (1983) S. 249
[95] Gärtner, K.: Schaufelradbagger als Baugerät. f+h (3) Nov. 65. 1965
[96] Schlick, G.: Wirksame Methoden und Geräte zur Verdichtung von Dammböschungen und Dammschultern.
Schlußbericht Bundesministerium für Verkehr (unveröffentlicht) 1979
[97] Laufer, K.: Maschinentechnik im Bauwesen. Band 1, 2, 3. Wiesbaden 1982
[98] Schlick, G.: Auflockerungs- und Verdichtungsfaktor von Locker- und Felsböden. in: Forschung Straßenbau und Straßenverkehrstechnik Heft 259. Bonn-Bad Godesberg 1978
[99] Hoffmann, M.; Kremer, P.: Zahlentafeln für den Baubetrieb. Stuttgart 1979
[100] Werksunterlagen Caterpillar
[101] Werksunterlagen Liebherr
[102] Werksunterlagen Orenstein + Koppel
[103] Werksunterlagen Komatsu
[104] Werksunterlagen Michelin
[105] Werksunterlagen Arge ASM (Mattmark)
[106] Werksunterlagen Demag
[107] Werksunterlagen Firestone
[108] Werksunterlagen Menck & Hambrock
[109] Werksunterlagen Arge ASG (Göschenenalp)
[110] Werksunterlagen TBG Tiefbau-Berufsgen. München
[111] Werksunterlagen Erlau
[112] Werksunterlagen LeTourneau
[113] Werksunterlagen Hochtief
[114] Werksunterlagen Ph. Holzmann

Sachverzeichnis

GPSR Compliance

The European Union's (EU) General Product Safety Regulation (GPSR) is a set of rules that requires consumer products to be safe and our obligations to ensure this.

If you have any concerns about our products, you can contact us on ProductSafety@springernature.com

In case Publisher is established outside the EU, the EU authorized representative is:

Springer Nature Customer Service Center GmbH
Europaplatz 3
69115 Heidelberg, Germany

Batch number: 08566374

Printed by Printforce, the Netherlands